FASHION
INTERNET BUSINESS
through MOBILE to IoT

패션 인터넷 비즈니스

FASHION INTERNET BUSINESS through MOBILE to IoT

패션 인터넷 비즈니스

정인희 · 채진미 · 김현숙
지혜경 · 이미아 · 주윤황
김지연 · 문희강 · 설인환 지음

교문사

PREFACE

휴대전화 화면에 눈을 고정하고 엄지로 글자를 찍으면서 길을 걷는 행인들, 이어폰을 귀에 꽂은 채 휴대전화로 영화를 보며 이동하는 여행자들, 수업 시간 중에도 책상 아래에서 바쁜 손놀림으로 SNS를 확인하는 학생들, 적극적으로 수업에 모바일 학습을 도입하는 교수들, 카페에 마주 앉아 있으면서도 각자의 휴대전화로 상대방 혹은 다른 친구들과 가상세계의 대화를 나누는 연인들…. 오늘을 사는 우리들에게는 매우 낯익은 풍경이다. 그리고 그 풍경 속의 휴대전화는 스마트폰이다.

우리는 언제부턴가 매우 '스마트'한 세상에서 살고 있다. 그리고 어느새 '스마트'하지 않은 생활에 불편함을 느끼고 불평을 하게 되었다. 일상의 모든 순간을 '스마트'하도록 해 주는 것이 바로 언제나 우리들 손에 들려 있는 스마트폰이다. 스마트폰이야말로 우리의 모든 문제를 해결해 주는 해결사인 셈이다. 옷 사서 입기, 음식 배달시키기, 방 구하기 같은 의식주부터 독서, 영화감상, 음악감상, 게임 같은 취미생활은 물론, 은행 업무와 주식투자 같은 금융관리, 운동량이나 열량 측정 등을 포함한 건강관리, 오프라인 활동으로 이어주는 교통편과 티켓 예약, 더 나아가 친구 맺기와 친구 관리까지도 스마트폰이 해 주는 일이다.

컴퓨터가 새롭고 인터넷이 마냥 신기하기만 하던 세상은 이제 모바일로, 그리고 사물인터넷으로 진화, 아니 혁신하고 있다. 이 책의 집필에 참여한 저자 중 8인이 2010년에 함께 출판한 《패션 상품의 인터넷 마케팅》 그 다음 이야기가 필요해진 이유이다. 이 책 역시 조만간 더 스마트한 트렌드에 떠밀려 또 다른 다음 이야기를 필요로 하게 되겠지만, 인터넷 비즈니스의 발전 과정에서 하나의 의미 있는 쉼표로 자리하게 되기를 바란다.

이 책은 비즈니스 관점에서의 필요성을 염두에 두고 기존의 마케팅 중심 서적과는 달리 새롭게 목차를 구성했다. 모두 4개의 Part로 전체 내용을 묶었는데, Part 1은 인터넷 비즈니스를 구현하는 기술적인 측면에 관한 내용을 이해하도록 돕는다. Part 2에는 새로이 사업을 시작하고자 하는 사람들을 위해 비즈니스 프로세스를 설명하는 내용을 담았다. Part 3에서는 인터넷 비즈니스의 범위 중에서도 인터넷 쇼핑몰을 구체적으로 겨냥하여 실제 비즈니스 실행 방법을 다루었다. Part 4에서는 인터넷 비즈니스를 성장시키기 위한 전략들을 소개하였다. 각 Part의 끝에는 'Try It Yourself'라는 코너를 만들어 해당 Part에서 학습한 내용을 정리하면서 실천해 볼 수 있는 기회를 갖게 하였다.

각 Part는 '인터넷 비즈니스의 이해-비즈니스 계획-비즈니스 실행-비즈니스 성장'이라는 유기적인 관계로 연결되지만, 독자의 필요에 따라서 어느 곳을 발췌해 읽더라도 각각 독립적인 지식과 정보를 얻을 수 있도록 구성하였다. 따라서 '옴니채널'처럼 중요한 비즈니스 화두가 되는 개념인 경우 Part 1에서는 기술적 측면, Part 3에서는 채널 선택의 측면, Part 4에서는 커뮤니케이션과 고객 관리의 측면에서 각각 설명하였다.

'인터넷'이라는 용어는 책의 내용 중 그 사용 맥락에 따라 의미의 범위가 다소 달라진다. 유선 인터넷이든 무선 인터넷이든, 그래서 모바일까지도 모두 네트워크로 이루어진다는 본질적인 의미에서 이 책의 제목에는 '인터넷'이라는 키워드를 사용하기로 결정하였지만, 통계의 산출 등 사용 맥락에 따라서는 모바일에 대응하는 PC 기반 인터넷만을 인터넷으로 명명하는 경우들이 종종 있기 때문이다.

따라서 인터넷이라는 용어에 대한 저자들의 기본 입장은 모바일까지 아우르는 것으로 이해하는 것이지만, 인용하거나 기술하는 자료의 성격에 따라서는 모바일을 포함하지 않은 개념으로 인터넷을 기술한 부분이 있음을 양해하여 주시기 바란다.

인터넷 비즈니스 기술의 최신 동향을 알고 싶은 독자, 비즈니스의 세계를 이해하면서 창업을 시도해 보고 싶은 독자, 인터넷 쇼핑몰 사업을 계획하고 있는 독자, 인터넷 비즈니스를 하면서 보다 새로운 기법을 도입해 보고 싶은 독자들이 이 책을 통해 작은 도움이라도 받을 수 있기를 기대한다. 그리고 이런 교육 내용을 다루는 강좌의 교재로 활용하고자 하는 것이 이 책의 저술 의도이다.

이 책을 함께 기획하고 집필해 주신 공저자들께 찬사와 감사를 드린다. 모두 각자의 전문 분야에서 최고의 원고를 만들어 주셨다. 그리고 독자의 이해를 돕기 위한 이미지와 기사 자료를 제공해 주신 관련 업계의 여러분들께도 감사의 말씀을 전한다. 덕분에 책의 완성도가 한결 높아졌다. 책을 준비하는 과정에서 자료정리를 도와준 김나영과 김현식에게 감사의 마음을 전한다. 앞으로 더욱 가치 있는 일을 많이 할 인재들이다.

이 책의 출판을 기쁘게 맡아주신 교문사의 류제동 사장님과 출판을 위해 애써주신 교문사 임직원들께 감사드린다. 특히 이 책의 담당 편집자로 여러 가지 번거로운 일들을 하나하나 세심하게 살펴주고 채워준 김보라 과장님께 심심한 감사의 말씀을 드린다. 애정을 쏟아주신 모든 분께 큰 보람이 되는 책이기를 소망한다.

2016년 1월 첫 주를 보내며
저자들을 대표하여
정인희

CONTENTS

PART 1
패션 인터넷 비즈니스의 현재와 미래
Fashion Internet Business: Present & Future

PART 2
비즈니스 계획 세우기
Business Planning

PART 3 비즈니스 실행하기

Business Visualizing

PART 4
비즈니스
성장시키기
Business Activating

PART 1

FASHION INTERNET BUSINESS: PRESENT & FUTURE

패션 인터넷 비즈니스의 현재와 미래

대한민국이라는 IT 초강대국에 살고 있는 우리는 인터넷을 너무나도 친숙하게 생각할 뿐만 아니라, 인터넷 없이는 잠시도 살기 어려운 생활을 하고 있다. 그런데 인터넷과 IT의 기저를 이루고 있는 디지털 기술은 나날이 발전하고 있으므로, 우리들 또한 끊임없이 최신 기술을 학습하고 수용해야 한다. 이것이 오늘을 살아가는 우리의 삶의 방식이다. 인터넷을 활용하여 비즈니스를 하겠다는 사람이라면 디지털 기술에서의 새로운 트렌드에 더욱 민감할 수밖에 없다. Part 1에서는 인터넷의 시초부터 현 시점에 이르기까지 인터넷이 비즈니스에 어떻게 활용되어 왔는가, 그리고 인터넷이 마케팅에 어떻게 접목되고 있는가, 그리하여 미래의 비즈니스를 어떻게 준비해야 하는가의 이슈들을 다룬다. 더불어 스스로 모바일 앱 정도는 제작할 줄 아는 최첨단 IT 활용자의 길로 안내한다.

CHAPTER 1

e-비즈니스로의 초대

인터넷이라는 기술과 더불어 수많은 비즈니스들이 생겨났고, 전통적인 산업도 인터넷 기반으로 변화하고 있다. 온라인 기업은 물론이고 오프라인 기업들도 모두 e-비즈니스를 적용하는 것이 당연한 시대가 온 것이다. 이제 e-비즈니스는 기업, 개인, 정부기관 등을 망라한 네트워크의 세계에서 매우 중요한 역할을 담당한다. 기업 내, 그리고 기업 간 업무 프로세스가 통합되는 인트라넷과 엑스트라넷의 활용으로 업무의 효율성이 증대되고 있으며 구매비용 절감, 재고 감소 등의 목적으로 전자상거래를 활용한 외주가 확대되고 있다. 정부와 기업조직 간에도 정책 결정, 지식 축적과 활용, 행정 서비스 제공 등을 위한 인터넷의 활용이 급속도로 증가하고 있다. 소비자들은 이메일, 정보 및 뉴스 검색, 교육, 쇼핑, 주식, 은행 업무에 이르기까지 대부분의 일상생활을 네트워크 사회 속에서 하고 있으며, 기업은 이러한 소비자들에게 필요한 정보와 제품을 인터넷을 통해 제공한다. 앞으로도 e-비즈니스는 그 범위와 형태가 계속 확대될 것이며, 그 중요성도 커질 것이다.

1. e-비즈니스란?

1) 전자상거래와 e-비즈니스

e-비즈니스의 개념을 명확히 하기 위해 전자상거래(EC: electronic commerce)의 개념부터 살펴보자. 전자상거래의 시초는 1960년대 국제 운송회사들이 운송서류를 신속히 전달할 목적으로 전자문서를 표준화하여 사용한 데 있으며, 이를 전자문서교환(EDI: electronic data interchange)이라 한다. EDI는 인터넷과 정보통신기술의 발전과 함께 광속상거래(CALS: commerce at light speed)로, 그리고 EC로 진화하였다. CALS는 상품의 설계, 개발, 생산, 판매, 유지보수, 폐기 등 상품의 전 주기에 걸친 기업활동을 전자화한 것이다.

이런 맥락에서 전자상거래란 첫째, 인터넷과는 무관하게 개발된 EDI를 통한 기업 간 상거래 활동, 둘째, 제품의 설계, 개발, 생산, 판매, 유지보수, 폐기에 이르기까지 전 과정에 관련된 데이터를 전자화하여 공유함으로써 원가를 절감하고 리드타임을 줄이는 CALS, 셋째, 인터넷 홈페이지나 인터넷 쇼핑몰을 개설해 소비자를 대상으로 판매활동을 하는 인터넷 비즈니스(internet

표 1-1 전자상거래의 정의

기관, 단체	정의
미 국방부(1996)	종이로 된 문서를 사용하는 대신 EDI, 이메일, 전자게시판, 전자자동이체 등과 같은 정보기술을 이용하는 상거래
경제협력개발기구(OECD, 1997)	개인과 조직 등에서 텍스트, 음성, 화상 등의 디지털 데이터 처리 및 전송에 기초하여 수행하는 상업 활동상의 모든 거래
산업자원부(1997)	전자적 의사소통을 이용하는 활동을 포함하여, 정보의 조사 및 정정 등 기업과 소비자의 의사결정 지원, 비용감소 및 효율성 제고를 위한 활동
Wigand(1997)	전자적 연계에 기반하여 수행되는 경제적 행위(economic activity)의 어떤 유형(any forms)
전자거래기본법(2008)	재화나 용역을 거래함에 있어서 일부 또는 전부가 전자문서에 의하여 처리되는 거래
Turban(2010)	인터넷과 네트워크에 기반하여 전자적으로 수행되는 새로운 방식의 비즈니스

business)를 모두 포함한다고 할 수 있다.

전자상거래에 대한 기존의 정의들을 모아 보면 〈표 1-1〉과 같다. 이들을 종합하면, 전자상거래의 개념은 협의의 의미와 광의의 의미로 정의할 수 있다. 즉, 협의의 전자상거래란 인터넷이나 네트워크를 통해 상품을 구매하고 판매하는 행위라 할 수 있으며, 광의의 전자상거래는 EDI와 CALS를 모두 포함하는 개념으로 네트워크상에서의 판매와 구매뿐 아니라 상거래 행위와 관련된 정보의 공유와 검색, 의사결정과정 지원 등을 모두 아울러서 상거래가 보다 효율적으로 이루어질 수 있도록 하는 총체적인 과정과 활동이라 할 수 있다.

한편, e-비즈니스는 〈그림 1-1〉과 같은 발전단계를 거쳤으며, IBM이 1997년에 최초로 e-비즈니스라는 용어를 사용하기 시작했다. 기존의 연구자들이 정의한 e-비즈니스 개념을 살펴보면 〈표 1-2〉와 같은데, 이로써 e-비즈니스는 광의의 전자상거래 개념과 같은 맥락에 있음을 알 수 있다.

인터넷을 활용한 모든 경제활동을 의미한다는 점에서 e-비즈니스와 전자상거래는 서로 유사한 개념으로 정의되고 있으나, 차이점도 있다. 전자상거래는 주로 상거래에 초점을 맞추고 있는 반

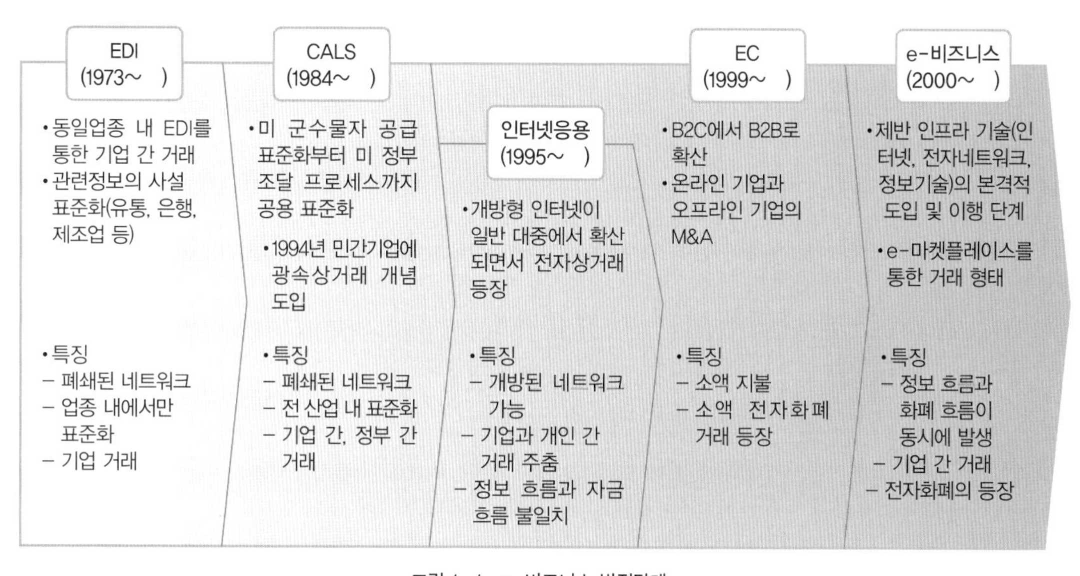

그림 1-1 e-비즈니스 발전단계

자료: 김성희, 장기진(2008). e-비즈니스.com. p. 64

표 1-2 e-비즈니스의 정의

기관, 단체	정의
IBM(1997)	인터넷 기술의 사용을 통한 핵심 비즈니스 프로세스의 전환(transformation)
가트너 그룹(2000)	상거래가 기존 산업 및 일반기업의 활동 자체에 영향을 미침으로써 B2B, B2C, B2E 등을 포함한 핵심 기업활동이 인터넷 비즈니스화되는 것
PWC(2000)	전통적 비즈니스 방식을 발전시키고 때로는 대체하기 위해서 웹, 인터넷, 새로운 컴퓨팅 등 신기술을 적용하는 것
Kalakota & Robinson(2000)	최상의 비즈니스 모델을 실현하기 위한 비즈니스 프로세스, 기업 애플리케이션, 그리고 조직구조의 복잡한 통합(complex fusion)
Canzer(2005)	인터넷에 기반하여 수행되는 개별 기업이나 산업의 모든 비즈니스 행위

면, e-비즈니스는 비즈니스 프로세스의 디지털화에 초점을 둔 것이다[1]. 따라서 전자상거래가 기업, 개인, 정부 등 경제 주체 간의 제품, 서비스, 정보 및 지식을 정보통신기술로 교환하는 방식을 의미한다면, e-비즈니스는 인트라넷을 통한 효율적인 조직 내부업무 프로세스, 엑스트라넷을 통

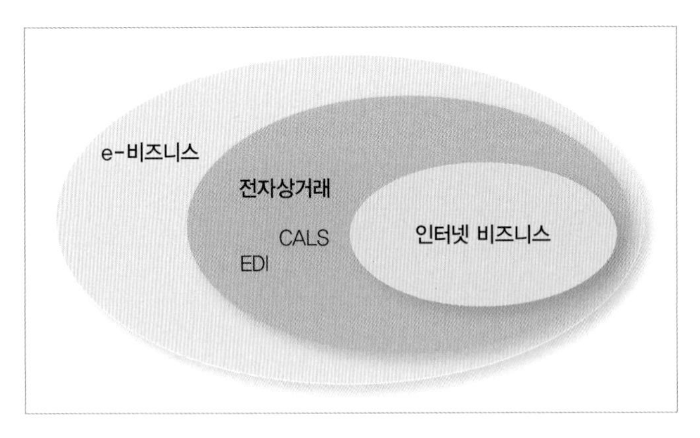

그림 1-2 인터넷 비즈니스, 전자상거래, e-비즈니스의 개념
자료: 박길상(2013). 인터넷마케팅. p. 44를 수정

1 박길상(2013). 인터넷마케팅. 서울: 비엔엠북스. p. 43

한 조직 간의 연결, 그리고 시스템을 접목하여 인터넷을 이용하는 모든 비즈니스 업무 형태를 포함한다.

〈그림 1-2〉은 인터넷 비즈니스, 전자상거래, e-비즈니스의 개념을 요약하여 보여준다. 인터넷 비즈니스는 인터넷을 통해 제품과 서비스를 거래하는 것이고, 전자상거래는 인터넷 비즈니스와 EDI, CALS를 포괄하는 개념이며, e-비즈니스는 인터넷 비즈니스, 전자상거래와 더불어 기업 내부업무 프로세스까지 포괄하는 개념이다.

이와 같은 맥락에서 e-비즈니스는 '인터넷과 같은 정보통신기술을 매개로 하여 조직 내·외부의 비즈니스 프로세스를 혁신하는 경영활동'으로 정의할 수 있다. 구체적으로, 인터넷 네트워크를 기반으로 하여 조직 전반의 생산성 향상, 공급사슬 관리, 전사적 자원 관리, 고객관계 관리 등 경영활동의 효율성을 추구한다. 또한 제품이나 서비스의 판매 및 구매와 연관된 비즈니스 정보를 신속하게 교환하고, 기업 대 소비자(B2C), 소비자 대 소비자(C2C), 기업 대 기업(B2B), 기업 대 정부(B2G) 간의 가치 극대화를 꾀하는 디지털 경영활동이다.

2) e-비즈니스의 특징

e-비즈니스는 인터넷과 정보통신기술을 매체로 이용하므로 전통적인 비즈니스와 비교할 때 다음과 같은 차별적 특징을 갖는다.

(1) 시간과 공간의 무제한성

전통적인 비즈니스에서는 거래를 위해 소비자가 물리적 공간인 점포(marketplace)를 방문해야 했다면, e-비즈니스에서의 소비자는 언제 어디서나 인터넷 공간(marketspace)에서 거래할 수 있다. 소비자가 원하는 시간에 정보를 제공받고 구매활동을 할 수 있으므로 마케팅 활동의 시간적 영역을 무한대로 확장할 수 있으며, 공간적인 측면에서도 일부 지역에만 국한되지 않고 전 세계 소비자를 대상으로 제품을 판매하는 것이 가능하다.

(2) 저렴한 비용

인터넷 비즈니스에 소요되는 비용은 전통적 비즈니스에 비하여 저렴하다고 알려져 있다. TV, 라디오 매체 등을 통한 광고비용에 비해 기업들은 인터넷을 이용할 때 전 세계의 소비자들을 대상으로 보다 저렴한 비용으로 자사의 제품과 서비스를 광고하고 판매할 수 있다. 또한 소비자 입장에서도 제품 구매를 위해 점포를 방문하는 데 소요되는 시간과 비용을 절약할 수 있으며, 결과적으로 소비자의 인지적 에너지(cognitive energy)를 절감할 수 있다.

(3) 무한한 정보 제공

기존 매스미디어의 경우 공간상의 문제와 비용 문제로 인해 정보 게재에 많은 한계가 있었지만, 인터넷은 정보밀도(information density)를 증가시킨다. 정보밀도란, 모든 시장 참여자에게 제공 가능한 전체 정보의 양과 질을 뜻한다. 기업은 정보의 수집, 저장, 가공과 전달에 드는 비용을 절감하면서도 최신의 유용하고 정확한 정보를 신속하게 무제한으로 제공할 수 있다. 또한 고객의 입장에서도 기존의 오프라인 거래에서보다 훨씬 편리하게 제품이나 서비스에 대한 정보와 가격 등을 비교할 수 있다. 동시에 기업은 고객이 기꺼이 지불하고자 하는 가격에 대한 정보를 파악할 수 있으므로 지불의도 가격에 따라 시장을 세분화할 수 있고 각각의 세분시장에 적합한 상품과 서비스를 차별화된 가격 전략으로 제공할 수 있다.

(4) 상호작용과 관계 지향

기업의 입장에서는 신규 고객의 확보도 중요하지만 기존 고객의 충성도를 제고하여 장기적 관계를 형성하는 것이 마케팅 효과와 비용 측면에서 훨씬 더 중요해졌다. e-비즈니스는 기업과 소비자 간의 양방향 커뮤니케이션(two-way communication)을 통해 상호작용을 가능하게 한다. 그 결과 기업은 고객들의 프로파일, 욕구, 라이프 스타일에 대한 정보를 입수하고 이메일이나 게시판, 채팅 등을 통해 고객들의 의견과 불만사항을 신속하게 파악할 수 있다. 기업과 고객 간의 상호작용은 고객으로 하여금 적극적으로 마케팅 활동에 참여할 수 있게 하며, 기업에 대해서는 고객과의 장기적인 관계 유지와 강화를 위해 제품 판매 이후의 서비스나 다양한 프로그램을 고객별 가치에 근거하여 추진할 수 있게끔 한다.

(5) 개인화 및 맞춤화

개인화(personalization)란 마케팅 정보와 메시지를 개인의 이름, 홍미, 구매이력에 따라 조정함으로써 특정 개인에게 표적화하는 것이다. 그리고 맞춤화(customization)란 개개인의 홍미나 선호도, 과거 구매행동을 참고로 하여 소비자에게 제공하는 제품이나 정보, 서비스 등을 변경하는 것이다.[2] e-비즈니스 기술로 기업은 웹사이트를 방문하는 소비자 개개인의 욕구나 선호도, 이전 구매정보 등을 저장할 수 있고, 대화창이나 게시판을 통해 고객과의 상호삭용이 가능하다. 그러므로 개별 고객에 대한 정보(개인정보, 구매물품 내역, 방문기록 등)를 분석하여 고객별로 표적화한 광고나 마케팅 프로그램을 제공할 수 있고, 개개인의 특성에 적합한 맞춤 제안으로 일 대 일 마케팅을 수행할 수 있다.

예를 들어 나이키, 아디다스, 리복 등의 스포츠 브랜드에서는 온라인을 통한 소비자 맞춤 서비스를 제공하고 있다. 나이키는 소비자가 홈페이지에서 신발의 디자인, 색상, 소재, 문양, 나아가 신

그림 1-3 나이키의 'NIKEiD'
자료: 나이키 홈페이지, 2016. 1. 19. 검색

2 Laudon, K. C., Traver, C. G.(2008). *E-commerce: Business, technology, society,* 4th ed. Upper Saddle River, NJ: Prentice Hall. p. 17

발 각 부분의 디테일까지 선택한 후, 좌우에 각각 iD를 입력해 나만의 맞춤형 운동화를 만들어 구매할 수 있는 'NIKEiD' 서비스를 제공하고 있다. 아이다스도 소비자가 원하는 신발을 선택한 후 자신이 원하는 이름이나 단어, 숫자 등을 넣어 제작한 디자인을 자신의 SNS를 통해 공유 가능하도록 한 'mi adidas' 서비스를 제공하고 있다. 제작기간은 4~6주 정도 소요되고 가격은 기존 제품에서 10~15% 정도를 추가로 부담하면 된다. 리복 역시 완성된 리복 운동화 각 부분의 소재와 색 등을 선택하고 이니셜을 넣을 수 있는 'your Reebok' 서비스를 제공하고 있다. 그러나 아직까지 국내에서는 아디다스의 'mi adidas' 서비스만 이용 가능하다.

(6) 사회적 연결성

이제 소비자들은 인터넷을 통해 서로의 의견이나 정보를 공유하고 심지어는 고유의 콘텐츠를 제작해 공유할 수 있다. 비슷한 가치관이나 관심사를 가진 소비자들끼리 온라인 커뮤니티나 카페, 트위터, 페이스북, 블로그 등을 통해 사회적인 네트워크(social networking)를 형성하고 편리하게 의사소통과 상호작용을 할 수 있다.

인터넷 기술은 사용자들로 하여금 표준화된 콘텐츠를 변형 가능하게 하며, 다수의 사용자들에게 유포할 수 있게 한다. 또한 인터넷 사용자들은 문서, 사진, 그림, 그리고 동영상 형태로 특정 콘텐츠를 제작하고 이를 세계 모든 사람들과 공유할 수 있다. 이들 UCC(user created contents)를 공유할 수 있는 사이트로는 미국의 유튜브(youtube), 한국의 판도라 TV, 곰 TV, 아프리카 등이 있으며, 이 동영상을 트위터나 페이스북, 블로그 등 소셜미디어에 링크하여 무제한적으로 다수의 사람들에게 유포할 수 있다. 즉 기존의 매스미디어는 전문가 집단이 표준화된 콘텐츠를 제작하여 대중들에게 유포하는 일 대 다수 커뮤니케이

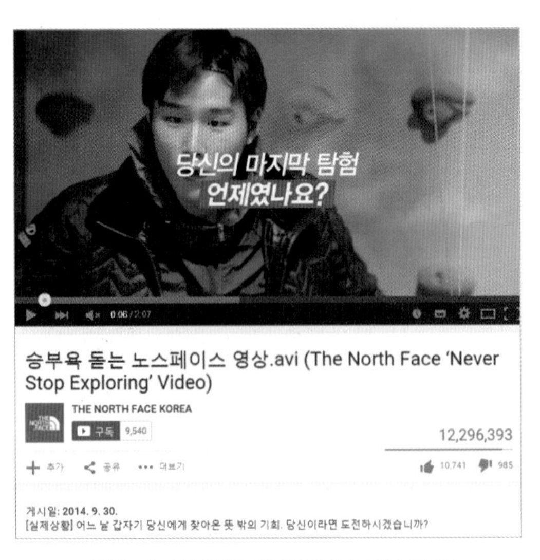

그림 1-4 유튜브를 이용한 바이럴 영상 마케팅
자료: 유튜브, 2014. 9. 30.

션(one-to-many communication) 방식이었으나, 인터넷은 세계적인 네트워크를 통해 다수 대 다수 커뮤니케이션 모델(many-to-many communication model)을 실현하는 매체인 것이다.

아웃도어 브랜드인 노스페이스의 '다시 탐험 속으로' 영상은 공개 43일 만에 유튜브, 페이스북 등에서 국내 브랜드 바이럴 영상 중 최초로 조회수 1,000만 뷰를 돌파했으며, 세계 유수의 광고제에서 잇달아 수상했다. 가수 싸이의 '강남스타일' 뮤직비디오는 2015년 4월에 23억 뷰를 돌파하며 유튜브 서비스 10년 동안 전 세계에서 가장 많이 본 영상으로 꼽혔고, 이 영상을 통해 싸이는 월드스타가 될 수 있었다.

3) e-비즈니스 유형

e-비즈니스의 유형을 분류하는 방법에는 여러 가지가 있는데, 거래 주체에 따라 분류하는 것이

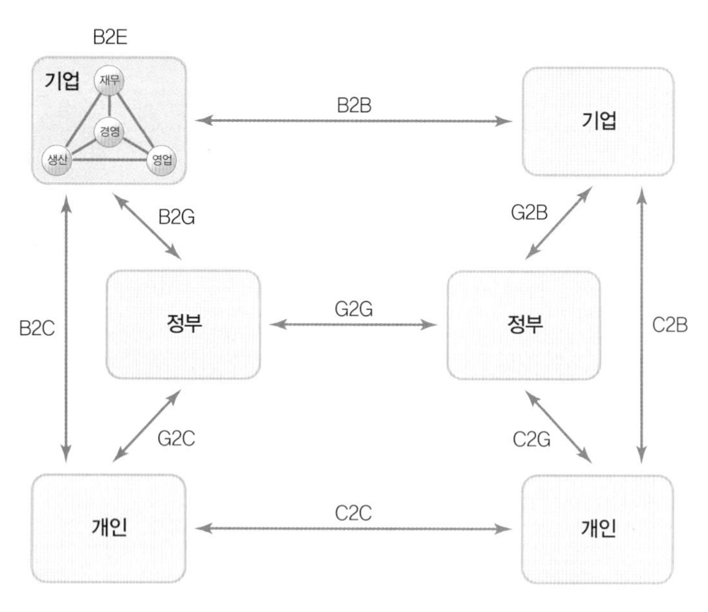

그림 1-5 e-비즈니스 유형
자료: 박길상(2013). 인터넷마케팅. p. 14를 수정

가장 일반적이다. 거래 주체는 기업, 소비자, 정부로 분류할 수 있으며, 이들 간의 거래관계를 분류해 보면 〈그림 1-5〉와 같이 기업 간 거래(B2B), 기업과 소비자 간 거래(B2C), 소비자 간 거래(C2C), 정부와 기업 간 거래(G2B), 정부와 소비자 간 거래(G2C) 등이 있다.

(1) B2B(Business-to-Business)

기업과 기업 간에 이루어지는 모든 처리 과정과 거래를 의미한다. 기업 내부의 거래가 이루어질 수 있도록 원재료나 부품이 입력되는 조달활동 등이 중심을 이루며, 구체적으로 EDI를 통한 기업과 공급업자 간의 문서교환, SCM을 통한 기업 간 정보·판매·유통 채널의 공유, 전자적인 자금이체, CALS를 통한 제품 및 설계 데이터 교환 등이 포함된다. 일례로 넥시스(Nexis)는 뉴스, 기업과 산업정보 등 비즈니스 정보조사를 지원하는 웹 기반의 검색 시스템이다. 렉시스넥시스(LEXIS-NEXIS.com)에서는 방대한 양의 정보를 주제별로 분류하여 법규 관련 신규 뉴스 서비스, 정부 및 입법 관련 뉴스 전문 서비스, 기간별 정보검색 서비스 등으로 전문화된 정보 서비스를 제공한다.

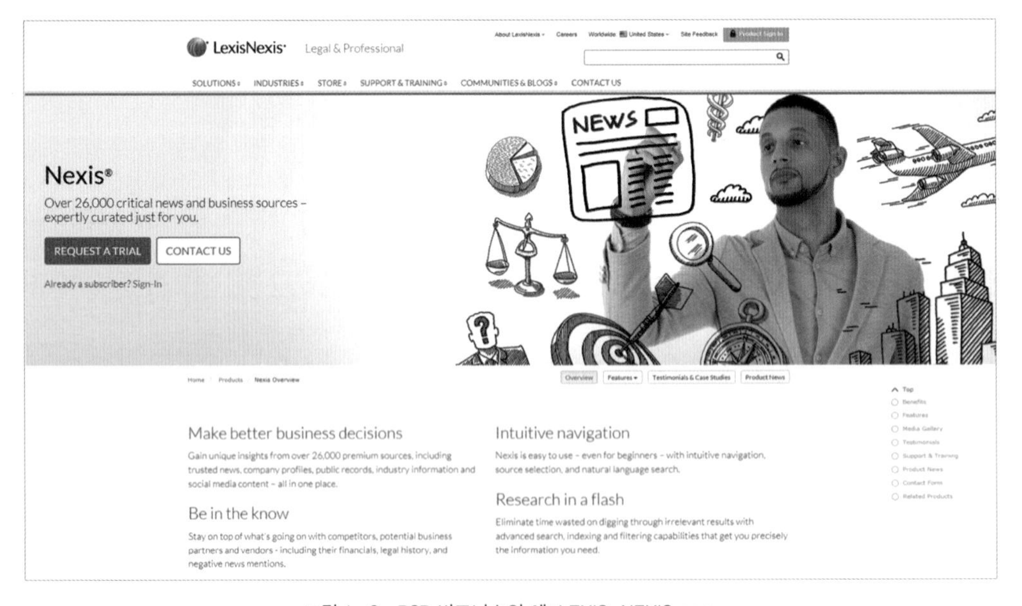

그림 1-6 B2B 비즈니스의 예: LEXIS-NEXIS.com
자료: 렉시스넥시스 홈페이지, 2015. 8. 1. 검색

(2) B2C(Business-to-Customer)

기업이 개인 소비자를 대상으로 수행하는 비즈니스로 1990년대 중반 웹이 사용되기 시작한 초창기부터 다른 유형에 비해 가장 먼저 발달했다. 당시에는 닷컴기업들을 중심으로 정보검색 서비스와 이메일 서비스를 제공하는 포털 사이트 형태가 대부분이었으나 곧 인터넷 쇼핑몰 형태가 빠르게 증가하기 시작했다. 현재는 쇼핑은 물론, 은행 거래, 주식 거래, 교육, 오락, 방송 등 개인의 경제 및 문화 활동과 관련된 여러 활동들이 온라인상에서 제공되고 있다.

(3) C2B(Customer-to-Business)

소비자가 주도하여 기업을 대상으로 특정 거래를 요구하는 역경매시장을 의미한다. 예를 들어 개인이 특정 항공편 티켓에 대해 자신이 지불하고 싶은 가격을 미리 제시한 후 그 가격에 동의하는 공급자와 거래를 하는 것과 같은 경우이다.

프라이스라인닷컴(Priceline.com)은 1997년 최초로 'Name your price!'라는 역경매 시스템을 개발해 비즈니스 모델 특허를 획득한 온라인 기업이다. 기존의 인터넷 여행정보 서비스에서는 여

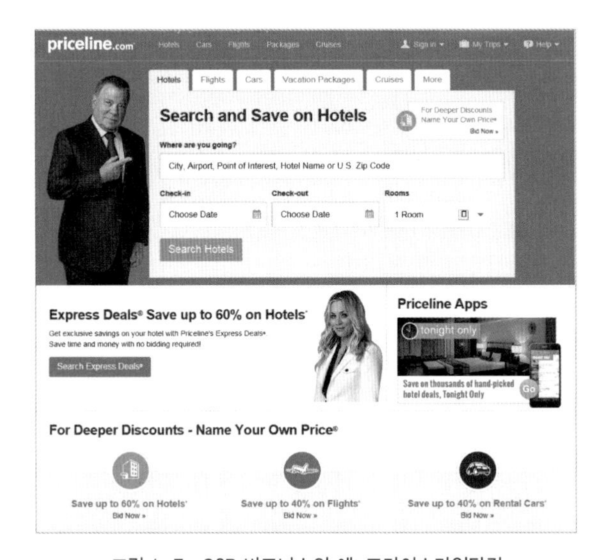

그림 1-7 C2B 비즈니스의 예: 프라이스라인닷컴
자료: 프라이스라인닷컴 홈페이지, 2015. 8. 1. 검색

행 일정과 장소를 입력하면 가능한 항공편과 숙박정보를 안내한다. 그러나 프라이스라인닷컴은 소비자가 원하는 가격을 기준으로 가능한 여행 일정이 있는지를 알려주고, 고객이 원하는 일정이 있어 거래가 성사되면 일정액의 거래 중개료를 받는다.

(4) C2C(Customer-to-Customer)

인터넷이라는 매체를 통해 소비자 간에 이루어지는 거래로 웹 기반의 경매(auction)에 의해 형성된다. 옥션(www.aution.co.kr), 이베이(www.ebay.com) 등이 경매 사이트를 제공하는 대표적인 온라인 기업이다. 제품을 판매하고자 하는 소비자가 제품을 웹상에 등록하면 최고가를 제시한 입찰자가 물품을 낙찰받게 되고 옥션이나 이베이는 가상공간을 제공해 주는 대신 거래액의 일정 비율을 받는다.

(5) P2P(Person-to-Person, Peer-to-Peer, People-to-People)

인터넷의 장점을 가장 잘 반영한 비즈니스 모델이라 할 수 있으며, 서버를 활용하지 않고도 데이터의 업로드와 다운로드를 사용자들끼리 일 대 일로 직접 할 수 있게 해준다. 개인이 공급자 또는 소비자 입장에서 다른 사람들의 컴퓨터에 저장되어 있는 음악, 동영상 등의 파일을 자신의 컴퓨터로 가져오거나 다른 사용자에게 파일을 제공할 수 있는 것이다.

P2P 프로그램으로는 e동키(eDonkey), e뮬(eMule)이 있는데, 사용자는 이 프로그램을 이용하여 원하는 P2P 서버에 접속해서 그 서버에 접속되어 있는 다른 개인들의 PC에 저장된 파일들을 검색하고 다운로드를 받을 수 있다. 대표적인 예로 음악 공유 사이트인 소리바다(www.soribada.com)가 있다.

(6) G2B(Government-to-Business)

기업과 정부 간의 인터넷 비즈니스로, 주로 공공물자나 행정물품 조달 및 조세 징수, 환급금 지급 등이 이에 해당된다. 예를 들어 조달청의 국가종합전자조달 서비스인 나라장터(www.g2b.go.kr)에서는 정부기관에서 필요한 기자재 및 물품을 공고하고 웹을 통해 입찰을 진행하여 낙찰된 기업으로부터 물품을 구매하는 기능을 제공한다. 또한 쇼핑몰 기능을 통해 필요한 행정용품들을 신속하게 구매할 수 있도록 지원한다. 이 외에도 여러 정부기관에서 이용하는 신청서 및 세무양식의 게시, 작업이 완료된 양식의 전송, 공과금 납부, 기업정보 갱신 등의 다양한 서비스를 제공하고 있다.

그림 1-8 G2B 비즈니스의 예: 나라장터
자료: 나라장터 홈페이지, 2015. 8. 1. 검색

(7) G2C(Government-to-Citizen)

정부가 국민을 대상으로 하는 각종 업무를 인터넷을 통해 수행하는 전자적 처리를 말한다. 정부는 전자정부 구현을 위해 대한민국정부(www.korea.go.kr)라는 공공 서비스 포털을 운영하고 있으며, 정부민원포털 민원24(www.minwon.go.kr)라는 온라인 행정 서비스를 제공하여 각종 민원 신청과 발급 등의 업무를 손쉽게 처리할 수 있게 했다. 이제 국민들은 주민등록등(초)본, 국민기초생활수급자증명서, 장애인증명서 등 각종 서류를 인터넷이 있는 어느 곳에서나 발급받을 수 있다. 한편 국세청은 국세청연말정산간소화서비스(www.yesone.go.kr)에서 연말정산 서비스를 제공하며, 세금이나 과태료 등의 납부도 인터넷지로(www.giro.or.kr)에서 직접 처리할 수 있다.

그림 1-9 G2C 비즈니스의 예: 민원24
자료: 대한민국 정부민원포털 민원24 홈페이지, 2015. 8. 2. 검색

(8) B2E(Business-to-Employee)

소비자나 기업을 대상으로 하는 것이 아니라 기업 내부의 조직구성원(직원)들을 잘 운영하기 위한 목적으로 사용하는 인터넷 비즈니스 유형이다. 기업정보와 애플리케이션의 이용, 직원관계 개선, 업무의 의사결정과 생산성 향상 등을 위해 고안된 것으로, 예를 들어 사내 복지제도, 교육기회 제공, 근무시간 탄력운영제, 보너스 지급, 특별 이벤트 제작 등을 위해 필요한 콘텐츠와 서비스를 제공한다.

2. 인터넷 소비자

1) 인터넷 소비자의 특징

일반적으로 소비자란 상품과 서비스를 소비하는 개인이나 조직이라 할 수 있다. 인터넷 혁명이라는 환경에서 등장한 신소비자는 과거에 비해 훨씬 다양해지고 차별화된 개인 및 조직의 욕구 충족을 위해 여러 가지 수단과 통제권을 이용하여 보다 능동적인 입장에서 소비행위를 하는 주체이다.

필립 코틀러(Philip Kotler)는 2010년에 출간한 저서 《마켓 3.0: 모든 것을 바꾸어놓을 새로운

표 1-3 다양한 신소비자 유형

소비자 유형	특징
프로슈머 (prosumer = producer + consumer)	소비자가 직접 생산에 참여한다.
리서슈머 (researsumer = researcher + consumer)	자신의 관심 소비 분야에 대해서 전문가적 식견을 가지고 지속적으로 연구 · 탐색한다.
크리슈머 (cresumer = creative + consumer)	개성을 표현하고 아이디어를 상품화하려고 한다.
트라이슈머 (trysumer = try + consumer)	간접적 정보에 의존하기보다 직접 사용해 보고 구입한다.
트윈슈머 (twinsumer = twin + consumer)	타인의 사용 후기를 따라서 소비하는 경향이 있다.
트랜슈머 (transumer = trans + consumer)	이동하면서 물건을 구매하는 행동을 보인다.
메타슈머 (metasumer = meta + consumer)	기존 제품을 업그레이드하여 새로운 제품으로 진화시킨다.
그린슈머 (greensumer = green + consumer)	친환경적인 제품을 선호한다.

자료: 남윤자 외(2013). IT 패션. p. 360 ; 정인희 외(2010). 패션 상품을 위한 인터넷 마케팅. p. 63 ; 정인희(2012). 리서슈머 시대, 소비자는 똑똑하다. 동아비즈니스리뷰, 107. pp. 110~112

시장의 도래》에서 3.0 시장과 신소비자의 개념을 소개하였다. 즉, 산업혁명의 기술발달로 인해 태동된 시장이 1.0 시장, 정보화 기술과 인터넷으로 인해 태동된 시장이 2.0 시장이라면, 현재의 시장은 정보화 기술이 진화한 형태인 '뉴 웨이브' 기술을 동인으로 하여 3.0 시대로 향한다고 하였다. 뉴 웨이브 기술은 개인이나 집단 간의 연결성(connectivity)과 상호작용성(interactivity)을 증진시킨 기술을 말하며, 소비자 개개인이 온라인상에서 스스로를 표현하고 상호작용하도록 하여 '참여의 시대(Age of participation)'가 열릴 수 있도록 했다.

1.0 시장으로부터 2.0 시장을 거쳐 3.0 시장으로 진화함에 따라 기존의 소비자들은 신소비자로 전환되었고, 인터넷이 제공하는 강력한 힘을 보유하게 되었다. 〈표 1-3〉은 디지털 환경하에 등장한 신소비자의 유형을 보여주고 있다. 이들은 수많은 정보와 제품 및 서비스에 접근 가능하게 되어 넓은 선택의 폭을 가지게 되었다. 즉, 소비자가 정보를 쉽게 이용할 수 있게 되고 네트워크의 힘에 의해 소비자 중심의 시장 형성이 가능해짐에 따라 공급자 주도의 기존 시장과 반대되는 역시장(reverse market)이 형성되었다. 역시장은 공급자가 소비자를 찾아나서는 것이 아니라 소비자가 자신을 만족시킬 수 있는 공급자를 찾아 적극적으로 거래를 주도하는 시장을 말한다. 또한 인터넷상에서의 상호작용을 통해 다양한 목적의 커뮤니티 집단을 형성하여 강력한 힘과 교섭력을 발휘하고 있으며, 정보를 생산하는 역할까지 해내고 있다.[3]

그러므로 인터넷 소비자란 구매과정에 인터넷을 적극적으로 사용하는 소비자를 의미하며, 구체적으로 개인 및 조직의 욕구와 필요를 파악하고, 정보를 탐색하며, 제품과 서비스를 구매하고, 이와 관련된 문제들을 해결해 나가는 과정에서 정보기술과 같은 진보된 환경을 능동적으로 이용하는 개인 및 조직이라 정의할 수 있다. 현재의 인터넷 소비자는 2.0 시장과 3.0 시장의 특성을 모두 반영한 소비 특성을 보일 것이다. 즉, 다양한 정보를 찾아 비교하는 정보 지향, 최대한 시간과 노력을 절약하고자 하는 편의 지향, 개인 욕구에 맞는 제품을 선택하는 개인 지향/맞춤 지향, 연결성과 상호작용성을 바탕으로 한 참여 지향과 관계 지향적인 성향을 나타낸다.

3 소비자들이 인터넷상에서 커뮤니케이션과 정보 공유를 통해 만들어 내고 발전시킨 집단지성(collective intelligence)의 힘은 기업이 소비자의 지식을 구하고 참여시키는 '크라우드 소싱(crowd sourcing)'이라는 마케팅 기법으로 활용할 정도로 그 파급력이 확대되고 있다.

CASE REVIEW

라이크디즈, 크라우드소싱을 패션에

대중(crowd)과 외부발주(outsourcing)의 합성어로 대중을 상품 생산과정에 참여시키는 방식인 '크라우드소싱(crowd sourcing)'을 패션에 적용시켜 주목을 받는 곳이 있다. 2014년 8월 첫 론칭한 온라인 SPA 라이크디즈(대표 조진우, likethiz.com)다.

이들은 누구나 온라인에서 그래픽디자인을 제안할 수 있게 해 이것을 직접 티셔츠로 제작해 판매하고 그 수익금을 나누는 새로운 디자인 플랫폼을 만들었다. 라이크디즈가 진행하는 공모전에는 누구나 자신의 디자인을 등록할 수 있으며 온라인 회원들의 투표로 당선작을 선정한다. 제작된 상품 판매 금액의 10%가 디자인 작가에게 주어짐으로써 선순환적 유통구조를 구축하고 있다.

라이크디즈는 '크라우드소싱'을 티셔츠 디자인에 적용했다. 이는 어떤 디자인 회사보다 다양한 디자이너를 확보할 수 있는 것이며 라이크디즈에서 현재 투표가 진행 중인 디자인이나 기존 당선작들이 이를 반증하는 바이다. 참가 디자이너 외에 회원들에게도 투표의 기회를 제공하고 이에 따른 보상까지 주어 참여도를 높였다. 투표 1회당 50원 상당의 포인트를 지급 받아 상품 구매에 사용할 수 있다. 라이크디즈는 작가들에게 더 많은 저작권료를 줄 수 있는 선순환 구조를 만들어 디자인 플랫폼의 역량을 강화할 계획이다.

현재까지 당선된 디자인으로 제작된 티셔츠는 자사의 홈페이지, 소셜커머스, 오픈마켓 등의 다양한 온라인 유통 채널에서 구입이 가능하다.

자료: 패션비즈(www.fashionbiz.co.kr), 2015. 4. 14.
사진 자료: 라이크디즈(likethiz.com)

(1) 정보 지향

한국인터넷진흥원의 〈2014년 인터넷 이용실태조사〉와 〈2014 모바일인터넷 이용실태조사〉에 따르면 자료 및 정보 습득, 커뮤니케이션, 여가활동이 인터넷을 이용하는 주요 세 가지 목적으로 나타났다. 그중에서도 자료 및 정보 습득은 인터넷을 이용하는 가장 주된 목적으로, 신소비자들은 인터넷의 광범위한 정보를 활용하여 제품이나 서비스 정보의 탐색, 가격 비교, 대안들 간의 비교평가 과정에서 최선의 선택을 하고자 한다. 또한 흥미 위주의 사소한 정보들을 가볍게 즐기는 탐색 과정 자체를 즐기기도 한다.

인터넷의 가격 비교 사이트나 제품 후기 블로그, 다양한 커뮤니티 사이트 등에서는 소비자가 원하는 정보를 제공한다. 인터넷에서 신속하고도 광범위한 정보가 제공되고 그들 정보를 이용하는 것이 쉬워지면서 소비자들은 전반적으로 높은 수준의 지식과 힘을 보유하게 되었으며, 이는 소비자의 힘을 강화시키는 결과를 가져왔다. 따라서 판매자 중심에서 이동한 소비자 중심의 시장 메커니즘이 등장하게 되었으며, 소비자들은 시장이라는 환경에서 권력의 중심에 서게 되었다.

한편 인터넷 신소비자의 정보 지향적 특성은 인터넷 환경이 진화함에 따라 그 양상이 조금씩 변모하고 있다. 인터넷 소비자들은 정보 획득뿐만이 아니라 정보 생산과 유포를 위한 매체로도 인터넷을 활용하면서 보다 적극적인 정보 지향성을 보이고 있는 것이다. 인터넷에서 소비자들이 직접 생산하는 댓글이나 제품 사용 후기, 질의응답 등의 정보가 네트워크를 통하여 확산됨으로써 소비자 주도적 정보의 양은 점차 증가하고 있다.

소비자는 다른 소비자가 자신의 경험을 바탕으로 하여 능동적으로 생산하고 제공하는 정보에 대해 기업에서 제공하는 수동적인 정보보다 높은 신뢰를 보이는데, 이런 정보에는 제품의 판매촉진이라는 숨은 의도가 없다고 판단하기 때문이다. 그러므로 기업에서 제공하는 제품 관련 가격, 포장, 광고, 촉진 등과 같은 마케터 주도적 정보보다 소비자 주도적 정보로부터 더 많은 영향을 받으며 이러한 맥락에서 온라인 구전(word of mouth)의 파급효과는 매우 크다.

(2) 편의 지향

현대사회의 소비자들은 시간 부족과 압박에 대한 스트레스에 노출되어 있으며, 이에 따라 시간을 절약하고자 하는 욕구가 점차 증가하고 있다. 인터넷이 상용화되던 초기에 소비자들은 자신이 있는 장소에서 외부와 소통하고 세계 각지의 뉴스를 탐색하고 다양한 제품 정보를 얻을 수 있는 등 인터넷이 제공하는 편의성에 매료되었으며, 따라서 인터넷은 현대 소비자들의 편의 지향성에 잘 부응하는 매체로 자리 잡았다.

그러나 인터넷에서 제공하는 정보의 양이 무한대로 증가함에 따라 인터넷 검색은 소비자들에게 인지적 부담을 안겨 주기도 한다. 소비자들은 최소한의 인지적 노력으로 최대한의 효과를 얻을 수 있는 소비를 하고자 노력하기 때문에 웹페이지에서 제공하는 메뉴의 수가 너무 많다거나 원하는 상품을 검색하는 데 많은 단계를 거쳐야 한다거나 하는 경우에는 시간 낭비에 대한 심리적 불안감을 경험하는 것이다. 또한 이미지가 화면에 나타나는 데 많은 시간이 걸리는 경우에도 시간에 대한 스트레스를 많이 받는다.

따라서 현재 인터넷 소비자의 편의 지향성은 인터넷에서 쉽고 신속하게 가장 필요한 정보를 찾는 것으로 나타난다. 미국의 아마존이 상품의 선택부터 결제까지 필요한 클릭 수를 7번에서 5번으로 줄이도록 사이트를 재설계함으로써 급격하게 흑자로 돌아설 수 있었다고 하는 점은 시사하는 바가 크다.

(3) 개인 지향/맞춤 지향

집단의 승인이나 집단에 대한 동조가 개인의 의사결정에 중요한 영향을 미치던 과거의 소비자와 달리 신소비자는 자신만의 차별화된 가치를 표현하고자 하는 욕구가 강해서 독창적이고 개별적인 성향을 보인다. 특히 인터넷은 개인이 원하는 정보를 마음껏 탐색할 수 있고 개인이 생각하는 바를 독립적이고 자유롭게 표현할 수 있는 지극히 개인적인 매체이므로 인터넷 소비자에게서는 이러한 개인 지향성이 더욱 강하게 나타난다.

또한 소비자들은 획일화된 제품과 서비스에 만족하지 않고 개개인에게 최적화된 제품과 서비스를 원한다. 많은 정보를 바탕으로 제품, 스타일, 브랜드 등에서 독특성을 추구하게 되고 자신의 취향과 개성에 보다 근접한 제품과 서비스를 구매하기 위해 생산 및 유통 과정에서 자신의 의견을 적극적으로 반영하고 참여한다. 이러한 현상은 의류, 신발, 화장품, 자동차, PC에 이르기까지 다양한 영역에서 나타나고 있으며, 유형의 상품뿐만 아니라 무형의 콘텐츠 제작으로까지 확대되고 있다. 소비자의 개인 지향과 맞춤 지향에 대한 욕구는 인터넷이 제공하는 양방향 커뮤니케이션에 의해 실현되고 있으며, 대량고객화(mass customization)[4]와 같은 일 대 일 마케팅의 형태로 전개되고 있다.

(4) 참여 지향

신소비자들은 인터넷에서 제공하는 풍부한 정보를 바탕으로 힘을 가지게 되었으며, 결과적으로 소비자와 판매자의 경계가 무너지고 더욱 적극적인 소비자가 등장하게 되었다. 소비자이면서 판매자, 나아가 생산자의 역할을 하는 소비자를 가리키는 대표적인 용어로 '프로슈머(prosumer)'가 있다. 프로슈머란 앨빈 토플러가 《제3의 물결》에서 처음 사용한 용어로, 스스로가 소비자이면서 동시에 생산자의 역할도 하는 소비자를 지칭하는 개념이다. 이 용어는 'producer'와 'consumer'의 합성어이다.

현대의 소비 시장에서 프로슈머의 활동은 점차 활발해지고 있으며, 다양한 방식으로 또 다른 가치를 창조하고 있다. 프로슈머는 개별화된 자신의 욕구를 가장 근접하게 만족시킬 수 있는 제품이나 서비스를 구매하기 위해 생산의 일부 과정에 참여함으로써 개별화된 가치를 창조한다. 자신이 원하는 곡들만 수록한 자신만의 CD를 제작하는 것, 내가 거주하게 될 아파트의 구조를 나만의 방식으로 설계하는 것, 옷이나 신발 등 패션 상품의 일부 디자인을 직접 변경하여 나만의 맞춤 상품을 주문하는 것 등은 모두 생산 과정의 특정 단계에 적극적으로 참여하여 자신의 취향과 욕구를 반영한 제품을 구매하고자 하는 프로슈머의 가치 창조 방법이라고 할 수 있다. 화장품 브랜드 이니스프리는 소비자의 다양한 의견을 제품 개발에 반영하기 위한 취지로 '그린프로슈머'를 운영하고 있으며, 상품기획자(BM)와 함께 신제품 개발을 위한 아이디어 제안부터 제품의 품평, 시장조사, 온라인 미션 참여 등 다양한 마케팅 활동을 수행하게 한다.

또한 참여(participation), 열정(passion), 변화(paradigm-shift)로 특징지을 수 있는 신소비자를 일컫는 'P세대'는 네트워크로 연결되어 있으면서 표현 욕구가 강하여 자신의 목소리를 낼 수 있는 공간에 익숙하고 게시판, 댓글 등을 이용한 참여에 매우 적극적이다. UCC 제작이나 블로깅

4 대량생산(mass production)과 고객화(customization)가 결합된 용어로 대량생산 방식으로 비용 경쟁력을 유지하면서도 제품과 서비스에 대한 개인화된 요구와 기대를 충족시키는 생산과 마케팅 방식을 말한다.

(blogging)은 P세대의 대표적인 참여 지향적인 활동이다. 식품, 전자제품, 화장품, 패션 등 각 영역에서 블로거들의 활동이 활발하게 이루어지고 있는데, 패션 블로거는 자신이 좋아하는 스타일이나 제품 등의 사진을 게시하고 관련 정보들을 수집, 분석하기도 한다. 이들은 개방, 공유, 참여로 대표되는 웹 3.0 시장에서 다양한 1인 미디어 활동을 통해 소비자의 영향력을 키워가고 있다. 이처럼 자신의 관심 소비 분야에 대해서 전문가적 식견을 가지고 지속적으로 연구하며 탐색하는 소비자를 리서슈머(researsumer, researcher+consumer)라 일컫기도 한다.

(5) 관계 지향

신소비자들은 개인적 선호와 기준에 따라 행동하고 개별화된 서비스를 선호하는 동시에 디지털 세상에서 소외되지 않으려고 더욱 노력하며 공동체 지향적인 특성을 나타내기도 한다. 이들은 커뮤니티에 소속되어 멤버십을 획득하는 것에 관심이 많고 네트워크 안에서 관계를 맺는 것에 대한 욕구 또한 크다. 다시 말해 인터넷 소비자들은 자신만의 가치를 표현하려는 욕구를 지니고 있는 동시에 공통된 관심사나 라이프 스타일을 가진 사람들과의 관계 형성을 통해 편안함과 일체감을 형성하고 강한 응집력을 갖고자 한다.

그 결과 온라인 커뮤니티나 각종 블로그, 트위터와 같은 소셜미디어 활동을 하며 가상세계에서의 관계를 확장한다. 커뮤니티(community)는 인터넷이 등장하기 이전부터 존재해 왔던 개념으로, 웹스터 사전에 따르면 '보다 큰 단위 내에서 공통의 관심·직업 등을 지닌, 보다 작은 사회적 단위로 모인 사람들의 집합'으로 정의된다. 온라인 커뮤니티는 전통적 커뮤니티가 인터넷이라는 매체에 의해 온라인에 형성되었다는 점을 반영하여, '공통의 주제나 관심에 근거하여 아이디어를 교환하고 공동의 공간을 공유하는 전통적 커뮤니티가 가상공간에서 이루어진 것'으로 정의될 수 있다. 일정 수준 이상의 몰입과 강도를 가진 구성원들 간의 일련의 관계로 구성되며, 운영자와 구성원 간, 혹은 구성원들 간의 상호작용에 의해 신뢰감과 동질감을 형성하게 된다. 카카오페이지나 인스타그램, 페이스북, 트위터 등은 가장 활발하게 운영되고 있는 소셜네트워크 기반의 커뮤니티다.

CASE REVIEW

패션 모바일 마케팅 대세는 '큐레이션 SNS'

인스타그램·빙글 등 관심사 기반 서비스 제공
타깃 마케팅에 효과 높아 패션업계 이용 증가

인스타그램, 빙글 등 큐레이션(콘텐츠를 목적에 따라 분류하고 배포하는 일) SNS(소셜 네트워크 서비스) 시장이 확대되면서 패션업계에도 이를 통한 마케팅 전략이 중요한 과제로 떠오르고 있다. 큐레이션 SNS는 특정 구분 없이 다양한 정보가 쏟아지는 페이스북, 트위터와는 달리 소비자들이 관심 있는 분야만 골라 정보를 받는 관심사 기반의 서비스다. 인스타그램, 핀터레스트, 텀블러, 빙글 등이 대표적이며, 국내에서는 인스타그램과 빙글이 널리 사용되고 있다.

이용자 수는 폭발적이다. 인스타그램은 지난해 말 월간 이용자가 3억 명을 돌파하면서 트위터를 앞섰고, 핀터레스트와 텀블러도 최근 6개월 사이 2배 가까이 증가했다. 빙글은 2011년 말 오픈해 최근 이용자 수가 600만 명을 넘어섰다. 이들의 성장은 다양한 인맥과의 정보 교류가 목적이던 기존 SNS와 달리 소비자들이 원하는 분야에 따라 보다 전문적인 정보 교류를 이끌어내고 있기 때문이다. 특히 무분별한 정보가 쏟아지는 것이 아닌, 소비자들이 정보 습득의 목적을 갖고 이용하고 있다는 점에서 활용 가치를 더 높게 평가받고 있다는 분석이다.

페이스북과 트위터 등 기존 SNS는 친구를 맺은 이웃들이 게재한 글과 사진들이 본인의 의사와는 상관없이 무작위로 노출되고 있어 이용자들이 불필요한 정보까지 접하게 된다. 반면 큐레이션 SNS는 쇼핑, 여행, 육아, 영화, 스포츠 등 카테고리를 세분화해 이용자들이 원하는 분야의 콘텐츠만 볼 수 있게 했다. 또 텍스트 중심이 아닌 사진과 동영상을 중심으로 콘텐츠를 운영하고 있어 사용이 편리하고 시각적인 효과도 크다. 이 때문에 패션 부문의 마케팅 툴로 새롭게 주목을 받고 있다.

한 SNS 전문가는 "SNS의 단점이 원하지 않는 분야의 정보도 받게 된다는 점인데 이를 보완한 것이 인스타그램과 빙글이다. 이용자들의 목적을 철저하게 분석해 맞춤형 콘텐츠를 제공하고 있다는 점에서 향후 활용 가치는 더욱 높아질 것으로 보인다"고 말했다.

이에 발 빠른 기업들은 큐레이션 SNS를 적극 활용하고 나섰다. 루이비통, 나이키, 아디다스, H&M 등 글로벌 브랜드들은 이미 팔로워 수가 수백만 명에 이른다. 인스타그램 기준 나이키가 1240만 명, H&M이 530만 명, 루이비통이 430만 명, 아디다스가 340만 명에 이른다. 스파오와 미쏘, 에잇세컨즈, 코오롱스포츠, 원더플레이스, 스타일난다 등 국내 패션 브랜드들도 인스타그램과 빙글 등 큐레이션 SNS를 활용한 마케팅 전략을 강화하고 있다. 아직 팔로워 수는 페이스북이나 트위터에 비해 낮은 편이지만 꾸준하게 증가하고 있으며, 이를 대상으로 다양한 콘텐츠를 제공하고 있다.

자료: 어패럴뉴스(www.apparelnews.co.kr), 2015. 3. 3.

CASE REVIEW

스포츠아웃도어, '인스타'로 모여!

기업들의 SNS 홍보채널이 페이스북, 트위터, 블로그에서 인스타그램으로 이동했다. 글로벌 브랜드의 경우 일찍부터 인스타그램을 동시 운영했지만 최근 국내에서도 아웃도어, 스포츠, 캐주얼 등 이미지를 중시하는 패션업계의 인스타그램 채널 오픈이 잇따르고 있다.

MEH(대표 한철호)는 최근 「밀레」와 「엠리밋」의 공식 인스타그램 채널을 오픈했다. 「밀레」(@millet_korea)의 마케팅팀은 최근 젊은 층이 캠핑, 트레킹 붐과 함께 새로운 아웃도어 소비층으로 떠오르고 있고 2030세대의 사용자 증가폭이 가장 큰 SNS가 인스타그램이기 때문에 인스타그램 채널 오픈을 결정했다고 밝혔다. 전속모델인 이종석, 박신혜가 한류스타인 만큼 새로운 화보를 업로드하면 해외 팬들의 '좋아요' 반응도 뜨겁다. 친구의 아이디를 태그하고 특정 해시태그를 입력하는 식으로 참가 가능한 이벤트 역시 오픈과 함께 큰 호응을 얻고 있으며 사용자 간의 인터랙션도 빠르다고 「밀레」 관계자는 전했다. 「엠리밋」은 '2535세대를 위한 메트로 아웃도어 브랜드'를 표방하는 만큼 활발히 운영 중인 페이스북에 이어 인스타그램 채널(@mlimited_official)을 오픈하며 젊은 세대와의 소통을 더욱 강화하고 있다.

코오롱인더스트리FnC부문(대표 박동문)의 「코오롱스포츠」도 지난 2월 인스타그램 채널(@_kolonsport)을 열어 다양한 이벤트를 실시하고 있다. 전속모델의 공식 화보 이미지보다 캐주얼하고 자연스러운 느낌의 스트리트컷을 다수 업로드하며 좋은 반응을 얻고 있다. 「코오롱스포츠」 컬렉션에 방문했던 유명인들의 사진 역시 인기다.

세정(대표 박순호)의 「써코니(Saucony)」는 지난해 3월 채널을 개설(@sauconykorea)하며 인스타그램 열풍에 합류했다. 이미 공식 페이스북, 블로그 등을 통해 2만여 명의 팬과 월 평균 약 5만 명의 방문자수를 보유하고 있는 「써코니」는 브랜드의 핵심 타깃인 젊은 층과의 쌍방향 소통 창구를 넓히고 국내 팬뿐 아니라 글로벌 팬들과도 손쉽게 만나기 위해 인스타그램을 운영한다. 신상품은 물론 러닝슈즈를 신었을 때의 다양한 스타일링법을 화보와 함께 소개하고 있다.

아식스코리아(대표 이성호)는 스포츠 라이프 스타일 브랜드 「아식스타이거」를 론칭하면서 공식 SNS로 인스타그램을 동시 오픈(@asics_tiger_korea)했다. 「아식스타이거」는 활력 넘치는 컬러와 젊은 감성의 디자인으로 「아식스」만의 라이프스타일을 표현한 브랜드로, 인스타그램 역시 브랜드의 감성을 그대로 적용해 밸런타인데이에는 초콜릿과 장미꽃을 배경으로 촬영한 러닝화 화보를 게재하는 등 시즌에 최적화된 감각적인 이벤트와 이미지로 2030 타깃을 공략하고 있다.

정재화 「밀레」 기획본부 이사는 "인스타그램은 정제된 텍스트로 충실한 정보를 제공하기보다는 직관적이고 감각적인 비주얼을 무기로 활용하는 채널이다. 따라서 페이스북, 블로그 등 다른 특성을 공유하는 타 채널과 효율적으로 동반 활용할 때 그 장점을 극대화시킬 수 있을 것"이라고 전했다.

자료: 패션비즈(www.fashionbiz.co.kr), 2015. 5. 20.

2) 인터넷 소비자의 유형

인터넷 소비자가 인터넷에서 여러 사이트를 돌아다니는 행동을 내비게이션이라고 하며, 인터넷 소비자의 내비게이션 형태는 크게 서칭(searching)과 서핑(surfing)으로 구분할 수 있다. 서칭이 목적지향적이라면 서핑은 보다 경험지향적이다. 한상만 등(2003)은 인터넷 쇼핑몰의 내비게이션 형태를 더 세분화하여 제품구매형, 단순방문형, 상호작용형, 정보탐색형으로 분류하였는데, 제품구매형의 내비게이션은 목적 지향적인 반면 단순방문형, 상호작용형, 정보탐색형의 내비게이션 형태는 경험 지향적이라고 할 수 있다.

(1) 제품구매형 소비자

목표지향적 동기를 가지고 계획적으로 제품구매와 관련된 내비게이션을 한다. 매우 집중된 탐색 패턴을 보이므로 카테고리 수준의 페이지보다는 제품 수준의 페이지를 더 자주 방문한다. 이들은 인터넷 쇼핑몰에서 직접 구매를 하는 소비자들로 제품 페이지와 브랜드 페이지를 주로 방문하며, 오프라인 조사 후 온라인 구매를 하는 경향 또한 높다. 방문하는 페이지의 수는 적으나 머무는 시간이 길며 카테고리 다양성은 낮으나 제품 다양성은 높다. 특정 제품을 반복적으로 보는 탐색 패턴을 보인다. 제품을 장바구니에 넣는 비율은 낮은 편이나 실제 주문비율은 높아 탐색이 곧 제품구매로 연결되는 내비게이션 특성을 나타낸다.

(2) 단순방문형 소비자

경험적 동기를 가지고 쾌락적 브라우징을 즐기는 유형으로, 어떤 특정 제품을 생각하지 않고 있기 때문에 매우 분산된 탐색 패턴을 보이며 제품 수준의 페이지보다는 넓은 카테고리 수준의 페이지를 보는 데 많은 시간을 소비한다. 방문한 카테고리 수는 많으나 특정 페이지에 오래 머물지 않는 탐색 패턴을 보이며 카테고리 다양성과 제품 다양성이 모두 높은 편이다. 특별한 목적이 없으므로 제품을 장바구니에 넣는 비율은 높은 반면 주문율은 매우 낮으며, 특정 쇼핑몰에 대한 충성 또한 매우 낮다.

(3) 상호작용형 소비자

판매촉진 활동에 따른 비계획 구매를 하는 형태로, 홈페이지를 중심으로 이벤트 페이지, 상호작용 페이지 등 다양한 페이지를 내비게이션하는 유형이다. 카테고리 다양성은 높으나 제품 다양성은 낮으며, 방문한 페이지 수가 많은 반면 한 페이지에 머무는 시간은 짧은 편이다. 장바구니에 제품을 담는 비율은 낮지만 제품 구매로 연결되는 비율이 높다. 온라인 쇼핑몰 사이트의 판매촉진 활동에 유도되어 구매를 결정하는 유형이다.

(4) 정보탐색형 소비자

인터넷을 통해 제품의 정보를 습득하는 유형으로, 카테고리 다양성과 제품 다양성이 모두 높고 많은 페이지를 방문하며 한 페이지에 체류하는 시간 또한 길다. 장바구니에 제품을 넣는 비율은 높으나 구매는 상대적으로 낮아 인터넷 쇼핑몰을 통해 제품정보를 확인하는 소비자 유형이라고 할 수 있다. 많은 정보를 탐색하고자 하므로 방문한 페이지에 머무는 시간이 길고 인터넷 쇼핑 사이트 내에서도 보다 정보가 많은 페이지에 집중하는 경향이 있다. 어드바이스 컬럼, 커뮤니티, 기업정보 페이지 등의 페이지 방문을 많이 하여 제품 관련 정보를 축적한다. 제품 구매와는 관련 없이 쇼핑몰 사이트에 대한 지식을 축적하는 것이 내비게이션의 주요 목적이다.

CHAPTER

2

디지털 혁명과 마케팅 패러다임의 변화

기원전 7000년경의 농업혁명과 1700년대 후반부터 1800년대 초반에 걸쳐 진행된 산업혁명으로 인해 획기적인 산업 발달이 이루어졌다면, 1980년대 중반에 개발된 컴퓨터와 인터넷의 등장으로 인류는 디지털 혁명(digital revolution)이라는 또 다른 혁신적 전환기를 보내고 있다. 인터넷과 정보통신기술에 기반한 디지털 혁명은 기술, 산업, 경제, 사회, 국가와 전 세계의 관계에까지 엄청난 변화를 불러오고 있으며, 세계는 바야흐로 유비쿼터스(ubiquitous) 시대로 진입하였다. 오늘이 순간에도 디지털 혁명이 주도하는 세상은 시시각각 변화하고 있다. 우리는 어떠한 변화를 경험하고 있으며, 이러한 변화가 마케팅 패러다임에는 어떤 영향을 미치고 있을까?

1. 디지털 혁명과 디지털 환경

1) 인터넷의 확산과 디지털 혁명

디지털 혁명에서 가장 핵심이 되는 것은 지식과 정보의 전달이다. 개인과 개인은 물론 기업과 소비자 간에도 무제한적인 정보를 편리하게 교환할 수 있게 되었고, 정보의 전달 속도 역시 훨씬 빨라졌다. 즉 지식의 창출과 활용 원리가 경제 활동의 핵심 요소가 되는 지식 기반 경제가 도래한 것이다. 이러한 새로운 경제 질서로 연결되는 과정은 컴퓨터의 발명, 통신기술의 발전과 통신망의 구축, 인터넷을 통한 전 세계 네트워크 구축의 단계로 설명할 수 있다.

디지털이란 0과 1의 조합에 의해 모든 정보를 표현하는 기술적인 개념이다. 컴퓨터의 발명으로 디지털 값인 이진수를 이용한 계산이 가능해졌고 디지털 기술이 다양한 분야에 활용되기 시작했다. 컴퓨터가 정보 네트워크의 정보를 처리하는 단말기라면, 이들 디지털 정보를 언제나, 어디서나, 누구와도 실시간으로 교환할 수 있도록 하는 것이 통신망의 확충이다. 통신망은 유선, 무선, 위성, 방송 등 다양한 형태로 발전되어 왔다. 인터넷은 컴퓨터의 발명으로 이루어진 정보처리 방법의 개선과 정보통신망 구축 및 통신 서비스의 확충을 세계적인 네트워크로 실현시켰다. 즉 전 세계에 산재한 각종 디지털 기기들을 하나의 서버/클라이언트 환경의 네트워크로 연결시킨 것이다.

인터넷은 전 세계 컴퓨터를 상호연결하는 컴퓨터 통신망을 나타내는 INTERnational NETwork에서 파생된 용어이다. 미국의 연방 네트워크위원회(FNC: Federal Network Council)는 IP(internet protocol)에 기반을 둔 유일한 주소 체계로서 전 세계적으로 연결되어 있는 글로벌 정보시스템, TCP/IP[1]를 사용하여 상호간에 커뮤니케이션을 할 수 있도록 지원하는 통신시스템, 누구나 접근하여 사용할 수 있는 통신과 관련하여 인프라 구조에 기초를 둔 고차원의 서비스로 인

1 Transmission Control Protocol/Internet Protocol. 컴퓨터와 통신기기들을 네트워크에 연결시키는 데 사용되는 프로토콜이다. TCP는 주로 컴퓨터 통신망에서 데이터의 흐름을 관리하여 데이터의 전송이 잘 이루어졌는지를 확인하는 기능을 담당하고, IP는 데이터를 한 곳에서 다른 곳으로 전송하는 기능을 담당한다.

터넷을 정의한 바 있다. 즉, 인터넷이란 전 세계의 컴퓨터들이 통일된 프로토콜(protocol)을 사용하여 자유롭게 커뮤니케이션을 할 수 있는 통신망이라 할 수 있다. 프로토콜이란 컴퓨터 통신에서 둘 이상의 송수신자 사이에서 데이터의 전송이 일정하게 이루어지도록 하는 규약이다.

인터넷의 발전이 빠르게 전개되면서 인터넷은 전 세계의 컴퓨터를 연결하는 거대한 통신망을 나타내는 추상적인 단어 이상으로 그 의미가 부여되고 있다. Krol과 Hoffman(1993)은 인터넷을 TCP/IP에 기반을 둔 네트워크의 네트워크이고, 네트워크를 구축하고 사용하는 사람들의 공동체이며, 네트워크를 통해 획득하게 되는 정보 자원의 집합으로 정의하였다. 이 정의에 따르면 인터넷은 단순히 물리적인 네트워크만을 의미하는 데서 그치는 것이 아니라, 네트워크를 이용하는 사람들 간의 관계를 맺어주는 매체이자 네트워크 속에 존재하는 광범위한 정보들까지도 포괄하는 개념이라고 할 수 있다.

정보통신기술과 인터넷이 결합된 디지털 기술은 산업 체계의 통합화와 네트워크화를 가져왔다. 문자나 데이터, 음성과 영상, 유선과 무선, 공중망과 사설망의 서비스 통합을 통해 일상생활에서 사용되고 있는 휴대폰이나 디지털 가전, PC 등 다양한 종류의 기기들도 통합되고 있고, 인터넷 통신규약(HTTP)이나 인터넷의 기본언어(HTML), 전 세계 사람들이 HTML을 사용하게 하는 웹(WWW)과 같은 표준화된 통신규약으로 국경을 초월한 정보와 자료의 통합이 가속화되고 있다. 컴퓨터가 인터넷의 네트워크와 결합되면서 인터넷과 연결된 모든 사용자들 간에는 자유로운 의견과 정보의 교환이 가능하게 되었고, 이러한 정보전달의 규모와 속도는 우리가 상상할 수 없을 정

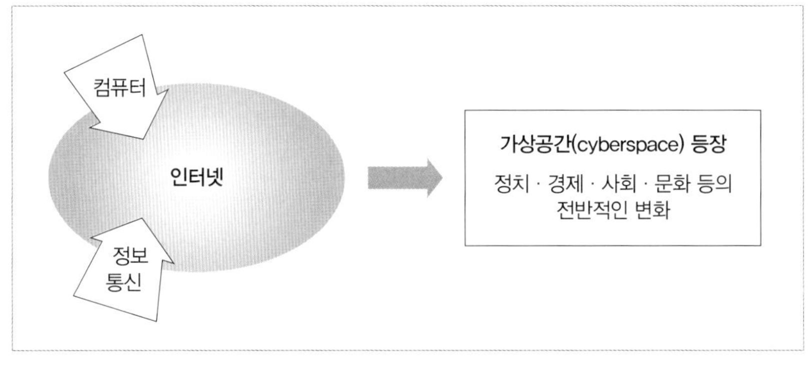

그림 2-1 디지털 혁명

도로 커지고 빨라졌다. 또한 과거에 존재하지 않았던 사이버스페이스(cyberspace), 즉 가상공간(virtual space)의 등장으로 현실세계가 아닌 가상공간에서의 사이버 교육, 사이버 점포, 사이버 커뮤니티 등이 급속히 확장되고 있다.

2) 디지털 시대의 마케팅 환경

디지털 혁명이 낳은 디지털 환경에서 정치, 경제, 사회, 문화는 총체적으로 변화하고 있다. 디지털 시대에는 기업경영 측면에서도, 또한 소비자의 생활양식과 소비행동 측면에서도 마찬가지로 계속하여 새로운 패러다임이 나타나고 있다.

(1) 네트워크로 연결된 환경

정보통신 기술과 인터넷의 발전에 따라 개인과 기업, 사회, 국가 간에는 네트워크를 통한 밀접한 연계가 가능해졌다. 물리적 시간이나 지리적 거리와 관계없이 정보에 대한 접속, 전달, 처리, 저장이 자유롭게 이루어지며, 낮은 비용으로 보다 편리하게 상호 업무처리와 협력을 할 수 있게 되었다. 네트워크는 커뮤니케이션의 수단으로서 다음과 같은 특성을 갖는다.

- 네트워크는 누구나, 쉽게, 언제, 어디서나, 연결이 가능하다.
- 멧칼피(Metcalfe)의 법칙[2]에 따르면 네트워크의 규모가 클수록 새로운 참여자의 네트워크에 대한 가치는 더 커진다.
- 기업은 네트워킹을 통해 부수적인 업무를 아웃소싱으로 조달하고 핵심역량에만 집중할 수 있다.
- 기업은 더 저렴한 비용으로 필요한 정보를 수집할 수 있고 고객에게 보다 높은 가치를 제공하기 위해 수집한 정보의 활용도를 높일 수 있다.

2 어떤 네트워크가 커뮤니티로서 갖는 가치를 설명한 것으로 네트워크의 가치=f(참여자의 수)^{2}으로 나타낸다. 네트워크의 규모가 크면 클수록 새로운 참여자의 네트워크에 대한 가치는 더 커진다.

몇 년 전까지도 네트워크에 접속할 수 있는 기기는 주로 컴퓨터와 터미널에 한정되었으나 이제는 개인용 컴퓨터, 노트북 휴대폰, 무선기기 등으로 다양해졌다. 신규 네트워크 액세스 디바이스의 특징은 첫째, 용량의 확장과 기기의 사용 용이성이 급속하게 향상되었으며, 둘째, 네트워크 도달 능력이 향상되었다는 점이다. 계속적인 기술의 진보로 유비쿼터스 컴퓨팅과 같은 새로운 환경이 출현하고 있으며 기존의 기술들도 빠르게 향상되고 있다.

(2) 지식정보의 중요성 증대

농업 경제에서는 가장 중요한 기반구조가 농토와 농기구이고, 산업 경제에서는 그것이 산업엔진과 연료라고 한다면, 디지털 경제에서의 핵심적인 기반구조는 컴퓨터 및 인터넷과 같은 통신망이다. 과거에는 자본과 노동력을 이용한 산업생산으로 경제성장을 이루었으나 오늘날은 시장이 성숙되고 기술이 진보되어 더 이상 산업생산은 중요한 경제적 기반이 될 수 없다. 대신 디지털 경제에서의 핵심적 자원은 지식과 정보인 것이다.

〈그림 2-2〉의 지식사슬 순환모형에서 보는 바와 같이 지식은 데이터나 정보를 해석하기 위한 이성(reasoning), 경험(experience), 노하우(know-how)를 포함한다. 지혜(wisdom)는 지식에

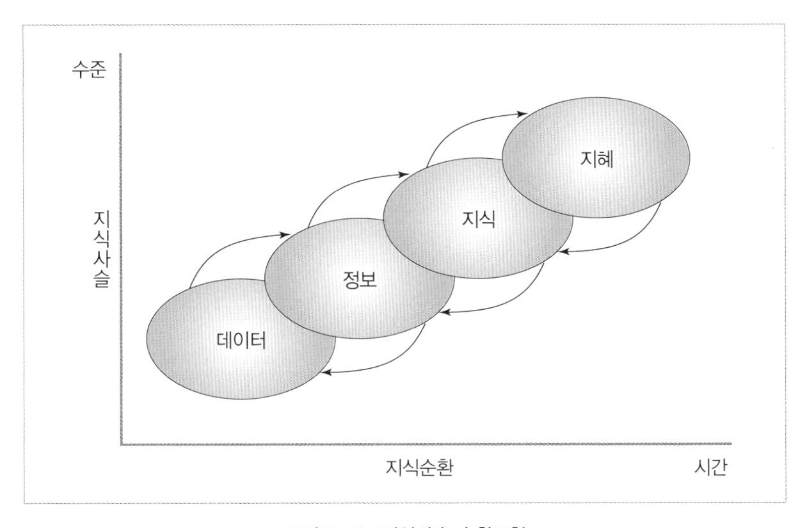

그림 2-2 지식사슬 순환모형
자료: 김창수 외 5인(2011). e-비즈니스 원론. p. 7

기반하여 지적인 결론을 이끌어내는 능력이다. 즉 하위의 데이터에서부터 상위의 지혜 단계까지 일련의 가치 사슬에 기반하여 정보와 지식이 순환적으로 생산됨을 알 수 있다. 그러므로 디지털 경제에서 조직은 양질의 데이터 확보와 정보 축적, 그리고 축적된 정보를 효과적으로 잘 이용하여 상위의 지혜 단계에 양질의 지식을 제공하는 역량이 필요하다.

무한 경쟁의 시대에는 더 좋은 품질의 제품을 낮은 가격에 판매하는 기업만이 경쟁우위를 차지할 수 있다. 따라서 기술개발뿐 아니라 조직 구성원의 노동 숙련도를 높이고 새로운 아이디어를 창출하는 것이 필요한데 이러한 창의적 능력이 바로 '지식'에 해당된다. 지식은 기업을 비롯한 모든 조직에서 생산성과 경쟁력을 결정하는 요인으로 등장하고 있으며, 글로벌 경쟁력을 높이는 과정에서 다른 업무는 아웃소싱할 수 있어도 지식 관리를 아웃소싱할 수는 없다. 지식과 정보를 새롭게 갱신할 수 있는 조직만이 변화하는 환경에 신속히 대응하고 조직의 경쟁우위를 확보하면서 생존할 수 있는 것이다.

(3) 글로벌 경영

인터넷 및 초고속망 등을 통해 시간과 공간의 제약 없이 정보 교류가 이루어지면서 비즈니스의 글로벌화도 빠르게 진행되고 있다. 기업은 네트워킹을 통해 글로벌 경영시스템을 어렵지 않게 구축할 수 있게 되었으며 시장의 범위도 국내시장에서 세계시장으로 확대되어 국경 없는 글로벌 비즈니스 체제가 도래하고 있다. 글로벌화란 생산물 및 생산요소의 국가 간 자유로운 이동을 통해 글로벌 경제의 통합이 심화되고 세계시장이 하나가 되면서 이 시장을 시장 메커니즘에 의한 경쟁시장으로 만들어 가는 과정이다.

글로벌화로 인해 개별 기업들이 제품개발, 원자재 및 부품조달, 생산, 판매 등을 세계적인 네트워크 속에서 행함에 따라 상품, 서비스, 투자 등의 국가 간 교역이 활발해질 뿐만 아니라 이를 규율하는 제도를 국제적으로 일치시키는 노력도 진행될 것이다. 향후 지금까지는 국제 간 거래가 어려웠던 서비스의 교역과 자본의 이동도 더욱 광범위하게 이루어질 것이다. 글로벌 시장 자체가 하나의 단일 시장으로 간주되면서 비즈니스에 있어서 국가의 역할과 중요성은 감소하는 대신, 기업이 글로벌 경쟁의 중심에 서게 될 것이다. 그러므로 각 제품별로 확고한 경쟁력을 갖춘 특정 글로벌 기업이 세계시장을 주도하거나, 국경을 초월한 기업 간 전략적 제휴가 더욱 활발히 이루어질 것이다.

(4) 다양한 형태의 융합

소비자 니즈의 다양화, 고도화와 더불어 통신망의 광대역화, 최첨단 재료개발, 디지털 기기의 초소형화, 인공지능기술 등의 기술 발전이 이루어지면서 다양한 형태의 융합이 등장하거나 확대되고 있다. 고객 니즈의 변화를 만족시키기 위해서는 혁신적인 아이디어나 제품이 필요하며, 이를 위해서 이미 검증된 기술, 아이디어, 제품 등을 창조적으로 재조합하고 보완하여 새로운 가치를 창출한다. 예로서 IT제품 간 융합, 산업 간 융합, 네트워크·서비스 간 융합 등을 들 수 있다.

① IT제품 간 융합 컴퓨터, 통신, 오디오, 비디오 등 전자제품들 간의 융합을 중심으로 전개되어 데이터 통신, 정보, 오락, 가공 및 처리, 상거래 콘텐츠 등의 기능 간 융합도 함께 이루어지고 있다. 스마트폰(컴퓨터+인터넷+전자우편+사진기), 복합형 캠코더(캠코더+디지털사진기+MP3), TV폰 등이 대표적이다. 앞으로도 입력방식, 디스플레이, 배터리 등의 혁신적인 기술발전이 뒷받침될 경우 소비자의 니즈를 단일 기기에서 충족시킬 수 있는 통합 멀티미디어 기기가 속속 등장할 것이다.

② 산업 간 융합 산업 내 혁신을 통한 고객가치 창출이 어느 정도 한계에 이르면서 다른 산업 간의 융합이 시도되고 있다. 우선 IT산업, 소재산업, 바이오산업 등을 중심으로 타 산업과의 융합이 성행할 것으로 전망된다. IT산업은 인공지능기술의 발전 등으로 사물 간의 네트워킹 및 통합을 통한 비즈니스 모델을 모색할 수 있고, 소재산업은 사물이나 기기의 물성을 변화시킴으로써, 바이오산업은 인간의 신체적 특성을 적용시킴으로써 기술 혁신을 가져올 수 있다.

③ 네트워크·서비스 간 융합 유·무선 통합, 음성과 데이터 통합, 통신·방송 통합의 방향이 예측된다. 유·무선 통합은 유·무선으로 분리되어 있던 통신서비스와 네트워크가 통합되어 접속 네트워크나 단말기에 상관없이 언제, 어디서나 음성과 데이터 서비스를 연속적으로 제공하는 것을 의미한다. 궁극적으로 이러한 서비스의 융합은 유비쿼터스 네트워크 환경을 조성할 것이며, 그 결과 언제 어디서나 모든 사물들이 네트워크로 연결되어 상호 통신하며, 사물에 부착된 센서 간의 지능인식으로 서비스가 제공될 것이다.

2. 새로운 마케팅 패러다임

1) 마케팅 관점의 변화

대중매체 시대의 커뮤니케이션 방식은 일방적인 것이었으나, 인터넷의 등장과 함께 컴퓨터가 제공하는 통신환경인 가상공간(cyberspace)에서는 생산자와 소비자 사이의 양방향 통신이 가능하다. 이에 인터넷은 음성, 화면, 동영상에 이르기까지 다양한 멀티미디어 정보를 교환할 수 있는 마케팅 커뮤니케이션 매체 역할을 담당하게 되었다. 한편 소비자의 욕구와 니즈는 한층 다양화되었고, 소비자들은 웹사이트를 통해 제품에 관한 정보를 무제한적으로 입수하며 마케터와의 상호 대화를 원하고 있다. 이뿐만 아니라 소비자들 간에도 서로 유기적 관계를 맺는 가상공동체(virtual community)를 형성하여 공통의 관심사에 관한 정보를 상호 교환하고 공유하게 되었다.

〈표 2-1〉은 전통적인 마케팅 개념으로부터 정보화 사회로의 진화에 따른 마케팅 패러다임의 변화단계를 보여준다. 전통적인 대중 마케팅(mass marketing)에서는 기업이 모든 소비자를 대상으로 표준화된 제품을 대량생산하여 소비자들을 차별화하지 않고 동일한 마케팅 활동을 수행하는 비차별적 마케팅(undifferentiated marketing)을 수행하였다. 따라서 대중 마케팅은 최소의 원가와 비용으로 최대의 잠재시장을 창출할 수 있었다.

표적 마케팅(target marketing)은 기업이 시장을 세분화하고 세분화한 시장 중에 가장 경쟁력이 있을 것이라고 판단되는 특정 시장을 표적시장으로 선정하여 마케팅 활동을 집중시키는 것이다. 하나 또는 몇 개의 세분시장에만 집중적으로 기업의 자원을 투자하므로 집중 마케팅(focus marketing)이라고도 하고, 각 세분시장에 적합한 마케팅 믹스를 차별화하여 수행하므로 차별적 마케팅(differentiated marketing)이라고도 한다.

대중 마케팅이나 표적 마케팅에서는 매출액이나 시장점유율(market share)의 확대, 그리고 표준화된 제품을 대량생산하여 생산원가를 절감시키는 규모의 경제(economies of scale) 실현을 목표로 하였다. 또한 마케팅의 중심을 제품에 둠으로써 제품을 일관성 있게 관리하는 제품관리(product management)가 주요 관심대상이었다.

표 2-1 마케팅 패러다임의 변화

구분	대중 마케팅 (mass marketing) →	표적 마케팅 (target marketing) →	일 대 일 마케팅 (one-to-one marketing)
마케팅 대상	대중	표적 집단	개인
시장접근법	비차별적 마케팅	차별적 마케팅 집중 마케팅	관계 마케팅 데이터베이스 마케팅
시장세분화	인구통계학적	소비자행동 분석적	고객 데이터베이스
기업 목표	규모 경쟁을 통한 이익극대화		지속적인 경쟁력 강화를 통한 기업가치 극대화
마케팅 목표	시장점유율, 매출액, 고객만족		고객점유율, 고객만족, 매출액
마케팅 관리	제품관리	제품 및 시장관리	고객관리
경제원리	규모의 경제		범위의 경제
제품생산	대량생산을 통한 비용 절감		고객맞춤화, 개인화
커뮤니케이션 방법	일방향(one-way)		양방향(two-way)

반면, 일 대 일 마케팅은 컴퓨터와 정보통신기술과의 연계를 통하여 고객의 개별적인 요구와 취향에 적합한 마케팅 활동을 수행한다. 또한 고객과의 관계를 지속적으로 유지하고 새로운 고객관계를 형성하기 위해 고객관계 관리를 중요하게 고려한다. 일 대 일 마케팅과 더불어 새로운 마케팅 패러다임을 형성하는 핵심적인 개념들을 살펴보면 다음과 같다.

(1) 일 대 일 마케팅

인터넷은 기업이 고객 한 사람 한 사람을 대상으로 관계를 정립하고 관리하는 일 대 일 마케팅(one-to-one marketing)을 가능하게 하였다. 대중 마케팅의 경우 대량생산된 제품을 최대한 많은 고객에게 판매하는 것이 목표였다면, 일 대 일 마케팅에서는 특정 고객에게 필요한 다양한 제품을 제공하여 고객 충성도를 이끌어 내는 것이 중요하다. 전통적인 마케팅 개념에서의 '규모의 경제(economies of scale)'는 이제 '범위의 경제(economies of scope)'로 전환되었다고 할 수 있다.[3] 범위의 경제는 특정 고객의 요구나 가치관, 그리고 구매활동 등에 대한 정보를 수집하여 이를 바탕으로 고객과의 신뢰관계를 구축하는 것을 목표로 한다.

또한 매출액이나 고객만족도와 같은 목표 외에 고객점유율(customer share)을 중요한 마케팅 목표로 하고 있다. 고객점유율이란 자사가 경쟁하고 있는 시장 내의 총 고객 수 대비 자사와 거래하는 고객 수의 비율이다. 고객점유율이 높다는 것은 자사를 신뢰하는 고객의 수가 많음을 의미하는 것이며 높은 매출을 확보할 수 있는 가장 중요한 요인이 된다.

(2) 관계 마케팅

개인을 표적 집단으로 관리하여 고객만족도를 향상시키고 기업에 충성도가 높은 고객을 유지시킬 수 있다면 결과적으로 매출이 증가할 것이라는 전제하에 고객과의 관계를 중심축에 두는 것이 관계 마케팅(relationship marketing)이다. 관계 마케팅은 '소비자 개인과의 유대관계를 공고히 하여 장기적으로 기업이나 소비자 모두의 상호이익을 추구하기 위한 마케팅'이라 할 수 있다.

따라서 개별 고객에 초점을 맞추고 고객의 욕구를 충족시킬 수 있는 제품이나 서비스를 제공하며, 고객에게 한 번 제품을 파는 것을 목표로 하는 것이 아니라 제품 판매 이후의 고객 서비스와 관계 유지를 통해 한 번의 거래를 여러 번으로 확장시키는 것이 바로 관계 마케팅의 핵심이다. 인터넷은 개별 고객과의 교류 및 대응을 가능하게 하였고, 기업은 전자메일을 이용하거나 웹사이트 상에 고객서비스센터를 개설하여 관계 마케팅을 적극적으로 실천하고 있다. 기업과 고객과의 성공적인 관계 정립을 위해서는 기업과 고객이 팔고 사는 주체로서 서로 구별되는 것이 아니라 각자의 성공을 위해서 상호협력하는 파트너, 또는 동업자라는 개념으로 접근하는 것이 필요하다.

(3) 양방향 마케팅

오프라인의 TV, 라디오, 신문, 잡지 등의 매체들은 인쇄물이나 전파의 형태를 띠어 일방향 커뮤니케이션이 이루어질 뿐 소비자와의 상호작용은 이루어지지 않는다. 그러나 인터넷의 등장으로 다

3 규모의 경제가 생산량 증대를 통해 생산 비용을 절감하는 것이라면, 범위의 경제는 상호 연관성이 있는 복수의 비즈니스를 통해 비용 감소 효과를 창출하는 것이다.

수 대 다수의 동시 연결이 가능해졌으며, 다수 대 다수의 연결 상태에서 일 대 일의 연결도 가능해졌다. 또한 인터넷은 사용자들 사이의 상호작용 기회를 제공하며, 이로써 정보 제공자와 정보 수신자 간의 양방향 커뮤니케이션이 가능하게 되었다.

또한 인터넷은 기존의 매체와는 달리 문자, 소리, 동영상 등을 융합한 멀티미디어를 활용할 수 있는, 보다 호소력이 강한 새로운 정보전달매체로 부상하였다. 전자메일, 채팅, 게시판, 블로그, 메신저 서비스 등과 같은 다양한 멀티미디어 커뮤니케이션 기능을 활용하여 기업은 고객과의 직접적인 상호교류를 통해 공동의 가치를 파악하고 반영하는 양방향 마케팅을 실현할 수 있게 되었다.

2) 새로운 마케팅 기법의 구현

마케팅이라는 개념이 등장하면서부터 변하지 않는 마케팅 활동의 핵심은 고객을 이해하고 고객의 수요를 파악하며 고객과의 접점을 찾는 것이다. 그러나 인터넷의 등장과 더불어 고객을 이해하고 고객에게 다가서는 방식은 변화하고 있다. 전통적 마케팅에서는 설문조사나 인터뷰 등의 방법에 한정하여 고객정보를 수집한다. 그러나 인터넷 시대의 마케팅에서는 컴퓨터 및 네트워크 장비를 이용하여 손쉽게 서베이를 할 수 있을 뿐만 아니라 거래 과정에서 확보된 고객의 정보나 빅데이터에서 분석한 정보를 마케팅 활동에 이용할 수 있다.

한편 인터넷으로 가능해진 양방향 커뮤니케이션은 기업과 고객과의 관계뿐만 아니라 고객 상호 간의 관계, 그리고 기업과 기업 간의 관계에도 똑같이 작용한다. 따라서 마케팅 활동에 있어 고객 간 상호작용과 기업 간 상호작용을 활용할 수 있어야 한다. 이러한 관점에서 새로운 마케팅 기법이 계속 고안되고 있다.

(1) 데이터베이스 마케팅

몇 년 전까지만 해도 소비자 조사를 하는 데는 상당히 많은 시간과 비용과 노력이 소요되었다. 그러나 컴퓨터 및 인터넷 관련 기술의 진보로 인해 마케팅 담당자들은 소비자로부터의 정보를 보다 쉽게 저렴한 비용으로 획득할 수 있게 되었다. 온라인을 통한 마케팅 조사비용은 오프라인상의

CASE REVIEW

패션 '빅데이터' 르네상스 시대!

인디텍스, FRL서 배우자

패션과 빅데이터를 이야기할 때 항상 등장하는 기업이 있다. 바로 인디텍스그룹, 그리고 「자라」다. 인디텍스그룹은 클라우드 컴퓨팅과 빅데이터에 기반한 정보 수집 및 공유를 바탕으로 시장에 상품을 선보이고 상품회전 시간을 단축함으로써 기업 경쟁력을 높여 왔다. 특히 「자라」는 오프라인 고객 정보를 활용해 재고비용을 절감하고 매장별 재고분배를 최적화하는 데 가장 큰 효과를 봤다. 고객관리를 위해 매장 직원들이 판매현장에서 소비자와의 대화를 통해 정보를 입수하는 것을 중요하게 생각하고, 그것을 상품기획 등 기업의 의사결정에 반영하는 것으로 유명하다. 철저히 고객의 니즈에 맞는 상품을 생산하고, 소비자가 접근하기에 좋은 매장 입지를 선정하고 VMD를 구성한다. 직원들은 매장 내에서 끊임없이 소비자와 소통한다. 그들이 사는 상품, 사지 않는 것, 어떤 컬렉션을 보고 상품을 구매하러 왔는지 조사하고 매니저는 매일 이 내용들을 본사에 보고한다. 이 데이터는 본사의 클라우드 컴퓨팅 시스템을 통해 디자이너와 마켓 전문가들에게 실시간으로 공유된다. 디자이너들은 새로운 컬렉션에 대한 소비자들의 수요에 맞춰 3주 만에 상품을 매장에 선보일 수 있다.

「자라」 매장 데이터로 재고분배시스템 개발

또 지역별 선호 아이템 정보가 실시간으로 공유되기 때문에 회전율이 높은 매장으로 상품을 분배해 공급할 수 있다. 고객의 수요가 매장 입출고 상품을 결정하는 가장 중요한 요소가 되는 것. 제조공정 전체에 걸리는 시간이 단축되고, 매장별 운용에 유연성이 생기는 것은 물론 재고비용이 줄어 더욱 빠른 상품 회전율을 유지할 수 있다. 전 세계 5개 대륙에 걸쳐 있는 「자라」는 대륙별, 나라별, 도시별로 잘 팔리는 상품의 정보를 얻어 도시별로 어떤 상품이 인기가 있는지, 어떻게 반응이 다른지 데이터를 살피고 분석한다. 이후 담당 디자이너들과 이 정보를 공유하며 글로벌 트렌드를 진단하고, 도시별 상품구성에 대한 결정을 내린다. 특히 「자라」의 재고관리시스템은 더욱 놀랍다. 「자라」는 사전수요를 정확히 예측하고 상품의 품질관리를 하기 위해 미국의 MIT 공대와 함께 전 세계 2,000여 개 매장의 판매·재고 데이터를 분석해 최대 매출을 올릴 수 있는 재고분배시스템을 개발했다. 진열된 상품 수, 상품별 수요 예측, 매장별 판매추이 등 정량(내부) 빅데이터를 활용해 스페인에 있는 2개 물류창고에서 주 2

회 전 세계 점포로 상품을 직송하는 공급망을 구축한 것. 이를 통해 불필요한 재고의 효율적인 분배가 가능해져 매출에도 큰 영향을 미치고 있다.

「유니클로」 SNS 데이터 분석, '히트텍' 성공

「자라」가 고객을 통해 얻은 내부 데이터를 바탕으로 효율적인 브랜드 관리를 이뤄 냈다면, 일본 패스트리테일링(FRL)의 「유니클로」는 SNS 등 외부 빅데이터에서 얻은 정보를 상품 생산에 반영했다. 소비자들이 트위터나 페이스북에 올린 내용을 분석해 날씨나 유행 등에 맞춰 팔릴 만한 상품을 한발 앞서 선보이는 방식을 택한 것. 이후 출시한 상품에 대한 반응을 분석해 가장 호응이 좋은 상품을 대대적인 마케팅으로 밀어 준다. 가장 좋은 예는 전 세계에서 4억 장이 팔린 '히트텍'이다. 「유니클로」는 온라인에서 얻은 외부 빅데이터와 매장에서 수집하는 내부 빅데이터 정보를 통해 매장 내 상품 분배를 최적화하고 온라인 판매는 물론 할인 판매에도 적용한다. 옴니채널의 좋은 성공사례로도 볼 수 있다. 「H&M」 등 대형 SPA 브랜드 역시 대부분 자체적인 빅데이터 분석 프로그램을 통해 전 세계 유통망과 상품, 마케팅 관리를 신속하게 한다.

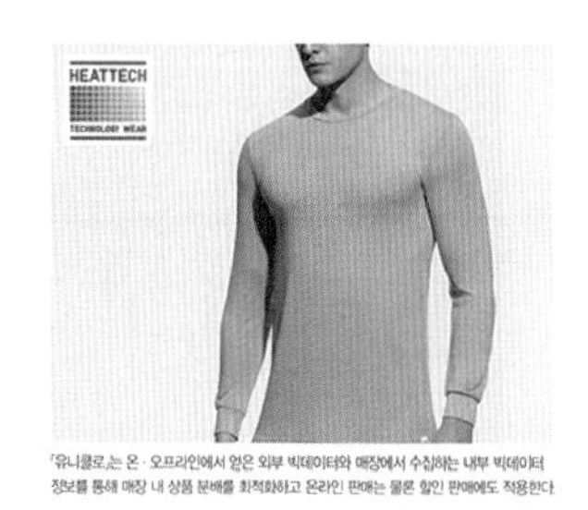

「유니클로」는 온·오프라인에서 얻은 외부 빅데이터와 매장에서 수집하는 내부 빅데이터 정보를 통해 매장 내 상품 분배를 최적화하고 온라인 판매는 물론 할인 판매에도 적용한다

FnC코오롱, 상품판매량·고객선호상품 예측

국내에서는 코오롱인더스트리 FnC부문(대표 박동문, 이하 FnC코오롱)이 '빅데이터'에 대한 높은 관심을 실행으로 옮기고 있다. 이 회사는 사내 '빅데이터팀'을 따로 두고 다양한 데이터 분석을 통해 브랜드별 판매량을 예측하는 등 상품전략을 수립한다. 기존에 패션은 제조와 유통이 한 시스템 내에 공존하고 날씨나 트렌드 변화 등 변수가 많은 산업이라 데이터를 통한 분석이 활용되기 어려운 면이 있었다. FnC코오롱 역시 빅데이터 수집과 활용은 아직 테스트 수준이다. 활용가치와 범위를 자세히 하기 위해 현재는 빅데이터를 분석해 상품판매량과 고객선호상품을 예측하는 데 우선 목적을 둔다. 이를 위해 고객의 가치, 매장별 입점 고객, 브랜드별 판매시점, 온라인과 오프라인 매출의 상관관계, 과거 패턴 등의 내부 데이터를 분석한다.

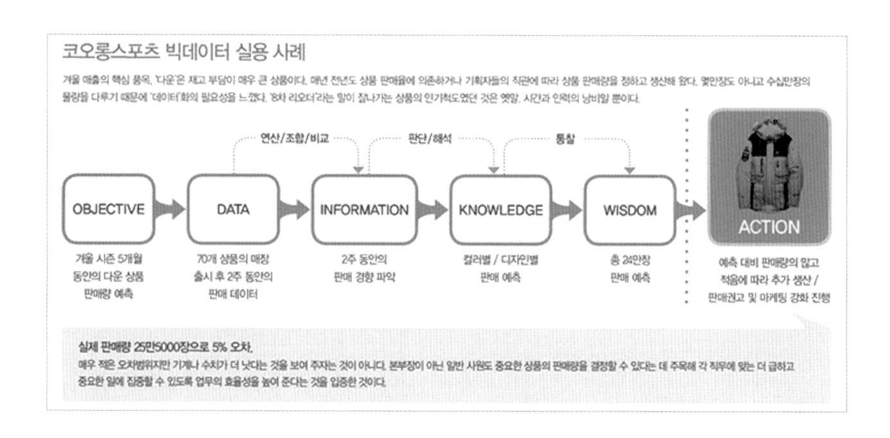

빅데이터, '아이튠즈'처럼 패션시장 바꿀 것!

대기업 외에도 태생적으로 빅데이터 수집이 능숙한 패션기업이 있다. 바로 스타일난다(대표 김소희), 브랜드인덱스(대표 김민식), 무신사(대표 조만호)와 같은 온라인 출신 패션기업들이다. 스타일난다나 브랜드인덱스처럼 온라인에서 출발해 오프라인, 중국 시장까지 진출한 기업들은 자신들의 온라인 사이트에 가입하거나 방문한 소비자들의 로그 분석을 바탕으로 매장 입지, 상품 분배, 마케팅 방식 등을 결정한다.

무신사는 온라인 사이트에서 소비자의 구매 정보를 축적해 1:1 맞춤 서비스를 제공한다. 예를 들어 한 소비자가 무신사에서 일정한 사이즈와 핏의 상품을 구매한다면, 다음 접속 시부터 그 소비자가 원하는 사이즈와 핏의 신상품을 미리 알려 주는 서비스다. 이를 위해 무신사에 입점된 브랜드들의 사이즈 스펙과 컬러 등 상품 정보는 초기 입력부터 까다롭게 수집한다고 한다.

구매적중률 향상, 재고비용 절감 등 효과 높아

브랜드의 매출이 떨어지는 이유는 우리가 뻔히 알고 있는 디자인이나 가격의 문제가 아닐 수 있다. 그것을 알아내는 수많은 방법 중 하나가 바로 빅데이터 분석이다. 빅데이터 분석을 통해 매출하락 요인이 일부 매장의 입지가 좋지 않아서인지, 매장별 VMD가 잘못돼서인지, 효율적인 상품 분배가 이뤄지지 않아서인지, 마케팅 타깃을 잘못 선정해서인지 등 다양한 요인을 잡아 낼 수 있다는 것. 또 내년 목표를 구체적이고 실현 가능하게 설정하는 데도 빅데이터 자료를 얼마든지 활용할 수 있다. 매출 목표를 정하는 시점에 보통은 '전년 매출 대비 올해 목표'라는 간단한 방식으로 매출 목표를 산정한다. '몇 개 매장에서 몇 명의 고객이 얼마 구매했고, 신규 고객은 몇 명이며, 그래서 올해는 몇 명의 신규 고객을 유치해야 하는지'를 분석해 좀 더 실현 가능하고 구체적인 목표 설정이 가능하다. 작게는 소비자들의 상품구매 행동 패턴과 관련된 빅데이터 분석을 통해 구매적중률이 높은 상품을 기획할 수 있는 시대가 왔다. 누가 더 빨리 받아들여 더 효과적으로 활용하는지가 중요하다.

자료: 패션비즈(www.fashionbiz.co.kr), 2015. 3. 3.

개인면접조사 비용의 40~60% 수준이라고 알려져 있다.

웹 중심의 마케팅 조사방법으로는 온라인 질문지법, 온라인 대화방이나 채팅을 이용한 토론집단 및 클릭 데이터(click data) 등이 있다. 클릭 데이터는 최근 이용도가 급속하게 증가하고 있는데, 인터넷 사용자의 웹상 움직임을 추적해서 자료를 수집하는 것이다. 소비자 정보를 획득할 수 있는 오퍼레이션 데이터 도구에는 쿠키(cookies), 로그파일(log files), 웹 분석(web analytics/site-tracking), 빅데이터(big data) 분석 등이 있다. 마케팅 담당자나 사이트 관리자는 클릭 데이터 분석을 통해 고객의 선호도, 구매 패턴이나 소비행동 등에 대한 정보를 수집하고 관리함으로써 고객에 대한 데이터베이스 구축 및 데이터베이스 마케팅(database marketing)을 실행할 수 있다. 데이터베이스 마케팅의 핵심은 개개인의 소비자 정보를 획득, 분석하여 고객의 반응을 예측하고 이러한 반응에 기초하여 성공적인 마케팅을 수행하는 것이다.

(2) 바이러스 마케팅

바이러스 마케팅(viral marketing)이란 인터넷에서 좀 더 효과적으로 입소문을 퍼뜨리기 위한 전술로 미국의 벤처 캐피털 회사인 Draper Fisher Jurveston(DFJ)이 1998년 처음 사용한 것으로 알려져 있다. 바이러스 마케팅은 소비자들을 상대로 광고나 홍보를 하는 것이 아니라 소비자들이 어떤 특정 제품을 화제에 올리게 하거나 그것을 사용하게 함으로써 남들이 그것을 목격하게 하는 것이므로 먼저 소비자들 간의 커뮤니케이션이 어떻게 이루어지는가를 파악해야 한다. 블로그나 트위터 같은 소셜미디어에 관련 정보를 올림으로써 소비자들의 입소문을 탈 수 있도록 하거나, 체험단을 구성해 제품을 사용해 본 경험을 공유할 수 있도록 하는 방법이 활용되고 있다.

삼성패션연구소(2014)에 의하면 해태제과에서 출시한 '허니버터칩'은 SNS를 통해 '없어서 못 파는 과자'로 입소문이 나면서 이례적인 인기를 누렸고, 일본 생활용품업체 리버스의 마이보틀(My Bottle)은 '뭘 넣어도 간지난다'는 인증샷이 인스타그램에 유포되면서 열풍을 일으켰다고 한다. 또한 2014년 패션산업 10대 이슈 중의 하나로 SNS를 통한 바이러스 마케팅을 꼽았다. 베네통, 잠뱅이, 엔듀, 테이트, 클라이드앤, 라인, 조이너스 등 패션 브랜드에서는 소비자 서포터즈(체험단)를 모집해 제품 소개 및 홍보 등 다양한 활동을 통해 입소문을 타도록 하는 마케팅 전략을 펼치고 있다.

(3) 제휴 마케팅

제휴 마케팅(affiliate marketing)은 웹사이트들이 서로 제휴 관계를 맺고 제휴 사이트상에서 자사를 방문한 고객이 구매를 할 경우 판매 수익의 일정 비율을 분배하는 수익 분배 프로그램이다.

아마존닷컴은 제휴 마케팅을 선도적으로 실현한 기업으로, 서적의 경우 판매금액의 15%, 기타

CASE REVIEW

유아 업계, 체험단 바이러스 마케팅

유아복과 용품 업체가 체험단(서포터즈) 모집을 통한 바이러스 마케팅을 강화하고 있다. 블로그와 SNS 활동의 대중화로 이들을 활용한 온라인 마케팅 활동이 대세로 자리 잡았기 때문이다. 체험단을 통해 제품에 대한 정보와 사용 후기가 타깃층에 활발히 노출됨은 물론 실 사용자들이 느끼는 보완점을 가까이서 반영하는 프로슈머(prosumer) 역할까지 기대할 수 있어 선호하고 있다.

아가방앤컴퍼니는 올 초 임산부와 36개월 이하의 자녀를 둔 주부를 대상으로 '온라인 고객 패널' 500명을 선정, 고객과의 쌍방향 소통강화에 나섰다. 이들은 분기마다 1회의 온라인 설문조사에 참여하고 수시로 진행되는 신제품 아이디어 제안, 제품 평가 등의 미션을 수행한다.

유아동 멀티숍 맘스맘은 지난 2011년부터 매년 1~2차례 '맘스맘 CS 서포터즈'를 운영하며 매장 내 서비스를 강화하고 있다. 현재까지 6기가 배출됐으며, 매장 방문과 서비스 미션 수행, 온라인 홍보 활동 등 다채로운 마케팅 프로그램에 적극 참여시키고 있다.

아벤트코리아는 공식 서포터즈 '러브슈머'를 11기까지 배출했다. 만 3세 이하 자녀를 둔 엄마로 구성되며 정기적 온·오프라인 모임을 통해 제품 체험기를 블로그, 카페, SNS 등의 채널에 올리는 미션을 수행한다. 매달 우수 활동자에게는 특별한 선물을 증정하며 활동 종료 후에도 자사 신제품 체험 및 공동구매 기회를 제공하고 있다.

해피랜드F&C의 자회사 엠유S&C와 유아동 카시트 전문기업 순성산업도 가세했다. 엠유S&C는 2~12세의 자녀를 둔 엄마를 대상으로 유아동 이너웨어 브랜드 '까리제' 서포터즈 1기를 모집, 4월부터 6월까지 3개월간 '까리제' 상품교환권 증정 및 우수자 포상을 통해 활발한 활동을 이끌었다.

순성산업은 자사가 펼치는 '엄마의 안전 약속 캠페인' 메시지를 전파하기 위해 처음으로 '맘스카우트' 1기 단원을 모집 중이다. 오는 29일까지 1~7세의 자녀가 있고 온·오프라인 활동이 가능한 엄마라면 누구나 홈페이지를 통해 지원이 가능하다. 총 20명의 단원을 선발하며, 8월부터 10월까지 3개월간 자사의 신제품 카시트와 소정의 활동비를 제공한다. 미션을 가장 잘 수행한 1인에게는 100만 원 상당의 여행 상품을 증정할 예정이다.

자료: 어패럴뉴스(www.apparelnews.co.kr), 2014. 7. 17.

상품의 경우 5%의 금액을 제휴 사이트에 지불한다. 또한 네이버(Naver)나 다음(Daum) 등은 CPC(cost per click, 상품클릭 시 단가에 따라 과금되는 방식), CPS(cost per sale, 판매금액의 일정부분을 판매수수료로 지불하는 정산 방식) 입점 등을 통해 쇼핑몰 업체들과 제휴 마케팅을 하고 있다. 제휴 프로그램은 배너 광고에 비해 홍보 효과는 좋으면서 비용은 배너 광고의 10% 미만이므로 기업들이 가장 많이 활용하는 인터넷 마케팅 전술이다.

CHAPTER

3

인터넷 비즈니스의 미래 환경

인터넷 비즈니스의 미래 환경은 크게 초연결의 시대와 개인화 시대의 두 가지 방향으로 예측된다. 모바일 시대 이후 사물인터넷 시대로 향해 가는 시점에서 인터넷을 통해 사물과 인간을 포함한 모든 것이 연결되는 것이 바로 미래의 초연결적 인터넷 비즈니스 환경이다. 다양한 미디어와 채널의 통합 및 소통이 마케팅에서도 중요한 키워드가 되고 있다. 한편, 디지털 시대의 부작용인 정보의 과부화 현상으로 인한 소비자의 피로와 개인화 욕구는 개인화 시대라는 방향으로 나타난다. 모든 것이 연결되고 통합되는 미래의 비즈니스 환경에서는 전통적인 개념의 온라인과 오프라인의 구분이 무의미하며 특히 개인화 시대라는 관점에서는 더욱 그러하다. 소비자의 성향과 관심사에 따른 마이크로 세분화, 매우 사소한 개인적 일상에 대한 가치 부여, 처방적 정보제공 등이 점점 더 중요해지고 있다.

1. 초연결의 시대: 실시간 소통

1) 모바일 마케팅의 진화

2000년대 이후 인터넷 사용에 있어서는 이미 무선 인터넷을 기반으로 하는 모바일화가 진행되고 있으며, 모바일 기기는 소비자들의 일상으로 자리 잡았다. 2010년을 전후하여 스마트 기기가 전 세계적으로 보급되면서 언제 어디서나 실시간으로 사람과 사람, 사람과 정보가 연결되고 있으며, 모바일 상거래에서도 소비자의 위치정보와 콘텍스트를 기반으로 하는 차별적 서비스 제공이 가능해졌다. 모바일 시대의 양방향 실시간 정보소통 능력과 관계형성 능력은 SNS 소셜서비스와 결합하여 더욱 빛을 발하고 있으며, 모바일 앱 마케팅 기법 등 모바일 시대의 진화를 통해 초연결의 시대로 향하고 있다.

시장조사 업체 닐슨 리서치그룹은 모바일과 앱을 적극적으로 활용하는 소비자들을 'C세대(Generation C, connected generation)라고 불렀다.[1] 연결(connection), 창작(create), 소비(consume), 참여(contribute), 소통(communicate)라는 다섯 가지 키워드를 중심으로 교감하는 소비자들을 일컫는 것이다. 이들은 디지털 라이프 스타일을 즐기는 소비자로 스마트폰을 통해 인

표 3-1 시대별 마케팅의 변화

구분	웹 1.0	웹 2.0	웹 3.0
소비자행동	콘텐츠 소비	콘텐츠 제작	콘텐츠 구성체
정보의 중심	기업	소비자	사물
고객관리	소통	참여	교감

자료: 강시철 (2015). 사물인터넷 비즈니스의 모든 것 - 디스럽션. p. 37을 수정

1 Meet the generation C: The connected consumer. Brian Solis, 2012. 4. 9.

터넷, 그리고 공동체 안에서 항상 사람들과 연결되어 있으며 자기표현 욕구를 충족하기 위해 적극적으로 소통하고 콘텐츠를 창조하며 최근에는 소셜미디어를 활용하여 자신만의 관심사를 큐레이션하는 소비자로 변모하고 있다. 이와 같은 C세대의 탄생은 인터넷 소비자가 항상 연결되어 있는 것을 가능하게 한 모바일의 힘일 것이다.

(1) 모바일 상거래의 정의

무선통신 네트워크와 휴대용 무선기기를 이용한 무선 인터넷 서비스로 모바일상거래(M-commerce: mobile-commerce)가 급부상하고 있다. 모바일 상거래란 휴대전화와 PDA, 차량장착단말기(VMT: vehicle mounted terminal), 노트북 등의 무선 단말기와 공중 무선통신 네트워크를 통하여 수행되는 모든 형태의 거래를 지칭한다. 전자상거래가 PC 터미널을 이용하여 이루어졌다면 모바일 상거래는 핸드폰이나 PDA를 통해서 이루어지는 것으로 이해할 수 있다. 이미 무선 인터넷을 이용하여 계좌이체, 조회 등의 금융 서비스를 할 수 있는 모바일 뱅킹, 영화 및 콘서트 티켓 예약 및 예매 서비스를 할 수 있는 모바일 티켓팅, 그리고 모바일 광고 및 모바일 쇼핑 등과 같은 모바일 상거래가 시행되고 있다.

모바일 상거래의 특징은 언제 어디서나 실시간 정보검색이 가능한 이동성, 개인전용 단말기 이용에 따른 개인성, 이용방법이 쉽고 통신기구의 간편화로 증대된 편리성, 최종 응용시스템 내에서

표 3-2 모바일 상거래의 특징

특징	내용
이동성	언제 어디서든 정보 검색이나 인터넷 접속이 가능
개인성	개인전용 모바일 기기의 사용으로 인한 개인화
편리성	통신 기구의 간편화
보안성	보안 적용이 가능
고객차별성	고객별로 차별화된 서비스 제공
즉시연결성	빠른 시간 내에 필요한 정보를 탐색
위치성	사용자의 위치 파악이 가능

보안 적용이 가능한 보안성, 고객별로 차별화된 서비스 제공이 가능한 고객차별성, 빠른 시간 내에 필요한 정보를 탐색할 수 있도록 하는 즉시연결성, 사용자의 위치파악이 가능하고 사용자의 위치를 상거래에 활용하는 위치성 등의 특징을 갖는다.

(2) 전통적인 모바일 상거래 서비스

국내에서 모바일 상거래 서비스가 본격적으로 시작된 것은 2000년대 초이다. 초기에는 주로 휴대폰 가입자에게 사용자 정보, 문자메시지, 금융결제 관련 정보 등을 제공하였는데, 이후 온라인 게임, 인터넷 유료 콘텐츠 제공 등 점차 그 서비스를 확장하였다.

모바일 상거래가 제공하는 서비스는 상품의 판매, 각종 서비스 제공, 정보 제공, 통신으로 구분하여 볼 수 있다. 상품의 판매는 모바일 기기를 통해 이루어지는 거래에 해당되는 것으로 음악 판매, 주식거래, 기타 제품 쇼핑 등이 있다. 서비스 기능으로는 은행 업무, 대금 지불, 대중교통 요금 지불, 티켓 예약 및 예매, 전자화폐 및 전자어음, 게임·오락·경품·퀴즈 등의 엔터테인먼트 서비스, 무선원격진료를 지원하는 의료 서비스 등이다. 정보 제공에서는 광고 서비스와 뉴스·날씨·교통·스포츠 등의 정보를 검색하는 서비스를 제공한다. 그 밖에 문자전송이나 채팅, 화상회의 등의 서비스를 제공하는 통신 기능이 있다.

(3) 모바일 앱 마케팅

한국인터넷진흥원(2014)에 따르면 국내 모바일 마케팅(광고) 시장 규모는 2014년 약 8,327억 원으로 전년 대비 100.2% 수준으로 급성장하였다. 이와 같이 모바일 마케팅 시장이 급성장할 수 있었던 이유는 모바일 기기의 특성상 위치기반 정보와 개인정보를 활용하여 보다 효과적인 마케팅 활동이 가능하기 때문이다. 모바일 마케팅에서 활용할 수 있는 타깃팅 기법으로는 다음과 같은 것들이 있다.[2]

① 앱 타깃팅 앱의 특성에 따라 주 이용자층 매칭 기법

2 모바일마케팅연구소(2014). 모바일 인사이트. 서울: (주)행간. pp. 110-115

CASE REVIEW

MCM의 모바일 마케팅 타깃팅 사례

복합적 타깃팅 기법을 잘 활용한 사례가 명품 브랜드 MCM이 진행한 캠페인이다. MCM은 주요 고객인 20~30대 여성 모바일 이용자들을 대상으로 브랜드 이미지와 신제품 판매를 높이기 위해 배경화면과 모바일 전용 할인쿠폰을 제공하는 마케팅 캠페인을 진행했다. MCM은 총 4개의 배너를 활용했는데, 그중에서 첫 번째 배너를 눈여겨볼 필요가 있다. 두 번째 배너를 보면 MCM의 로고나 제품을 활용한 배경화면을 제공한다는 것을 알 수 있는데, 배경화면은 스마트폰의 모델에 따라 해상도나 화면의 사이즈 비율이 다르다. 이를 위해 MCM은 스마트폰이 어떤 기종인지에 따라 다른 내용이 노출될 수 있도록 첫 번째 배너를 활용하고 있다.

첫 번째 배너에는 "너도 아이폰?"이라는 문구가 있다. 이는 광고가 노출되는 스마트폰이 어떤 기종의 모델인지를 분석해 아이폰인 경우는 앞의 문구로 작성된 배너를 노출하고, 만약 스마트폰이 갤럭시 S4라면 "너도 갤럭시 S4?"라는 문구로 제작된 배너를 노출시킨다. 이로써 스마트폰 단말기에 최적화된 크기의 배경화면 페이지로 이동시킬 수 있는 것이다. 또한, 이러한 광고문구는 광고를 보는 이용자의 주목도도 높일 수 있어 흥미와 만족 두 가지를 모두 잡을 수 있다. 실제로 MCM은 이 광고를 시작한 지 3주 만에 이벤트를 위해 준비한 모든 상품을 전부 팔아치우는 실적을 올렸다.

자료: 모바일마케팅 연구소(2014). 모바일 인사이트. pp. 114-115

② **디바이스 타깃팅** 스마트폰 기종에 따른 타깃팅 기법

③ **지역 타깃팅** 시/도 단위 타깃이나 특정지역 관련 앱 타깃

④ **시간 타깃팅** 특정 요일, 특정 시간대 광고 독점

⑤ **유저 커버리지 타깃팅(복합적 타깃팅)** 앱, 디바이스, 시간 타깃팅 복합

시장조사업체 플러리(Flury)의 2014년 조사결과에 따르면, 모바일 사용 시 웹 환경과 비슷한 모바일 웹보다 앱을 사용하는 비중이 86%로 훨씬 높다고 한다.[3] 따라서 모바일 마케팅에서는 모바일 앱 마케팅의 중요성이 매우 크다고 할 수 있다. 모바일 광고에서도 앱 타깃팅은 개인정보를 효과적으로 활용한 타깃 마케팅 활동의 한 방법으로 활용되고 있는데, 이는 앱스토어에 등록된 수

3 Apps solidify leadership six years into the mobile revolution. Flurry Insights, 2014. 4. 1.

CASE REVIEW

Fashion 2.0 어워즈로 살펴본 패션 브랜드의 온라인 전략

패션산업도 발빠르게 새로운 디지털 전략을 내놓기 시작했다. 사람들이 많이 사용하는 핀터레스트(Pinterest)나 인스타그램(Instagram)을 이용한 패스트패션 브랜드들의 마케팅 전략, 오프라인 마켓의 디지털화, 온라인 편집숍은 모두 성공적인 마케팅 전략으로 주목받고 있다. 패스트패션 브랜드들의 디지털 마케팅 성공사례는 오프라인 매장만을 고수해온 명품 브랜드들의 마음도 흔들고 있다. 2000년대에 들어 다양한 SNS 매체와 스마트폰의 등장으로 다수의 브랜드들이 인터넷상으로 마케팅 플랫폼을 옮겨왔다. 그러나 누구나 접속할 수 있는 SNS가 브랜드의 희소성과 고급스러운 이미지와는 상충된다는 생각에 명품 브랜드만큼은 오프라인 마케팅 전략만을 펼쳐왔다. 하지만 명품 수요는 줄어들고 디지털 마케팅의 비중은 점점 커지면서 의류시장에서의 입지에 위협을 느낀 명품 브랜드들이 온라인 사업에 뛰어들고 있다.

2015년 3월 15일 뉴욕에는 Fashion 2.0 Awards Ceremony를 위해 450여개의 패션 산업의 리더들이 한자리에 모였다. Fashion 2.0 Awards는 패션 브랜드 마케팅과 디지털 이노베이션을 축하하는 자리이다. 2010년 시작된 이후로 Fashion 2.0 Awards는 가장 혁신적인 패션 브랜드를 대상으로 그들의 훌륭한 성과와 다양한 디지털 미디어 채널간의 커뮤니케이션 전략을 치하하는 행사이다. 레베카 밍코프는 Best Interactive Retail과 Top Innovator 상이라는 두 개 부분에서 모두 수상했으며, Dior, H&M, Opening Ceremony, Kate Spade, Net-A-Porter, Dressember, Under Armour, Marc Jacobs, Tory Burch 등의 패션브랜드들이 각 부분별로 수상했다. 주요 각 부문별 수상 브랜드는 다음과 같다.

- Best Facebook: H&M
- Best Pinterest: Kate Spade
- Best Interactive Retail: Rebecca Minkoff
- Best Wearable Tech: Tory Burch for Fitbit
- Top Innovator: Rebecca Minkoff

Best Facebook: H&M

H&M의 공식 페이스북(Facebook) 페이지는 2,000만 명이 넘는 팬을 보유하고 있다. H&M은 매일 자사의 상품을 이용한 패션 코디를 업로드하거나 화보와 함께 새로운 컬렉션을 홍보했다.

Best Pinterest: Kate Spade

핀터레스트(Pinterest)는 이미지를 찾아보고 스크랩할 수 있는 이미지 공유 위주의 SNS 매체로 2014년 하반기 6개월간 유저들이 111%나 증가했다. 케이트 스페이드(Kate Spade)의 디자인팀과 크리에이티브팀은 브랜드의 핀터레스트(Pinterest) 계정을 통해 자사의 상품을 홍보하기보다는 개인 유저들과 같이 브랜드에 어울리는 이미지를 핀잇(Pin it)하여 공개적인 무드 보드를 만들었다.

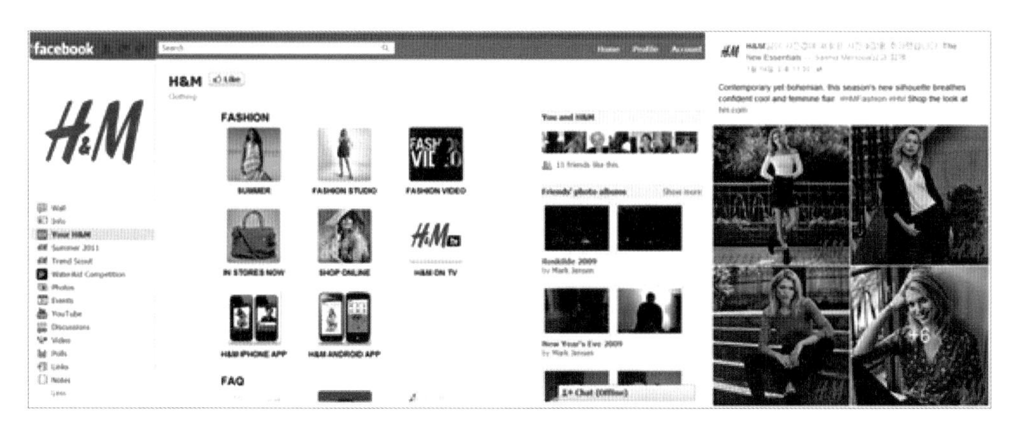

H&M 공식 페이스북

Kate Spade 핀터레스트

자료: Stylefusionworld.com, 2015. 4. 1.
이미지 자료: H&M 페이스북 공식 홈페이지
Brandbuilding with a Facebook age. ronnierocket.com, 2011. 5. 30.
How to Use Pinterest to Make People Love Your Brand. cursivecontent.com, 2015. 10. 5.
핀터레스트(www.pinterest.com)

많은 앱 중에서 이용자들이 자신의 취향에 따라 앱을 설치하고 사용하기 때문이다. 그러나 소비자의 앱 사용행동과 사용목적은 웹 환경에서의 그것과는 사뭇 다르므로, 모바일 앱 마케팅 전략 수립 시 일반적인 인터넷 마케팅 전략과는 차별화된 전략이 필요하다.

웹 환경에서는 무한하고 개방된 공간에서 링크 간 자유로운 이동을 통해 정보 검색과 사용이 광범위하게 이루어지는 반면, 앱 환경에서는 사용자가 필요한 서비스를 선택하여 직접 앱을 설치하여 사용하며, 이에 따라 한정된 수의 앱을 반복적으로 사용하는 매우 폐쇄적인 정보탐색이 이루어진다. 즉, 세상에 존재하는 수많은 정보 중에서 관심 있는 것만 선택하여 개인의 삶과 밀접하게 연관된 미디어를 창조하는 것이다. 모바일 앱 사용에서 나타나는 이와 같은 폐쇄적인 정보 탐색과 검색 방법의 특징을 반영하여, 모바일 앱 마케팅에서는 개인의 취향과 요구를 정확히 파악하여 그에 밀착된 콘텐츠와 서비스를 제공하는 것이 중요하다. 또한 소비자들은 앱의 설치와 삭제를 반복하여 끊임없이 개인화하는 과정을 통해 모바일 앱을 사용하므로, 이용자의 사용능력과 요구에 적합하도록 일 대 일 커뮤니케이션에 따른 서비스 제공이 필요하다.

(4) 소셜 서비스 연계 마케팅

모바일 앱 사용은 폐쇄성을 갖지만 이와 동시에 개방성도 갖는다. 인터넷의 등장은 시간적 간격과 물리적 거리의 한계를 극복하는 실시간 양방향 소통의 시대를 열었으며, 모바일의 등장은 이와 같은 양방향 소통을 더욱 능동적으로 변모시켰다. 〈2013~2018 시스코 비주얼 네트워킹 인덱스: 글로벌 모바일 데이터 트래픽 전망 2014~2019〉 보고서에 따르면 2003년의 모바일 데이터 트래픽 규모는 2000년과 비교하여 30배 증가하였으며 이러한 증가세가 지속되어 2018년에는 모바일 트래픽이 2014년의 10배로 증가할 것이라고 예측한다. 특히 이와 같은 모바일화 경향은 소셜네트워크서비스(SNS)에서 더욱 두드러지는데, SNS에서는 이미 모바일 트래픽이 웹 트래픽을 넘어서고 있다. PC를 이용한 인터넷 사용의 주목적은 정보탐색이지만, 모바일 기기인 스마트폰은 그 본질적인 용도가 전화기로서 소통과 연결을 목적으로 하는 매체이기 때문이다.

위키피디아(2015)는 SNS를 '관심이나 활동을 공유하는 사람들 사이의 교호적 관계망이나 교호적 관계를 구축해주고 보여주는 온라인 서비스 또는 플랫폼'으로 정의한다. 이 밖에도 SNS의 정의는 다양하게 존재하지만, 이들 정의에서 공통으로 지적되는 요소는 온라인 공간, 대인 관계의 형성 및 유지, 관계망의 구조, 관계망의 파도, 정보의 교류 등이다. 모바일의 특성을 나타내는 중요한 키워드 중 하나가 사람과 사람 사이의 관계 및 사람과 기기 사이의 연결이라는 것을 고려할 때, 대인관계망 구축을 주목적으로 하고 있는 SNS로부터 많은 모바일 서비스가 파생될 수밖에 없는 것이다.

페이스북이나 트위터로 대변되는 SNS는 애초에 PC 기반의 서비스로 시작되었지만 점차 모바일 마케팅에 최적화되고 있다. 그렇다면 모바일 마케팅을 위한 모바일 SNS의 주요 특징은 무엇일까? 첫째, 사진과 동영상을 이용하여 콘텐츠를 표현하기 쉬워야 하며, 둘째, 특정한 관심사나 관계에 의해 맺어지는 형태로 운영되어야 하고, 마지막으로는, 극단적으로 개인화할 수 있어야 한다. 젊은 층에게 대세로 자리 잡은 인스타그램은 사진을 위주로 한 소셜서비스를 통해 주목받고 있으며, 밴드는 폐쇄지향과 지인지향, 그리고 목적지향이라는 차별화된 특성의 SNS 전략으로 반응을 얻고 있다. 최근 주목받고 있는 개인 관심사 기반의 SNS인 소셜 큐레이션 서비스(SCS: social curation service)는 범용서비스를 제공하는 페이스북 같은 SNS와 차별화된 차세대 SNS로, 인터레스트 큐레이션(interest curation) SNS라고도 불린다. 모바일 친화적인 패션 소비자가 증가함에 따라 패스트패션 브랜드와 명품 브랜드 등 많은 패션 브랜드들도 다양한 SNS를 활용하면서 디지털 마케팅을 적극 도입하고 있다.

2) 사물인터넷 마케팅

사물인터넷(IoT: internet of things)은 미래의 인터넷 환경에서 중요하게 부각되는 기술로, 사물에 센서를 부착해 인터넷으로 실시간 데이터를 주고받는 기술이나 환경을 일컫는 용어이다. 블루투스나 근거리무선통신(NFC), 센서 데이터, 네트워크가 기기 간의 자율적인 소통을 돕는다. 물론 현재도 모바일 기술을 통해 많은 사물들이 인터넷에 연결되어 있으며, 이를 통해 연결사회가 구현되고 있다고 할 수 있으나, 사물인터넷이 여는 세상은 이와 다르다.

사물인터넷 시대에는 인간이 모바일 기기와 연결되는 것에 그치는 것이 아니라 사물과 사물, 인간과 사물이 연결되며, 사물이 지능적인 판단을 하고 다른 사물과 소통함으로써 인간의 욕구를 만족시켜 줄 수 있기 때문이다. 사물인터넷이 일반화되는 웹 3.0 시대에는 인간과 사물이 모두 인터넷의 일부가 되어 연결된다. 따라서 인간을 포함한 모든 것이 연결되어 실시간으로 소통하고 살아있는 정보가 제공되는 시대의 도래 또한 머지않았다.

(1) 유비쿼터스 환경

사물인터넷 시대를 이해하기 위해서는 먼저 유비쿼터스 환경을 이해할 필요가 있다. 유비쿼터스(ubiquitous)는 라틴어에서 그 어원을 찾을 수 있는데 '언제 어디서나 동시에 도달하는 곳에 존재한다', '도처에 널려 있다'의 의미로 네트워크가 모든 곳에 존재하는 컴퓨팅 환경을 말한다. 즉 '컴퓨터가 내장된 수많은 사물들이 다양한 네트워크에 연결되는 환경'이라고 정의할 수 있다. 이를 위해서는 다양한 종류의 컴퓨터가 우리의 일상생활과 환경 속에서 상호작용하는 형태로 존재해야 한다. 예를 들어 컴퓨터, 이동전화, PDA 같은 독립적인 제품에서 나아가 텔레비전, 냉장고 등 가전기기를 비롯하여 우리가 착용하고 다니는 안경, 시계, 옷, 만년필 등의 일상용품 속에도 웨어러블 컴퓨터(wearable computer) 형태로 내재되어야 하며, 이들은 모두 네트워크에 연결되어 있어야 한다. 즉 언제, 어디서나, 누구나, 주위의 사물들과 커뮤니케이션하고 또 사물과 사물 간에도 커뮤니케이션을 할 수 있는 환경이 바로 유비쿼터스 환경이다.

〈그림 3-1〉은 기존의 컴퓨팅 환경에서 유비쿼터스 환경으로의 변화과정을 보여준다. 이동성(mobility)과 내재성(pervasive, embedded)의 두 가지 기준이 이 변화를 이끌고 있는데, 이동성

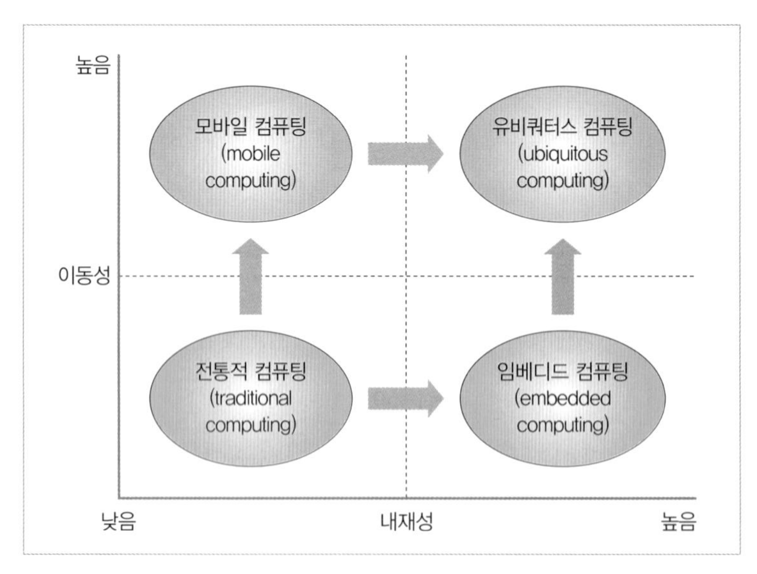

그림 3-1 컴퓨터 패러다임의 변화

자료: Lyytinen & Yoo(2002). Issue and challenges in ubiquitous computing. *Communications of the ACM*, 14(12), p. 64를 수정

은 컴퓨터 기기의 소형화와 무선 네트워크 환경을 통해 언제 어디서나 컴퓨팅이 구현될 수 있는 환경을 의미하며, 내재성은 초소형 컴퓨터 기기를 사물이나 환경에 내재하여 이로부터 정보를 획득, 활용하는 것으로 컴퓨팅 기기가 어디에나 존재함을 의미한다. 즉 이동성과 내재성에 따라 상대적으로 이동성과 내재성이 낮은 기존의 컴퓨팅 환경이 모바일 컴퓨팅과 임베디드 컴퓨팅의 단계를 지나 유비쿼터스 환경으로 변화하고 있다.

사물인터넷은 기존의 유선통신을 기반으로 한 인터넷이나 모바일 인터넷보다 진화된 단계로, 인터넷에 연결된 기기들은 사람의 개입 없이 상호간에 알아서 정보를 주고받아 처리한다. 지금까지는 인터넷에 연결된 기기들이 정보를 주고받으려면 인간의 '조작'이 개입되어야 했으나, 사물인터넷 시대가 열리면 인터넷에 연결된 기기는 사람의 도움 없이 서로 알아서 정보를 주고받으며 대화를 나눌 수 있다. 기존의 유비쿼터스와 비슷하지만 사물은 물론 현실과 가상세계의 모든 정보와도 상호작용하는 개념으로 진화한다는 점에서 차이가 있다.

보다 엄밀히 말하면, 사물인터넷 시대의 인간은 인터넷에 스스로 연결되어 클라우드 서버 속에서 돌아가는 거대한 인공지능과 집단지성에 연결되며 동시에 수많은 사물과도 연결된다. 스마트홈의 발전 방향을 예로 살펴보면, 현관부터 침대 옆 조명, 실내 온도조절기, 전자제품 등 모든 것이 사용자와 연결되어 사용자의 습관을 스스로 학습하며, 그 결과 사물들이 사용자에 맞추어 스스로 움직이고 작동한다. 컴퓨터가 인간의 뇌처럼 스스로 학습하고 생각하면서 소통하도록 만드는 데이터 분석체계인 딥러닝 기술의 구현을 통해 인공지능이 클라우드에 연결된 모든 사물의 두뇌 역할을 하게 되는 것이다. 그리고 이와 같은 사물인터넷 시대의 구현은 소비자에 대한 실시간 데이터인 액티브데이터의 확보와 활용을 통해 가능해진다.

(2) 사물인터넷 커머스와 액티브 데이터

현재 상용화된 초기 단계의 사물인터넷 커머스 사례로 아마존의 대시버튼(dash button)이 있다. 아마존 대시버튼은 사물에 부착하여 그냥 누르기만 하면 주문이 완료되도록 한 서비스로, 현 단계에서는 사람이 상황을 인지해 기기에 입력하는 수동처리 과정을 거치고 있으므로 실제 사물이 인터넷에 연결되었다고 볼 수는 없다. 궁극적인 사물인터넷 커머스의 지향점은 인터넷에 연결된 사물들이 스스로 학습하고 판단해서 사용자를 대신해 상품을 주문하는 것이다. 그러나 사람이

CASE REVIEW

사물인터넷 커머스 사례: Amazon의 dash와 dash button

대시(dash)는 아마존에서 개발한 초보단계의 사물인터넷 주문 기기로, 바코드 스캔 기기다. 대시는 길이 16.2cm, 두께 2.0cm의 막대형 기기로 음성과 바코드 스캔으로 인식한 상품을 와이파이를 통해 자동으로 아마존 계정 장바구니에 담아 준다. 다 쓴 물건에 대시를 들고 가리키면 똑같은 물건을 받아볼 수 있는 것이다. 사용자는 일상생활 중 필요할 때마다 스마트폰이나 태블릿 등 기기를 통해 저장한 상품 중 원하는 것을 골라 결제하고 기다리면 된다.

아마존의 프라임 멤버(prime members)만 이용할 수 있는 아마존 대시버튼(dash button)은 매번 사용하는 소모품 주변 어느 곳이나 원하는 곳에 자유롭게 설치하고, 주문을 원하면 간단히 누르기만 하면 된다. 버튼을 누르면 앱과 연동되어 주문내역을 확인할 수 있으며, 앱에 주문내역이 업로드되기 때문에 마음이 바뀌거나 혹은 잘못 눌렀을 때에는 주문취소가 가능하다. 버튼을 누르고 며칠만 기다리면 제품이 배송되는 시스템으로, 273여 가지의 일상생활에서 자주 사용하는 소모품 위주로 제공된다. 이는 이전에 제공된 사물인터넷 커머스의 초보단계 서비스인 아마존 대시(amazon dash)가 바코드를 스캔하거나 음성으로 주문하는 방식을 더욱 간소화하여 그냥 누르기만 하면 주문이 완료되도록 한 서비스로, 궁극적인 사물인터넷 커머스의 지향점인 인터넷에 연결된 사물들이 스스로 학습하고 판단해서 사용자를 대신해 상품을 주문하는 단계의 전 단계라고 할 수 있다. 현 단계에는 사람이 상황을 인지해 기기에 입력하는 수동처리 과정을 거치고 있으나, 상품주문 과정을 단순하게 만드는 아마존의 대시나 대시버튼은 사물인터넷이 현실과 동떨어진 먼 미래의 서비스가 아니라 곧 현실화될 수 있는 실현가능한 미래임을 보여주는 것이다.

자료: 아마존 홈페이지(www.amazon.com), 2015. 8. 10. 검색

더 많은 사물을 보다 편리하게 제어하고 그 사물이 제공하는 정보를 이용할 수 있도록 한다는 것이 사물인터넷 시대의 중요한 가치라는 것을 감안할 때, 아마존 대시버튼은 사물인터넷의 이상적 구현 단계의 직전 단계라고 할 수 있다.

사물인터넷 시대에는 인터넷에 연결된 사물이 소비자의 사용정보를 데이터화하여 전달함으로써 마케터에게 많은 기회를 제공할 수 있다. 예를 들어 아마존의 세제 대시버튼을 소비자가 세탁

기에 부착하는 경우 현 시점에서는 사용상황을 소비자가 직접 입력해야 하지만(상품 주문 과정은 간소화된다), 미래에는 세제가 떨어지면 세탁기가 자동으로 쇼핑몰에 세제를 주문할 수 있게 되는 것이다. 즉, 사물인터넷 시대의 정보 수집은 소비자와 연결된 사물인터넷 스마트 기기들 간의 실시간 소통을 통해서 얻어지는 것이다.

이와 같이 소비자와 연결된 사물인터넷 스마트 기기들 간의 소통을 통해 실시간의 사용자 행동을 기반으로 얻어지는 데이터를 액티브 데이터라 한다. 따라서 액티브 데이터는 사물인터넷 시대의 상징이라고 할 수 있다. 설문조사를 통해 얻는 데이터에 비교해 볼 때 액티브 데이터는 소비자의 기억에 의해 왜곡될 가능성이 있는 과거의 데이터가 아닌 현재의 실시간 정보로서 전통적인 판매정보와 개인정보, SNS 네트워크 데이터, CRM 데이터 등과 결합하여 고객의 욕구를 더 정확하게 파악할 수 있도록 한다.

특히, 액티브 데이터의 수집은 웨어러블 컴퓨팅 기술을 통해 그 기회가 증대되는데, 소비자의 물리적인 활동, 감정 상태, 활동 패턴 등 다양하고 정교한 데이터를 확보할 수 있기 때문이다. 예를 들어, 구글 글라스 같은 스마트 글라스와 손목시계 또는 팔찌 형태의 웨어러블 기기, 그리고 스마트 의류의 착용을 이용함으로써 소비자를 대상으로 설문조사를 하지 않고도 매우 정교한 실시간 고객 데이터 확보가 가능해진다. 이와 같이 실시간으로 수집된 액티브 데이터는 실시간으로 분석되어 스마트 글라스를 통해 사용자의 눈앞에 필요한 정보를 제공할 수도 있을 것이다. 이를 통해 굳이 신경 쓰지 않더라도, 혹은 미처 인지하지 못하는 잠재된 욕구라 하더라도 사물이 알아서 저절로 만족시켜 주는 시대가 가능해질지도 모르겠다.

3) 옴니채널 마케팅

진화하는 모바일 시대에는 인터넷 비즈니스 영역이 확장되어, 온라인뿐 아니라 오프라인 또한 인터넷 비즈니스의 채널에 포함된다. 이를 통해 온라인과 오프라인이 연결되고 통합되어 고객경험이 끊기지 않도록 서비스를 제공하는 옴니채널 마케팅으로의 전환이 일어나고 있다. 즉, 사물인터넷 시대인 미래의 인터넷 환경에서 중요하게 부각되는 것이 옴니채널 전략이다. 인터넷 비즈니스를 수행함에 있어 판로를 넓히기 위해 여러 개의 채널을 운영한다면 단순히 멀티채널이지만, 한 사람의 고객을 대상으로 고객과 접하는 기회를 넓히고 나아가 사물인터넷 시대의 기술 환경을 통해 정보를 공유하고 그 고객에게 일관된 서비스를 제공할 수 있다면 옴니채널을 실현한 것이라고 할 수 있다.

(1) 채널 간 통합과 연결

사실 인간이 인터넷의 일부가 되는 웹 3.0 시대에는 온라인과 오프라인의 경계가 무의미하다. 사물인터넷 시대인 웹 3.0 시대에는 정보가 모든 사물을 관통해서 흐르게 되므로 소비자가 가는 곳마다 사물과 실시간으로 교감하면서 살아있는 정보인 액티브 데이터를 제공하게 된다. 따라서 실시간으로 제공되는 액티브 데이터를 바탕으로 고객의 상황에 따라 고객을 완전 세분화하고 온라인과 오프라인을 통합하는 정보와 서비스를 제공함으로써 실시간 마케팅이 가능해지는 것이다.

실제로 모바일과 태블릿을 이용해 쇼핑하는 소비자가 늘면서 이미 그들이 브랜드 정보를 수집하고 브랜드와 소통하는 방식이 크게 변화하고 있다. 이에 따라 소비자가 언제 어디서나 손쉽게 쇼핑할 수 있는 환경을 구축하는 것은 마케팅 수단으로 더욱 중요해지고 있다. WD Partners가 진행한 조사에 따르면,[4] 쇼핑 채널의 선택에서 소비자에게 중요한 것은 오프라인이나 온라인과 같은 채널의 유형이 아니라고 한다. 1,700명의 소비자 중 79%가 구매채널은 무엇이든 상관없이 '즉각적인 소유'가 가장 중요하다고 하였다. 이처럼 편리함과 즉각적인 대응, 빠른 변화를 요구하는 모바일 쇼핑 이용자들의 마음을 사로잡기 위해서는 모든 채널을 활용하여 소비자의 관심을 끌 수 있는 옴니채널 마케팅이 필수적이다.

옴니채널은 모든 것을 의미하는 라틴어의 옴니(omni)와 상품의 유통경로를 의미하는 채널(channel)의 합성어이다. 위키피디아(2015)에 따르면 '멀티채널의 진화된 형태로 PC, 모바일, 오프라인 매장, TV, 다이렉트 메일 등의 모든 이용 가능한 쇼핑채널을 통하여 고객경험이 끊기지 않도록 집중하는 것'으로 정의되며, 한국경제용어사전에 따르면 '소비자가 온라인, 오프라인, 모바일 등 다양한 경로를 넘나들며 상품을 검색하고 구매할 수 있도록 한 서비스로, 각 유통채널의 특성을

4 Future of retail 2015. 삼성디자인넷, 2015. 1. 9.

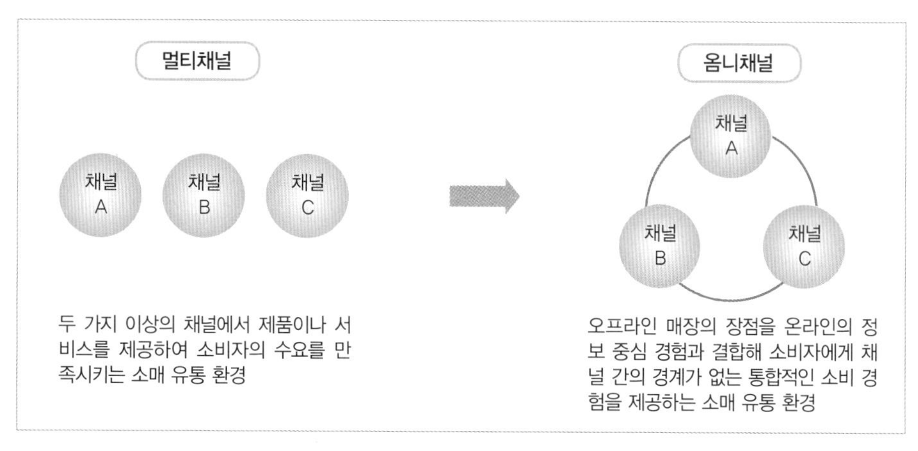

그림 3-2 멀티채널 마케팅과 옴니채널 마케팅의 비교

결합해 어떤 채널에서든 같은 매장을 이용하는 것처럼 느낄 수 있도록 한 쇼핑환경'으로 정의된다. 즉, 옴니채널이란 소비자가 어떤 채널을 통해 접근하더라도 항상 일관된 마케팅 서비스를 제공하여 고객경험을 극대화하는 채널 아이덴티티 프로그램이다. 스마트폰과 태블릿 PC가 일반화되고 오프라인 쇼핑에서도 모바일 기기의 사용이 늘어남에 따라 소비자가 접하는 모든 채널에서 동일한 경험을 제공함으로써 고객가치를 향상시키는 전략이 필요해진 것이다.

최근에는 오프라인에서 상품을 살펴보고 온라인 쇼핑몰에서 구입하는 쇼루밍(showrooming) 현상이 발생하는 동시에, 반대로 온라인에서 상품을 보고 오프라인에서 상품을 구매하는 역쇼루밍(reverse-showrooming) 현상 또한 나타나고 있다. 이는 모두 정보의 비대칭화로 인한 구매 리스크를 최소화하기 위한 소비자 노력의 일환이다. 따라서 옴니채널 전략은 오프라인 점포에 의한 온라인 혹은 모바일 쇼핑 채널 통합의 형태로 이루어지기도 하지만, 온라인 쇼핑몰의 오프라인 채널 결합의 형태로 이루어지기도 한다.

특히 상품이 다양하고 품질의 표준화 정도가 낮아 직접 체험해야 하는 패션 상품의 경우에는 쇼루밍과 역쇼루밍 현상이 빈번하게 발생한다. 이에 따라 패션 브랜드나 패션 리테일러들은 옴니채널 전략을 적극적으로 도입하고 있다. J.Crew나 패스트패션으로 불리는 많은 SPA 브랜드들이 옴니채널 전략을 통해 고객과 소통하고자 하며, 소셜미디어를 활용하고 위치기반정보기술 등 다

CASE REVIEW

디지털화된 J.Crew

이 매장에서는 고객이 하나의 상품에 관심을 가지게 되는 순간 시착에 필요한 정보나 관련상품에 관한 정보들을 판매원에게 물어볼 필요가 없다. 고객이 스마트폰의 NFC(Near Field Communication, 근거리무선통신) tag를 켠 상태로 J.Crew 매장에 들어가면 스마트폰에 탑재되어 있던 iBeacon이 해당 매장의 앱을 활성화시키기 때문이다. 고객이 한 아이템에 다가가면, 그 앱은 해당 아이템의 사이즈 등 정보를 제공하는 페이지로 넘어간다. 고객이 한 아이템을 입어보고 싶어 한다면 스마트폰으로 행거의 NFC tag를 인식해 해당 아이템의 상세정보를 앱과 매장의 드레스룸으로 전송한다. 앱에는 자신의 신체사이즈를 측정해서 미리 저장할 수 있는 기능이 있어 만약 자신의 신체사이즈를 앱에 미리 저장해 놓았다면, 해당 아이템이 자신에게 어떻게 맞을지도 상세히 보여준다. 다른 사이즈를 입어보고 싶다면 역시 앱이나 드레스룸 안에 설치되어 있는 스크린을 통해서 요청할 수 있다. 입어 본 제품을 구매하고 싶다면 해당 아이템의 NFC tag를 인식시켜 결제할 수 있으며, 영수증은 이메일로 받을 수 있다. 모든 데이터는 분석을 위해 저장된다.

자료: This is Retail(thisisretail.com.au), 2014. 11. 19.

CASE REVIEW

레베카 밍코프(Rebecca Minkoff)

이베이에 의해 레베카 밍코프의 새로운 매장에 디지털 스토어와 맞춤형 빅데이터 도입

이베이(eBay Inc.)는 패션브랜드와 제휴를 통해 패션브랜드 레베카 밍코프의 오프라인 매장에 디지털 경험을 옮기는 시도를 했다. 옴니채널(Ominicahannel) 스토어에 터치스크린을 설치함으로써 옴니채널을 원하는 소비자들에게 인터액티브 디스플레이와 디지널 피팅룸을 제공한 것이다. 이베이 혁신팀이 레베카 밍코프 매장에 제공하는 새로운 디지털 기술들은 다음과 같다.

- 체크인 서비스(check-in upon arrival): 레베카 밍코프 모바일앱을 통해 매장에 도착하는 소비자는 체크인을 하게 되며, 이를 통해 고객의 개인 프로파일이 판매원에 전달되게 함으로써 개인화된 서비스와 쇼핑경험을 제공받게 된다.
- 디지털 미러 쇼핑월(connected glass shopping wall): 쇼룸 내에 설치된 거울을 통해 레베카 밍코프의 디지털 스토어가 실현된다. 디지털 미러 상의 '나의 방으로(send to my room)'라는 메뉴를 고객이 선택함으로써 1:1 스타일 추천이 시작된다.
- 인터액티브 피팅룸(Interactive fitting rooms): 피팅룸 안에 있는 터치스크린이 피팅룸 안에 있는 옷을 인식하여 매장 내에 있는 다른 사이즈나 다른 컬러에 대한 정보를 제공한다. 고객이 다른 사이즈의 옷을 원한다면 피팅룸 안에서 터치스크린을 이용하여 손쉽게 판매원에게 요청하는 것이다. 모바일 디바이스가 매장 어느 곳에나 있어서 모든 고객과 판매원 모두 접속 가능하며 이를 통해 진정한 디지털 스토어가 실현된다.
- 모바일 앱(The Rebecca Minkoff mobile app): 레베카 밍코프 모바일 앱은 오프라인 내의 판매원이 소비자들에게 e-commerce 경험, 소셜 경험, 실시간 쇼핑옵션의 추가 등을 제공하는 것을 가능하게 함으로써 레베카 밍코프의 connected store에 중요한 역할을 한다.

디지털 미러 쇼핑월을 이용하여 고객은 다양한 정보를 얻을 수 있으며, 쇼핑하는 동안 무료 음료를 주문할 수도 있다. 쇼룸의 옆에 있는 큰 거울에서는 브랜드의 인기상품을 찾아보고, 피팅룸에서 입어 볼 옷을 담을 수 있으며, 바로 모바일 앱을 다운받을 수도 있다. 피팅룸이 준비되면 거울상에 입력한 번호로 문자가 간다. 소비자들은 피팅룸 내에서 옷을 입어보며 스타일리스트와의 상담을 이어갈 수 있다. 피팅룸의 거울에는 RFID 기술이 탑재되어 소비자가 입어보는 상품을 자동으로 인식하며, 소비자는 판매원에게 다른 사이즈나 색상을 요청할 수 있다.

자료: Brandchannel(brandchannel.com), 2014. 11. 12.
이미지 자료: Brandleadership(brandleadership.wordpress.com), 2015. 6. 17.
Brandchannel(brandchannel.com), 2014. 11. 12.

양한 디지털 기술들을 도입함으로써 옴니채널 서비스를 제공한다.

J.Crew의 경우에는 비콘(beacon) 기술[5]로 오프라인 점포에서 스마트폰의 앱 활용이 가능하게 함으로써 모바일 채널의 통합을 시도하였다. 레베카 밍크는 온라인 비즈니스를 오프라인 채널로 확장한 사례로, 위치기반정보기술을 활용하여 온라인 쇼핑에서의 경험이 그대로 오프라인 점포에서도 이어질 수 있도록 하였다. 국내 브랜드로는 가방 브랜드인 MCM이 고객들의 구매경험을 크로스시켜 온라인 경험을 오프라인에 넣고 오프라인 경험을 온라인에 넣고자 하는 시도로 옴니채널 전략을 도입하였다. 매장 내에 키오스크를 구축하고 'MCM M5' 앱과 연동시킴으로써 각 상품의 리뷰와 기타 상품정보들을 확인하고 구매할 수 있도록 하여 끊기지 않는 브랜드 경험을 제공하고자 하였다. 한편 대표적인 국내 온라인 쇼핑몰인 네이버는 온라인 쇼핑몰에 오프라인 점포의 VMD와 상품을 연계시키는 서비스를 도입함으로써 온라인 채널을 중심으로 한 오프라인 채널의 통합을 시도하였다.

향후 사물인터넷이 일반화됨에 따라 온라인과 오프라인의 경계가 무너짐으로써 쇼루밍 고객과 역쇼루밍 고객이라는 구분이 무의미해질 것이며, 언제 어디서나 가장 최적화된 구매가 가능하도록 하는 옴니채널은 필수적인 마케팅 전략이 될 수밖에 없을 것이다. 사물인터넷 시대에는 사물 자체가 마케팅 채널이자 고객이 될 수 있다. 스스로 식품을 주문하고 채워 넣는 역할을 하는 미래의 스마트 냉장고는 그로서리 마케팅의 중요한 고객이 될 것이며, 수많은 웨어러블 기기들은 온라인과 물리적 세계를 통합한 경험을 고객에게 제공하고 고객의 상태를 전달하는 매개체 역할을 함으로써 새로운 마케팅 채널로 등장할 것이다.

(2) 가상현실과 증강현실

가상현실(VR: virtual reality)이란 어떤 특정한 환경이나 상황을 컴퓨터로 만들어서, 그것을 사용하는 사람이 마치 실제 주변 상황 및 환경과 상호작용을 하고 있는 것처럼 만들어 주는 인간-컴

5 모바일과 실제 세계를 연결하는 서비스로, 스마트폰 사용자의 위치를 파악하여 특정 정보를 전달해 주는 근거리 위치기반 기술이다. 비콘 기술은 고객의 온라인 정보와 오프라인 풋트래픽을 연결시키는 기술로, 비콘 기기가 설치된 장소를 방문하면 모바일 기기에 정보가 푸시 알림으로 전달되어 이용자의 이동경로에 따라 자동으로 맞춤 정보를 제공한다.

CASE REVIEW

온라인 쇼핑몰의 오프라인 결합 사례

네이버 쇼핑윈도, 직접 만든 콘텐츠로 즉각 소통한다

스마트폰 기능의 업그레이드, 통신 속도 개선, 간편 결제 시스템 확산 등의 모바일 커머스 기술이 발전되면서 지금까지 온라인 시장과 무관하게 여겨져왔던 오프라인 매장의 상품들이 모바일을 통해 매출을 크게 성장시키고 있다. 오프라인 상품이 모바일을 통해 온라인에서 판매되는 커머스 시장은 당분간 급성장할 것으로 전망된다. 관련 기술개발과 인프라 투자가 지속적으로 이루어지고 있고, 이와 더불어 오프라인 매장의 적극적인 참여의지도 갈수록 높아지고 있기 때문이다.

현재 관련시장에 SK, KT, 네이버 등 대기업부터 모바일 전문기업, 신규 스타트업 등 많은 기업들이 공격적으로 뛰어들고 있다. SK의 '시럽', KT의 '클립', 얍컴퍼니의 '얍', 스타트업 기업인 브리치의 '브리치'와 와이어드랩의 '어반스트릿' 등이 이와 관련된 대표적인 플랫폼 서비스다.

네이버는 O2O 비즈니스에 뛰어들며 영역을 확대했다. 쇼핑윈도는 네이버가 직접 운영하는 커머스 서비스로 오프라인 매장을 운영하는 점주나 매니저가 핸드폰이나 디지털카메라를 이용해 마네킹 컷이나, 거울을 통한 셀카(셀프카메라) 컷을 통해 직접 상품을 등록해 판매하는 서비스를 말한다. 백화점과 아울렛 등 대형 유통업체부터 로드숍, 개인디자이너, 핸드메이드 작가 등 소규모 사업자까지 아우르는 쇼핑 플랫폼으로 성장했으며, 특히 매장 직원과 소비자가 실시간으로 대화를 나누는 '네이버톡톡' 서비스를 쇼핑윈도에 추가해 온·오프라인 간의 쇼핑경험을 이어주며 빠르게 이용자 수를 확대해가고 있다.

현재 쇼핑윈도는 스타일, 리빙, 뷰티, 푸드, 키즈 등의 세부 카테고리로 구분하여 운영 중이며, 계속해서 카테고리 확장이 이루어지고 있다. 최근 들어 네이버의 쇼핑윈도는 등록매장 수와 매출이 급성장하고 있다. 월 1억 원이상 매출을 보이는 매장이 2015년 7월 5개에서 12월에는 14개로 늘어났다. 그리고 등록매장 수가 2,000여 개에서 3,500개로 크게 증가했다. 백화점도 앞다투어 서비스를 도입하고 있다. 한편으로는 서울, 부산, 대구, 광주 등 대도시 중심에서 벗어나 점차 화성, 신안, 해남 등 변두리 상권으로까지 확대하고 있다. 앞으로 네이버 쇼핑윈도는 전각지의 중소도시는 물론, 인적이 드문 곳의 매장까지 전국 농수상물 상인, 패션 대리점주 등 소상공인들이 운영하는 매장 매출을 크게 향상시키는 역할을 할 수 있을 것으로 기대를 모으고 있다.

자료: 패션인사이트(fi.co.kr), 2016. 1. 1.
패션인사이트(fi.co.kr), 2015. 12. 15.

퓨터 사이의 인터페이스를 말한다. 증강현실(AR: augmented reality)은 사용자가 눈으로 보는 현실세계에 가상 물체를 겹쳐 보여주는 기술이다. 즉, 가상현실은 현실세계와 유사한 환경을 가상의

CASE REVIEW

Best Wearable Tech: Tory Burch for Fitbit

Fitbit Flex는 그 자체로는 아름답지 못하다. 그러나, 패션의 거장인 토리버치가 만든 인상적인 액세서리라면 패션에 민감한 여성들이 선택할지도 모른다. 토리버치(Tory Burch)는 핏빗(Fitbit)과 콜라보레이션을 통해 하이엔드(high-end) 액세서리 컬렉션을 내놓았다. 이 콜렉션은 단순하고 저렴한 디자인인 핏빗의 손목밴드에 눈부시게 스트일리시한 변화를 준 것이다. 스타일과 아웃핏에 이질감없이 어울리도록 밴드를 만들기 위해 토리버치는 Fitbit Flex를 위한 'covers'라고 불리는 컬렉션을 디자인하였으며, 이는 토리버치 액세서리와 함께 진열되며 기능성 액세서리에 아름다움을 더했다.

자료: Wearable(www.wearable.com), 2015. 4. 23.
Aglaia-magazine.com, 2014. 7. 16.
이미지 자료: Tori Burch for Fitbit. myfashionjuice.com, 2014. 8. 10.
Aglaia-magazine.com, 2014. 7. 16.

디지털 공간에 구현하는 것을 의미하는 반면, 증강현실은 컴퓨터 그래픽으로 만들어진 가상의 사물이나 정보가 물리적 공간에 겹쳐 보이도록 함으로써 실제로 세상에 존재하는 것처럼 보이게 하는 것을 말한다. 이와 같은 가상현실과 증강현실의 최종적인 구현 목표는 현실과 가상세계의 결합이다. 즉, 모든 물리적인 세계가 인터넷과 컴퓨터로 연결되어 있는 사물인터넷 세상의 확장인 셈이다.

증강현실 기술은 AR 앱을 통해 초기 형태가 소개되었는데, 스마트폰에 내장된 GPS 센서 등을

그림 3-3 증강현실 앱의 활용
자료: Augmented Reality Trends, 2013. 7. 23.

그림 3-4 Cisco의 미래쇼핑 모습
자료: 유튜브, 2011. 6. 8.

이용하여 스마트폰을 들고 특정 방향을 비추면 그 주변의 상점정보 등이 카메라 화면에 겹쳐 보이게 하는 것이다. 스마트폰 카메라를 이용하여 사물이나 사람을 인식하는 기술이 발전함에 따라, 점포의 윈도우에 진열된 상품이나 프린트된 이미지를 스마트폰 앱으로 인식하면 상품의 정보나 동영상 등 연결된 디지털 콘텐츠가 스마트폰 화면에 나타나게 하는 방식으로도 발전되었다. 실제로 이케아(IKEA)는 증강현실 기술을 활용하여 종이 카탈로그에 포함된 이미지들이 디지털 콘텐츠와 연결되게 함으로써 고객들이 상호작용할 수 있는 기회를 제공하였다.

가상/증강현실 기술의 초기단계 기술로는 모션캡처를 들 수 있다. 이를 쉽게 이해하기 위해서는 영화에서 허공에 3차원의 홀로그램을 띄워놓고 손짓으로 컴퓨터를 제어하는 모습을 생각하면 된다. 즉 스마트 안경을 착용함으로써 3D 홀로그램이 눈앞에 표시되며, 모션캡처 기술이 사용자의 손을 인식함으로써 가상공간에서의 인터페이스를 자유롭게 조작할 수 있게 되는 것이다. 이와 같은 가상/증강현실 기술은 패션점포 내에도 도입이 가능하다. Cisco에서 제안하는 바와 같이 디지털 사이니지[6] 시스템으로 매장 내에 상품 전시와 피팅(fitting)을 겸하는 코너를 만들고 모션캡처 기술을 활용함으로써 전시되어 있는 옷을 걸친 모습이 시스템상에 보이도록 할 수 있다. 마음에 드는 옷을 가상 착용해 봄으로써 재고가 없는 옷을 입어보는 것이 가능하며, 입어본 옷에 맞춰 배경을 선택하여 옷이 돋보이는지 확인하는 것도 가능하다.

가상현실과 증강현실 기술은 온라인과 오프라인의 구분을 더욱 모호하게 할 것이다. AR 기술은 구글글래스와 같은 스마트 글라스나 웨어러블 컴퓨팅 기술의 발전을 통해 더욱 편리하게 활용될 수 있다. 현재 주로 스마트폰을 손으로 들고 사물이나 특정 방향을 비춤으로써 구현되는 AR 기술은 사용의 편이성 측면에 제한이 있는 것이 사실이므로, 웨어러블 컴퓨팅 기술이나 사물인터넷 기술이 발전함에 따라 AR 기술의 상용화 가능성은 높아질 수밖에 없을 것이다. 스마트 글라스 기술이 더욱 발전함에 따라 미래 생활에서의 증강현실은 그 영향력이 커질 것인데, 스마트 콘텍트렌즈에 AR 기술이 접목되는 경우 바라보는 모든 환경이 가상의 정보 혹은 가상의 세계와 겹쳐 보이는 것이 가능해질 것이다.

따라서 미래의 온라인 쇼핑몰에서는 선택한 상품의 실제이미지가 부각되어 공중에 떠오르거나 입체영상을 통해 실제 제품을 사용하거나 착용하는 체험을 할 수도 있을 것이며, 인터넷 쇼핑몰 자체가 가상으로 공중에 떠 있는 실제 상점의 모습이 구현될 수도 있을 것이다. 오프라인 점포 또한 증강현실 기술을 통해 온라인과 오프라인을 자유롭게 넘나들도록 할 수 있을 것이다.

6 물품이나 서비스를 판매하기 위해 점포 내에 설치되는 디지털 사이니지(digital signage)는 주로 쇼핑몰 또는 상점 등에 설치하는 키오스크 또는 디스플레이 화면으로 제품 광고 또는 판매 콘텐츠로 구성될 수 있다(채송화, 2012).

CASE REVIEW

증강현실 리테일 트렌드: 현재와 미래

리테일 환경에 적용된 초기 AR 기술

리테일 환경에 도입된 가장 초기의 AR 기술은 위치기반 서비스와 스마트폰 혹은 태블릿 기기와의 결합으로 이루어졌다. 2009년 소개된 NRU라 불리는 AR 서비스는 가까운 거리에 있는 식당의 위치와 그 식당에 대한 평가정보를 제공하였다. AR 기술의 또 다른 주요 특징으로 이미지 인식기술과의 결합을 들 수 있다. AR 기술은 다양한 기기들과 연결되어 실현될 수 있으며, 점포 내 키오스크를 활용할 수도 있다. 점포 내에서 원하는 상품을 들고 스크린에 비추면 해당 상품의 정보가 화면에 뜨게 되는 것이다. 이미지 인식기술 외에도 모션캡처 기술을 활용하여 증강현실 쇼핑경험을 제공하는 것도 가능한데, 가상피팅룸을 가능하게 함으로써 실제로 입지 않아도 옷을 착용한 경험을 제공한다. 가상착용자의 움직임을 감지함으로써 실제로 입은 것처럼 착용자의 몸에 꼭 맞게 느끼도록 하는 것이다.

리테일 환경에서의 현재와 미래의 AR 기술

AR 기술을 활용한 앱은 보다 많은 기술들과 결합함으로써 보다 나은 쇼핑환경을 소비자에게 제공할 수 있을 것이다. 많은 패션 브랜드들이 구매고객들에게 가상피팅룸 서비스를 제공하는 것을 넘어 소재를 직접 만지고 냄새까지 느낄 수 있도록 하는 AR 서비스 제공을 준비하고 있다. 식품산업에서도 안면인식 기술과 결합하여 고객이 점포에 들어오는 순간 동선에 따라 소비자가 선호하는 상품 앞으로 이동할 때마다 해당상품의 정보는 물론 소비자의 구매이력까지 AR 기술을 통해 제공하는 것이 가능해질 것이다.

자료: Augmented Reality Trends(www.augmentedrealitytrends.com), 2013. 7. 26.

2. 개인화의 시대

1) 개인맞춤화 마케팅

불특정 다수를 대상으로 하는 대중마케팅의 시대가 가고 개인적 가치의 공유가 중요한 시대가 온다. 소셜서비스 또한 다양한 정보가 쏟아지는 페이스북과 트위터와는 달리 개인의 관심 분야에 대한 정보만을 받을 수 있는 관심사 기반의 SNS가 떠오르고 있다.

(1) 컨버전스와 디버전스

모바일은 매우 은밀하고 개인적인 디지털 기기다. PC의 경우 공동사용이 가능한 반면, 모바일은 개인 소유물인 것이다. 그러므로 모바일 인터넷 환경은 개인화된 환경이며, 사용자 또한 개인의 취향에 맞춰 최적화한다. 모바일 디지털 기기인 스마트폰은 디지털 기기의 컨버전스(convergence)를 실현시키지만, 이를 통해 제공되는 모바일 서비스는 개인의 취향과 목적에 따라 디버전스(divergence)화하는 방향으로 변화하고 있다.

미래에는 인터넷을 통해 주변 환경을 모두 디지털화하여 이용자와 기기를 연결할 것이며, 웨어러블 컴퓨터와 다른 기기들, 인간과 기기들의 연결은 바로 모바일 기기를 통해 이루어질 것이다. 주변의 많은 사물들이 디지털화함에 따라 모바일이 사람과 사물, 사람과 사람 사이를 연결해 주는 커뮤니케이터 역할을 할 것이며, 이에 따라 개인별 요구에 맞는 맞춤화 서비스 제공과 마케팅이 가능해질 것이다.

(2) 개인 관심사 기반 큐레이션 소셜서비스

전통적인 STP 전략을 통해서도 이미 개인의 관심사에 따른 세분시장 타깃팅이 라이프스타일 기반 세분화 전략의 한 방법으로 유용함을 검증받았다. 이와 같은 타깃 마케팅이 모바일 SNS에 적용된 형태가 개인 관심사 기반 큐레이션 소셜서비스(ICSNS: interest curation social network service)이다. 큐레이션은 미술관이나 박물관에서의 전시를 위해 전시품들에 대한 기획과 의미를 부여하는 큐레이터라는 직업 활동에서 유래한 단어이다. 큐레이션의 개념 정의를 살펴보면, 스티븐 로젠바움(2011)은 '인간이 수집, 구성하는 대상에 대해 인간의 질적인 판단을 추가해서 가치를 높이는 활동'이라 하였고, 사사키 도시나오(2012)는 '이미 존재하는 막대한 정보를 분류하고 유용한 정보를 골라내 수집하고 다른 사람에게 배포하는 행위'라고 했다. 즉, '소셜 큐레이션'은 정보의 홍수 속에서 사용자가 자신의 취향과 관심사에 적합한 질 좋은 콘텐츠를 골라내고 서로 공유할 수 있도록 도와주는 서비스라 할 수 있으므로, 이는 개인화 맞춤 콘텐츠를 제공하는 소셜서비스의 미래 발전 방향이기도 하다.

기존의 소셜서비스가 폭넓은 관계 형성 자체를 목적으로 하고 있고, 이와 같이 형성된 관계를 기반으로 다양한 정보의 획득과 네트워크 형성을 하도록 서비스를 제공하였다면, ICSNS는 관계 기반이라기보다 개인이 관심 있는 주제에 대한 맞춤 콘텐츠와 서비스 제공을 목적으로 한다. 따라서 기존의 소셜서비스와 비교하여 ICSNS는 보다 개인화되고 고객화된 소셜서비스의 형태라고 할 수 있다. 또한, 기존의 모바일 마케팅이 넓은 영역의 플랫폼을 사용하고 플랫폼 내에서의 타깃팅 전략을 사용했다면 ICSNS는 관심사 기반의 플랫폼으로 이미 타깃팅되어 있는 플랫폼을 운영함으로써 비교적 저비용으로 타깃 소비자에게 노출될 수 있다.

큐레이션 소셜 서비스의 핵심요소는 개인의 성향과 선호도를 반영하고 관심사에 대한 통찰력이 느껴지는 콘텐츠와 추천을 제공하는 것이라고 할 수 있다. 팔로어가 많은 소셜 영향자가 아니라 하더라도 특정 분야의 지식을 제공하는 것에 대해 가치를 부여하고 그 관심사를 기반으로 기록하는 행동들이 모여 새로운 트렌드를 창조하는 것이다. 대량 생산되는 정보의 홍수 속에서 양질의 정보를 찾고자 하는 소비자들은 자신과 성향이나 취미가 맞는 이들이 올린 정보가 잘 정리되어 제공되는 소셜 큐레이션에 더욱 집중할 것이다. 특히, 이용자들의 목적을 철저하게 분석해 맞춤형 콘텐츠를 제공한다는 점에서 향후 ICSNS의 활용 가치는 더욱 높아질 것으로 보인다.

ICSNS의 마케팅 사례는 아직 많지 않으나, 이미지 공유 SNS이자 ICSNS로는 핀터레스트(Pinterest)와 인스타그램(Instagram)이 대표적이다. 그 밖에도 동영상 공유(예: 판도라 TV, Dialymotion), 음악 공유(예: Turntable.fm, Last.fm), 뉴스 공유(예: Paperli, Storyfy) 등의 서비스를 제공하는 ICSNS들이 있다. 사진 공유와 동영상 공유를 주목적으로 운영하고 있는 ICSNS는 쇼핑, 여행, 육아, 영화, 스포츠 등으로 카테고리를 세분화하여 이용자들이 원하는 분야의 콘텐츠

CASE REVIEW

패션기업에 최적화된 ICSNS Pinterest

핀터레스트(Pinterest)는 2011년 5월 서비스를 시작해 2012년 1월 이용자가 약 1,170만 명에 이르며 독립적인 사이트 중 가장 빨리 천만 명대를 돌파한 서비스가 되었다. 이후 eBizMBA에서 조사한 결과에 따르면 2015년 미국 내 월간 이용자 수가 2억 5천만 명에 이르러, 페이스북과 트위터, 링크드인에 이어 4위를 차지하여 크게 주목받는 서비스가 되었다.

핀터레스트는 'pin'과 'interest'의 합성어로, 웹상에서 발견한 관심 주제의 이미지들을 가상 메모판이라 할 수 있는 '보드(Board)'에 스크랩하는 서비스이다. 각각의 콘텐츠들을 '핀(pin)'이라 부르며, 'Pin it, Like, Comment, Send' 등 다양한 방법으로 콘텐츠에 대한 의견을 표현할 수 있고, 또 재생산할 수 있다. '피너(pinner)'라 불리는 핀터레스트의 사용자들은 다른 사용자를 팔로우할 수도 있다.

핀터레스트의 경우, 기업에게 개인과 다른 계정관리를 지원하기 때문에 온라인 판매로 쉽게 이어질 수 있어 e-커머스(e-commerce)에 적합한 소셜미디어라고 할 수 있다. 또한, 기업에게 제공되는 핀터레스트의 분석 툴은 어떤 핀이 가장 많이 리핀되었는지 뿐만 아니라, 매 순간 기업이 얼마나 많은 사용자들에게 공유되었는지, 어떤 이미지가 사용자들에게 관심을 받았는지 알 수 있게 해줌으로써 상품기획 및 고객관리 전략에까지 적용될 가능성을 지니고 있다.

특히 핀터레스트는 여성 사용자 층이 많아 최근 패션업계에 새로운 마케팅 공간으로 떠오르고 있는데, 관계나 메시지보다 '이미지'를 중심으로 이루어지기 때문에 소셜미디어 플랫폼 중 제품을 선보이는 온라인 카탈로그로 가장 적합하다고 평가되고 있다. 또한, 이미지를 사용해 직관적으로 감성을 끌어들이는 동시에 이미지를 클릭할 경우 해당 사이트로 이동하면서 제품의 구매로 이어질 수 있어 기업의 새로운 유통 채널로 부각되고 있는데, 이와 같은 제품구매로 연결시키는 서비스인 '프로덕트 핀(productpin)'이라는 기능을 제공하고 있다. '프로덕트 핀(productpin)'은 핀을 클릭 시 제품의 가격 및 재고 상태를 바로 볼 수 있도록 되어 있어 소비자들에게 가격·세일·제품의 재고 등 추가적인 정보를 함께 제시할 수 있도록 하여 자연스럽게 구매로 연결될 수 있도록 구성되어 있다.

핀터레스트가 제공하는 프로덕트 핀 기능을 효과적으로 활용하고 있는 화장품 브랜드인 Sephora의 핀터레스트 상의 구매 프로세스는 다음과 같이 이루어진다. 브랜드의 공식 페이지에서 원하는 주제의 보드를 선택하면 그 보드에 포함된 이미지들이 나열된다. 그중 마음에 드는 이미지를 클릭하면, 이미지를 확대해서 볼 수 있으며, 프로덕트 핀일 경우 제품의 정보도 함께 확인할 수 있다. 이 화면에서 이미지를 한 번 더 클릭할 경우, 제품을 구매할 수 있는 해당 페이지로 넘어간다. 이처럼 핀터레스트에서는 마음에 드는 제품에 대한 정보를 얻고 구매하는 과정이 단 두세 번의 클릭만으로 가능하다. 또한, 이용자의 취향과 관심사를 반영한 이미지 제공으로부터 구매과정이 시작되므로, 구매로 연결될 수 있는 가능성 또한 높다고 할 수 있다.

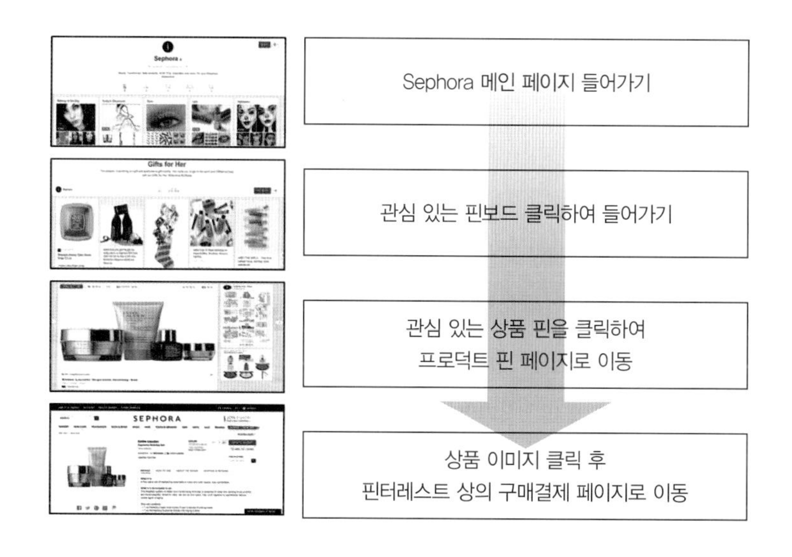

자료: 이가은(2014). 소셜미디어를 활용한 패션브랜드 마케팅에 관한 연구. pp. 34-40을 발췌 및 수정
이미지 자료: Sephora on 핀터레스트(www.pinterest.com), 2015. 8. 9. 검색, 발췌 및 재구성

만 볼 수 있게 하며, 사진과 동영상을 중심으로 콘텐츠를 운영하고 있어 사용이 편리하고 시각적인 효과도 크다.

특히, 인스타그램과 핀터레스트는 관계나 메시지보다 '이미지'를 중심으로 이루어지기 때문에 소셜미디어 플랫폼 중 제품을 선보이는 온라인 카탈로그로 가장 적합하다고 평가받는다. 인스타그램은 폴라로이드 사진에 착안해 기존의 모바일 화면 최적화의 정석으로 여겨지던 16:9의 비율을 깨고 정사각형 비율을 적용함으로써 이미지를 중심으로 하여 쉽고 간편하게 정보를 나눌 수 있도록 하고 있다. 핀터레스트는 냉장고나 보드에 레시피, 가족사진, 쇼핑리스트 등을 적어 붙여놓은 것에서 착안한 서비스로, 정보를 나누기에 용이하다. 링크 삽입 기능 등이 여러 채널과 연계되어 전략 구상을 하는 데 용이하며, 제품라인을 소개하기 위한 기능이 제공되어 마케팅 채널로도 유용하게 활용될 수 있다.

큐레이션 SNS 시장이 확대되면서 패션업계에도 이를 통한 마케팅 전략이 중요한 과제로 떠오르고 있다. 루이비통, 나이키, 아디다스, H&M 등 글로벌 브랜드들은 이미 팔로어가 수백만 명에 이르러서 인스타그램 기준으로 나이키가 1,240만 명, H&M이 530만 명, 루이비통이 430만 명, 아디다스가 340만 명에 이른다.[7] 패션 브랜드의 옴니채널 전략이 중요하게 부각되는 상황에서 ICSNS를 통해 오프라인과 온라인의 마케팅 균형을 적절하게 잡을 수 있으며, 고객맞춤화 서비스에도 활용 가능하다. 예를 들어, 고객이 점포에 들어오는 순간 위치기반정보기술을 활용하여 고객의 ICSNS 활동내역을 분석하는 것이 가능하며, 이를 활용하여 고객맞춤화 추천서비스를 제공할 수 있는 것이다.

2) 어댑티브 마케팅

고객맞춤화 마케팅은 대량고객화(mass customization)와 고객화된 마케팅(customized marketing)을 포괄하는 개념으로, 소비자의 상황과 요구에 적합한 상품과 서비스를 제공함으로써 고객과의 관계를 유지하고 만족을 높이는 것이 궁극적인 목표이다. 어댑티브(adaptive)는 '정황에 맞추다'라는 뜻으로, 마케팅이 고객의 정황에 맞추어 가치를 제공한다는 맥락에서 사용된다. 웹 3.0 시대인 사물인터넷 시대에는 소비자가 참여와 창작을 통해 콘텐츠 참여자의 역할로 존재하는 데서 더 나아가 한 콘텐츠의 구성요소로도 존재하게 되어, 마케터에게 실시간 정보를 제공하는 동시에 초개인화된 혜택을 요구하게 될 것이다.

(1) 고객 맞춤 추천시스템

아마존의 협동적 필터링을 통한 추천시스템은 대표적인 어댑티브 마케팅의 형태이다. 아마존은

7 패션 모바일 마케팅 대세는 '큐레이션 SNS'. 어패럴뉴스, 2015. 3. 3.

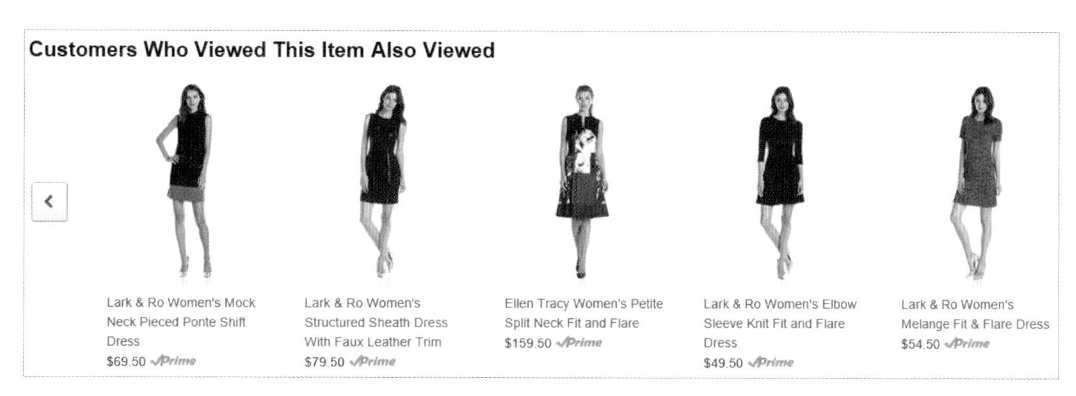

그림 3-5 아마존의 협동적 필터링 추천시스템
자료: 아마존 홈페이지, 2015. 8. 18. 검색

다수 고객들의 구매이력을 분석하여 얻은 정보에 따라 구매자가 상품을 검색하거나 구매하고자 할 때 그 상품을 구매했던 사람들이 함께 구매했던 상품을 추천해 주는 방법으로 고객맞춤화 서비스를 시행하고 있다.

현재 시행되고 있는 추천 시스템, 즉 고객맞춤화 서비스는 대부분 온라인 비즈니스를 통해 이루어지고 있다. 그러나 모바일 기기 사용이 보편화됨에 따라 오프라인 패션점포 내에서의 맞춤화 상품 및 쇼핑 정보 서비스 제공이 가능해졌으며, 이를 통해 옴니채널 서비스의 제공도 현실화될 수 있다. 현재까지 완벽한 개인화 추천 시스템이 구현되지는 않았지만 이를 위한 시스템과 애플리케이션 개발이 시도되고 있다. 이미 올리브 오일 등 고급 식료품을 비롯한 일부 상품들을 대상으로 점포 내에서 모바일 기기를 통해 쇼핑 추천 정보 서비스 제공의 가능성을 보여주기도 하였다. 그러나 아직까지는 다른 구매고객의 구매이력이나 추천정보 등을 활용하는 것에 머물고 있다.

(2) 사물인터넷과의 연계

사물인터넷 시대에는 고객맞춤화가 더욱 중요하게 부각된다. 사물인터넷 시대의 고객맞춤화는 인터넷과 연결된 상품(사물)들이 액티브 데이터를 제공함으로써 가능해진다. 예를 들어, 사물인터넷 시대에는 고객이 의도하지 않아도 사물인터넷 상품이 사용자와의 소통을 통해 스스로 학습하거나 사용이력을 기록함으로써 마케터에게 정보를 제공하고 이를 기반으로 고객맞춤화 서비스가 이루어지는 것이다. 즉, 인터넷으로 연결된 상품은 고객맞춤화 서비스를 위한 정보를 암묵적으로 제공함으로써 어댑티브 마케팅이 가능해지도록 한다. 구글 글래스와 같은 웨어러블 컴퓨팅 기기들의 경우에는 특히 소비자가 미처 인지하지 못하는 신체 데이터나 감정의 변화, 소비자의 행동패턴까지 추적하고 정보화함으로써 잠재된 소비자 욕구에 따라 타깃팅된 마케팅이 수행되도록 할 것이다.

앞으로 마케터들은 고객들이 선호하는 제품을 어떻게 조사할지에 대해서 뿐만 아니라 그 데이터를 어떻게 활용할지에 대해 고민해야 한다. 이에 대한 해답으로 리테일러들 사이에서는 '개인인식 추천 서비스(recognized recommendations)'가 새로운 트렌드로 떠올랐다. 이미지인식 소프트웨어, 소셜미디어 분석, 경험과 관련된 자료수집 등에 의한 독점적 알고리즘(proprietary algorithms)을 통해 리테일러들은 소비자들이 미처 필요성을 인지하지 못했던 상품을 제안하기 위한 인구통계학적 선호도, 감정상태 등을 알아낼 수 있다. 이와 같이 데이터를 바탕으로 한 추천이나 제안은 소비자들이 원하는 제품을 발견하고 개인적인 상호교류로 구매율을 높이는 데 도움을 줄 것이다.

TRY IT YOURSELF 1

모바일 앱을 만들어 보자!

1. 스마트폰의 대중화로 인한 인터넷 생태계의 변화

HTML 등의 스크립트를 이용한 홈페이지 구축은 이미 십여 년 전부터 활발히 사용되었던 것이다. 그러나 최근 스마트폰의 대중화로 인해 기존의 PC용 홈페이지뿐만 아니라 스마트폰용 웹 환경도 중요하게 대두되었다. 현재 대부분의 상거래용 인터넷상 홈페이지들은 PC용 페이지와 모바일용 페이지를 동시에 제공하고 있다. 기본적으로 이들 두 가지 홈페이지는 HTML을 사용한다는 점에서는 동일하고, 다만 페이지의 크기에 있어서 모바일용은 스마트폰 화면에 최적화되어 PC 모니터에 비해 좀 더 작은 크기의 해상도에 맞추어져 있다는 것이 차이점이다. 따라서 홈페이지 접근자의 하드웨어가 PC인지 아니면 스마트폰인지를 홈페이지 서버가 자바스크립트 등의 언어를 통해 판단만 하면, 누구나 모바일용 홈페이지는 간단히 제작이 가능하다. 물론 이것은 데이터의 추가/수정/삭제 등이 일어나지 않는 정적인 데이터 전달용에 한한 것이며, 일반 전자상거래용 홈페이지를 모바일용으로 제작하기 위해서는 어느 정도 투자가 필요하다. 특히 스마트폰의 경우 데이터 요금 종량제 등으로 인해 홈페이지의 데이터 양을 최소화할 필요가 있고, 플래시와 같은 일부 기능은 브라우저에 따라서 지원하지 않는 경우가 많기 때문에 이에 대한 고려도 필요하다.

스마트폰 대중화로 인한 또 다른 변화가 앱의 활성화이다. 기존 PC환경에서는 사용자가 홈페이지에 접근 후 ActiveX 등의 설치를 거친 후 결제가 가능했으므로 상당히 번거로웠으나, 모바일용 앱은 이러한 불편함을 거친 후에 개발된 것이므로 상대적으로 좀 더 편리한 결제환경을 가져왔다. 모바일용 앱을 개발할 경우 대중에게 좀 더 많은 노출효과를 기대할 수 있지만, 아쉽게도 앱 개발은 기존 소스를 그대로 활용할 수 있는 홈페이지 구축과는 달리, 용도에 따라 프로그래머가 맞춤개발을 해야 하는 경우가 많으므로 보통 어느 정도의 개발비용이 요구된다. 통상 홈페이지 구축 비용이 일천만 원 이하인 것에 반해, 앱 개발에는 최소 일천만 원 이상이 필요하다. 주된 이유로는 모바일 환경이 안드로이드와 iOS로 양분화되어 있어서 이들 두 가지 앱을 동시에 개발해야 하는 것도 있고, 기존 IT업계의 전문인력들이 아직 JAVA 등을 이용한 앱 개발환경에 익숙하지 않은 것도 있는 것으로 보인다.

그러나 반드시 앱 개발을 전문가가 맡아야 하는 것은 아니다. 물론 용도가 특수한 앱의 경우 전문가를 통한 개발이 필요하지만, 단순한 정보전달 정도의 용도라면 일반인도 상용화된 툴을 이용해 마치 홈페이지를 만들듯이 스스로 앱을 개발할 수 있다. 앱 개발에 대한 자세한 내용을 소개하기에 앞서, 프로그래밍에 대한 기초적인 용어들을 정리해 보자.

2. PC와 프로그래밍 언어

앱 개발에 앞서 PC 종류와 구성요소를 살펴보자. PC, 즉 퍼스널 컴퓨터는 스티브 잡스가 Apple I 컴퓨터를 제작, 판매함으로써 시작되었고, 이후 IBM에서 자사의 PC 구조를 공개함에 따라 크게 대중화되었다. 국내의 경우 대부분의 PC가 IBM 사의 하드웨어 구조를 사용하고 있는 이른바 IBM 계열이며, 그래픽 등 매우 소수 분야에서 매킨토시, 즉 애플 계열 PC를 사용하고 있다. 이들 IBM 계열과 애플 계열이라는 분류는 PC의 하드웨어에 대한 것이며, 이들 하드웨어를 실제로 구동하기 위해서는 소프트웨어가 필요하다.

PC의 하드웨어는 사람에 비유하자면 인체에 해당하는 것이고, 소프트웨어는 두뇌활동에 비유할 수 있다. 인체가 운동을 하기 위해서는 뇌에서 운동신경을 통해 명령을 내려야 하듯이, 소프트웨어가 장착되어 있어야만 PC의 하드웨어가 구동하여 사용자가 원하는 작업을 할 수 있다. 이러한 소프트웨어 중에서도 특별히 사용자의 작업을 위해 미리 제조사에서 설치해 놓은 기본적인 구동용 소프트웨어를 O/S, 즉 오퍼레이팅 시스템이라고 부른다. O/S는 PC가 부팅될 때 제일 먼저 로딩되어 이후 사용자가 호출하는 소프트웨어들을 사용할 수 있도록 하드웨어를 제어하는 역할을 한다.

O/S는 하드웨어마다 다양한데, 대표적으로 애플 계열에는 맥 OS를, IBM 계열에는 MS윈도우를 주로 사용하는 추세이다. 물론 유닉스 또는 리눅스라는, 하드웨어의 종류에 관계없이 사용할 수 있는 O/S도 있으며 이들은 기본적으로 무료인 것이 많아 홈페이지 구동용 서버 등에 많이 사용되고 있다. 따라서 사용빈도를 중심으로 O/S를 크게 구분해 보면 다음과 같다.

표 T1-1 PC와 스마트폰의 O/S

구분	O/S
PC용	마이크로소프트 윈도우(MS – DOS 포함)
	OS X
	유닉스/리눅스
스마트폰용	안드로이드
	iOS

이들 각 O/S는 사용되는 PC 종류에 최적화된 것이기는 하지만, 하드웨어에 드라이버만 제공된다면 애플 계열 PC에 MS윈도우를 사용하거나, 스마트폰에 MS윈도우 98을 설치하는 등의 이종(異種) 간 사용이 가능하기도 하다. 일단 O/S가 구동되고 나면 나머지 작업들은 엑셀, 파워포인트와 같은 응용프로그램들이 담당한다. '프로그래밍'이란 것은 이러한 응용프로그램을 만드는 작업을 말하며, 이를 위해서는 홈페이지 구축을 위해 HTML 언어가 필요하듯이 프로그래밍 언어를 사용해야 한다. 현재 많이 알려진 프로그래밍 언어에는 다음과 같은 것들이 있다.

- C/C++/자바(JAVA)
- 베이직(BASIC)
- 파스칼(PASCAL)
- 포트란(FOTRAN)

사용빈도로 따지자면 C언어 계열, 즉 C언어/C++언어가 가장 많이 사용된다. 이는 하드웨어를 저수준까지 잘 다룰 수 있고, 프로그램 실행 속도도 매우 빠르기 때문이다. 실례로 MS윈도우와 같은 경우 어셈블리 언어라고 불리는 2진 기계어와 C언어로 작성되어 있고, OS X 및 iOS의 바탕을 이루는 유닉스도 핵심을 이루는 커널이 C언어에 기반하고 있다. 반면 C언어의 단점은 1970년대에 시작된 것이어서 현재와 같은 모바일 환경이나 멀티미디어를 다루는 기능이 부족하다는 것이다. 이를 위해 멀티미디어에 특화된 자바라는 언어가 개발되었으나, 매번 명령어를 해석하여 동작하는 이른바 인터프리터 방식이어서 실행속도가 기존의 C/C++언어에 비해 심하면 100배 이상 느리고, 이로 인해 초기 기대와는 달리 그다지 각광받지 못하다가 최근 안드로이드 O/S에 사용되면서 앱 개발을 위해 많이 사용되고 있다.

베이직은 아직도 엑셀의 비주얼 베이직 스크립트로 사용되고, 비주얼 베이직이라는 프로그램 개발환경도 있지만 실행속도가 느리고 기존 소스코드의 재활용이 어려워 거의 사장된 언어이다. 파스칼과 포트란도 1990년대 초반까지 사용되던 것이기는 하지만 C언어에 비해 사용량이 큰 편은 아니다.

따라서 현재 PC용 응용프로그램 개발에 있어서는 대부분 C언어 계열을 사용하고 있으며, 그중에서도 IBM계열 PC에서는 MS사의 비주얼 스튜디오에 포함되어 있는 비주얼 C++을 사용하고 있다. 엑셀이나 파워포인트, 아래아한글 등 우리에게 친숙한 대부분의 프로그램들이 비주얼 C++이라는 프로그래밍 툴로 작성된 것이라고 보아도 과언이 아니다.

스마트폰용 앱 개발에 있어서는 PC용과는 달리 시장상황으로 인해 안드로이드와 iOS라는 두 가지 O/S가 사용된다. 이들도 유닉스 기반이어서, 결과적으로는 C언어로 이루어져 있다고 볼 수 있다. 안드로이드의 경우 세부적으로는 자바 언어로 주로 작성된다.

3. RAD 계열 툴을 이용한 응용프로그램/앱 개발

스마트폰이 통화 기능을 포함하고 있기는 하지만, 하드웨어의 구성과 소프트웨어의 작동방법을 기준으로 볼 때 기존의 PC와 별다른 차이점은 없다. 대부분의 PC에 사용되는 인텔 CPU의 동작속도가 3.0GHz 내외이고, 스마트폰용 CPU들도 대부분 2.0GHz급이어서 성능에 있어서도 웬만한 노트북용 CPU와 속도가 비슷하다. 기존의 PC 응용프로그램 개발자들이 그대로 모바일용 앱 개발을 할 수 있는 이유도 이러한 점에 있다. 그러나 스마트폰의 경우 주로 구글의 안드로이드와 애플의 iOS라는 두 가지 언어를 중심으로 최적화되어 있기 때문에, 기존에 사용되던 비주얼 C++과 같은 툴을 사용하기는 어렵고 안드로이드와 iOS용 전용 프로그래밍 툴을 사용한다는 점이 차이점이다. 아직까지 앱 개발에 많은 비용이 필요한 이유가, 현재까지는 IT전문가들이 이들 앱 개발환경에 익숙해져 있지 않기 때문이다.

프로그래밍을 전공하지 않은 비전문가가 응용프로그램 또는 앱을 개발하는 데는 많은 시간과 노력이 요구된다. 이는 C++언어 또는 JAVA언어 자체를 먼저 익혀야 하고, 그런 다음 비주얼 C++이나 안드로이드 개발환경과 같은 응용프로그램 개발 툴의 사용법도 알아야 하기 때문이다. 그러나 이러한 정통적인 방법 외에, RAD(Rapid Application Development, 고속 응용 프로그램 개발)라고 불리는, 비전문가도 쉽게 접근할 수 있는 응용프로그램 또는 앱 개발용 툴이 있다. 기존의 정통적인 프로그래밍 툴은 모든 응용프로그램의 요소를 직접 코드의 타이핑을 통해 입력하는 데 반해, RAD 계열 툴은 자주 사용되는 요소들을 GUI(Graphical User Interface)화하여 준비해 놓고 사용자가 클릭만 하면 실시간으로 생성되는 통합 환경을 제공한다. 마치 웹 개발에 있어서 전문가가 HTML 코드를 직접 타이핑하는 것 대신 나모웹에디터나 드림위버, 워드프레스, 구글웹디자이너와 같은 GUI 환경을 이용하는 것도 일종의 RAD 형식의 작업이라고 할 수 있다.

RAD를 이용한 응용프로그램개발의 대표적인 예가 MS의 비주얼 베이직이다. 비주얼 C++이 소스코드를 직접 입력해야 하는 것과는 달리, 비주얼 베이직은 마치 파워포인트 프로그램에서 도면을 작성하듯이 버튼 등의 기존 컴포넌트를 클릭하기만 하면 응용프로그램이 생성되고, 이후 실제 동작 코드만 사용자가 입력하면 되는 방식이므로 MS오피스의 엑셀 프로그램에도 비주얼 베이직 스크립트라는 이름으로 내장되어 있다. 그런데 베이직 언어의 경우 자바와 마찬가지로 인터프리터 방식이어서 실행속도가 느리고, 처음 배우기는 쉽지만 작성 후 다른 작업에 대한 코드 재활용이 어렵고, 특히 생성되는 응용프로그램이 MS윈도우에서만 작성되는 한계점이 있다.

RAD를 이용한 또다른 응용프로그램 개발 툴이 엠바카데로(예전 코드기어 또는 볼랜드)의 C++ Builder이다. 이는 비주얼 베이직과 유사한 RAD 방식으로 프로그램을 개발할 수 있으나, 사용언어가 C++언어라는 것이 주된 차이점이다. 따라서 실행속도가 매우 빠르며, 특히 최근 버전(XE8)에서는 MS윈도우용뿐만 아니라 iOS, 안드로이드 등의 다른 환경용 프로그램 작성도 지원하고 있다. 따라서 이를 이용하면 비전문가도 단순한 앱은 스스로 개발하는 것이 가능하다. 참고로 같은 회사 제품인 델파이도 사용언어만 파스칼인 점이 다를 뿐 기능은 동일하다.

4. C++Builder를 이용한 앱 개발

C++ 빌더 설치

C++빌더는 유료 프로그램이나 홈페이지에서 30일간 데모버전을 제공하고 있고, 교육용으로는 일부 제한을 가진 Appmethod를 무료로 배포하고 있다. 〈그림 T1-1〉은 실제 실행화면이며, MS윈도우용 응용프로그램과 iOS 및 안드로이드용 앱도 제작 가능하다는 것을 보여준다.

그림 T1-1 C++빌더 실행화면

MS윈도우 응용프로그램 개발용 새 프로젝트 선택

C++빌더는 기존의 MS윈도우용 응용프로그램뿐만 아니라, MS-DOS용 프로그램, iPhone, 안드로이드, MS Surface Pro, Google Glass 등 다양한 플랫폼용 앱 제작이 가능하다. 이를 위해서는 먼저 새 프로젝트를 시작해야 한다. 간단한 예로 메시지가 출력되는 윈도우용 프로그램을 제작해 보자.

〈그림 T1-2〉의 첫 화면에서 'Create a new project'를 선택한 다음 'VCL Forms Application'을 클릭한다. 그러면 빈 윈도우 프로그램이 하나 생성된다(그림 T1-3). 실행 버튼 또는 단축기 F9를 누르면 실행된다. 프로그램의 이름이 'Form1'로 되어 있는데, 이를 변경하려면 F11을 누른 뒤 Object Inspector 창에서 Caption 값을 바꿔주면 된다.

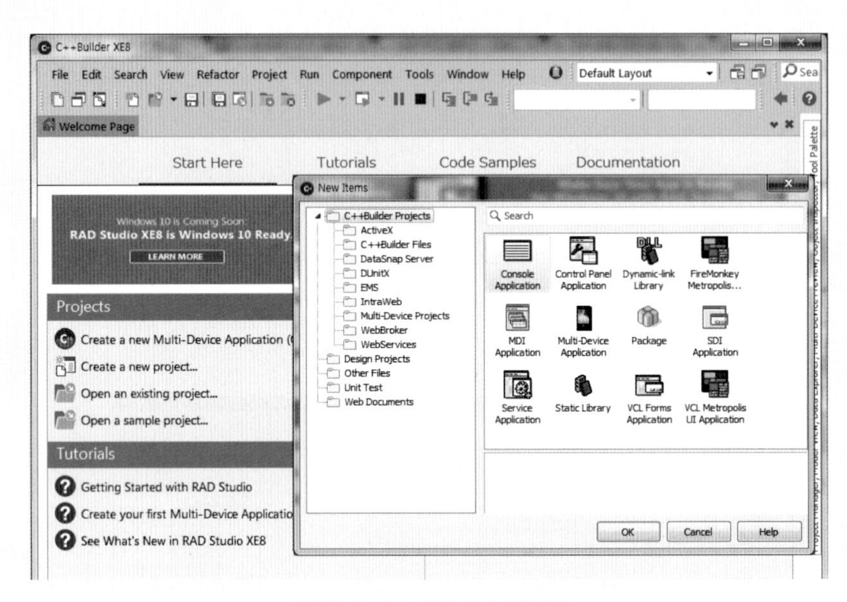

그림 **T1-2** C++빌더 초기 실행화면

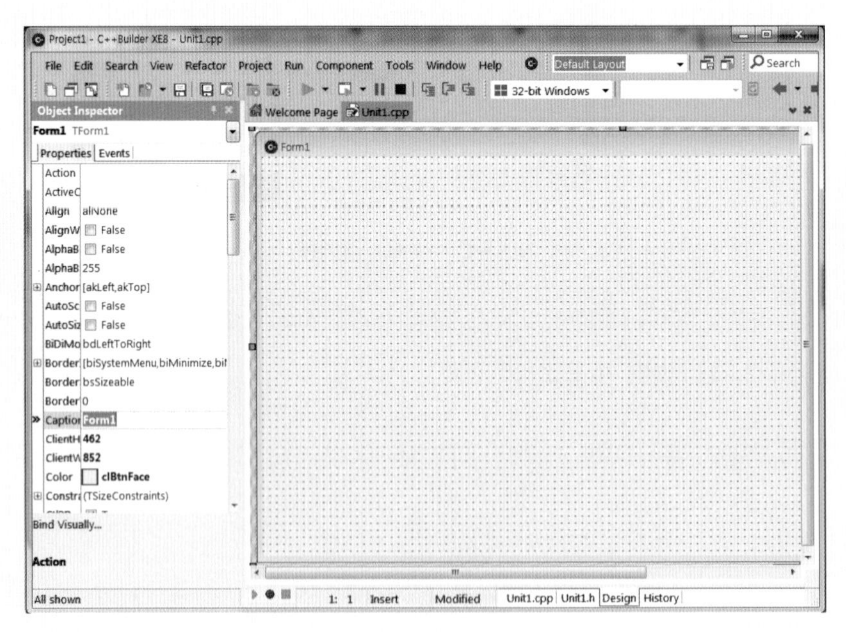

그림 **T1-3** 윈도우용 새 프로젝트 초기 실행화면

이제 새로 버튼을 생성하여 메시지를 출력해 보기 위해 메뉴의 'View>Tool Palette'를 선택하고 button을 입력하여 'TButton'이라는 컴포넌트(C++ Builder에서는 프로그램의 이러한 구성요소를 컴포넌트라고 부른다)를 클릭한다. 그러면 메인 폼(form) 위에 'Button1'이라는 새 버튼이 생성되는 것을 볼 수 있다.

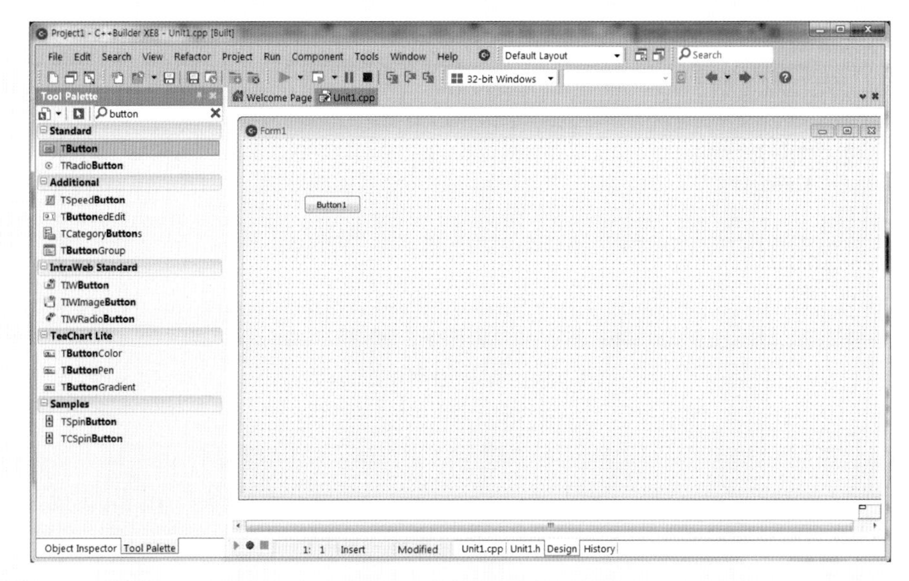

그림 T1-4 새 콤포넌트(버튼) 생성하기

이제 이 버튼이 눌러졌을 때에는 단지 'Button1'을 더블클릭하기만 하면 'Unit1.cpp'라는 소스코드 화면에 'Button1click'이라는 함수가 생성되는 것을 볼 수 있다. 여기에 'ShowMessage("인터넷비즈니스를 위한 모바일 앱 개발");'이라는 명령어를 입력해 주면 간단한 윈도우용 응용프로그램 개발이 완성된다(그림 T1-5). Play 버튼처럼 생긴 초록색 삼각형의 Run 버튼(단축키 F9)을 누르면 〈그림 TI-6〉과 같이 실행화면이 작성되고 곧바로 프로그램이 실행된다.

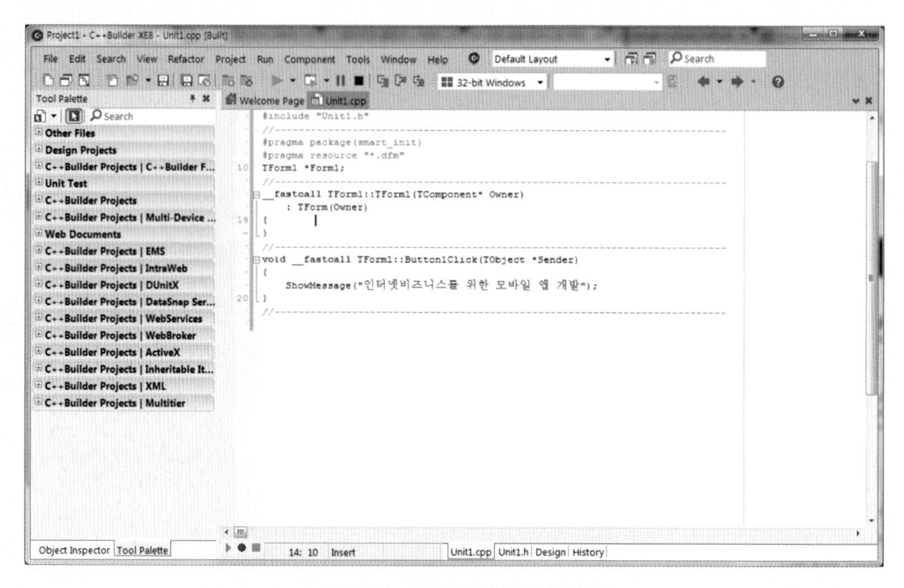

그림 **T1-5** 메시지 출력 명령어 입력

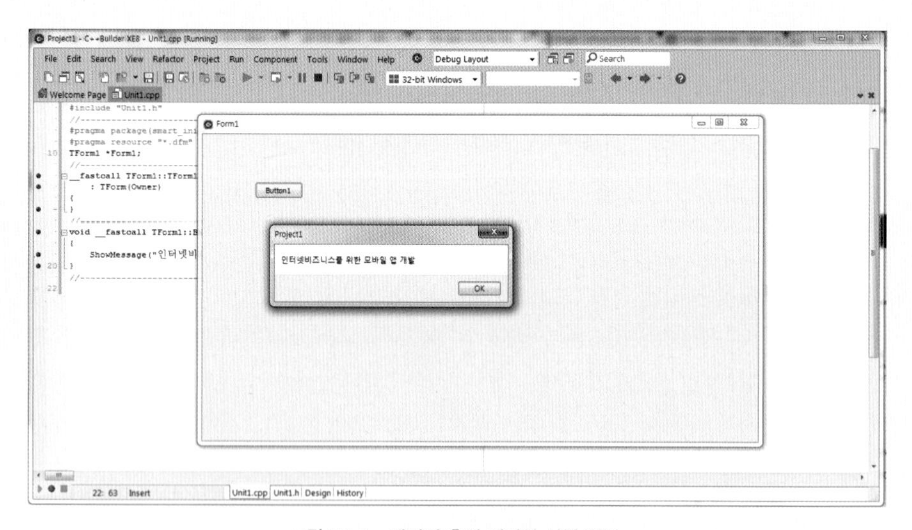

그림 **T1-6** 메시지 출력 명령어 실행 결과

모바일 앱 개발용 새 프로젝트 선택

모바일용 앱 개발을 위해서는 첫 화면에서 'Create a New Multi-Device Application(C++)'을 선택한다. 기본적으로 빈 화면(blank application)을 포함하여 7개의 기본 템플릿이 제공되므로, 용도에 맞는 프로젝트를 선택한다. 여기에서는 MS 엑셀이나 ACCESS 파일에 들어있는 DB 데이터를 앱에서 출력할 수 있도록 Master-Detail 예제를 선택해 보자.

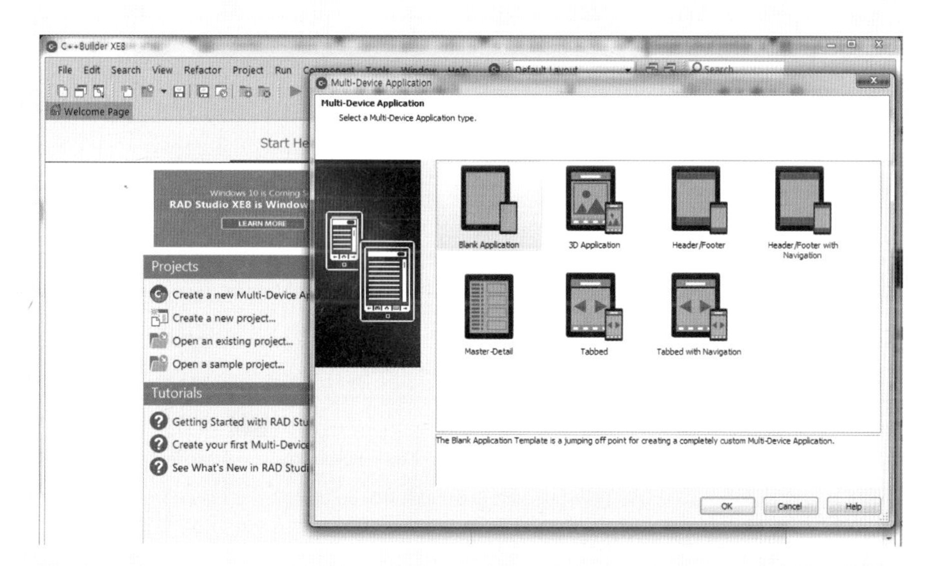

그림 T1-7 모바일 앱 개발용 새 프로젝트 생성

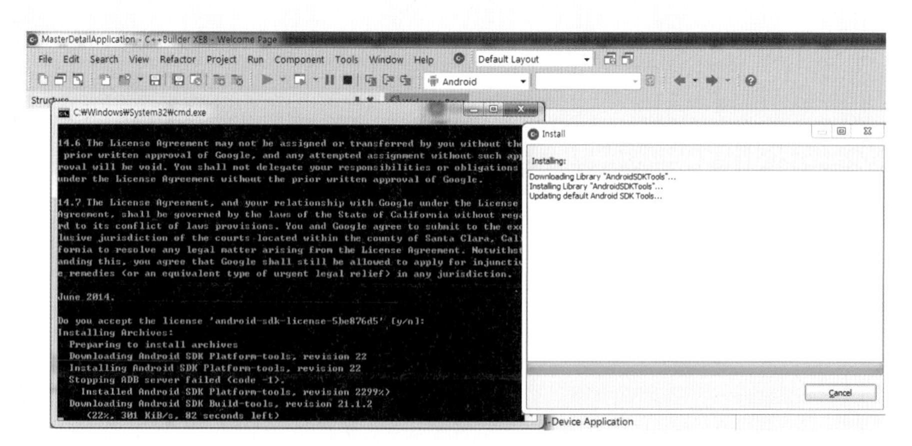

그림 T1-8 안드로이드 SDK tool 설치

처음 실행하는 경우에는 안드로이드 앱 생성용 SDK tool 설치가 필요하다(그림 T1-8). 이후 프로젝트 저장 폴더를 선택하면 〈그림 TI-9〉와 같이 프로젝트 초기화면이 보인다. RAD 계열이므로 프로그램 실행화면을 미리 실시간으로 보면서 코딩할 수 있다. 본 예제는 영업사원의 이름과 직함, 사진 및 세부업무명을 미리 DB에 입력하여 놓은 경우이다.

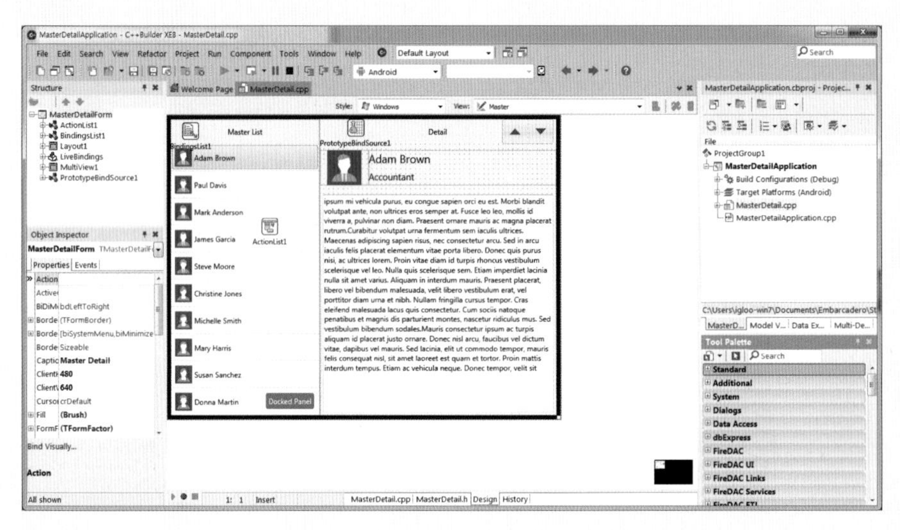

그림 **T1-9** Master-Detail 프로젝트 초기화면

이후 앞의 윈도우용 프로젝트에서와 마찬가지로 Run를 누르면 실행이 가능하다. 디폴트는 32비트 윈도우가 플랫폼으로 선택되어 있으나, OS X 또는 스마트폰용 안드로이드 또는, iOS로도 선택이 가능하다. 작성된 앱을 스마트폰에서 동작시키려면 실행파일을 핸드폰의 저장 공간으로 복사하면 된다. 복사과정이 번거로울 경우 미리 PC모니터 상에서 안드로이드 폰의 동작 화면을 확인할 수도 있으며, 이를 위해서는 별도의 에뮬레이터를 설치해야 한다. 또는 작업 도중 폰트라든가 실제 스마트 폰에 디스플레이했을 때의 결과를 확인하기 위해서는 간단히 메뉴의 View를 해당 기기로 선택하면 〈그림 T1-10〉과 같이 미리보기를 할 수 있다. 본 예제는 기존의 7가지 템플릿 중에서 선택하여 앱을 작성했으나, 앞의 예제와 같이 여러 컴포넌트를 활용하면 사용자가 원하는 특화된 앱을 스스로 생성하는 것도 가능하다.

아이폰 4인치

안드로이드 5인치

SurfacePro

구글 글라스

그림 T1-10 모바일 기기 종류별 동작화면 미리보기 환경 선택

상대적으로 단순했던 8비트 PC시대와는 달리, 현재는 컴퓨터 하드웨어와 소프트웨어의 구조가 매우 복잡해졌으며 이로 인해 비전문가가 IT를 활용하는 데 있어서 점차 높은 장벽이 형성되고 있다. 그러나 RAD 계열 프로그래밍 툴을 사용할 경우 WYSIWYG(what you see is what you get) 방식으로 실시간으로 프로그램을 디자인할 수 있으므로, 단순한 프로그램의 경우는 누구나 앱 개발이 가능하다. 패션 인터넷 비즈니스를 하면서도 이러한 앱 개발을 통해 마켓에 접근할 경우 너욱 효과석인 마케팅 전략 수립과 실행이 가능할 것으로 기대된다.

PART 2

BUSINESS PLANNING

비즈니스 계획 세우기

새로운 사업을 시작한다는 것은 상당한 지식과 정보와 준비, 그리고 인내와 용기를 필요로 하는 일이다. 주어진 환경을 분석해야 하고, 진출하고자 하는 산업의 현황을 알아야 하며, 소비자의 동향과 자사의 상황도 정확히 파악해야 한다. 단순히 현 시점을 관찰하면 되는 것이 아니라 과거로부터 현재를 지나 미래로 이어지는 추세를 읽을 수 있어야 한다. 또한 분석한 내용에 근거하여 비즈니스 방향을 설정하고 마케팅 전략을 수립할 수 있는 능력이 필요하다. 이뿐만이 아니다. 실무 영역에서 창업의 절차와 사업계획서 작성법 등을 충실히 익혀야 한다. 머리로 아는 것이 현실에서 그대로 이루어지지는 않기 때문이다. 많은 시행착오가 있기도 할 것이다. 그러나 모든 실패는 교훈을 남길 수 있다. Part 2는 사업을 시작하기에 앞서 갖추어야 할 환경 분석과 전략 수립에 관한 제반 지식을 학습하고, 창업 준비에 필요한 여러 가지 정보를 확인하며, 실제로 사업계획서를 준비하고 작성해 보는 과정으로 구성하였다.

CHAPTER 4

비즈니스 환경 분석과 전략 수립

성공적인 패션 인터넷 비즈니스를 위한 마케팅 전략 수립을 위해 기업은 먼저 사회 전반의 거시적 환경과 미시적 환경, 패션시장 환경, 소비자 구매행동, 그리고 자사의 여건이나 상황을 분석해야 한다. 이 과정을 통해 기업은 새로운 시장 기회와 위협, 그리고 자사의 강점과 약점을 객관적으로 파악할 수 있으며, 주어진 환경하에서 달성 가능한 마케팅 목표를 설정할 수 있다. 또한 시장에 제공할 수 있는 제품이나 서비스의 개발, 미충족된 소비자 욕구의 발견, 경쟁 우위를 획득할 수 있는 차별화 전략, 시장 기회의 매력도 평가, 목표 고객의 확인, 시장진출 여부 결정 등 기업에 필요한 마케팅 전략을 수립할 수 있다. 즉 기업은 마케팅 목표를 설정하고 그 목표 달성을 위해 표적시장을 선택하며 이 표적시장을 대상으로 추진할 구체적인 마케팅 전략을 설계한다. 이와 동시에 마케팅 전략을 관리하고 평가할 계획도 수립한다. 이와 같은 일련의 경영활동 계획 수립과 실행을 통해 기업은 마케팅 목표를 달성할 수 있다.

1. 비즈니스 환경 분석

1) 거시 환경 분석

기업의 경영 활동에 장기적이면서 거시적인 영향을 미치는 요소로는 인구통계적, 정치·법적, 경제적, 기술적, 그리고 사회문화적 요소 등이 있다. 이들 요소는 기업이 통제하기 어려운 외적 요소이지만 이들의 변화를 파악함으로써 새로운 사업 기회를 포착할 수 있고 현재 진행 중에 있는 마케팅 전략을 수정할 수 있다.

(1) 인구통계적 환경

여러 거시 환경 요소 중에서 가장 장기적이면서 지속적인 영향을 미치는 인구 구조의 변화는 인터넷 패션기업들에게도 현재의 표적시장을 점검하고 향후 신 시장을 개척하는 잣대가 될 수 있다. 우리나라의 인구는 2030년을 기점으로 점차 감소하여 2060년에는 2015년 대비 86.5% 수준의 인구를 가질 것으로 예측된다(표 4-1). 남성과 여성의 안정화된 출생 성비와 상대적으로 높은 여자의 기대 수명으로 인해 2015년 이후 여성이 더 많아지며(표 4-1), 연령별로는 2015년을 기준으로 40대가 16.7%, 50대가 16.0%로 전 인구의 약 1/3을 차지하여(표 4-2) 소비에서 40~50대의 영향력은 더욱 커질 것으로 보인다.

한편 유소년(0~14세) 및 노인(65세 이상) 인구는 다른 연령에 비해 매우 주목할 만한 변화를 보이고 있다. 지속적인 출산율 하락으로 유소년 인구는 2015년 13.9%, 2030년 12.6%, 2050년 9.9%로 계속 감소하나(표 4-3, 표 4-4) 노인 인구는 1970년 이후 계속 증가하여 2015년에는 13.1%, 2030년 24.3%, 2050년 37.4%, 2060년 40.1%의 비중을 차지하며 다른 나라들보다 더 급격한 고령화 속도를 보이고 있다(표 4-5).

이와 같은 유소년 인구의 감소 및 노령 인구의 증가는 유아동복 시장과 실버산업에 많은 영향을 미친다. 지난 10년 동안 우리나라 유아동복 시장 규모는 전반적으로 축소되는 추세에 있고(그림 4-1), 이에 따라 유아동복 업체들은 고급화 전략 및 해외시장 개척 등 다양한 활로를 모색하

표 4-1 총인구, 인구성장률, 성별 구성

(단위: 천 명, %, 여자 백 명당 남자 수)

연도		1970	1980	1990	2000	2010	2015	2020	2030	2040	2050	2060
총인구		32,241	38,124	42,869	47,008	49,410	50,617	51,435	52,160	51,091	48,121	43,959
인구성장률		2.21	1.57	0.99	0.84	0.46	0.38	0.28	0.01	0.39	−0.76	−1
성별 인구	남자	16,309	19,236	21,568	23,667	24,758	25,303	25,645	25,901	25,265	23,736	21,767
	여자	15,932	18,888	21,301	23,341	24,653	25,315	25,790	26,259	25,827	24,385	22,193
	성비	102.4	101.8	101.3	101.4	100.43	99.95	99.44	98.64	97.82	97.34	98.08

자료: 통계청 e-나라지표(www.index.go.kr), 2015. 7. 16. 검색

표 4-2 2015년 전국 연령별 인구구조

(단위: 명, %)

연령 구분	추계인구	추계인구(남)	추계인구(여)
계	50,617,045	25,302,520	25,314,525
0~4세	2,296,916	1,185,902	1,111,014
5~9세	2,266,859	1,168,548	1,098,311
10~14세	2,475,819	1,284,381	1,191,438
15~19세	3,175,320	1,663,750	1,511,570
20~24세	3,525,734	1,888,018	1,637,716
25~29세	3,279,000	1,727,957	1,551,043
30~34세	3,807,021	1,970,131	1,836,890
35~39세	3,846,466	1,961,338	1,885,128
40~44세	4,239,971	2,156,163	2,083,808
45~49세	4,225,823	2,129,574	2,096,249
50~54세	4,255,812	2,142,386	2,113,426
55~59세	3,857,441	1,923,479	1,933,962
60~64세	2,740,743	1,333,730	1,407,013
65~69세	2,121,186	1,008,155	1,113,031
70~74세	1,721,079	763,391	957,688
75~79세	1,371,183	557,712	813,471
80세 이상	1,410,672	437,905	972,767

자료: 통계청 국가통계포털(kosis.kr), 2015. 7. 15. 검색

표 4-3 유소년 및 노인 인구의 변화

(단위: 천 명, %)

연도		1970	1980	1990	2000	2010	2015	2020	2030	2040	2050	2060
인구수	0~14세	13,709	12,951	10,974	9,911	7,975	7,040	6,788	6,575	5,718	4,783	4,473
	15~64세	17,540	23,717	29,701	33,702	35,983	36,953	36,563	32,893	28,873	25,347	21,865
	65세 이상	991	1,456	2,195	3,395	5,452	6,624	8,084	12,691	16,501	17,991	17,622
구성비	0~14세	42.5	34	25.6	21.1	16.1	13.9	13.2	12.6	11.2	9.9	10.2
	15~64세	54.4	62.2	69.3	71.7	72.8	73	71.1	63.1	56.5	52.7	49.7
	65세 이상	3.1	3.8	5.1	7.2	11	13.1	15.7	24.3	32.3	37.4	40.1
	계	100	100	100	100	100	100	100	100	100	100	100

자료: 통계청 e-나라지표(www.index.go.kr), 2015. 7. 16. 검색

표 4-4 출산율

(단위: 천 명, 가임여성 1명당 명)

연도	1970	1980	1990	2000	2005	2010	2011	2012	2013	2014
출생아 수	1,007	863	650	635	435	470.2	471.3	484.6	436.6	-
합계출산율	4.53	2.82	1.57	1.467	1.076	1.226	1.244	1.297	1.19	1.21

자료: 통계청 e-나라지표 (www.index.go.kr), 2015. 7. 16. 검색

표 4-5 인구 고령화 속도

(%: 전 인구에서 노령 인구가 차지하는 비중)

국 가	도달 연도			증가 소요 연수	
	7% (고령화 사회)	14% (고령 사회)	20% (초고령 사회)	7% → 14%	14% → 20%
한 국	2000	2018	2026	18	8
프랑스	1864	1979	2018	115	39
영 국	1929	1976	2026	47	50
미 국	1942	2015	2036	73	21
일 본	1970	1994	2006	24	12

자료: 통계청 국가통계포털(kosis.kr), 2015. 7. 16. 검색

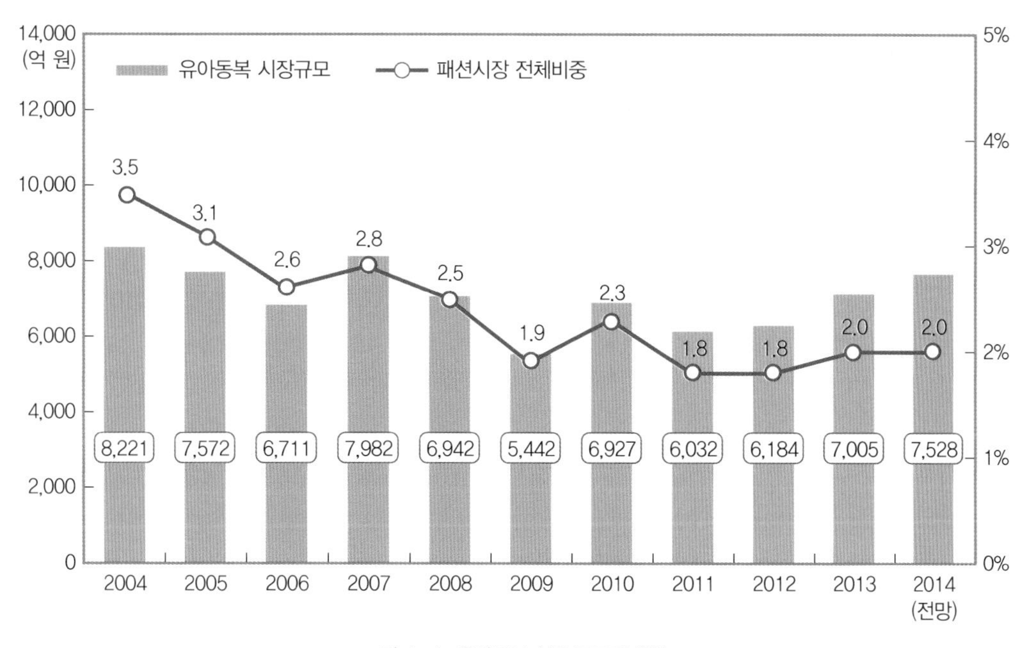

그림 4-1 유아동복 시장 규모의 변화
자료: 삼성디자인넷(2015). 2015 복종별 전망 및 대응전략

고 있다. 한편 향후 10년 안에 새롭게 노년층에 진입할 고학력 고소득 베이비붐 세대(1955~1963년 출생)로 인해 2020년 국내 고령친화산업 규모는 약 72조 8천억 원이 될 것으로 예측된다. 따라서 노년층의 자립적 생활을 지원하는 스마트 홈이나 로봇을 이용한 서비스 등 의료·건강·미용·패션·여행·문화·직업교육과 같은 다양한 분야에서 새로운 시장이 형성될 것으로 보인다.

CASE REVIEW **'노노족' … 옷차림에도 관심**

노노족은 영어 '노(No)'와 한자 '노(老)'를 합성해 만든 신조어로 '늙지 않는 노인' 또는 '늙었지만 젊게 사는 노인'을 의미한다. TVN의 '꽃보다 할배' 그리스편과 함께 더 활기찬 외모로 나타난 할배들로부터 노노족이 확산되고 있다. 현대의 노인들은 평균수명이 길기 때문에 운동과 식생활 관리로 젊음을 유지하는 경우가 많다. 또한 취미활동, 여행 등을 적극적으로 즐기는 노인 인구가 증가하는 추세인 것으로 알려졌다.

피부과와 성형외과를 찾아 외모관리를 하고 피트니스 센터에서 체력단련을 하며 영캐주얼 브랜드에서 옷을 사 입는 노노족들은 외모도 실제 나이보다 젊어 보이고 젊은이 못지않은 왕성한 활동력을 자랑하면서 젊은층의 문화를 수용하기도 한다.

자료: 스포츠동아(sports.donga.com), 2014. 10. 2.
세계일보(segye.com), 2015. 4. 13.

(2) 정치·법적 환경

정치적 규제나 새로운 법률 요소의 대두는 기업의 경영 및 대고객 서비스 활동에 영향을 미친다. 예를 들어, 해외 브랜드 제품을 취급하거나 해외에서 제품을 제조하여 판매하는 경우 FTA 추진이나 무역 여건의 변화는 공급 루트 확보, 원가 구조, 수익성 등에 영향을 미친다. 또한 인터넷 거래에서 발생할 수 있는 소비자 정보 및 거래 안전성 보호 문제, 조세 문제, 상표권 및 저작권 문제 등은 기업 운영 과정 중 분쟁의 소지나 경제적 손실 요인이 될 수 있으므로 인터넷 기업은 관련 법규의 제정과 변화를 주시해야 한다.

(3) 경제적 환경

국내외의 전반적인 경기, 생산 및 소비자물가 동향 등은 소비자의 소득과 소비 패턴을 변화시키고 나아가 인터넷 비즈니스 활동에도 영향을 미친다. 일반적으로 소비자들은 경기가 좋으면 소득 증가에 따라 구매력이 향상되어 패션제품에 대한 관심과 변화 욕구가 커지지만 불황일 때는 그 반대로 구매 욕구가 감소하여 기본에 충실한 상품이나 합리적인 가격대의 제품을 선호하는 경향이 있다.

CASE REVIEW

한·중 FTA 타결, 섬유 vs 패션 엇갈린 전망

화섬·면방업계 중국의 저가 섬유제품에 시장 잠식 우려

한·중 FTA 타결 소식에 업종별 희비가 엇갈리고 있다. 자동차, 전자, 부품소재 등은 쾌재를 부른 반면 섬유의류는 울상이다. 국내 화섬·면방업계와 중소영세기업들은 한·중 FTA 타결에 따른 저가의 중국산 섬유제품 유입으로 인해 화섬, 제직, 직물 산업이 순차적으로 붕괴돼 국내 시장이 잠식될 것이라는 점을 우려하고 있다. 섬유·의류는 중소기업들의 내수 시장 의존도가 높은 품목의 경우 당장 가격경쟁력이 높은 중국산에 밀릴 가능성이 크기 때문이다. 그동안 원사, 원단 등 저가의 중국산 제품이 국내에 유입되어 왔고 그때마다 관세라는 보호벽을 통해 가격경쟁력을 확보했다. 하지만 이제 그 보호벽마저 무너지면서 중국산과의 가격경쟁력에서 밀릴 수밖에 없다. 이에 업계는 협상 시 섬유품목을 초민감 품목으로 지정해 줄 것을 수차례 요구해왔다.

반대로 패션사업은 수혜업종으로 분류되어 중국산 원재료 비용이 줄어들고, 국내에서 생산한 의류를 팔 때 관세도 줄어들 것이라는 전망이다. 국내 SPA 브랜드 중 중국 내 생산 공장을 보유한 업체들은 FTA 체결로 기존 20~30% 관세가 0~13% 수준으로 축소되면 원가 경쟁력을 추가로 강화할 수 있다는 점에서 유리하다. 산업연구원의 '섬유의류의 최대 수출시장인 중국의 위상하락과 시사점'이라는 보고서에서도 현재 지속적인 성장 추이를 보이고 있는 대중 의류수출이 한·중 FTA 체결 이후 20~30%대의 고관세 폐지에 따른 가격경쟁력 개선에 힘입어 더욱 확대될 것이라는 전망이다. 이에 동대문 인근의 봉제 생산기반, 경기 북부 및 대구 직·편물 등 섬유소재 직접지의 유기적 연계를 통한 완결형 생산시스템 구축, 전문화·대형화된 생산기반을 통해 원산지 기준과 중국의 대형 오더를 충족할 수 있는 의류의 생산기반 강화가 시급하다고 조언한다. 다만 국내 고가 섬유의복업체는 부정적인 영향이 크지 않을 수 있으나 중저가 브랜드나 국내 SPA 브랜드는 가격경쟁력 약화가 우려된다고 경고했다.

한국투자증권은 섬유의류 산업에 대한 영향을 크게 국내 패션업체, 의류 OEM 업체, 섬유 및 방직업체로 나눴다. 방향성은 패션업체에 '소폭 긍정적', 의류 OEM 업체에 '중립적', 섬유 및 방직업체에 '소폭 부정적'이나 결과적으로 의류업종에 미치는 영향은 제한적이다. 패션수출업체는 '긍정적'이다. 국내 패션업체들이 중고가 의류 및 잡화 수출에 주력하고 있고 10~15% 수출관세가 소멸되는 효과가 기대된다. 다만 중국 사업 비중이 높은 패션업체들은 이미 현지 생산을 진행하고 있고, 수출업체는 중국 비중이 미미해 현시점에서 실질적인 영향은 크지 않다고 진단했다. 다만 직수출 패션업체들이 점진적으로 늘어나는 추세여서 중장기적으로는 긍정적일 전망이다.

또한 최근 중국 소싱 비중이 증가하고 있는 국내 패션업체에도 수입 관세 철폐는 원가절감 효과가 있어 긍정적이다. 의류 OEM 업체에 대한 영향은 없고 섬유·방직 업체에는 소폭 부정적이다. 의류 OEM 업체들은 중국 생산 비중이 낮고 선진국 위주 수출이어서 영향은 적다. 원사, 방직 업체에는 부정적이나 이미 경쟁심화로 수익성이 악화돼 사업 다각화가 이루어졌고 동남아 해외진출 등으로 활로를 모색하고 있다고 분석했다. 한편 TPP-FTA대응 범국민대책위원회는 "국내 중소영세기업이 피해를 볼 가능성이 높다"며 "정부의 용역 연구보고서도 한·중 FTA 체결 이후 관세 철폐에 따른 중국산 저가제품의 수입이 급증해 섬유, 의료 산업 같은 노동집약 산업의 구조조정이 본격화될 것"이라고 경고했다.

자료: Tin뉴스(tinnews.co.kr), 2014. 11. 11.

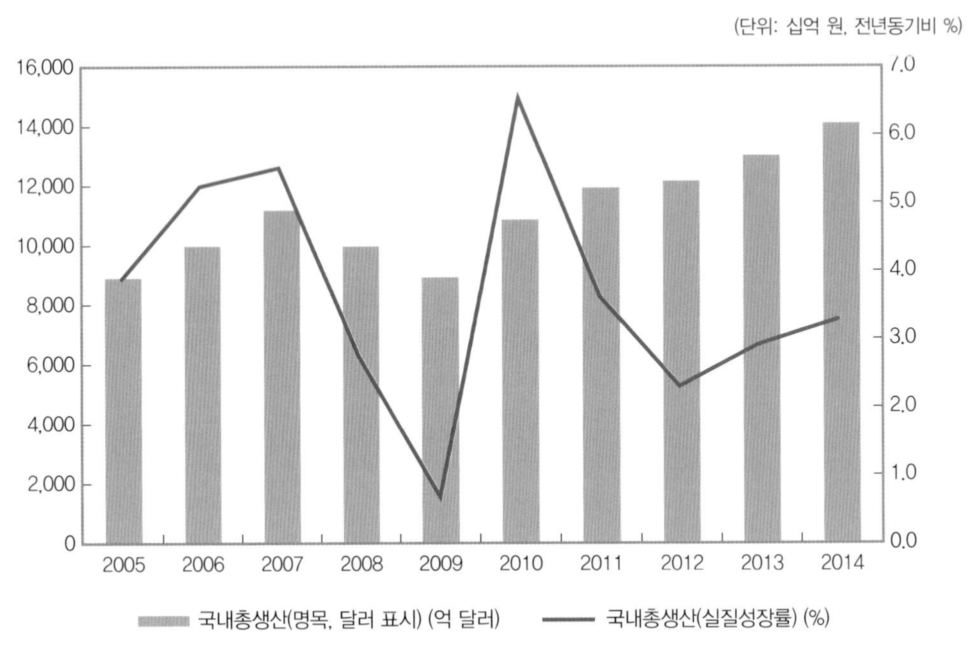

그림 4-2 국내총생산 및 경제성장률
자료: 통계청 국가통계포털(kosis.kr), 2015. 12. 10. 검색

기업을 둘러싸고 있는 국내외 경기 흐름을 파악하는 데는 여러 가지 지수를 활용할 수 있는데 그중 경제성장율, 소비자물가상승률, 가구의 소득 및 소비 지출의 변화, 패션 관련 제품의 소비자물가지수 변화 등은 거시적인 경제 상황을 파악하는 데 유용하다. 2014~2015년도의 전반적인 경제 상황을 보면, 국내총생산은 2009년 이후, 경제성장률은 2012년 이후 증가하는 추세에 있다(그림 4-2). 의류·신발의 월평균 가계 소비지출액은 2010년 이후 증가율이 둔화되다가 2013년부터는 총 소비지출액과 더불어 감소 추세를 보이고 있다(표 4-6).

(4) 기술적 환경

오프라인과는 달리 기술적 변화가 빠르게 적용되는 인터넷 비즈니스에서는 새로운 쇼핑몰 운영기술이나 소비자들의 신기술 활용에 신속히 대응해야 한다. 예컨대 모바일 쇼핑의 증가에 맞추어 모바일 환경 쇼핑몰 솔루션 프로그램이나 쇼핑몰 디자인 관련 기술 동향을 꾸준히 업데이트함으

표 4-6 가구당 월평균 가계 소비지출액 및 의류 신발 지출액

(단위: 원, %)

가계수지항목	2010	2011	2012	2013	2014
총 소비지출	2,286,874 – (100.0)	2,300,640 (0.6)[a] (100.0)[b]	2,312,233 (0.5) (100.0)	2,304,008 (−0.3) (100.0)	2,339,561 (1.5) (100.0)
의류 · 신발	145,964 – (6.4)	151,701 (3.9)[a] (6.6)[b]	153,212 (1.0) (6.6)	152,105 (−0.7) (6.6)	146,118 (−3.9) (6.2)

* a: 전년대비 증가율 b: 총 소비지출에서 항목이 차지하는 비중
자료: 통계청 국가통계포털(kosis.kr), 2015. 7. 15. 검색

로써 소비자들에게 편리하고 신선한 쇼핑몰 이미지를 제공할 수 있다. 최근 쇼핑몰의 상품이나 서비스, 쇼핑 정보가 페이스북, 카카오스토리, 인스타그램, 핀터레스트 등 다양한 소셜네트워크를 통해 검색 및 구매되고 있으므로 이러한 환경에서 효과적인 이미지 및 텍스트 정보 제공 기술도 익혀야 한다. 또한 스마트폰, 태블릿 PC, 스마트 시계, 스마트 안경, 스마트 밴드 등 다양한 스마트 모바일 기기의 사용이 증가하고 있으므로 이러한 변화에 적합한 쇼핑 콘텐츠를 개발하는 것도 중요하다.

(5) 사회문화적 환경

트렌드는 소비자들이 갖는 생각, 행동, 욕구에서 비롯되는 것으로 인터넷 패션기업은 소비자들이 충족하기를 원하는 욕구나 가치가 어떻게 변해갈 것인가를 파악해야 한다. 대한상공회의소(2014)는 2015년도 사회 전반에 나타날 소비 트렌드로 온·오프라인을 동시에 이용하는 '옴니채널 소비', 언제 어디서나 접속 가능한 '모바일 쇼핑', 해외직구와 같은 '글로벌 소비', 철저한 가격비교를 통한 '합리적 소비', 쇼핑과 함께 여가 및 문화생활을 즐기는 '몰링소비' 등을 꼽은 바 있다. 인터넷 시장은 다른 어떤 유통채널보다도 소비자들의 변화가 빠르고 민감하게 나타나므로 패션업체는 이러한 사회문화적 변화에 신속하게 반응해야 한다. 소비자의 사회문화적 트렌드를 파악하는 방법으로 경제연구소(삼성경제연구소, LG경제연구원, 현대경제연구원 등) 및 소비문화 트렌드 분석기관(서울대 소비트렌드분석센터, 대학내일 20대연구소 등)의 자료를 참조할 수 있다.

2) 패션시장 환경 분석

인터넷 비즈니스에 영향을 미칠 수 있는 다양한 거시 환경 요소를 분석하였다면 이제 전체 패션시장 및 인터넷 패션시장에 대해 분석해야 한다. 패션기업이 경영 활동을 해나가는 데 있어서 장기적이고 간접적인 영향을 미치는 거시 환경 요소에 비해 패션시장 상황은 보다 직접적이고 단기적인 영향을 미친다. 따라서 패션시장의 규모와 성장 추세를 살펴보면서 인터넷 시장으로의 진출 혹은 사업 확장 가능성을 탐색하고 현재의 경영 목표나 활동을 점검해 볼 수 있다.

2014년 전체 패션시장의 규모는 63조 7,841억 원으로(신발 및 가방 포함), 이는 전체 소매 판매액 359조 7,464억 원의 약 17.7%에 해당한다(표 4-7). 한편 온라인[1] 패션시장의 규모는 2014년에

표 4-7 상품군별 소매판매액

(단위: 백만 원, %)

상품군	2010	2011	2012	2013	2014
합계	306,524,244 – (100.0)	335,485,257 (9.4)[a] (100.0)[b]	350,006,384 (4.3) (100.0)	353,641,933 (1.0) (100.0)	359,746,451 (1.7) (100.0)
내구재	75,293,047	81,918,992	84,270,625	84,077,074	88,030,963
준내구재	70,626,642	76,175,412	79,113 ,445	83,207,036	85,530,422
의복	43,397,638 – (14.2)	45,934,405 (5.8)[a] (13.7)[b]	47,783,477 (4.0) (13.7)	50,680,495 (6.0) (14.3)	51,602,286 (1.8) (14.3)
신발 및 가방	8,419,142 – (2.7)	9,651,920 (14.6)[a] (2.9)[b]	10,887,944 (12.8) (3.1)	11,790,721 (8.3) (3.3)	12,181,913 (3.3) (3.4)
비내구재	160,604,555	177,390,853	186,622,314	186,357,824	186,185,065

* a: 전년대비 증가율 b: 전 소매판매액 중 의류·패션 상품판매액이 차지하는 비중

자료: 통계청 국가통계포털(kosis.kr), 2015. 7. 17. 검색

1 이하 인용된 관련 자료에서는 인터넷 비즈니스 전체를 온라인으로, 모바일에서의 거래를 모바일 쇼핑으로, PC 등 모바일 이외의 인터넷 이용 거래를 인터넷 쇼핑으로 표기하고 있다.

7조 3,460억 원으로 전체 온라인 거래 규모 45조 3,020억 원의 16.2%를 차지하였으며 2005년의 1조 5,830억 원과 비교하여 2010년에는 4조 2,840억 원으로 2.7배, 2014년에는 4.6배 성장하였다(표 4-8).

온라인 구매 중에서도 특히 모바일 쇼핑이 더욱 증가하고 있다. 〈표 4-9〉에 제시된 바와 같이 통계청의 〈온라인쇼핑동향 조사〉에 따르면, 2015년도 1/4분기 전 상품의 온라인 거래액은 2014년도 1/4분기에 비해 18.7% 증가하였으나 인터넷 쇼핑은 4.0%의 감소율, 모바일 쇼핑은 80.5%의 증가율을 기록하였다. 같은 기간 패션 상품의 온라인 총 거래액은 11.7% 증가율을 보인 가운데, 인터넷 쇼핑은 14.8%의 감소율을 기록하였고 반면 모바일 쇼핑은 66.6%의 증가율을 보였다. 이와 같이 온라인 패션시장 총 규모는 전반적으로 매년 10% 이상의 증가율을 보이며 커지고 있으나 인터넷 쇼핑은 감소하고 모바일 쇼핑은 급속히 증가하는 것을 알 수 있다. 이러한 추세 속에서 온라인 패션기업이 모바일 쇼핑 환경에 적합한 쇼핑몰 운영 전략 및 마케팅 전략을 준비하는 것은 필수적이다.

한편 소비자의 패션제품 구매는 품목에 따라 유통업태 간에 차이를 보이고 있다. 삼성디자인넷

표 4-8 온라인 패션시장의 규모

(단위: 10억 원, %)

상품군별	범위별	2005	2006	2007	2008	2009	2010	2011	2012	2013	2014
전상품	합계	10,675 – (100.0)	13,459 – (100.0)	15,765 – (100.0)	18,145 – (100.0)	20,642 – (100.0)	25,202 (22.1)[a] (100.0)	29,072 (15.4)[a] (100.0)	34,068 (17.2)[a] (100.0)	38,497 (13.0)[a] (100.0)	45,302 (17.7)[a] (100.0)
	종합몰	7,415	9,570	11,121	12,964	15,444	19,041	21,835	25,858	29,813	34,788
	전문몰	3,260	3,888	4,643	5,181	5,198	6,161	7,236	8,209	8,684	10,513
의류·패션 및 관련상품	합계	1,583 – (14.8)[b]	2,371 – (17.6)[b]	2,713 – (17.2)[b]	2,995 – (16.5)[b]	3,523 – (17.1)[b]	4,248 (20.3)[a] (16.9)[b]	4,869 (14.6)[a] (16.7)[b]	5,609 (15.2)[a] (16.5)[b]	6,280 (12.0)[a] (16.3)[b]	7,346 (17.0)[a] (16.2)[b]
	종합몰	1,388	2,115	2,365	2,567	3,001	3,566	4,080	4,754	5,417	6,443
	전문몰	195	256	348	427	522	681	788	854	862	903

* a: 전년대비 증가율 b: 온라인 전 상품거래액 중 의류·패션 관련 상품거래액이 차지하는 비중

자료: 통계청 국가통계포털(kosis.kr), 2015. 7. 17. 검색

표 4-9 온라인 패션시장의 매체별(인터넷/모바일) 규모 및 성장 추이

(단위: 백만 원)

상품군별	판매매체별	2013 1/4	2013 2/4	2013 3/4	2013 4/4	2014 1/4	2014 2/4	2014 3/4	2014 4/4	2015 1/4
전 상품	연도 합계	38,497,861				45,302,487				
	인터넷	31,938,228				30,432,684				
	모바일	6,559,633				14,869,803				
	분기 합계	8,975,531	9,255,033	9,662,259	10,605,039	10,481,699 – (100.0)[c]	10,592,517 (1.0)[a] (100.0)[c]	11,482,379 (8.4)[a] (100.0)[c]	12,745,892 (11.0)[a] (100.0)[c]	12,444,874 (18.7)[b] (100.0)[c]
	인터넷	7,848,122	7,907,089	7,932,832	8,250,186	7,659,335 – (73.1)[c]	7,384,721 (−3.6)[a] (69.7)[c]	7,552,765 (2.3)[a] (65.8)[c]	7,835,864 (3.7)[a] (61.5)[c]	7,351,250 (−4.0)[b] (59.1)[c]
	모바일	1,127,409	1,347,944	1,729,427	2,354,853	2,822,364 – (26.9)[c]	3,207,796 (13.7)[a] (30.3)[c]	3,929,614 (22.5)[a] (34.2)[c]	4,910,028 (24.9)[a] (38.5)[c]	5,093,624 (80.5)[b] (40.9)[c]
의류 패션 및 관련 상품	분기 합계	0	0	0	0	1,667,852 – (15.9)[c]	1,738,116 (4.2)[a] (16.4)[c]	1,620,659 (−6.7)[a] (14.1)[c]	2,319,852 (43.1)[a] (18.2)[c]	1,863,884 (11.7)[b] (15.0)[c]
	인터넷	0	0	0	0	1,123,630 – (10.7)[c]	1,090,066 (−3.0)[a] (10.3)[c]	963,031 (−11.7)[a] (8.4)[c]	1,244,884 (29.3)[a] (9.8)[c]	957,451 (−14.8)[b] (7.7)[c]
	모바일	0	0	0	0	544,222 – (5.2)[c]	648,050 (19.1)[a] (6.1)[c]	657,628 (1.5)[a] (5.7)[c]	1,074,968 (63.5)[a] (8.4)[c]	906,433 (66.6)[b] (7.3)[c]

* a: 전 분기 대비 증가율 b: 전년 동분기 대비 증가율 c: 총 소매판매액에서 패션관련 각 품목이 차지하는 비중

자료: 통계청 국가통계포털(kosis.kr), 2015. 7. 17. 검색

(2015)이 분석한 〈2015 패션시장의 유통업태별 이슈〉에 따르면(그림 4-3), 패션제품 전반에서 백화점 구매가 높은 가운데 정장 가방(64.8%), 남성 정장(58.3%), 골프웨어(52.4%), 구두(49.4%), 여성 정장(38.0%), 남성 어덜트(34.7%), 유아동복(31.5%), 캐주얼 가방(30.5%) 등은 백화점에서 구매되는 비중이 높고, 온라인에서는 캐주얼 가방(31.1%), 영캐주얼 의류(26.4%), 스포츠웨어(17.9%),

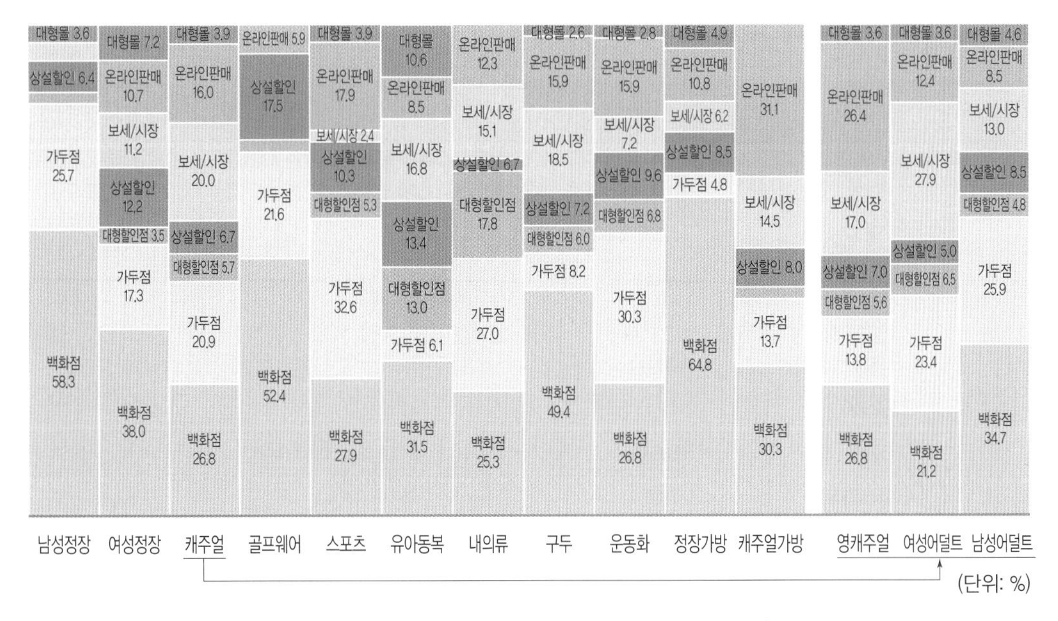

그림 4-3 2014년 춘하 복종별 구입 장소 분포(구입률 기준)

자료: 삼성디자인넷(2015). 2015 패션시장의 유통업태별 이슈

캐주얼 의류(16.0%), 운동화(15.9%), 여성 어덜트 의류(12.4%), 남성 어덜트 의류(8.5%), 내의류(12.3%), 정장 가방(10.8%), 여성 정장(10.7%), 유아동복(8.5%), 구두(8.0%), 골프웨어(5.9%), 남성 정장(1.7%) 순으로 구매 비중이 높은 것으로 나타났다.

3) 소비자 분석

인터넷 비즈니스의 궁극적인 목적은 소비자에게 만족스러운 쇼핑 환경을 제공하여 소비자의 선택을 받고 기업의 성장과 수익을 추구하는 데 있다. 최근 소비자들이 인터넷 구매에서 얻고자 하는 가치와 이점 및 오프라인과는 다른 인터넷, 모바일 구매 행동 특성 등을 파악함으로써 새로운 시장 기회와 틈새시장을 찾아낼 수 있고 고객의 요구에 부합하는 쇼핑몰을 운영할 수 있다.

표 4-10 성별 및 연령별 인터넷과 모바일 쇼핑 이용률

(단위: %)

구분		인터넷 쇼핑		모바일 쇼핑 (2013년)
		2012년	2013년	
성별	남성	57.2	44.2	32.0
	여성	70.8	57.3	41.5
연령별	12~19세	70.5	33.1	29.8
	20대	90.2	81.2	61.2
	30대	78.1	72.9	50.0
	40대	49.1	47.4	25.5
	50대	33.5	22.5	14.5
	60세 이상	18.9	7.6	5.1

자료: 한국인터넷진흥원(2013). 2013년 인터넷 이용 실태 조사. p. 77을 편집
한국인터넷진흥원(2013). 2013년 모바일 인터넷 이용 실태 조사. p. 54를 편집

소비자들의 온라인 구매행동 특성을 한국인터넷진흥원(2013)의 〈2013년 인터넷 이용 실태 조사〉와 〈2013년 모바일 인터넷 이용 실태 조사〉를 통해 살펴보면 〈표 4-10〉과 같다. 온라인 쇼핑 이용률은 인터넷 쇼핑과 모바일 쇼핑 모두 남성보다 여성이 높았으며, 연령별로는 20대가 가장 높았고 다음이 30대였다. 2012년에 비해 2013년의 인터넷 쇼핑 이용률은 감소하였으며, 특히 10대에서의 감소율이 매우 높은 것을 알 수 있다.

온라인 쇼핑 이용 빈도는 2013년도 기준으로 인터넷 쇼핑의 경우 월 1회 미만이 45.7%, 1~2회 미만이 33.2%, 2회 이상이 21.0%였으며 모바일 쇼핑은 월 1회 미만이 32.9%, 월 1~3회가 43.3%, 주 1회 이상이 23.8%였다(그림 4-4). 또한 인터넷 쇼핑 시 지출하는 월 평균 비용은 60,200원으로 월 구매액은 3만 원 미만 19.8%, 3~5만 원 미만 24.8%, 5~10만 원 미만 34.9%, 10만 원 이상 20.6%로 나타났다(그림 4-5).

주요 구매 품목은 인터넷 쇼핑의 경우 화장품 68.2%, 의류·신발·스포츠용품·액세서리 50.1%, 예약·예매 46.4%, 컴퓨터 및 컴퓨터 주변기기 30.6%, 동영상(영화, TV프로그램 등) 30.5% 순이었으며(그림 4-6), 모바일 쇼핑에서는 의류·신발·스포츠용품·액세서리 75.0%, 영화, 공연 등 예

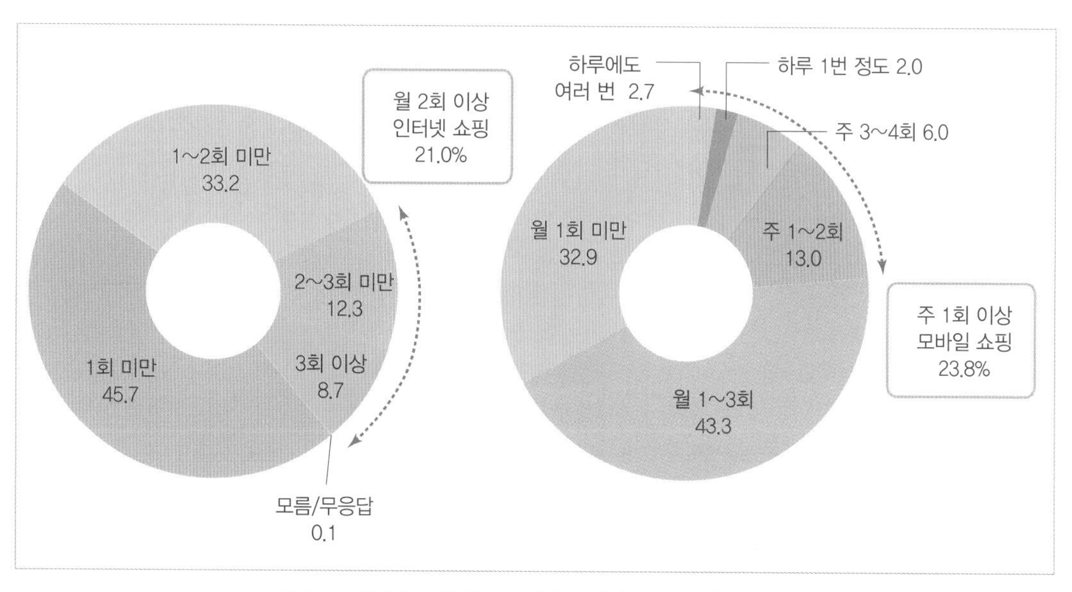

그림 4-4 인터넷 쇼핑(좌) 및 모바일 쇼핑(우) 이용 빈도(단위: 회, %)
자료: 한국인터넷진흥원(2013). 2013년 인터넷 이용 실태 조사. p. 78
한국인터넷진흥원(2013). 2013년 모바일 인터넷 이용 실태 조사. p. 51

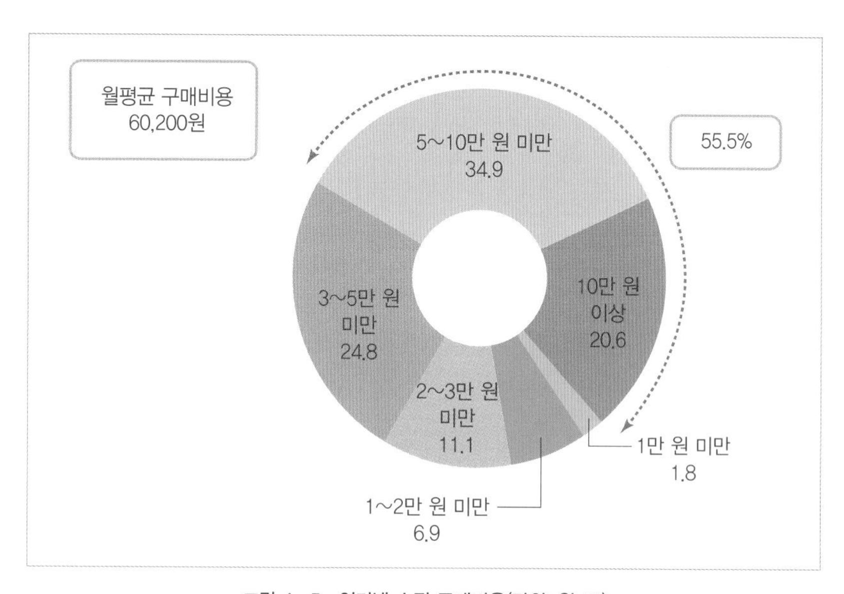

그림 4-5 인터넷 쇼핑 구매비용(단위: 원, %)
자료: 한국인터넷진흥원(2013). 2013년 인터넷 이용 실태 조사. p. 79

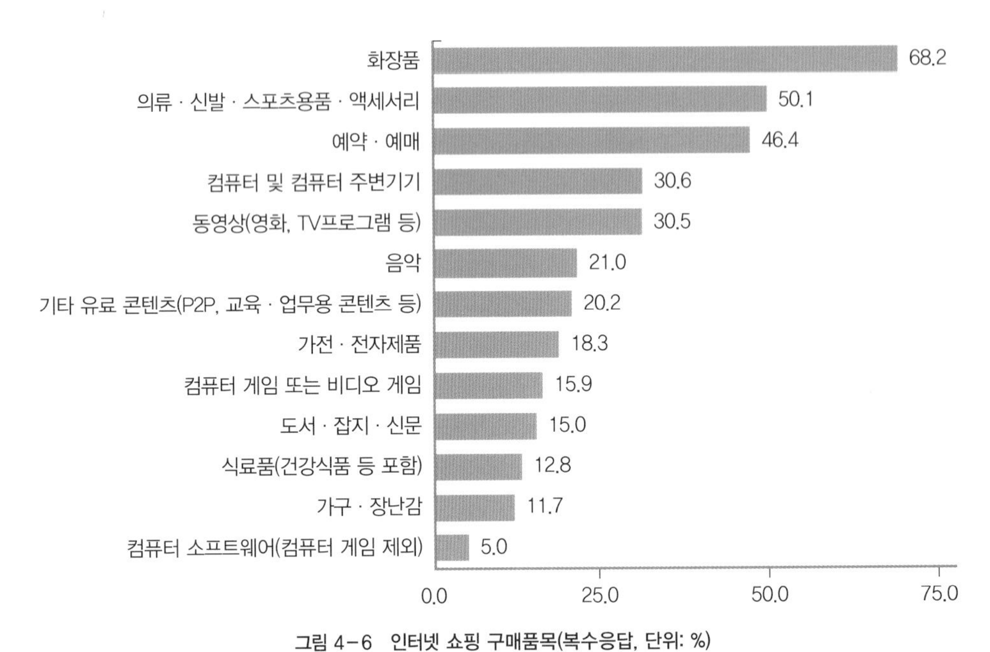

그림 4-6 인터넷 쇼핑 구매품목(복수응답, 단위: %)
자료: 한국인터넷진흥원(2013). 2013년 인터넷 이용 실태 조사. p. 80

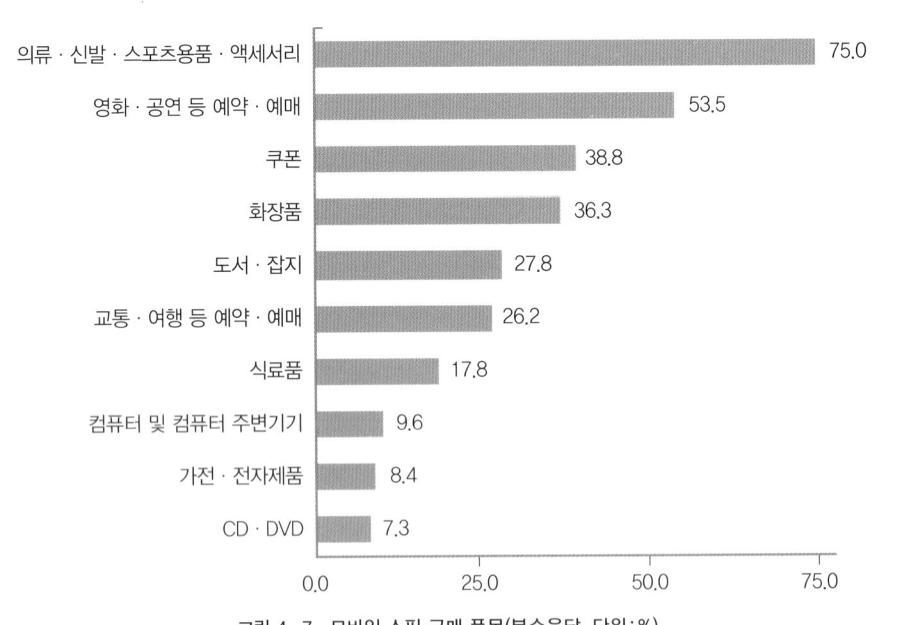

그림 4-7 모바일 쇼핑 구매 품목(복수응답, 단위: %)
자료: 한국인터넷진흥원(2013). 2013년 인터넷 이용 실태 조사. p. 56을 편집

표 4-11 성별 및 연령별 인터넷 쇼핑 이용기기

(복수응답, 단위: %)

구분		데스크톱	스마트폰	노트북	기타 (일반 이동전화 등)
성별	남성	85.8	44.7	20.4	4.4
	여성	86.5	41.9	16.5	3.2
연령별	12~19세	87.3	45.2	13.1	3.2
	20대	83.1	51.7	24.1	4.9
	30대	85.1	44.4	19.3	4.2
	40대	89.2	34.6	14.2	2.5
	50대	92.1	29.0	10.4	2.1
	60세 이상	92.0	21.1	7.7	2.1

자료: 한국인터넷진흥원(2013). 2013년 인터넷 이용 실태 조사. p. 81을 편집

표 4-12 성별 및 연령별 모바일 쇼핑 활동 경험

(복수응답, 단위: %)

구분		상품이나 서비스 정보 검색	주문 및 배송 확인	할인/프로모션 정보나 쿠폰 획득
성별	남성	89.7	52.6	45.4
	여성	93.6	54.7	45.5
연령별	12~19세	88.9	42.6	48.1
	20대	91.8	57.4	51.5
	30대	94.0	58.7	48.0
	40대	89.7	51.4	33.9
	50대	90.2	36.4	25.0
	60세 이상	94.2	22.2	5.8

자료: 한국인터넷진흥원(2013). 2013년 모바일 인터넷 이용 실태 조사. p. 55를 편집

약·예매 53.5%, 쿠폰 38.8%, 화장품 36.3%의 순으로 나타나(그림 4-7) 모바일 시장에서의 패션 제품 성장 가능성이 인터넷 시장에서보다 더 클 것으로 보인다.

온라인 쇼핑을 할 때는 데스크톱 컴퓨터를 가장 자주 사용하였으나(86.2%) 2012년(89.0%)에 비

해 그 이용 비율이 감소하였고, 스마트폰은 2013년 23.8%에서 2014년 43.2%로 크게 증가하였다. 성별로는 남성이 여성보다 스마트폰(각각 44.7%, 41.9%) 및 노트북 컴퓨터(각각 20.4%, 16.5%)를 더 많이 이용하였으며, 연령별로는 20대, 10대, 30대, 40대 순으로 스마트폰을 많이 활용하였다.

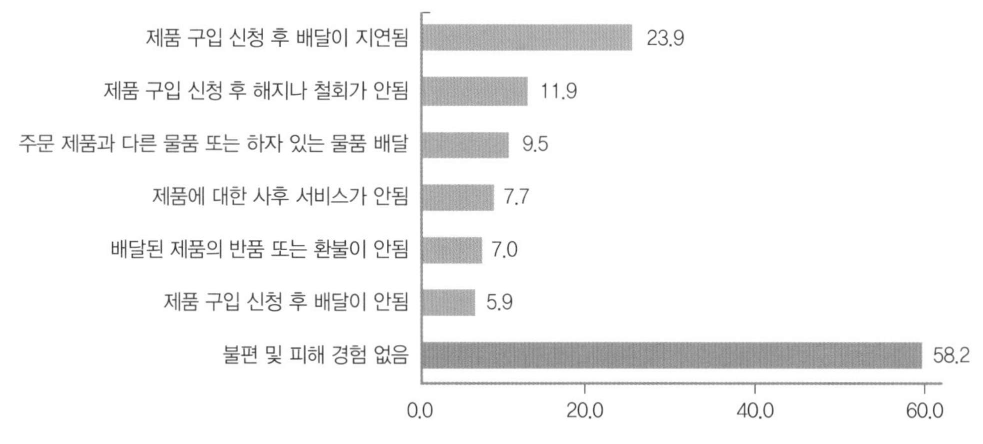

그림 4-8 인터넷 쇼핑 시 불편 및 피해 경험(복수응답, 단위: %)
자료: 한국인터넷진흥원(2013). 2013년 인터넷 이용 실태 조사. p. 82

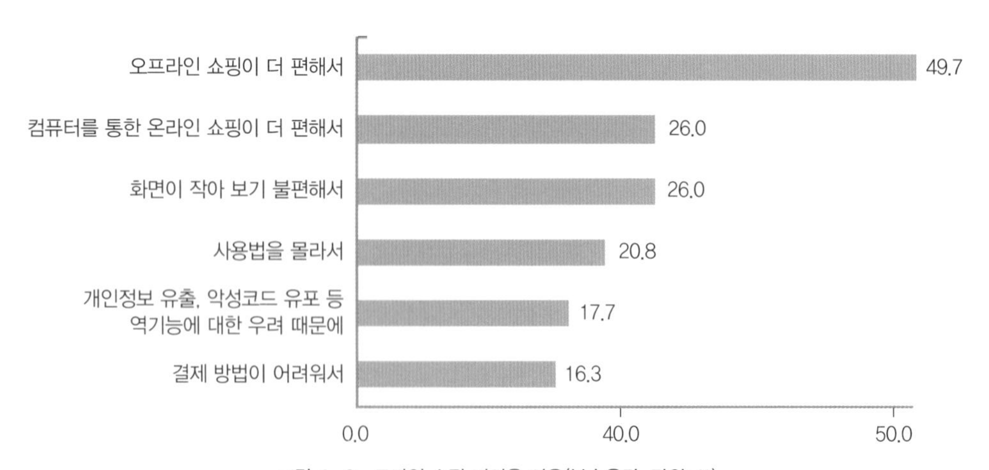

그림 4-9 모바일 쇼핑 비이용 이유(복수응답, 단위: %)
자료: 한국인터넷진흥원(2013). 2013년 모바일 인터넷 이용 실태 조사. p. 56을 편집

한편 50대 및 60세 이상의 장·노년층에서는 데스크톱 컴퓨터(각각 92.1%, 92.0%)의 활용 비율이 타 연령층에 비해 높았다(표 4-11).

모바일 쇼핑에서 소비자들이 주로 하는 활동으로는 상품이나 서비스 정보 검색 91.8%, 주문 및 배송 확인 53.7%, 할인/프로모션 정보나 쿠폰 획득 45.5%였으며, 여성이 남성보다 상품이나 서비스 정보 검색, 주문 및 배송 확인 목적의 활용이 높았고, 주문 및 배송 확인 목적은 20대 및 30대가 다른 연령에 비해 더 많은 것으로 나타났다(표 4-12).

인터넷 쇼핑을 하면서 불편이나 피해를 경험한 소비자들은 41.8%인 것으로 나타났다. 그 사례로는 제품 구입 신청 후 배달 지연 23.9%, 제품 구입 신청 후 해지나 철회 안 됨 11.9%, 주문 제품과 다른 물품 또는 하자 있는 물품 배달 9.5%의 순이었다(그림 4-8). 한편 모바일 쇼핑이 급증하고 있지만 모바일 쇼핑을 하지 않는 응답자들은 모바일 쇼핑을 하지 않는 이유로 오프라인 쇼핑이 더 편해서 49.7%, 컴퓨터를 통한 온라인 쇼핑이 더 편해서 26.0%, 화면이 작아 보기 불편해서 26.0%, 사용법을 몰라서 20.8%로 답했다(그림 4-9).

4) 자사 분석

인터넷 패션 쇼핑몰 운영자는 쇼핑몰을 성공적으로 운영하기 위해 자사의 현재 위치를 객관적으로 분석해야 한다. 자사 분석의 내용으로는 진출하고자 하는 사업 영역, 기업의 전반적 사명 및 목표, 기업 운영 형태, 재무적 여건, 기업 내부 자원 등이 있다.

(1) 사업 영역

기업은 진출하고자 하는 패션시장이나 서비스 유형, 활동 지역 등을 명확히 설정해야 한다. 사업 영역을 결정할 때는 기업의 자원, 자산, 기술과 같은 내부 역량 및 시장 성장 가능성을 충분히 고려해야 한다. 인터넷 패션 사업과 관련된 사업 영역을 파악해 보는 방법으로 랭키닷컴(www.rankey.com)의 쇼핑몰 카테고리 분류를 참조할 수 있다(표 4-13).

표 4-13 패션 관련 인터넷 사업 영역

대분류	중분류	소분류
쇼핑	의류쇼핑몰	남성의류쇼핑몰 여성의류쇼핑몰 종합의류쇼핑몰 브랜드남성의류쇼핑몰 브랜드여성의류쇼핑몰 브랜드종합의류쇼핑몰 브랜드청바지쇼핑몰 빅사이즈의류쇼핑몰 속옷쇼핑몰 아동복쇼핑몰 임부복쇼핑몰 단체복쇼핑몰 코스튬쇼핑몰
	패션잡화쇼핑몰	가방쇼핑몰 귀금속쇼핑몰 기능/특수화전문몰 남성화전문몰 단추쇼핑몰
	패션잡화쇼핑몰	선글라스쇼핑몰 시계쇼핑몰 여성화전문몰 우산쇼핑몰 종합신발쇼핑몰 패션액세서리쇼핑몰
	명품	명품브랜드제품쇼핑몰 중고명품브랜드제품
	취미/스포츠쇼핑몰	골프쇼핑몰 공예용품쇼핑몰 등산/캠핑용품쇼핑몰 레저용품쇼핑몰 비즈쇼핑몰 스포츠용품쇼핑몰 스포츠의류쇼핑몰 십자수/퀼트쇼핑몰 애완동물용품쇼핑몰 여행용품쇼핑몰 인형쇼핑몰

(계속)

쇼핑	취미/스포츠쇼핑몰	자전거/바이크쇼핑몰 축구용품쇼핑몰 캐릭터상품쇼핑몰
	화장품/미용쇼핑몰	
	유아/어린이쇼핑몰	어린이보호/안전용품쇼핑몰 유아용품쇼핑몰 장난감/완구쇼핑몰 중고유아용품쇼핑몰
	생활용품	군인용품/군위문품쇼핑몰 선물/디자인소품쇼핑몰 파티용품쇼핑몰 포스터/액자쇼핑몰 허브용품쇼핑몰
	쇼핑기타	구제쇼핑몰 덤핑 리스/렌탈 커플쇼핑몰 해외배송대행 해외쇼핑대행 휴대폰악세사리쇼핑몰
	종합쇼핑	대형마트쇼핑몰(이마트, 홈플러스, 롯데마트 등) 오픈마켓(옥션, 지마켓, 11번가 등) 소셜커머스(쿠팡, 위메프, 티몬 등) 종합쇼핑몰(GS SHOP, 롯데닷컴, CJmall, 롯데i몰, SSG닷컴 등)

자료: 랭키닷컴, 2015. 7. 21. 검색

(2) 기업의 전반적인 사명 및 목표

사업 영역이 결정되면 최고 경영층은 그 사업 영역 내에서 궁극적으로 달성하고자 하는 사업 목표를 세운다. 설정해야 할 목표로는 기업의 사명 및 비전, 달성해야 할 구체적인 매출액, 시장점유율, 이윤 등이 있다. 기업의 사명 및 비전은 기업의 설립 이유와 기업이 고객에게 제공하고자 하는 핵심적 가치로, 경영자는 이러한 목표를 기업 구성원과 공유함으로써 조직을 한 방향으로 이끌어 나갈 수 있다. 인터넷 쇼핑몰들의 사명 및 비전 사례를 살펴보면 〈표 4-14〉와 같다.

표 4-14 인터넷 쇼핑몰의 사명 및 비전 사례

쇼핑몰	사명 및 비전
인터파크	무한고객중심, 서비스와 감동 실현, 건강한 매출과 이익 창출, 믿음직한 e-커머스의 동반자
스타일난다	옷이 아니라 문화를, 코스메틱이 아니라 매력을 만듭니다. 우리는 '같음'이 아닌 '다름'으로 트렌드를 선도하는 스타일난다입니다.
29CM	멋지고 착하고 엉뚱한 이십구센티미터
마리몬드	디자인 제품과 콘텐츠로 존귀함의 회복을 실현하는 브랜드

자료: 인터파크, 2015. 12. 12. 검색; 스타일난다, 2015. 12. 12. 검색; 29CM, 2015. 12. 12. 검색; 마리몬드, 2015. 12. 12. 검색

(3) 기업 운영 형태

기업의 운영 형태는 크게 개인사업자와 법인사업자로 구분할 수 있다. 사업자 형태에 따라 사업자등록, 세금계산서 발행, 세무 처리 등에서 차이가 나므로 기업의 목표, 재무적 상황, 인적 여건에 맞게 적합한 운영 형태를 결정해야 한다. 일반적으로 사업 규모 및 자본이 적은 인터넷 패션 쇼핑몰은 개인사업자 형태로 운영하며 매출 정도에 따라 일반과세자 혹은 간이과세자 중에서 선택하여 사업자등록을 한다. 기업 운영 형태별 차이점을 비교해 보면 〈표 4-15〉와 같다.

(4) 기업의 재무적 여건

기업의 자금 상황이나 자금 운영 능력은 비즈니스의 안정적인 경영에 절대적이다. 판매 상품에 대한 이해와 마케팅 능력이 아무리 뛰어나다 하더라도 자금 수급이 원활하지 못하면 판매 기회를 알면서도 이를 감당하지 못하게 된다. 인터넷 패션 쇼핑몰 운영에 있어서도 기본적으로 준비해야 할 자금과 운영하는 동안 지속적으로 발생할 비용 항목들을 체크하여 자금 구조가 안정적으로 유지되도록 재무계획을 수립해야 한다. 〈표 4-16〉은 인터넷 패션 쇼핑몰을 창업하는 경우 기본적으로 준비해야 할 비용 항목 및 운영상의 지출 항목들이며, 〈표 4-17〉은 1년간의 자금 운영 구조를 파악하기 위한 자금운영계획표이다.

표 4-15 기업 운영 형태별 차이점

운영 형태	개인사업자	법인사업자
설립절차 및 비용	•사업장이 있는 관할 세무서에 사업자등록 하고 사업 개시 •설립절차가 비교적 간단하고 설립비용이 따로 들지 않음	•법원에 설립등기를 함으로써 사업 개시(1인 법인 기업도 가능) •자본금(기준은 없으나 5백만 원 이상으로 설립하는 경우 많음), 등록면허세, 교육세 등 여러 가지 비용 소요
사업장의 소유	사업장의 소유는 사업주 개인	법인의 소유는 주주
사업의 책임	경영상의 책임은 모두 사업자 개인이 짐	주주가 자신이 출자한 지분 한도 내에서 책임짐
자금의 조달 및 이익 분배	•개인사업자의 자금조달 능력에 따라 자금 조달 •사업 과정에서 생기는 이익은 개인사업자 임의로 사용 가능	•주주의 투자를 통해 자금 조달 •사업 과정에서 생기는 이익은 투자한 주주들에게 배당을 통해 분배
사업의 지속성	대표자 변경 시에는 폐업 후 다시 사업자 등록	대표자 변경 시에도 법인은 존속
세법 적용	소득세법에 따라 종합소득세 부과	•법인세법에 따라 법인세 부과 •주주는 배당소득에 따른 소득세 과세
사업변동 사항 처리	세무서의 신고를 통해 처리	법원에 등기 변동 필요
기업운영상 특이사항	사업 규모나 자금이 적은 경우 적합	•개인사업자에 비해 신뢰도 높음 •기업 규모가 큰 경우 세율 면에서 개인사업자보다 유리
과세자별 구분 및 특징	일반 과세자: •연매출액이 4,800만 원 이상이 될 것으로 예상되거나 간이과세자가 배제되는 업종 또는 지역에서 사업하려는 사업자 •세금계산서 발행 가능 •부가가치세 납부(매출액의 10%) •장부기장 의무 있음	
	간이 과세자: •연매출액이 4,800만 원에 미달할 것으로 예상되는 소규모 사업자 •세금계산서 발행 불가 •일반과세자의 부가가치세보다 낮은 세율(업종에 따라 1.5~4%)의 부가가치세 납부 •영수증 보관 의무 있음	

표 4-16 인터넷 패션 쇼핑몰 창업 비용 항목

항목	내용
기본 비용	사무실 계약금, 컴퓨터 · 프린터 구입비, 상품촬영장비(카메라, 렌즈, 조명) 구입비, 초도상품 구입비, 도메인 구입비 등
운영 비용	사무실 임대비, 상품 구입비, 인건비, 인터넷 · 통신비, 이미지 호스팅 및 서버 유지비, 포장비, 배송비, 모델비, 야외 촬영비, 마케팅비(이벤트, 프로모션 행사 등), 광고비, 홍보비 등

표 4-17 인터넷 패션 쇼핑몰 자금운영 계획표

항목				최초	1개월	2개월	3개월	4개월	5개월	6개월	7개월	8개월	9개월	10개월	11개월	12개월	합계
경상수지	이월 금액																
	예상 매출액																
	수입	매출액	현금 매출														
			외상 매출금 회수														
			소계														
		잡수입															
		합계															
	지출	매입액	원재료 현금 매입														
			설비 현금 매입														
			외상 매입금 지급														
			임차 보증금														
			소계														
		급여 지급															
		경비 지급															
	과부족액																
재무수지	지출	차입금 상환															
		이자 지급															
		합계															
	조달	차입금 조달액															
		투자(증자) 조달액															
		합계															
	과부족액																
차월 금액																	

자료: 장대균(2014). 초보 사장 창업 성공에게 길을 묻다. p. 40

(5) 기업의 내부 자원

쇼핑몰 운영자는 진출하고자 하는 시장에서 성공적으로 활용할 수 있는 기업 내부의 자원을 평가해야 한다. 기업 구성원이 가지고 있는 사업 의지, 시장 및 제품에 대한 축적된 경험, 쇼핑몰 운영 경험, 쇼핑몰 웹페이지 관리 기술, 공급업체와의 파트너십 등은 경쟁 우위를 확보할 수 있는 요건이 된다.

2. 비즈니스 전략의 수립

1) SWOT 분석

인터넷 패션시장에 진출하기 위한 기업의 외부 환경 및 내부 상황이 분석되면, 이를 근거로 하여 환경적 요소로부터 발생할 수 있는 기회(opportunity)와 위협(threat) 요인, 그리고 자사의 강점(strength)과 약점(weakness)을 찾아낸다. 이를 SWOT 분석이라고 하며 이러한 분석으로부터 자사의 기업 목표를 달성시킬 수 있는 표적시장을 선택하고 구체적인 마케팅 전략 방안을 도출할 수 있다.

(1) 외부 환경 분석

패션기업을 둘러싸고 있는 사회 전반의 인구통계적, 정치·법적, 경제적, 기술적, 사회문화적 변화와 패션시장의 흐름, 그리고 소비자의 구매행동 변화는 기업에게 기회 혹은 위협 요인이 될 수 있다. 일반적으로 신규시장 및 틈새시장의 등장, 빠른 시장 성장률 등은 기회 요인이 되고 잠재적인 경쟁자 증가, 대체 상품의 등장, 느린 시장 성장률, 공급업자의 협상력 증가 등은 위협 요인이 될 수 있다.

패션 쇼핑몰의 운영자는 이러한 변화 요인 중에서 어떤 요인이 자사에게 기회 혹은 위협으로 작용할 것인지 정확히 파악하여 기회 요소는 최대한 활용하고 위협 요소는 최소화시키거나 회피해야 한다. 기업이 처한 상황에 따라 동일한 환경 요소가 기회 요인이 될 수도 있고 위협 요인이 될 수도 있으므로 마케팅 관리자는 이러한 환경 변화가 자사에게 어떤 영향을 미칠지 잘 판단해야 한다.

(2) 내부 역량 분석

외부 상황이 기업에게 좋은 기회를 제공할 수 있는 여건이 되더라도 기업 내부에 이를 활용할 준비나 역량이 갖추어져 있지 않으면 성장이나 성공의 기회를 잡기 어렵다. 대부분의 인터넷 패션기업은 운용 가능한 인적, 재무적 자원이 부족하고 특히 신규 쇼핑몰은 축적된 경험이나 업무의 숙련도가 낮기 때문에 자사가 가진 내부 역량의 장단점을 정확히 파악하고 이를 극대화시킬 수 있는 방법을 마련하는 것이 외부 환경에 대한 분석보다 더 중요하다.

인터넷 기업도 기본적으로 기업의 자금 활용 능력, 공급업체와의 연결 정도, 제품 경쟁력 정도, 제품에 대한 전문적인 지식이나 경험, 사업가의 의지나 건강과 같은 내부 역량을 분석한다. 이에 더해 쇼핑몰 구축, 사진촬영, 포토샵 등과 같은 기능적 스킬, 포털 키워드 광고나 블로그, 페이스북, 인스타그램 등을 이용한 쇼핑몰 광고·홍보 역량, 방문 고객을 구매자로 전환시키고 재구매하도록 하는 마케팅 역량, 로그분석 및 수익분석 역량 등 온라인상의 모든 구체적인 문제에 대해 어느 정도 준비되어 있고 대응 능력이 있는지 분석해야 한다.

(3) 마케팅 전략 방향의 도출

외부 환경의 기회와 위협 요인, 자사의 강점과 약점이 분석되었다면 이를 근거로 네 가지 측면에서 어떠한 전략이 가능한지를 평가해 본다(표 4-18). 모든 외부 환경에는 기회와 위협 요인이 함께 존재하며 기업의 내부 상황도 강점과 약점 모두를 가지고 있어서 기업은 자사가 처한 상황과 여건에 따라 다음 네 가지 전략 중 어느 것을 우선순위에 두고 실행할 것인지를 계획해야 한다.

먼저 SO 전략은 가장 공격적인 전략으로 자사의 강점을 활용해 새로운 시장 기회에 참여하는 전략이다. 신규 시장 기회가 있는 것으로 파악되었다면 이를 선점하는 전략을 선택하거나 사업을 다각화하는 전략을 고려할 수 있다. ST 전략은 자사의 강점으로 시장의 위협 요인을 피해 나가는

표 4-18 SWOT 분석을 통한 마케팅 전략 방향 도출

내부 역량 / 외부 환경	강점(Strengths)	약점(Weaknesses)
기회(Opportunities)	SO 전략 – 공격적 전략 강점을 활용하여 기회를 포착하는 전략	WO 전략 약점을 보완하여 기회를 포착하는 전략
위협(Threats)	ST 전략 강점을 활용하여 위협을 회피하거나 최소화하는 전략	WT 전략 – 방어전략 약점을 보완하여 위협을 회피하거나 최소화하는 전략

표 4-19 '패밀리룩 쇼핑몰' 창업을 위한 SWOT 분석 사례

내부 역량 / 외부 환경	강점(Strengths)	약점(Weaknesses)
	• 다년간의 오프라인 의류매장 운영 경험 •차별적인 디자인 감각으로 센스 있는 상품 구성 가능 • 제조업체와의 원활한 네트워크	• 다품종 소량생산으로 인한 비용 증가 • 낮은 인지도 • 쇼핑몰 운영경험 부족 및 낮은 자본력
기회(Opportunities)	SO 전략	WO 전략
• 온라인 쇼핑 환경에서 자란 세대들이 가족 구성을 하고 있음 • 가족 규모 축소로 인한 구성원 간 결속력 강화 • 가족 단위로 참여할 수 있는 다양한 문화 활동 증가	디자인 감각과 제조업체와의 원활한 네트워크를 활용하여 다양한 문화 활동별로 착용할 수 있도록 차별화된 패밀리 룩 제안	다품종 소량생산으로 인한 비용을 가격에 포함시킬 수 있는 방안으로 가족별 고유 라인을 개발하여 적용하는 스페셜 옵션 도입
위협(Threats)	ST 전략	WT 전략
• 원가 경쟁력이 높은 경쟁업체의 출현 • 대기업들의 브랜드 포트폴리오 강화 • 경기 둔화 추세 장기화	다년간의 오프라인 의류매장 경험을 활용하여 온라인과 오프라인을 결합한 옴니채널 비즈니스 모델로 원가 경쟁력에 대응	저금리 사업자 대출 등으로 낮은 자본력을 보완하여 경기 활성화 시점까지 쇼핑몰 운영 경험을 쌓으며 사업을 안정적으로 유지

전략이다. 예를 들어 제품에 대해 자신이 있고 쇼핑몰을 운영해 본 경험도 있지만 향후 진출 시장에서의 경쟁이 더욱 치열할 것으로 예상된다면 자사의 장점을 살려 경쟁사와의 차별화를 더욱 강화시키는 방법을 생각해 볼 수 있다. WO 전략은 시장 기회가 있음에도 자사의 약점으로 인해 시장 기회 참여에 어려움이 있는 상황에 대한 전략으로, 전략적 제휴를 대응 방안으로 고려할 수 있

다. WT 전략은 가장 방어적인 전략으로 약점을 보완하고 위협을 극복하기 위해 집중화 혹은 구조적 보완의 방법을 채택할 수 있다. 패밀리룩 패션 쇼핑몰을 창업하고자 하는 기업의 SWOT 분석 사례를 〈표 4-19〉로 제시해 보았다.

2) 마케팅 목표 설정

SWOT 분석 등 여러 가지 비즈니스 분석 수단의 도움을 받아 마케팅 방향을 설정한 후에는 구체적으로 달성해야 할 마케팅 목표를 설정한다. 인터넷 기업의 궁극적인 마케팅 목표는 고객점유율을 꾸준히 증대시켜 장기적인 이익을 극대화하는 데 있으므로 이 최종적 목표에 도달하기 위해 구체적인 목표를 설정하고 전체 시장에서의 위상을 가늠해 볼 필요가 있다.

(1) 기업의 마케팅 목표

체계적인 경영 활동을 하고 내부 역량을 결집시키며 경영 성과를 명확히 평가하기 위해 마케팅 목표는 구체적인 재무적 수치로 표현하는 것이 좋다. 매출액, 수익률, 시장점유율 등은 기업이 설정하는 대표적인 마케팅 목표치이며, 이외에도 온라인 쇼핑몰에서는 기업의 여건이나 상황에 따라 회원 수 증가, 쇼핑몰 인지도 증가, 고객 만족도 향상, 고객 충성도 향상, 방문자수·방문시간·페이지뷰·클릭률 증가 등의 목표를 설정할 수 있다.

기업이 마케팅 목표를 설정할 때 고려해야 할 요소로는 첫째, 기업의 사명이나 비전 등과 일관성이 있어야 하고, 둘째, 고객과의 긴밀한 관계를 형성할 수 있도록 고객 중심이 되어야 하며, 셋째, 기업 내부의 사전 준비 및 마케팅 실행 능력이 고려되어야 하고, 넷째, 시장상황이나 고객성향의 변화, 마케팅 활동의 성과와 같은 기업 내·외부의 여건 변화에 따라 유연하게 대응될 수 있어야 한다.

(2) 시장의 규모 및 수요 예측

구체적이고 실행 가능한 마케팅 목표를 설정하는 데 있어서 기업이 진출하고자 하는 시장 규모를

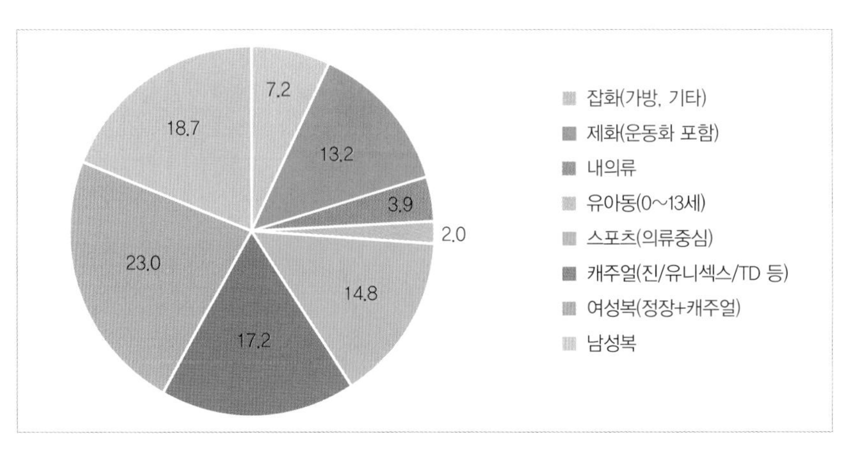

그림 4-10 패션시장의 세분시장별 구성비(2014년 전망치, 단위: %)
자료: 삼성디자인넷(2015). 2015 복종별 전망 및 대응전략

파악하는 것은 매우 중요하다. 매년 여러 정보기관 및 연구소에서 발표하는 패션시장의 규모, 복종별 시장(남성복, 여성복, 캐주얼, 스포츠, 유아동복, 내의류, 잡화)의 비중, 인터넷 패션시장의 규모 등을 참조하여 진출하고자 하는 시장의 수요를 가늠해 볼 수 있다.

예를 들어, 20대 캐주얼웨어 시장을 목표로 하는 경우의 온라인 시장 규모를 살펴보면 다음과 같다. 통계청에 따르면 2014년 총 패션시장의 규모는 63조 7,830억 원이고 그중 온라인 패션시장 규모는 약 11.5%인 7조 3,460억 원이다(신발 및 가방 포함). 한편 2014년 캐주얼웨어 시장이 전체 패션시장에서 차지하는 비중은 17.2%로(그림 4-10), 이 비중을 온라인 시장에도 적용한다면 온라인 캐주얼웨어 시장 규모는 약 1조 2,635억 원 정도가 된다. 전체 캐주얼웨어 시장에서 20대의 구성비가 29.9% 임을 감안할 때,[2] 20대 캐주얼웨어의 온라인 시장 규모는 약 3,777억 원 정도로 예측할 수 있다.

또한 진출한 시장에서 자사 매출이 어느 정도 가능한지를 예측해 보는 방법으로 소비자의 키워드 조회 수를 활용할 수 있다. 소비자들은 포털 키워드 검색, 블로그, 카페, 페이스북, 카카오스토리, 인스타그램, 핀터레스트 등과 같은 다양한 SNS 채널을 통해 쇼핑몰로 유입되나 포털의 키워드

2 삼성디자인넷(2015). 2015 복종별 전망 및 대응전략

검색을 통한 방문의 구매 연결률이 상대적으로 높다고 알려져 있다. 따라서 네이버, 다음, 구글 등과 같은 주요 포털 사이트의 검색 엔진에서 소비자들이 많이 조회하는 키워드 조회 수를 이용해 수요의 크기를 추정할 수 있다.

예를 들어, 네이버의 경우 '검색 광고'의 '광고관리시스템 바로가기'에서 '키워드 도구 서비스'(광고주로 가입 필요)로 소비자들이 많이 검색할 것 같은 키워드의 월간 조회 수를 파악한 후 여기에 고객의 '예상유입(클릭)률', '예상구매율', '고객 1인당 판매단가'를 고려해 해당 키워드의 시장 규모를 산출해 본다. 네이버의 경우 예상클릭률은 평균 약 2~3% 정도이고 방문 이후 구매로 연결되는 비율은 평균 1% 미만으로 알려져 있다. 따라서 키워드별 월 매출액은 '특정 키워드 조회 수×예상클릭률×예상구매율×고객 1인당 판매단가'로 계산 가능하다.

3) STP 전략

패션시장은 필요(wants)와 욕구(needs)가 각기 다른 다양한 소비자들로 구성되어 있어서 한정된 자원을 가진 패션기업들은 소비자 전체를 표적시장으로 하기보다는 자사의 자원을 가장 효과적으로 활용할 수 있는 특정 세분시장에 집중하는 것이 바람직하다. 서로 동질적인 욕구를 가진 세분시장에 접근하는 일반적인 방법이 STP 전략이다.

STP 전략이란 첫째, 시장세분화 변수를 기준으로 하여 서로 다른 상품과 마케팅 프로그램을 필요로 하는 소비자 집단들로 구분하고(segmentation), 둘째, 자사의 마케팅 목표, 세분시장의 크기 및 성장 가능성 등을 참고하여 세분화된 시장 중에서 진입할 목표 시장을 선정하며(targeting), 셋째, 선정한 목표 고객에게 경쟁사 대비 자사의 차별화된 마케팅 전략을 인지시키는 것(positioning)이다. 이 방법을 통해 패션기업은 선택한 세분시장의 요구에 맞는 제품을 개발하고 고객 개인의 필요와 욕구에 맞는 서비스를 제공할 수 있다.

(1) 시장세분화

시장세분화란 진입하고자 하는 시장을 선택하기 위해 전체 시장을 각기 다른 제품 특성과 마케팅 믹스를 필요로 하는 차별화된 소비자 집단으로 나누는 것이다. 이는 최소 비용으로 최대 효과를 얻고자 하는 마케팅 전략에 기초해 있다. 자본력이 없는 패션 인터넷 쇼핑몰 운영자에게는 특히 패션에 대한 취향과 욕구가 각기 다른 여러 소비자 집단 중에서 시장 규모와 성장가능성이 높은 표적 고객을 선정하는 것이 성공과 성장에 절대적이다.

시장세분화는 다음과 같은 절차로 진행한다. 첫째, 시장을 세분화할 기준 변수를 선택하고 그 기준으로 전체 시장의 소비자 정보를 조사한다. 패션시장의 시장세분화에는 인구통계적, 지리적, 사회심리적, 행동적 변수들이 사용되는데(표 4-20, 표 4-21), 인터넷 시장세분화에서는 인구통계적 변수나 지리적, 사회심리적 변수보다는 행동적 변수를 더 중요하게 고려한다. 소비자의 라이프스타일, 추구 패션 이미지, 패션 감도, 제품 사용 상황 등은 일반적으로 패션시장의 세분화에서 중요하게 고려되는 기준들이다. 둘째, 조사된 소비자 정보에 기초하여 전체 시장을 통계적 방법을

표 4-20 패션 인터넷 소비자의 주요 시장세분화 변수

변수		내용	역할
구매 행동적	인터넷 쇼핑 관련	인터넷 구매 경험, 인터넷 구매 빈도, 인터넷 구매 동기, 쇼핑몰 충성도	1차적
	패션 상품 관련	사용 상황, 구매 가격, 선호 패션 이미지, 패션 감도, 유행 수용도, 추구 이점	
인구통계적		연령, 성별, 소득, 직업, 사회계층, 교육수준, 거주지역, 가족생활주기, 가족 크기, 세대, 종교	2차적
지리적		세계시장, 국내시장, 대도시, 중소도시	
사회심리적		라이프 스타일, 개성, 태도, 흥미, 성격, 가치관	

표 4-21 패션시장 세분화를 위한 주요 사회심리적·행동적 변수

사용 상황	포멀(비지니스, 예복, 공적 모임), 캐주얼, 스포츠, 레저 등
추구 이점	가격, 품질, 품위, 사회적 지위, 상징성, 차별적 디자인 등
패션 이미지	페미닌, 로맨틱, 클래식, 모던, 액티브, 엘레강스 등
패션 감도	베이식, 뉴베이식, 트렌디 등
라이프스타일	패션리더형, 자기표현/개성추구형, 유행추종형, 단순상표지향형, 평범무난형, 보수적 패션무관심형 등

활용해 각각 차별적인 특성을 갖는 여러 세분시장으로 구분한다. 셋째, 구분된 여러 세분시장에 대하여 각 시장의 특성, 즉 각 집단의 인구통계적 및 사회심리적 특성, 인터넷 구매 행동 특성 등을 파악한다.

시장세분화 정도는 기업의 목표와 역량에 따라 차이가 있을 수 있으나 시장세분화의 결과로 파악된 각 세분시장은 첫째, 규모와 특성이 명확히 정의되어 이들에 대한 평가가 가능하고 둘째, 쉽게 관찰될 수 있어야 하며, 셋째, 마케팅을 전개할 수 없을 정도의 너무 작은 시장이 아니어야 한다.

(2) 표적화

시장세분화를 통해 여러 세분시장이 파악되었다면 그 다음은 이들 시장 중 기업의 목표와 자원에 부합하고 기업에게 가장 유리한 성과를 가져다 줄 수 있는 매력적인 시장을 선택할 차례다. 각 세분시장은 규모, 성장성, 수익성, 시장 진입 시의 위험, 경쟁 강도, 기업의 목표 및 자원과의 적합성 등에서 차이가 나므로 〈표 4-22〉의 예와 같이 시장 매력도에 대한 평가가 필요하다.

표 4-22 세분시장의 매력도 평가의 예

시장 매력도 평가기준		가중치	시장 1	시장 2	시장 3	시장 4
외형적 요인	시장 규모	0.2	3(0.6)	4(0.8)	5(1.0)	5(1.0)
	시장 성장률	0.2	2(0.4)	4(0.8)	5(1.0)	4(0.8)
	수익성	0.05	1(0.05)	3(0.15)	5(0.25)	4(0.2)
구조적 요인	현재의 경쟁 강도	0.2	1(0.2)	3(0.6)	4(0.8)	2(0.4)
	잠재적 경쟁 강도	0.1	1(0.1)	4(0.4)	5(0.5)	4(0.4)
기업 내부 요인	기업 목표	0.1	3(0.3)	4(0.4)	5(0.5)	3(0.3)
	기업 자원	0.05	3(0.15)	3(0.15)	4(0.2)	4(0.2)
	마케팅 믹스	0.1	3(0.3)	4(0.4)	5(0.5)	3(0.3)
세분시장별 매력도		1.0	2.1	3.7	4.75	3.6

자료: 정인희(2011). 패션시장을 지배하라. p. 126 ; 정인희 외(2010). 패션 상품의 인터넷 마케팅. p. 151

① 시장 규모와 성장률

기업이 마케팅 노력을 통해 얻고자 하는 매출과 이익이 발생할 만큼 충분히 큰 시장 규모인지 평가하고 미래의 성장가능성에 대해서도 면밀히 검토한다. 또한 세분시장에 속한 고객들이 매출에 어느 정도 기여할 수 있으며 비용 대비 가격 기준으로 얼마만큼의 수익성을 창출할 수 있는지도 평가한다.

② 시장 내의 경쟁 정도

패션 인터넷 시장은 지난 수년 동안 인지도와 충성고객을 쌓아온 소수 중견 쇼핑몰들이 상당한 시장점유율을 차지하고 있어서 신규 쇼핑몰이 이들과 경쟁하기란 쉽지 않다. 이러한 경쟁구조 하에서 신진 기업은 동일한 세분시장에 대해 현재 진출해 있는 업체들 간의 경쟁에 더해 향후 출현 가능한 잠재적 경쟁업체와의 경쟁 강도에 대해서도 평가해 보아야 한다. 앞으로 더 강한 업체가 출현할 가능성이 크다면 해당 시장의 장기적인 매력도는 감소할 것이다.

③ 기업의 목표와 자원

기업이 선택하고자 하는 세분시장이 규모나 성장가능성 면에서 매력적이라 할지라도 자사의 경영 목표, 재무적·인적·기술적 자원 등과 부합되지 않으면 진입 여부를 신중히 검토해야 한다. 축적된 경험이나 자본력, 인적 자원이 부족한 신진 인터넷 기업들에게 자사 여건 대비 과도한 투자나 도전은 초반의 성장 동력을 잃게 하는 주요 요인이 될 수 있다.

매력도 평가 결과를 고려하여 최종목표시장을 선택한다. 이 과정을 표적화(targeting)라고 하며 이때 결정된 시장을 표적시장(target market)이라고 한다. 표적시장은 첫째, 특정 방식으로 행동하는 의미 있는(meaningful) 이유가 기술될 수 있어야 하며, 둘째, 규모 및 특성 면에서 마케팅 전략이 현실적으로 실행 가능해야(actionable) 하고, 셋째, 경제적으로 매력적인 가치(financially attractive)를 가지고 있어야 한다.

표적시장이 꼭 하나일 필요는 없으며, 기업은 전체시장 전략(비차별화 전략), 복수시장 전략(차별화 전략), 단일시장 전략(집중 화전략)에 따라 표적시장을 선택할 수 있다. 두 개 이상의 세분시장을 선택하였다면 어떤 시장을 더 중심에 놓고 마케팅 노력을 기울일 것인지 결정한다.

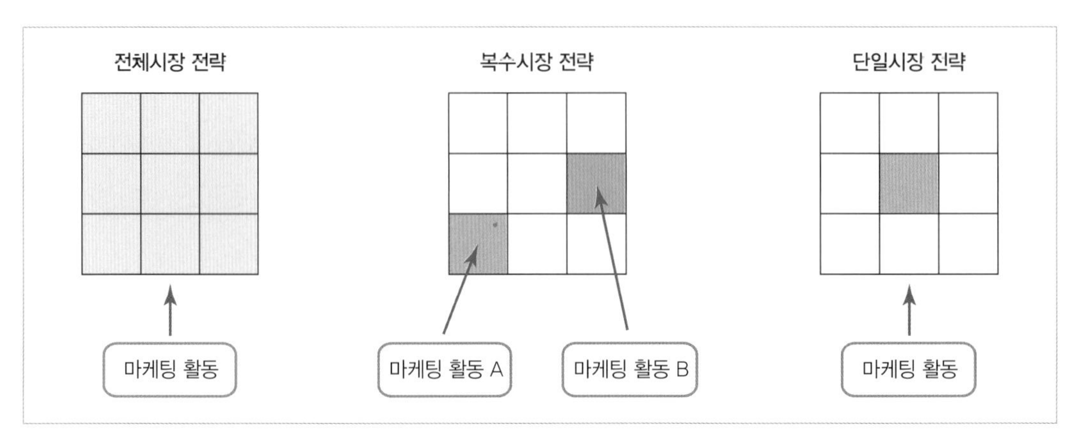

그림 4-11 표적시장 선택 전략

① 전체시장 전략

전체시장 전략은 시장 전체를 제품에 대한 소비자의 욕구가 동질적인 하나의 시장으로 보고 마케팅하는 방법이다. 소비자들 간의 욕구 차이가 그다지 크지 않기 때문에 단일 마케팅 믹스를 사용해 비용을 절감할 수 있으며 규모의 경제 효과를 얻을 수 있다. 인터넷 기업 중 옥션, G마켓, 11번가와 같은 오픈마켓, 쿠팡, 위메프, 티몬과 같은 소셜커머스는 모든 소비자를 대상으로 전 상품을 취급하고 있으므로 이 경우에 해당한다.

② 복수시장 전략

복수시장 전략은 두 개 이상의 세분시장을 표적시장으로 선택해서 각 세분시장마다 각각 차별화된 마케팅 활동을 전개하는 방법이다. 이 전략에 따르면 매출 규모는 커지지만 각 세분시장의 요구에 맞는 마케팅 프로그램을 별도로 제공해야 하므로 개발비, 관리비, 광고비 등이 증가하고 세분시장 간 조정도 필요하다. 따라서 이 전략을 사용하는 기업은 여러 세분시장에 동시에 투자할 수 있을 만큼의 자원과 규모를 가지고 있어야 한다. 대표적인 예로 ㈜부건에프엔씨는 유사한 콘셉트의 남성, 여성 캐주얼의류 시장을 표적시장으로 하여 남성의류쇼핑몰 '멋남'과 여성의류쇼핑몰 '임블리'를 운영하고 있다(그림 4-12).

그림 4-12 (주)부건에프앤씨의 복수시장 전략: 멋남(좌)과 임블리(우)
자료: 멋남, 임블리, 2015. 7. 21. 검색

③ 단일시장 전략

단일시장 전략은 여러 개의 세분시장 중에서 공통의 욕구와 필요를 가진 특정 세분시장만을 대상으로 마케팅 활동을 전개하는 방법이다. 이 전략은 제한된 자원과 규모를 가진 기업이 표적시장에 대한 전문성과 노하우를 바탕으로 하여 그 시장의 욕구를 만족시키고자 할 때 주로 사용하는 방법으로 소규모 인터넷 패션 쇼핑몰에서 가장 많이 선택하고 있다. 이 전략의 단점은 특정 세분시장에만 집중하기 때문에 그 시장의 기호가 변하거나 강력한 경쟁자가 진입하게 되면 위험이 크게 증가하는 것이다. 빅사이즈 의류 쇼핑몰, 임부복 전문몰, 기능성 속옷 전문몰, 와이셔츠 전문몰, 커플룩 전문몰 등이 이에 해당한다.

(3) 경쟁사 분석 및 벤치마킹

표적시장이 결정되면 기업은 이미 이 시장에 진출해서 경영 활동을 하고 있는 경쟁업체들의 현황을 파악하고 이들 간의 경쟁구조 및 경쟁강도, 차별적인 특성 등을 분석한다. 이 과정에서 기업은 자사가 경쟁적 우위로 갖추어야 할 내용과 벤치마킹할 사항들을 찾아낼 수 있다.

인터넷 시장에서 유사한 제품을 판매하고 있는 경쟁업체의 현황 및 업체 간의 경쟁강도를 파악하는 방법으로 랭키닷컴(www.rankey.com)의 쇼핑몰 순위 정보를 활용할 수 있다(그림 4-13). 특히 유료서비스를 이용하면 경쟁업체의 방문자 수, 방문시간, 페이지뷰 등을 알 수 있어서 대강

그림 4-13 랭키닷컴의 쇼핑몰 순위 정보

자료: 랭키닷컴, 2015. 7. 23. 검색

의 매출 규모를 파악할 수 있다. 또한 네이버, 다음과 같은 주요 포털 사이트의 검색 엔진을 이용하거나 옥션, G마켓, 11번가 같은 오픈마켓 내 판매자들을 조사하는 것도 유용하다.

① 랭키닷컴을 이용한 조사

랭키닷컴 홈페이지 접속 → 최상단의 '랭키툴바'를 PC에 설치 → 관심 있는 사이트를 방문 → PC 상단에 랭키툴바에 관련된 카테고리와 순위가 표시됨

② 네이버를 이용한 조사

네이버 홈페이지 접속 → 검색창에 핵심 키워드(판매 아이템, 표적 소비자, 사용 상황 등) 검색 → 통합 검색화면의 상단 광고 영역 및 '사이트' 영역 쇼핑몰 분석

그림 4-14 포털사이트의 검색 엔진을 이용한 경쟁업체 및 경쟁강도 파악: 네이버 사례
자료: 네이버, 2015. 7. 23. 검색

③ G마켓 판매자 조사

G마켓 홈페이지 접속 → 검색창에 핵심 키워드(판매 아이템, 표적 소비자, 사용 상황 등) 검색 → 관련 카테고리에 등록된 상품 판매자(마켓 랭크순, 판매인기순, 할인액 높은순, 가격순, 상품평순, 신규 상품순) 분석

경쟁업체들을 파악한 후에는 5~10개의 경쟁사를 핵심 경쟁사와 주요 경쟁사로 구분하고 이 업체들의 구체적인 현황, 즉 쇼핑몰 형태, 콘셉트, 상품구성, 핵심 타깃, 가격대, 촉진 방법 등의 마케팅 믹스를 분석한다(표 4-23). 이러한 분석으로부터 벤치마킹할 사항들을 찾아내 마케팅 전략 수립 및 쇼핑몰 운영에 반영한다.

그림 4-15 오픈마켓 키워드 검색을 이용한 경쟁업체 파악: G마켓 사례
자료: G마켓, 2015. 7. 23. 검색

표 4-23 경쟁업체 벤치마킹 분석표

구 분		경쟁사 1	경쟁사 2	경쟁사 3
쇼핑몰 유형				
핵심 타깃				
쇼핑몰 콘셉트				
쇼핑몰 구성 요소	콘텐츠			
	페이지별 내용 구성			
	웹 페이지 디자인			
	내비게이션 구성도			
	결제 및 보안 시스템			
	기타			
마케팅 믹스	판매제품 수			
	상품 구성			
	가격대			
	할인 정책			
	판매촉진 수단			
	커뮤니티			
	기타			

표 4-24 포지셔닝 차별화 변수

제품	이미지	서비스	유통
스타일 가격 품질 용도 패션성 상품 구색	상징 쇼핑몰 분위기 그래픽 디자인 상품 디스플레이	콘텐츠 스피드 주문 편의성 반품/교환 편의성 배송 관리 전문성 A/S 고객 대응	판매 범위

(4) 포지셔닝

포지셔닝(positioning)이란 시장세분화와 표적화를 통해 선택한 목표 시장에 대해 경쟁사 대비 자사 제품과 서비스의 차별적 특징을 소비자에게 인식시키는 전략이다. 쇼핑몰 운영자는 포지셔닝 차별화 변수를 기준으로 경쟁사와 대비한 포지셔닝 맵을 작성해 봄으로써(그림 4-16) 자사의 차별적 특징을 확인하고 앞으로의 마케팅 방향을 정립할 수 있다. 기업은 포지셔닝 과정을 통해 첫째, 시장 가능성이 있음에도 아직 경쟁이 없는 시장을 찾을 수 있고, 둘째, 자사와 경쟁사 간의 상대적 위치 및 경쟁 관계를 파악할 수 있으며, 셋째, 소비자가 가장 이상적으로 생각하는 제품의 속성이나 요구를 파악할 수 있고, 넷째, 정기적으로 자사의 포지셔닝 위치를 추적, 조사함으로써 의도한 바의 포지셔닝에 해당하는 마케팅 믹스 전략이 실행되고 있는지를 확인할 수 있다.

패션 쇼핑몰이 고객에게 자사의 차별적 특징을 인식시킬 때는 여러 차별화 변수 중 제품 및 서비스 콘셉트가 중요한 역할을 한다. 명확한 쇼핑몰 콘셉트는 경쟁사 대비 자사의 차별화된 경쟁 우위를 가져다줄 뿐만 아니라 고객과의 커뮤니케이션, 기업 구성원 간의 커뮤니케이션에도 중요한 역할을 한다. 예를 들어 여성의류 쇼핑몰 '스타일난다'는 2004년 온라인 사업에 진출해 2014년에는 1,151억 원의 매출을 기록하였는데, 이 기업의 경쟁 우위 요소로는 '스타일리시, 섹시, 발랄'이라는 차별적인 쇼핑몰 콘셉트, 쇼핑몰 자체가 '패션 커뮤니티'라 불릴 정도로 활발한 고객과의 의사소통, 그리고 고객이 필요로 하는 것을 발 빠르게 공급하는 스피드가 꼽히고 있다.

포지셔닝을 위해서는 먼저 자사의 잠재적인 경쟁 우위 요소 및 촉진해야 할 차별적 요소와 수

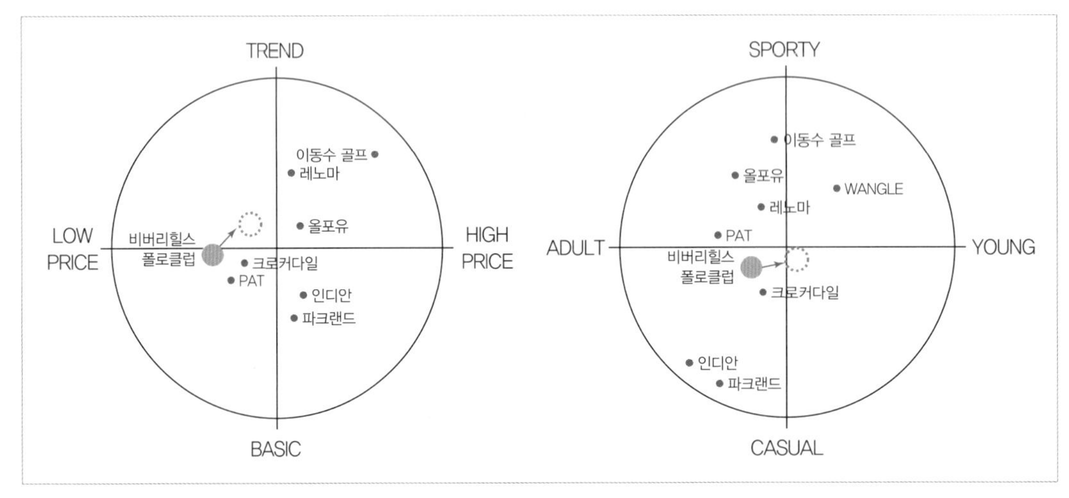

그림 4-16 제품 특성 변수를 이용한 포지셔닝 맵
자료: 비버리힐스폴로클럽, 2015. 7. 23. 검색

를 결정하고 요소의 차원을 명명한다. 다음으로는 각 요소의 차원에서 적절한 경쟁적 위치를 결정하기 위해 경쟁사의 강점 및 약점에 대한 분석 결과를 토대로 경쟁 우위를 확보할 수 있는 자사의 위치를 선택한다. 마지막으로 자사의 위치가 정해졌으면 이 위치에 포지셔닝하기 위한 상세한 마케팅 믹스 전략을 개발한다.

4) 마케팅 믹스 전략

패션 인터넷 기업은 오프라인에서 사용되는 제품, 가격, 유통, 촉진 전략의 마케팅 믹스와 더불어 고객과의 커뮤니케이션 전략을 잘 수립해야 한다. 비록 인터넷 패션시장의 규모는 커지고 있지만 성장률은 과거에 비해 떨어지고 있어서 신규 고객의 유치보다는 기존 고객과의 지속적이고도 강력한 유대를 증진시키는 것이 보다 중요해지고 있다. 따라서 고객점유율을 꾸준히 증대하여 이를 토대로 장기적 이익을 극대화하는 데 중점을 두어야 한다.

CHAPTER 5

창업 준비

인터넷 비즈니스는 진입 장벽이 높지 않아 누구라도 어렵지 않게 시작할 수 있지만 성공 확률은 그다지 높지 않다. 퇴출 장벽도 크게 높지 않기 때문에 사업을 그만두는 일도 쉽다. 따라서 쉽게 생겨났다가도 어느 순간 사라지고마는 인터넷 쇼핑몰이 많다. 반면 치열한 경쟁 환경 가운데에서도 성공 신화로 회자되는 인터넷 비즈니스 또한 그 수가 적지 않다. 인터넷 비즈니스에서의 성공 확률을 높일 수 있는 최초의 출발점은 바로 잘 준비된 창업 계획이다. 창업을 생각하는 대부분의 예비 창업자는 사업 구상을 할 때부터 어려움에 직면한다. 창업 아이디어는 무엇으로 하며, 사업자금은 얼마나 필요하고 어떻게 조달해야 하는지, 어느 것부터 어떻게 시작해야 하는지 등의 문제를 결정하고 해결해야 한다. 이러한 창업 초기의 선택은 사업의 성공과 실패를 결정짓는 중요한 요인이 된다.

1. 창업에 대한 이해

1) 창업 절차

창업의 절차는 업종에 따라 약간씩 차이가 날 수 있는데, 기본적으로 자신의 적성 등을 고려한 창업 아이디어 탐색으로부터 시작한다. 즉 유망하게 보이는 창업 아이디어를 선정해 이에 대한 타당성을 분석하고, 그 결과가 긍정적일 때 자본을 동원해 기업을 설립하며, 만약 부정적인 결과라면 다시 창업 아이디어 탐색으로 돌아가는 과정을 반복해야 한다. 또한 창업자들은 창업에 앞서 〈표 5-1〉의 창업 기본절차에 포함된 사항 정도는 반드시 체크해야 실패를 줄일 수 있다.

2) 창업 구성요소

기업을 설립하여 사업을 하려면 필수적으로 요구되는 몇 가지 요소들이 있다. 그중에서 가장 기본적인 것은 창업자, 아이템, 자본이라는 사업 3대 요소이다.

(1) 창업자

창업자는 특정 아이디어와 자본을 가지고 기업을 설립하려는 사람이다. 설립자는 기업 설립과 경영의 주체로서 경영 목표, 기업 이미지, 기업 성장 등에 영향을 미치는 중요한 요소이다. 창업자는 기업가 정신을 가지고 창업 팀(business team)을 구성함으로써 사업을 시작할 준비를 하게 된다. 사업계획서의 작성에 있어서도 창업 팀의 구성은 중요하다.

(2) 아이템

창업 아이템은 창업의 결정적인 요소로서 기업이라는 시스템의 산출물 또는 생산품을 규정하는 것이다. 생산품은 물리적으로 구체적인 형태를 가진 재화일 수도 있고, 물리적인 규정이 불가능한

표 5-1 창업의 기본절차

순서	계획	세부사항
1	자신의 성격, 취미 자가 진단	•성격에 맞는 아이템 선정 •취미가 있어야 활력이 생김 •평소에 관심 가진 분야에 대한 열정 필요 •평생사업을 선택
2	대분류 업종 선택	•제조업, 서비스업, 도·소매업 등 업종 선택
3	고객 분석	•고객의 욕구 파악 •표적시장 선정 •고객층 선택 •표적 고객의 최근 수요 성향 파악
4	세부 특정 업종 확정	•창업 실행 가능한 업종 선택 •고객 유치를 위한 품질 개발 연구 •인·허가, 행정 절차 파악 •고객 유치 방법 계획 수립 •벤치마킹, 실습 등
5	영업 대상 및 사이트 검색	•고객이 가장 많은 지역 선정 •인터넷 방문이 많은 사이트 선정
6	특정 장소 확정	•최종 영업장소 확정 •인터넷 사이트 구축 확정 •부동산 중개업소, 인터넷 등 이용
7	고객 유치, 원재료 조달, 손익 분석	•사업 개시를 전제로 고객 유치 광고 •원재료 조달 시 애로 요인 파악 •예상 매출 및 향후 증가 계획 수립 •손익 분석
8	자금 계획 및 조달	•적정 투자규모 수립 •시설 공사, 구매, 부가서비스 확정 •차입금 조달 규모 선정 •자금 조달 실행
9	행정 절차, 직원 교육	•허가 사항(등록증), 자격증, 사업자등록 등 •세무사 지정 및 계약 •직원 교육 실시
10	사업 계획	•개업 광고 •초도 상품, 원재료 구매 •영업장 완비 또는 사이트 구축 완료

서비스일 수도 있다. 이 외에 발명품, 기존 상품, 국내에 소개되는 외국 상품 등도 창업 기업의 생산품이 될 수 있다. 창업의 성공 가능성을 높이기 위해서는 그 업종에서 선도적이고(be first), 제품 혹은 서비스가 탁월하며(be best), 차별성이 있고(be unique), 적정한 수익을 창출할 수 있는(be profitable) 아이템이어야 한다. 패션 인터넷 비즈니스의 경우에도 선도적인 비즈니스 모델이 있는가, 차별적인 제품과 서비스 제공이 가능한가, 수익을 창출할 수 있는 아이템인가의 측면에서 창업 아이템이 검토되어야 할 것이다. 아이템 선정에 있어서 일반적으로 검토되어야 할 항목들은 다음과 같다.

- 사업타당성 분석(성장성, 수익성, 기술성, 시장성)
- 인·허가 요건
- 기타(규모, 유형, 입지)

(3) 자본

자본은 창업자가 의도하는 기업을 실현하는 것에 필요한 기계설비, 원자재, 인력 등을 동원하는 데 요구되는 원천적 자원이다. 창업 자본을 제공하는 사람은 창업자 자신일 수도 있고 개인투자가, 벤처자본가, 정부, 금융기관 혹은 창업투자회사가 될 수도 있다. 창업 과정에서 소요되는 창업자금과 창업 후의 운전자금을 어떻게 운용할 것인지, 그리고 장·단기 자금을 어떤 자금 원천으로부터 조달할 것인지, 장기적으로 안정된 자금 수혈을 위해서 어떻게 할 것인지를 전략적으로 구상해야 한다.

3) 창업 결정요인

창업의 3대 구성요소(창업자, 아이템, 자본)가 1차적으로 정해지면, 성공적인 사업을 위한 요인들을 구체적으로 검토해야 한다. 창업 과정에서 직면하게 되는 주요 결정요인으로는 시장성, 기술성, 경제성, 정부 정책(제도), 경영 능력을 들 수 있다.

표 5-2 창업 결정요인

결정요인	시장성	기술성	경제성	정부 정책(제도)	경영 능력
검토사항	•시장 성장성 •예상 시장점유율 •유통경로 •가격경쟁력	•국산화 정도 •기술인력 확보 •기술 집약도 •생산기술 능력	•공장(건물) 부지 •기계(장치) 설비 •운전자금 •수익성	•정부지원 품목 •정책자금 지원 •환경규제 문제 •세제 지원	•자금 조달 능력 •판매·서비스 능력 •조직·인력 관리 능력 •동종 및 관련 산업 관리 능력

(1) 시장성

시장성에서는 시장 성장성, 예상 시장점유율, 유통경로, 가격경쟁력을 검토해야 한다. 시장 성장성은 창업 아이템(제품 또는 서비스)이 시장에서 계속해서 성장할 수 있는 가능성이다. 예상 시장점유율은 창업 아이템이 시장에 출시되었을 때 시장에서 차지할 것으로 예상되는 매출 비중이다. 유통경로 항목에서는 원자재 또는 제품이 분배·수집되는 과정(절차)이 얼마나 원활한지를 살펴보아야 한다. 가격경쟁력은 창업 아이템이 시장에 출시되었을 때 타사의 경쟁 제품에 대해서 가질 수 있는 가격의 경쟁 우위를 말한다. 시장 성장성과 예상 시장점유율이 높고 유통경로가 원활하며, 가격경쟁력이 높을수록 시장성이 있다고 판단할 수 있다.

(2) 기술성

기술성 요인에서는 국산화 정도, 기술인력 확보, 기술 집약도, 생산기술 능력을 점검해야 한다. 국산화 정도는 완제품 생산을 위해 소요되는 생산기술 중에서 국내 기술이 차지하는 정도이며 국산화 정도가 높을수록 기술성이 있다고 할 수 있다. 기술인력 확보에서는 완제품 가공 및 생산을 위해서 요구되는 기술인력을 얼마나 확보하고 있거나 확보할 수 있는가를 검토한다. 기술 집약도는 제품 생산을 위해 요구되는 기술 중에서 첨단 하이테크의 확보 정도를 뜻한다. 생산기술 능력은 완제품 생산을 위해 요구되는 기술(소재, 가공, 조립, 포장 등)의 확보 또는 운영능력을 말한다. 기술에 기반한 창업을 하는 경우 기술성은 사업 성공을 좌우하는 매우 중요한 요소이다. 패션 인터넷 비즈니스에서도 사물인터넷 마케팅이나 옴니채널의 구현 등 첨단기술을 비즈니스 모델에 접목시키고자 할 때에는 기술성의 확보 계획이 선행되어야 할 것이다.

(3) 경제성

경제성 항목에서는 공장(건물) 부지, 기계(장치) 설비, 운전자금, 수익성 등을 검토한다. 제조업 관련 창업을 할 때에는 제품 생산을 위한 공장(건물) 부지와 제품을 생산하기 위한 공장의 기계(장치) 설비가 준비되어야 한다. 또한 모든 아이템의 창업에는 원자재, 인건비, 제조 경비 등에 투입되는 운전자금이 확보되어야 한다. 수익성은 창업을 했을 경우 예상되는 아이템에 대한 매출액 대비 이익으로, 수익성에 근거하여 손익분기점 달성 시점을 예측하고 충분한 경제성이 있다고 판단될 때 창업을 해야 할 것이다.

(4) 정부 정책(제도)

정부 정책(제도) 점검 과정에서는 정부지원 품목에 해당하는가, 정책자금 지원을 받을 수 있는가, 환경규제 대상이 되는가, 세제지원 대상이 되는가 등의 사항을 확인하도록 한다. 정부지원 품목은 중소기업을 보호·육성하기 위해 정부에서 중점적으로 적극 지원하는 품목(아이템)이므로 이에 해당되는 품목이라면 적극적으로 정부의 지원을 받도록 한다. 또한 창업을 위해 정책적으로 지원하는 자금의 종류 및 자금의 지원 규모, 조건(금리, 원리금상환 등) 등을 꼼꼼히 살펴보고 지원 신청여부를 결정한다.

한편 정부에서는 제품 생산과정에서 발생하는 환경오염(공해유발)에 대한 처리와 완제품 폐기 시 재활용 의무 등의 환경오염 관련 규제를 하고 있으므로 이러한 문제들도 확인해야 한다. 정부로부터 세제 감면 혜택을 받을 수 있는 항목도 점검한다. 끊임없이 신규 법안이나 조례가 입법되고 시행 규정이 변경되므로 반드시 창업 시점에서 정부 정책(제도) 상의 혜택과 규제 사항을 확인해야 하며, 패션 인터넷 비즈니스에서도 이는 예외가 아니다.

(5) 경영 능력

경영 능력과 관련해서는 자금 조달 능력, 판매·서비스 능력, 조직·인력 관리 능력, 동종 및 관련 산업 관리 능력을 따져본다. 자금 조달 능력은 창업 및 원활한 기업 운영을 위해서 요구되는 운영자금을 조달할 수 있는 능력이다. 판매·서비스 능력은 제품의 판매, 판매 촉진, A/S와 고객관리 능력이다. 조직·인력 관리 능력은 기업을 조직하고 운영하며 구성원의 인력을 파악하여 효율적으로 업무 배치할 수 있는 능력을 말한다. 동종 및 관련산업 관리 능력은 창업 아이템과 연관되는 제품 및 산업을 파악하여 해당 시장을 예측하고 분석할 수 있는 능력이다.

경영에는 이들 능력이 하나라도 빠져서는 안 된다. 창업자 한 사람이 이러한 능력을 모두 갖추고 있지 않은 경우라도, 이들 능력이 조직 내에 존재할 수 있도록 창업팀을 구성하면 된다.

2. 창업자금 조달

1) 창업자금 계획

하나의 기업을 창업하여 그 기업을 크게 성장시키기까지는 여러 단계를 거치게 되며, 성장단계별로 필요한 자금 규모와 자금 조달 형태도 달라진다. 창업 기업에 대한 성장 단계별 자금 공급체계를 나누어 보면 창업 단계, 사업화 및 성장 단계, 안정화 및 성숙 단계로 구분할 수 있는데, 그중에서 일반 창업자들은 창업 초기단계의 자금지원(start-up financing)을 가장 필요로 하고 있다. 그러나 유감스럽게도 우리나라의 창업자금 지원제도에서 창업 초기자금 지원은 다소 빈약한 실정이다. 따라서 금융권의 유사한 자금지원제도를 활용하여 필요한 자금을 조달하는 것이 필요하다.

창업 초기에는 창업 인력의 인건비, 사무실 운영비, 연구개발비, 자재 구입비 등 생존과 사업 아이템 개발을 위한 최소한의 경비가 필요하다. 창업자가 할 일은 소요되는 자금을 정확히 계산해 내는 것이다. 사업계획 단계에서 아무리 치밀하게 계산해도 실제 사업 준비를 하다 보면 전혀 예상치 못한 경비가 소요되고, 사업이 예상보다 지연되는 경우에는 더 많은 경비가 소요되기 때문에 처음부터 다소 여유 있게 예산 계획을 세우는 것이 안전하다. 따라서 비용 항목은 가능한 한 자세히 구분하는 것이 좋다.

(1) 연구개발 및 창업 초기단계

연구개발 및 창업 초기에는 씨앗자금과 창업자금이 필요하다. 씨앗자금은 신기술, 신제품의 연구, 개발, 시험, 시장조사, 사업계획에 투여하는 초기자금을 말하며, 창업자금은 시제품의 생산 및 판매를 위한 마케팅 활용 자금을 말한다. 창업 초기자금의 조달은 가급적 자기자본으로 충당하는 것이 좋으나, 자기자본이 부족한 경우에는 정부지원 자금 등 이자나 상환 압력이 약한 자금을 쓰는 것이 좋다.

(2) 사업화 및 성장 단계

사업화 및 성장 단계에서는 초기 확장자금과 기업약진 단계 자금이 필요하다. 초기 확장자금은 손익분기점 도달을 추진하는 단계까지 소요되는 자금이며, 기업약진 단계 자금은 기업의 확장을 위한 투자 자금과 시설 확장, 시장 확대, 마케팅, 품질 개선에 소요되는 자금을 말한다.

(3) 안정화 및 성숙 단계

안정화 및 성숙 단계에 필요한 자금은 확장자금이라고도 하는데, 이는 매출 증가에 따른 운전·시설 자금과 신기술 개발 자금, 해외 투자 자금 등을 말한다. 이 시기에는 이미 손익분기점을 넘어서 기업의 자금 조달이 크게 어렵지는 않은 시기이다.

2) 자금의 종류와 조달 방법

기업의 자금은 운용 기간에 따라 단기자금과 장기자금으로 구분하고 자금의 원천에 따라 내부자금과 외부자금으로 구분한다. 사업 자금의 조달 방법은 자금원에 따라 차이가 있으므로 필요한 자금의 성격을 잘 파악하고 자금원에 따른 자금의 특징을 잘 파악해 조달 계획을 수립하여야 한다.

(1) 단기자금과 장기자금

통상적으로 외부 차입에 의한 부채나 외상 매출금과 같은 자산의 경우 장·단기의 구분은 1년을 기준으로 하게 된다. 즉, 1년 이내에 변제기가 도래하는 부채의 경우를 단기부채, 또는 유동부채라고 하며 이는 기업의 유동성에 큰 영향을 미치게 되므로 이러한 단기부채의 관리에 각별하게 신경을 써야 한다. 이와 비슷한 맥락에서 1년 이내에 현금화가 가능한 자산을 가리켜 유동자산이라고 하는데, 자산의 경우는 현금화 기간이 길수록 불건전 자산으로 분류되어 재무 구조의 건전성 평가에 부정적인 영향을 끼치게 된다.

자금을 외부에서 조달하는 경우라면 가급적 장기자금으로 조달하여야 재무구조가 안정성을 띠게 된다. 그러나 금리가 하향하는 추세인 경우에는 장기라고 해서 반드시 유리한 것만은 아니다.

(2) 내부자금과 외부자금

내부자금과 외부자금은 자금이 어디에서 만들어지는가에 따른 구분이다. 자금을 조달할 때에는 항상 비용이 수반된다. 그 비용의 형태는 이자율과 같이 명시적인 경우도 있지만 그렇지 않은 경우라도 기회비용을 꼼꼼히 따져 조달 자금의 종류를 선택해야 할 것이다.

외부자금은 일반적으로 내부자금에 비해 높은 비용이 수반된다. 따라서 자금을 조달해야 할 경우는 반드시 내부자금을 우선적으로 검토해야 한다. 내부자금 활용에 대한 검토는 필연적으로 자

표 5-3 기업 자금의 원천

구분	내용
내부자금	•당기 순이익 •내부 유보이익: 배당금 차감 전의 유보이익 •보유자산 처분: 설비, 매출채권, 재고자산, 기타 자산(자동차 등) •회수: 투자금, 주주·임원·종업원 단기 채권, 선급 비용 •투자 계획의 철저한 검토: 보수적 투자 계획 •비용 관리: 기업 각 부문별 활동에 대한 비용 분석 및 효과 분석
외부자금	•신용거래: 거래조건의 변경, 지급기일 연장 등 현재의 거래조건을 최대한 활용 •차입: 주변 인물이나 은행 등 금융기관으로부터의 자금 조달 •자본금 증자: 외부 투자자를 물색하여 자본금 증액

산관리와 연관되어야 한다. 외부자금을 활용하는 경우라도 유형적인 자금 조달에만 얽매이지 말고 거래 조건의 변경 등 다양한 자금 활용 방안을 모색하는 것이 중요하다.

(3) 사업 단계별 자금 조달 방법

회사의 개념화 단계나 출발 단계에서는 투자자를 설득하기가 쉽지 않고, 설사 투자를 받는다 하더라도 상당부분의 지분을 할당해 주어야 한다. 따라서 초기 설립 자금은 창업자가 자기자본으로 충당하거나 창업 멤버, 친척 혹은 엔젤 투자가 등에게서 조달하는 것이 유리하다. 기술력을 바탕으로 한 벤처기업은 지역신용보증재단 등의 여신기관으로부터 저리의 장기자금을 소규모로 지원받을 수 있고, 엔젤 투자가로부터 초기 자본을 조달하는 방법도 가능하다. 하지만 담보력 등의 창업 여건 전반에 있어서 상대적으로 열악한 상황에 있는 생계형 소자본 창업자는 자금 조달이 매우 어렵다. 중소기업청의 소상공인지원센터, 근로복지공단, 한국장애인고용촉진공단, 중소기업

표 5-4 사업 자금의 조달 방법

방법	자금원
개인	자기자본, 친인척, 투자가 등
기업	원자재 납품회사, 상품의 판매회사 등
금융기관	중소기업은행, 국민은행, 한국산업은행, 한국수출입은행 등
창업투자회사	창업투자회사, 창업투자조합 등
중소기업진흥공단	중소기업진흥공단
신기술사업금융회사	신기술사업금융회사
신용보증기관	신용보증기금, 기술보증기금, 지역신용보증재단
리스회사	리스회사
투자기관	투자금융회사, 종합금융회사, 투자신탁회사 등
보험회사	생명보험회사, 손해보험회사
저축기관	신용금고, 신용협동조합, 상호금융, 새마을금고 등
증권회사	증권회사
정부기금	중소기업진흥기금, 중소기업창업지원기금 등

진흥공단 등 정부의 지원기관들에서는 생계형 소자본 창업자나 상대적으로 열악한 창업여건에 있는 사람들을 위해 자금지원제도를 두고 있으므로, 이러한 지원제도를 잘 찾아 활용해야 한다.

사업화 및 성장 단계는 기업이 시장성과 수익성 측면에서 사회적으로 널리 인정받는 단계이다. 이 단계에는 자본도 어느 정도 축적되어 있고 담보력도 있는 경우가 대부분이다. 따라서 각종 금융기관으로부터 자금을 비교적 용이하게 조달할 수 있을 것이다. 또한 정부의 벤처기업특별보증지원으로는 기술신용보증기금과의 금융기관 협약에 의해 전액을 신용보증하기도 하며, 중소기업 구조개선자금이나 중소기업 협동화자금 등을 사업화 및 성장 단계에 있는 기업에 지원해 주기도 한다. 이 경우 통상적인 대출금리보다 낮은 금리로 우대 지원하고 있다.

안정화 및 성숙 단계에서의 자금 조달 방안으로는 코스닥 등록 또는 주식공개에 의한 자금 동원 방법이 있다. 코스닥(KOSDAQ: Korea securities dealers automated quotation) 시장은 유망 중소기업에게 직접금융의 기회를 제공하고 벤처캐피탈 회사에게는 자금투자의 기회를 부여함으로써 중소기업의 원활한 자금 조달을 달성하기 위한 제도이다.

(4) 자금 조달 및 운용 계획수립 시 유의사항

자금 조달과 운용을 위한 계획을 수립할 때에는 충분한 소요 자금을 계상해 자금 조달에 차질이 없도록 하여야 한다. 때로 자금 조달 능력을 감안하여 사업을 구상하는 것도 필요하며, 필요한 자금을 조달하기 위한 사업계획서를 작성하는 것도 중요하다.

① 충분한 소요 자금 계상 및 여유 있는 자금 조달 계획

하나의 기업을 창업하여 그 사업을 정상화하기까지는 예상하지 못한 많은 어려움과 사업 실패의 위험이 항상 도사리고 있다. 당초 예상했던 것보다 많은 장애로 인하여 창업 절차가 지연되는 경우도 많다. 따라서 체계적이고 보수적인 자금 계획을 세우지 않으면 사업을 정상화하기도 전에 자금난에 부딪혀 실패할 가능성이 높다.

② 자금 조달 능력을 감안한 사업 구상

창업 자금 조달에 대한 구상을 할 때는 본인이 구상한 사업을 실현시키는 데 얼마의 자금이 소요

될 것인가를 분석하는 것이 이상적이다. 그러나 실제로는 자금 조달의 애로가 너무 크기 때문에 먼저 조달 가능금액을 계산해 본 후 창업하고자 하는 사업의 규모를 그 금액에 맞추는 것이 더 현실적이라 하겠다.

③ 설득력 있는 사업계획서 작성

창업 기업이 창업자금 지원기관으로부터 자금을 지원받기 위해서는 일정한 신용도와 계획 사업의 수행 능력을 설득력 있게 제시하여야 한다. 그러나 창업 기업의 경우는 과거의 영업실적이 없는 상태에서 자신의 신용도를 객관적으로 입증하기가 매우 어려우므로 사업계획서를 구체적이고 논리적으로 작성하되, 계획 사업의 성공 가능성에 초점을 맞추어야 한다.

3. 창업지원제도

1) 보증기관 이용

신용보증서의 발급을 통해 중소기업의 자금 조달을 원활하게 해주는 기관에는 크게 신용보증기금, 기술보증기금, 지역신용보증재단의 3개 보증기관이 있다. 이들 기관은 기능상 큰 차이가 없으나 신용보증기금은 제조업, 건설업, 운수업, 정보통신업 위주로 보증업무를 취급하고 있고, 기술보증기금은 기술사업화 및 벤처기업을 대상으로, 지역신용보증재단은 지역 내 소상공인을 포함한 중소기업을 대상으로 보증지원을 하고 있다.

(1) 신용보증기금

신용보증기금은 담보 능력이 미약한 기업에 대한 채무보증으로 자금 융통을 원활하게 하고, 신용정보의 효율적 관리운용을 통해 건전한 신용질서를 확립함으로써 신용사회 구현과 균형 있는 국민경제 발전에 기여하기 위해 신용보증기금법에 따라 설립된 비영리특수법인이다.

① 보증대상

사업을 영위하고 있으며 영리를 추구하는 개인 사업자로서 사업자등록증을 소지한 기업이나 영리추구 목적의 상법상의 회사와 재단(사단)법인의 수익사업부문 및 중소기업협동조합법에 의해 설립된 중소기업협동조합(협동조합, 사업협동조합, 협동조합연합회, 협동조합중앙회 등 포함)은 업종별 제한 없이 보증대상이 될 수 있다. 다만, 기금이 보증 채무를 이행한 후 구상채권의 변제를 받지 못한 기업, 기금의 어음보험계정에서 보험금을 지급한 후 대위채권을 회수하지 못한 어음의 발행인, 주택금융신용보증기금이 보증 채무를 이행한 후 구상권의 변제를 받지 못한 개인이 대표자로 되어 있는 기업 등은 신규보증을 받을 수 없는 보증금지 대상이 된다.

또한 휴업 중인 기업, 금융기관의 대출금을 빈번히 연체하고 있는 기업, 금융기관의 금융거래확인서 기준일 현재 연체 중인 기업, 신용불량 해당기업, 기금이 보증 채무를 이행한 후 구상채권의 변제를 받지 못한 기업의 연대보증인인 기업 및 연대보증인이 대표자로 되어 있는 기업, 부실자료 제출기업으로서 보증제한기간이 경과하지 아니한 기업, 보증사고 기업 등은 보증제한 대상이 된다. 사치성·불건전 오락사업 및 산업 연관 효과가 적거나 국민경제 기여도가 적은 업종에 대해서는 자금용도 및 보증지원의 타당성을 검토하여 보증지원 여부가 결정된다.

② 보증 최고한도

일반보증과 특별보증이 있는데, 일반보증 한도는 원칙적으로 같은 기업당 30억 원(재보증금액 포함)이다. 그러나 일반보증 한도 30억 원을 초과하여 100억 원까지 가능한 경우도 있는데, 중소기업의 시설자금에 대한 담보부보증, 수출기업의 자금난 완화를 위한 무역금융특별보증, 수출중소기업 자금난 완화를 위한 수출입은행의 수출자금대출보증, 중소건설업체 자금난 완화를 위한 공사대금담보대출에 대한 보증, 지식기반 중소기업의 자금난 완화를 위한 지식기반기업특별보증이 이에 해당한다.

중산층 육성 및 서민생활 안정을 위한 생계형창업보증은 같은 기업당 보증한도 최고 1억 원, 고용안정 및 실업구제를 통한 경제난 극복에 기여하는 인력대체기업특별보증은 같은 기업당 보증한도 3억 원 이내이다. 수입신용장 개설 특별보증은 같은 기업당 500억 원 한도이며, 여러 항목을 합한 신용보증 최고 한도는 500억 원이다.

③ 보증금액 산출방법

운전자금의 보증한도는 매출액한도(당기매출액의 1/4, 최근 3개월 매출액, 차기 추정매출액의 1/4)와 자기자본한도(자기자본의 300%) 중 적은 금액으로 한다. 다만, 일반보증금액 3억 원 이하인 보증, 우대부문보증 및 특별보증에서는 자기자본한도를 적용하지 않는다. 시설자금 보증한도는 당해 시설의 소요자금으로 하되, 시설대여보증의 보증한도는 규정 손해금의 70% 이하로 한다.

④ 보증상담 서류

보증상담 서류는 다음과 같으며, 보증상담 시 제출서류는 발급일이 최근 1개월 이내의 것이어야 한다.

- 기업실태표(소액심사는 제외)
- 대표자 주민등록등본(공동대표자, 경영실권자, 과점주주인 이사 포함)
- 부동산 등기부등본(대지, 건물)
- 법인등기부등본
- 금융거래확인서(대출받고자 하는 금융기관)
- 재무제표 및 부속명세서(세무서장 확인 생략)

⑤ 소액(약식) 심사기준표의 주요 검토항목

소액(약식) 심사에서의 주요 검토항목은 다음과 같다.

- 보증신청일 현재 가동(또는 영업중) 여부
- 업력 1년 이상 여부(보증금액 5천만 원 이하인 경우 예외 가능)
- 최근 3월 이내에 10일 이상 계속된 연체대출금 보유 여부

• 보증신청기업 및 대표자(경영실권자 포함)에 대하여 최근 1년 이내에 당좌부도 발생 여부와 불량거래처로 규제 여부('주의'는 신청일 현재 규제 중인 경우만 해당), 사업장 또는 거주주택에 대한 권리침해 사실 여부
• 보증취급이 가능한 매출실적 여부
• (보증금액 1억 원 이상은) 사업장 또는 대표자 소유 부동산의 담보제공 여부

⑥ 연대보증인 입보 기준

연대보증을 위한 필수입보자가 있어야 한다. 또한 보증제한기업에 대한 보증 및 비제조업을 영위하는 중소기업 중 같은 기업당 보증금액 1억 원 초과하는 경우, 필수입보자가 입보 자격을 충족하지 못하는 경우에 한하여 보증금액별 입보대상이 요구된다. 이때 입보 대상의 재산세 혹은 매

표 5-5 신용보증기금 연대보증을 위한 기업형태별 필수입보자

기업형태	필수입보자
개인기업	• 공동대표자 및 경영실권자 • 국내소재 관계기업 • 대표자(공동대표자, 경영실권자)의 배우자. 단, 배우자 명의로 부동산(주거주택 및 사업장)을 소유하고 있는 경우에 한함
법인기업	• 대표이사(각자 대표이사인 외국인 제외) • 과점주주인 이사(외국인 제외) • 무한책임사원 • 경영실권자 • 국내 소재 관계기업

표 5-6 신용보증기금 연대보증을 위한 보증금액별 입보 자격

구분	입보 자격
보증금액 5천만 원 이하	재산세 3만 원 이상 또는 매출액 2억 원 이상
보증금액 1억 원 이하	재산세 5만 원 이상 또는 매출액 10억 원 이상
보증금액 5억 원 이하	재산세 10만 원 이상 또는 매출액 15억 원 이상
보증금액 5억 원 초과	재산세 40만 원 이상 또는 매출액 40억 원 이상

출액에 따라 보증금액이 달라지는데, 2인 이상의 재산세 합계액이 보증금액별 입보 자격에 도달하는 경우 입보 자격을 충족한 것으로 본다.

⑦ 우대부문보증 취급기준

우대부문보증 대상자금에는 기술개발관련자금, 에너지 이용 합리화 사업자금, 지방 이전 중소기업에 대한 경영 안정자금, 무역금융 및 무역어음을 인수한 자에 대하여 부담하는 채무, 상업어음할인 등이 있다. 유망 중소기업, 노사문화 우수기업, 남녀고용평등 우수기업, 세계일류상품생산 중소기업, 수출 중소기업, 성실납세자, 각종 인증마크 획득기업 및 기술·지식 관련 수상기업, 하도급거래 모범업체, 녹색성장산업 영위기업 등이 우대 대상 기업이다. 우대보증한도의 경우 운전자금 보증한도는 당기매출액 및 차기추정매출액의 1/3 또는 최근 4개월 매출액이며, 상업어음할인에 대한 보증한도는 당기매출액 및 차기추정매출의 1/2 또는 최근 6개월 매출액이다.

(2) 기술보증기금

기술보증기금은 담보부족으로 어려움을 겪고 있는 중소기업인들이 금융기관으로부터 신속하고 편리하게 대출을 받을 수 있도록 보증 지원하는 정부출연기관이다. 또한 벤처기업의 육성을 위하여 기업의 기술성과 사업성을 평가하여 보증을 지원하는 벤처 전담 보증기관이다. 기금에서 하는 주요업무에는 신용보증, 기술평가, 벤처기업지원이 있다.

① 신용보증

부동산 담보는 없지만 기업이 보유하고 있는 무형의 신용을 발굴하여 기업의 자금 조달을 원활히 하기 위한 제도이다. 신용보증의 신청방법에는 사업장 관할 영업점에 직접 신청하거나 대출받고자 하는 채권기관이 기금에 신용보증을 추천하는 방법의 두 가지가 있으며, 보증절차는 보증상담 → 보증신청 → 신용조사 → 보증심사 → 보증서 발급의 순으로 이루어진다. 신용보증의 결정은 신용보증신청서를 접수한 날로부터 승인 통지일까지 3일~10일 이내에 이루어진다. 보증에는 일반보증과 특별보증 제도가 있어서 일반보증(기술신용보증 및 일반신용보증의 합계액)의 지원한도는 30억 원 이내이며, 특별보증의 지원한도는 100억 원 이내로 하되 할인어음보증은 30억 원 이내이다.

② 기술평가

우수한 기술력을 보유하고 있는 벤처기업이 자금 조달, 벤처기업 인증, 기술의 매매 및 현물출자 등을 원활히 할 수 있도록 기업의 기금에 별도로 기술평가센터를 운영하고 있다. 기술평가센터에는 전문인력평가팀과 기술평가심의위원회를 두어 기술가치 평가 및 기술성, 사업성 평가에 따른 자문, 기술평가심의, 기술지도 등을 수행하고 있다. 기술평가절차는 신청/접수 → 예비평가 → 본평가 → 기술자문 → 평가심의 → 평가결과통보의 순으로 이루어진다. 기술평가의 종류에는 기술가치평가, 기술사업타당성평가, 종합기술평가가 있다.

③ 우수 벤처 중소기업 지원

기술보증기금과 은행이 벤처기업 발굴 지원협약을 체결하여 은행과 기술보증기금의 상호 협조하에 지원이 이루어진다. 지원 대상은 〈벤처기업육성에관한특별조치법〉에서 정한 벤처기업, 기술개발시범기업, 기술보증기금이 추천하는 우수기술 보유 기업이다. 대출한도는 소요자금 범위 내에서 기술보증기금의 보증금액 이내이며, 동일인당 신용보증 한도는 100억 원이다.

2) 주요 정부지원사업

창업장려정책에 따라 정부는 각종 지원사업을 마련하여 수행하고 있다. 이들 사업의 성격을 잘 파악하고 활용해 보도록 하자.

(1) 청년창업사관학교

중소기업진흥공단이 청년 창업자를 선발하여 창업계획 수립부터 사업화까지 창업의 전 과정을 일괄 지원하여 젊고 혁신적인 청년창업 CEO를 양성하고 지원하는 사업이며, 지원 규모는 2015년 기준 연 260억 원(약 310개 팀 내외 지원)이다. 개별 사업공고일 기준 만 39세 이하인 자로서, 창업을 준비 중인 예비 창업자 또는 3년 미만 창업 기업을 지원 대상으로 한다. 지원 내용은 다음과 같다.

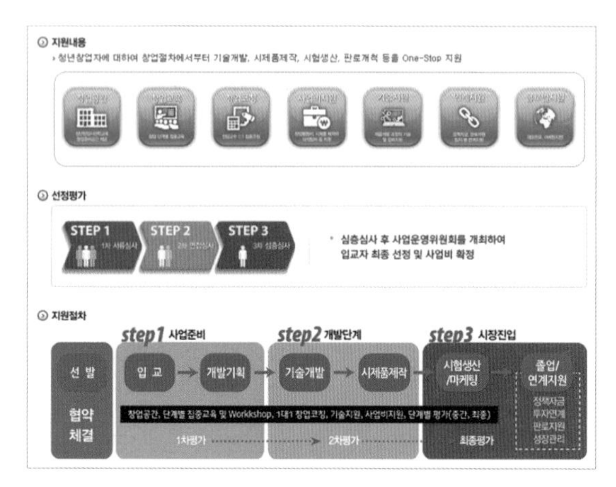

그림 5-1 청년창업사관학교 지원내용, 선정평가 및 지원절차
자료: 청년창업사관학교, 2015. 12. 13. 검색

- 지원 금액: 1년간 최대 1억 원 지원(총 사업비의 70% 이내)
- 창업 공간: 사관학교(안산, 천안, 광주, 경산, 창원) 내 창업 준비공간 제공
- 창업 코칭: 전문인력과 전담코치를 1:1로 배치하여 창업 전 과정 집중 코칭
- 창업 교육: 경영 역량과 창업분야의 전문지식 등 체계적 기술창업 교육 실시
- 기술 지원: 제품설계, 시제품 제작 등 제품개발 과정의 기술 및 장비 지원

(2) 1인 창조기업 비즈니스센터

경영 여건이 취약한 1인 창조기업에게 안정적인 사업화 공간을 제공하고 경영 지원을 함으로써 1인 창조기업의 창업 및 성장을 촉진하는 사업이다. 지원 규모는 2015년 기준 전국 60개 센터의 연 80억 원이다. 〈1인창조기업육성에관한법률〉 제2조에 해당하는 1인 창조기업 또는 1인 창조기업 분야 예비창업자가 지원 대상이다. 지원 내용은 다음과 같다.

- 사무 공간, 회의실, 상담실 등 비즈니스 공간 지원
- 세무, 회계, 법률, 창업, 마케팅 관련 전문가 상담 및 교육 등 경영지원
- 사업자 지원(소비자 반응조사, 기업 IR, 전시회 참가, 디자인 제작, 지재권 획득, 시장조사, 대학

및 연구기관 등의 전문장비 활용 지원 등)

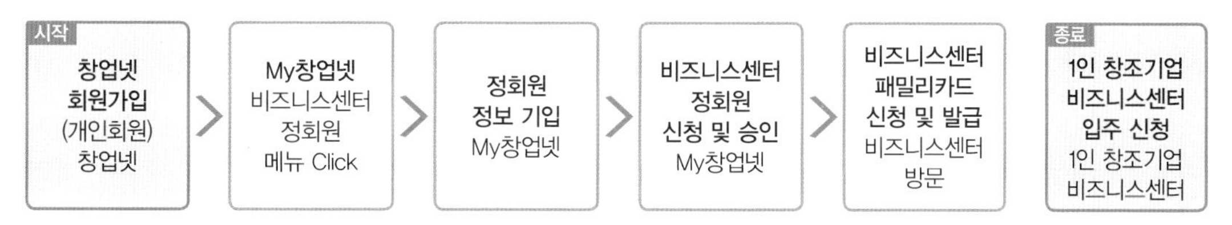

그림 5-2 1인 창조기업 비즈니스센터 입주 신청 절차
자료: 창업넷, 2015. 12. 14. 검색

(3) 스마트벤처창업학교

앱, 콘텐츠, SW융합 등 유망 지식서비스 분야 전문기업 육성을 위해 서울, 대전, 대구, 울산의 전국 4개 스마트벤처창업학교에서 실전 창업을 집중 지원한다. 지원 규모는 2015년 기준 연 132억 원이다. 지원사업 분야에서 창업 및 사업화를 희망하는 만 40세 미만의 예비창업자(팀) 및 3년 미만 창업기업을 대상으로 하여 사업계획 수립, 창업교육, 개발 멘토링 및 마케팅 등과 창업을 위한 총 사업비의 70%, 최대 1억 원을 지원한다.

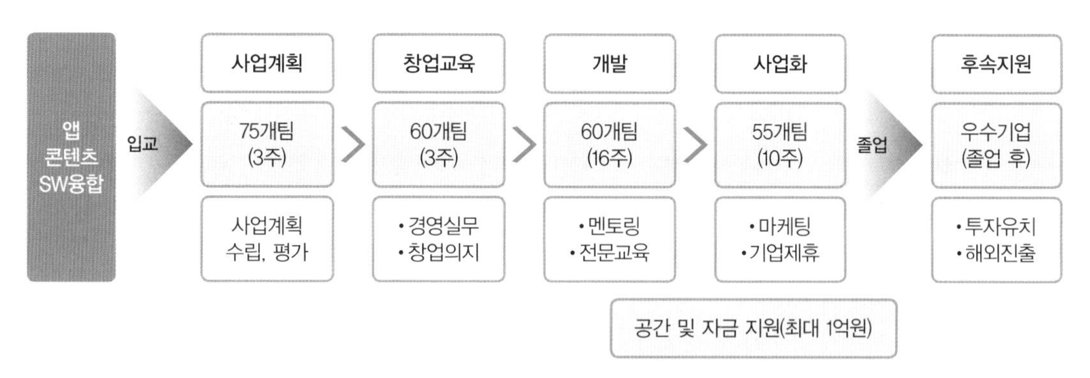

그림 5-3 스마트벤처창업학교 지원 절차
자료: 기업마당, 2015. 12. 14. 검색

(4) 창업 맞춤형 사업

유망 아이템을 보유한 창업 1년 이내 기업 및 예비창업자를 발굴하고, 성공적인 창업 활동을 지원하는 맞춤형 사업이다. 지원 규모는 2015년 기준 연 423억 원(860명)이다. 지원 대상 및 주관기관의 특성에 따라 6개 분야로 창업지원 프로그램을 구성하고 프로그램별로 모집공고를 한다.

총 사업비의 70% 한도에서 제조 분야의 경우 최대 5천만 원까지, 지식서비스 분야의 경우 최대 3천5백만 원까지 정부지원금을 지원하며, 예비 창업자는 총 사업비의 10% 이상을 현금으로 부담해야 한다(20% 이하의 현물 부담 가능). 사업비 지원 항목은 시제품 제작비(인건비, 외주용역비, 재료비, 기자재 구입비 등), 창업준비 활동비(지식재산권 출원·등록비, 여비, 사무실 임차비 등), 마케팅비(국내외 전시회 참가비, 홍보비, 홈페이지 제작비 등)이다. 사업비와 함께 창업 기본교육(회계, 법률, 경영 등 창업기본 교육), 기술·경영 전문가 멘토링, 특화프로그램(시제품 제작, 투자 유치, 마케팅 등)의 창업프로그램을 지원하는데, 그중 교육프로그램 30시간 이상, 멘토링 10시간을 필수로 이수해야 한다.

표 5-7 창업 맞춤형 사업 세부 프로그램별 지원 규모(2015년 기준)

세부 프로그램	지원 규모	지원 대상	모집 시기
창업기관 맞춤형	620명 내외	일반(예비) 창업자	4월
연구원 창업	20명 내외	연구인력(별도 공고문 참고)	4월
타 부처 연계	70명 내외	미래창조과학부, 특허청 추천자	4월 말
타 사업 연계	40명 내외	재기중소기업개발원 추천자	5월
우수창업자 후속지원	40명 내외	'12~13년 중소기업청 창업지원사업 수혜자	7월
고급기술인력 창업	70명 내외	글로벌 R&D 연계지원사업 선정자	연중
합계	860명	–	–

(5) 1인 창조기업 마케팅 지원 사업

우수 아이템을 보유한 1인 창조기업에 대한 맞춤형 마케팅 지원을 통하여 1인 창조기업의 사업화 역량 강화를 지원하는 사업이다. 매년 2월 공고하고 신청 접수를 받는다. 신청 대상은 1인 창조기업 및 1인 창조기업 창업예정자이며, 지원 규모는 44억 원(400개사 내외)이다. 총사업비의 최대 80%(2천만 원)까지 다음의 항목으로 지원한다.

- **사업화 디자인 개발:** 시각디자인, 제품디자인, 브랜드 개발 등
- **온라인 사업화 지원:** 홈페이지 제작, 검색엔진 마케팅, 홍보 앱 개발 등
- **오프라인 사업화 지원:** 시장조사, 전시회 참가, 지재권 출원 등

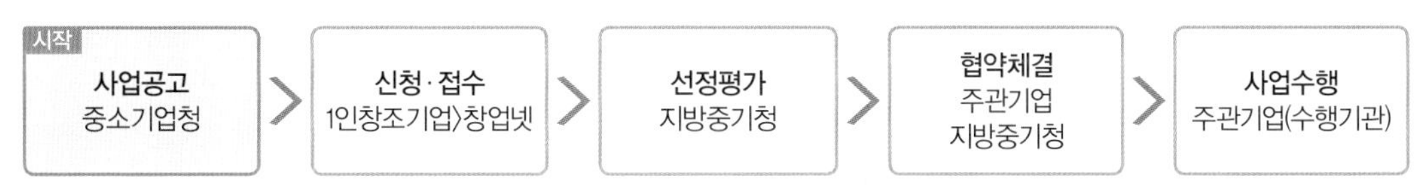

그림 5-4 1인 창조기업 마케팅 지원사업 지원 절차
자료: 창업넷, 2015. 12. 14. 검색

(6) 소상공인 자금 대출

소상공인의 경영안정 등에 필요한 자금을 지원하는 사업으로 소상공인 일반자금은 소상공인 지원센터를 통해, 소공인 특화자금은 중소기업진흥공단을 통해 지원받을 수 있다.

표 5-8 소상공인 자금 대출

자금 유형	소상공인 일반자금	소공인 특화자금
지원 기관	소상공인 지원센터	중소기업진흥공단
지원 대상	제조업, 건설업, 운송업, 광업 10인 미만 기업과 도·소매업 등 각종 서비스업 5인 미만 기업	제조업을 영위하는 10인 미만 소공인
대출 방법	수시로 소상공인지원센터의 상담을 거친 후 대출 취급은행(20개)에 신청	중소기업진흥공단에서 직접 대출
대출금리	정책자금 기준금리에서 0.4%p 가산	정책자금 기준금리에서 0.4%p 가산
대출기간	5년 이내(거치 2년 포함)	시설자금 8년 이내(거치 3년 포함) 운전자금 5년 이내(거치 2년 포함)
대출한도	7천만 원	기업당 연간 5억 원(운전 1억 원)

CHAPTER

6

사업계획서

사업계획서는 창업하고자 하는 기업의 청사진이요, 성공예감의 유일한 단서이다. 그런 만큼 충분한 자본과 고정 거래처를 확보하고 있지 못한 창업자는 사업계획서를 얼마나 잘 작성하는가에 그 성패가 달려 있다 해도 과언이 아니다. 일반적으로 사업계획서는 계획사업이 어떤 방향으로 나아가고 있고 어떻게 목표에 도달할 수 있는지에 대해 설득력 있게 설명하는 문서라고 할 수 있다. 그 설득 대상은 투자자나 각종 지원 기관일 수도 있고 창업을 함께할 동료, 혹은 창업자 자신이 될 수도 있다. 따라서 사업계획서의 필요성을 분명하게 설정한 후 그 목적에 정확하게 맞는 사업계획서를 작성하도록 해야 한다. 사업계획서에 반드시 포함되어야 할 항목을 빠뜨려서는 안 되며, 작성 후에는 독자의 입장에서 사업계획서를 재검토해 보는 절차를 거치는 것도 필요하다.

1. 사업계획서의 의의

1) 사업계획서의 필요성

기본적으로 사업계획서를 작성하는 것은 두 가지 이유에서이다. 첫째, 사업계획서를 작성해 봄으로써 창업자 자신이 하고자 하는 사업을 완벽하게 이해하고 그에 따른 실천계획을 수립하는 데 그 의의가 있다. 둘째는 보다 현실적인 이유로, 투자자들로부터 자금 조달을 하는 과정에서 그들을 설득시키는 데 필요하다. 특히, 투자자를 찾는 창업자는 사업계획서의 작성에 많은 신경을 써야 한다. 투자자는 투자하기 전에 먼저 창업자가 어떤 사업을 어떻게 영위해 나갈 것인지 구체적으로 제시해 주기를 요구한다. 그러나 사업 아이템만을 갖고 있는 창업자나 아직 정상궤도에 진입하지 못한 초기 기업은 구체적으로 보여줄 수 있는 실적물이 없기 때문에 특히 사업계획서에 신경을 써야 하는 것이다.

(1) 사업 성공의 지침서

계획한 사업을 실제 창업으로 연결할 때 사업계획서는 창업자가 계획 사업의 타당성을 검토해볼 기회를 줌으로써 사업 성공의 가능성을 높여 준다. 동시에 계획적인 창업을 가능케 함으로써 창업기간을 단축시켜 주며, 계획 사업의 성패에 많은 영향을 미친다. 또한 창업에 도움을 줄 제3자, 즉 동업자, 출자자, 금융기관, 매입처, 매출처, 더 나아가 일반고객에 이르기까지 투자 및 구매를 위한 관심 유도와 설득 자료로 그 활용도가 매우 높다.

(2) 사업의 청사진

창업 시 사업계획서를 작성하는 것은 사업을 실제로 시작하기 전에 계획 사업의 전반적인 사항을 조명해 보는 중요한 과정이라 할 수 있다. 즉, 계획 사업의 내용, 계획 제품시장의 구조적 특성, 소비자의 특성, 시장 확보의 가능성과 마케팅 전략, 계획 제품에 대한 기술적 특성, 생산시설 및 입지조건, 생산계획 및 향후 수익전망, 투자의 경제성, 계획 사업에 대한 소요자금 규모 및 조달 계획, 차입금의 상환 계획, 조직 및 인력 계획 등 창업에 관련되는 모든 사항을 객관적이고 체계적으로 작성해 보는 중요한 절차이다.

(3) 창업지원 신청을 위한 기본서류

사업계획서의 중요성과 수요는 계속적으로 증가하고 있다. 특히 정부의 각종 지원제도에서는 사업계획서의 제출을 의무화하고 있는 경우가 많다. 산업단지나 농공단지 등 정부에서 조성한 단지 내에서 공장설립허가를 신청하거나 공업단지 내에 입주신청을 하기 위해서, 그리고 정부의 창업지원자금을 신청하기 위해서도 사업계획서는 필수적인 기본서류이다.

2) 사업계획서의 기본

사업계획서를 쓰기 전에 먼저 고려해야 할 사항은 누구를 위해, 그리고 어떤 목적으로 작성하는가 하는 점이다. 사업계획서는 벤처캐피탈리스트, 은행가, 투자자, 종업원, 고객, 컨설턴트, 공무원 등이 읽고, 그 용도는 주로 투자유치 및 금융, 입주 신청, 인·허가 신청, 고객 확보, 경영 진단 등을 위한 것이다. 따라서 사업계획서를 필요로 하는 사람과 목적에 따라 그 내용도 상당히 달라져야 한다. 또한 잠재적 투자자나 고객은 기술의 우수성보다 시장가능성이나 이익잠재력에 대한 관심이 더 높다는 사실을 잊지 말아야 한다. 기술을 바탕으로 하는 기업의 창업자들은 주로 기술분야의 전문가로 기술 위주의 사업계획서를 작성하는 경우가 많으나 사업계획서에는 기술성과 사업성이 균형 있게 담겨야 한다. 또한 시장정보, 사업운영정보, 재무정보 등을 충분히 조사한 후 사업계획서의 작성에 들어간다.

(1) 설득이 용이하게 작성

사업계획서는 자신감을 바탕으로 설득이 용이하게 작성되어야 한다. 창업자는 자신이 계획한 창업 아이디어를 제3자에게 설득력 있게 납득시켜야 한다.

(2) 객관성·현실성 원칙

사업계획서는 객관성과 현실성을 바탕으로 작성되어야 한다. 따라서 모든 근거자료는 공공기관 또는 전문기관의 증빙자료로 정확히 명시하고, 실사에 의한 시장 수요조사와 회계 지식을 바탕으로 객관성 있게 작성해야 한다.

(3) 계획 사업의 핵심내용 강조

사업계획서를 작성할 때에는 계획 사업의 핵심내용을 정리하는 데 많은 시간을 투자해야 한다. 사업계획서가 평범해서는 투자자들의 호감을 사지 못한다. 계획 제품이 경쟁 제품보다 소비자에게 높은 호응이 있으리라는 기대를 갖도록 해야 한다.

(4) 상식적 수준에서의 평이한 설명

제품 및 제품의 특징에 대한 내용에 대해서는 가급적 전문적인 용어의 사용을 피해 단순하고 상식적인 수준으로 설명해야 한다. 관련사업, 관련업종의 내용부터 제시한 후 해당제품을 설명하고, 제품 생산공정도 구체적으로 기술할 필요가 있다. 또한 제품 및 기술성 분석의 근거자료로 공공기관의 기술타당성 검토보고서 또는 특허증사본 등 관련 증빙서류를 첨부함으로써 신뢰성을 높여주는 것이 좋다.

(5) 신뢰성 있는 자금 조달 및 운용 계획

자금 조달과 자금 운용 계획은 정확하고 실현가능성이 있어야 한다. 창업자 자신이 조달 가능한 자기자본에서 구체적으로 현금과 예금이 얼마이며 부동산담보 등에 의한 조달액이 어느 정도 되는지를 표시함으로써, 제3자로부터 창업자의 자금 조달 능력을 신뢰하게 할 필요가 있다. 그 후 제3자로부터의 조달 계획을 구체적으로 표시하여야 한다.

(6) 문제점 및 위험요인의 심층 분석

계획 사업에 잠재되어 있는 문제점과 향후 발생 가능한 위험요소를 심층 분석하고, 예기치 못한 사정으로 인하여 창업이 지연되거나 불가능하게 되지 않도록 다각도에 걸친 점검을 하여야 한다.

따라서 사업계획서를 하나만 작성하기보다는 다양한 상황을 예견하여 작성하면서 각 상황마다 사업에 차질이 생길 때의 위험요소와 이에 대한 해결방안을 제시해 보는 것이 좋다.

2. 사업계획서 작성의 실제

1) 사업계획서 작성 절차

사업계획서를 작성할 때는 작성 목적에 따라 어떻게 구성할 것인지의 방향을 설정한다. 제출을 위한 목적이라면 소정 양식이나 제출 기한, 별첨 구비서류 및 작성요령 등의 사항을 꼼꼼히 확인하도록 한다. 사업계획서의 내용이나 구성뿐만 아니라 편집에 이르기까지 완벽한 사업계획서가 되도록 해야 한다.

(1) 사업계획서 작성 목적 및 기본방향 설정

사업계획서 작성의 첫 번째 절차는 사업계획서의 작성 목적에 따라 기본방향을 설정하는 일이다. 사업계획서 작성의 목적은 크게 사업타당성 여부 검증을 포함해서 창업자 자신의 창업계획을 구체화하는 수단, 둘째, 자금 조달, 셋째, 공장설립 및 인·허가 등을 위한 것으로 구분해볼 수 있다. 목적이 무엇인가에 따라 기본 목표와 방향이 정해져야 하며, 정해진 기본목표와 방향에 따라 사업계획서의 작성방법도 달라져야 한다.

(2) 소정양식 검토

사업계획서 작성의 두 번째 절차는 사업계획서 작성 목적 및 제출기관에 따라 소정양식이 있는지를 미리 알아보는 것이다. 구체적으로 어느 단지에 공장을 설치하거나 입주하는지, 또는 어떤 정책자금을 조달할 것인지에 따라 각각 요구하는 사업계획서의 소정양식이 다를 수 있다.

(3) 작성 일정 계획 수립

세 번째로는 사업계획서 작성을 위한 일정 계획을 수립하여야 한다. 대부분의 사업계획서는 사업계획 추진일정상 일정기한 안에 작성해야 한다. 자금 조달을 위한 경우이든 공장 입지를 위한 경우이든, 관련기관에 제출하기 위해서는 정해진 기간 내에 작성하지 않으면 안 되기 때문이다.

(4) 필요 자료 및 서류의 준비

네 번째는 사업계획서 작성에 직접 필요한 자료와 첨부서류 등을 준비하는 일이다. 만약 앞의 세 가지 기본 절차를 거치지 않고 자료 수집부터 할 경우 불충분한 자료 수집과 불필요한 자료 수집에 따른 시간낭비를 가져올 수 있다.

(5) 사업계획서 양식의 구상

다섯 번째 절차는 작성해야 할 사업계획서의 양식을 구상하는 일이다. 특정기관의 소정양식이 있는 경우에는 그에 따라 작성하게 되므로 별다른 문제가 없지만, 특정양식이 없는 경우에는 미리 사업계획서 양식을 구상할 필요가 있다.

(6) 작성요령 숙지

여섯 번째 절차는 실제 사업계획서를 작성하는 일이다. 제출기관에 따라 사업계획서 작성방법을 간단히 설명하고 있는 경우도 있지만, 그것만으로는 충분하지 못하다. 사업계획서 작성자는 사업계획서 작성요령을 미리 숙지하고 신속하게 작성해야 한다.

(7) 목적에 따른 편집, 재구성 및 제출

마지막 절차는 편집 및 제출이다. 사업계획서는 내용도 중요하지만 그 내용을 포괄하고 있는 표지 등 편집도 대단히 중요하다. 정성을 다하고 모양을 새롭게 하여 제출기관으로부터 좋은 인상을 받도록 마지막까지 최선을 다해야 한다.

2) 사업계획서 주요 항목별 작성 내용

사업계획서를 구성하는 주요 항목은 사업의 개요, 인력 계획, 상품 계획, 산업 분석, 마케팅 계획, 재무 계획, 사업 차질 시 대안 등이다. 각각의 항목을 적합하고 객관적이며 타당한 내용으로 작성하도록 한다.

(1) 사업의 개요

사업계획서를 접하는 사람은 누구나 개요 부분을 먼저 보게 된다. 이 부분은 사업계획서의 가장 핵심적인 부분으로 1~2페이지 정도의 분량이 적당하며, 사업계획서의 전체가 완성된 후 작성하는 것이 원칙이다. 여기에는 사업의 목표와 전망, 전반적인 사업전략 등을 간략하게 서술하여야 한다. 개요 부분의 작성요령은 다음과 같다.

- 사업계획서를 읽는 사람들의 호기심을 유발하여 나머지 부분까지 읽도록 유도해야 한다.
- 개요 부분만 읽어도 사업에 대한 전반적인 사항을 파악할 수 있어야 한다.
- 사업의 강점이 부각되어야 한다. 읽는 사람이 누구인지에 따라 그들의 관심사를 집중적으로 부각시켜 그 분야에서 어떤 장점을 가지고 있는지를 명백히 해야 한다.
- 어떠한 회사인지를 알 수 있도록 회사에 대해 한두 줄 정도로 간략히 언급해 주는 것이 좋다.
- 기타 내용으로는 회사의 연혁, 향후 계획과 목표, 기업의 비전, 경쟁회사와의 차별화 전략 등을 제시해 주는 것이 좋다.

(2) 인력 계획

사업계획서의 인력계획 부분은 회사의 경영자가 누구인지를 기술하는 곳이다. 실제로 투자를 하거나 제품을 공급하는 당사자는 경영진에 대해 정밀조사를 하는 경우가 대부분이다. 투자가들 중 상당수는 아이디어에 투자하지 않고 사람에 투자한다고 한다. 따라서 이 부분은 솔직하게 작성하되 강점을 부각시켜야 할 것이다.

- 학력: 어떠한 학력을 부각시킬지 고려해야 한다.
- 경력: 경영진 중 현재의 사업과 관련된 과거의 경력이 있으면 그 내용을 기업명, 담당업무, 기간 등까지 상세히 기술하는 것이 좋다.
- 과거의 업적: 이전 회사에서의 탁월한 영업성적 등은 투자가들에게 호감을 줄 수 있다. 이 경우 반드시 객관적인 수치로 표현해 주는 것이 좋다.
- 기타 사항: 향후 인력채용 계획이나 인력에 대한 보강계획 등을 제시해 주어야 한다.

(3) 상품 계획

이 부분은 기업이 취급할 상품을 설명하는 곳이다. 상품을 설명할 때는 상품의 특징, 원가, 유통구조, 목표시장, 경쟁업체 등도 자세히 설명하여야 한다.

- 상품의 특징: 경쟁제품과의 비교를 통해 본 제품이 가지고 있는 장점과 차이점을 제시하면 된다.
- 가격 측면: 일부 상품을 제외한 대부분의 상품은 가격이 저렴한 경우 소비자에게 호감을 준다.

(4) 산업 분석

계획 사업이 포함된 산업의 전반에 걸친 환경을 분석하는 부분이다. 이에 앞서 먼저 전체 산업의 매출규모, 주 경쟁업체와 경쟁업체의 매출규모 및 시장점유율, 진입장벽 등에 대한 전반적인 내용들을 조사하여야 한다. 이 부분에 있어서 포함되어야 할 사항은 다음과 같다.

① 목표시장에 대한 시장조사

시장조사에는 충분한 시간을 투입하여야 한다. 먼저 우리 기업의 고객층을 누구로 할 것인지 파악해야 하며, 이에 대한 결정이 끝나면 선정된 고객에 대한 접근방법, 고객의 제품수용 가능성, 구매경로, 구매결정 기준, 우리 회사 제품으로의 변경가능 이유 등을 기술한다.

② 시장 규모와 추이

과거 2~3년, 향후 3년 정도의 기간에 대한 관련 시장 전체의 규모 및 고객그룹별, 지역별 시장 규모를 기술해 주는 것이 좋다. 더불어 시장의 성장요인이 있는 경우 이를 함께 기술해 준다.

③ 경쟁기업들에 대한 자세한 분석

국내·외 주요 경쟁업체들의 현황을 제시하고 각 사의 장점과 단점을 분석하여 기술한다. 또한 고객들의 주요 경쟁업체 제품 구매 이유를 파악하고, 고객의 불만이나 이탈 가능성 여부, 우리 회사의 고객으로 전환시킬 수 있는 가능성과 그 근거 등을 제시한다.

(5) 마케팅 계획

마케팅 계획은 주로 전통적인 4P전략, 즉 상품(product), 가격(price), 유통(place), 촉진(promotion)에 따라 설명한다.

① 상품 전략

계획 상품의 특징과 편익을 설명한다. 또한 실제 판매상품에서 핵심 상품이 무엇인지를 명확히 구분해 주어야 하고, 판매할 제품이 제품수명 주기의 어디에 해당하는지도 명시해 주는 것이 좋다. 브랜드 전략과 후속제품 개발전략, 생산시설 확장계획 등도 중요한 고려요소이다.

② 가격 전략

경쟁회사의 제품과 비교하면서 계획 제품의 가격결정 전략을 기술한다. 결정된 계획 제품의 가격으로 시장진입에 성공할 수 있음과 시장점유율의 유지 및 확대 가능성도 설명한다. 나아가 매출원가, 판매비와 관리비 등의 제비용을 회수하고도 이윤을 창출할 수 있는지 분석한다. 판매대금의 조기 회수나 대량판매를 위해 가격할인정책 등을 사용할 예정이면 이를 구체적으로 제시해 준다.

③ 유통 전략

회사가 선택하는 유통방법과 경로를 설명한다. 나아가 판매가격에서 단위당 운송비가 차지하는 비중 등 물류 부분에 대하여 검토한다.

④ 촉진 전략

제품에 대한 잠재고객들의 흥미를 유발할 수 있는 다양한 방법들을 제시한다. 광고회사 활용, 인터넷 광고, 우편물 송부, 창업박람회 참여를 통한 홍보 등의 계획을 수립한다. 기간별로 촉진활동에 소요되는 비용관련 예산을 편성한다.

(6) 재무 계획

일반적으로 재무계획은 사업계획서의 후반부에서 다루어진다. 사업계획서 상의 전략과 계획을 추진한 결과 예상되는 재무적 결과를 요약한 것으로 손익계산서, 대차대조표, 현금흐름표의 세 가지 재무제표가 주요 대상이 된다. 이 재무제표는 기업의 현재 경영성적과 재무 상태는 물론 향후 이익창출 능력을 파악할 수 있게 해준다. 재무 계획이 완성되면 이를 근거로 수익성 분석 등을 실시하여 투자유치 등의 협상자료로 사용한다.

(7) 사업차질 시 대안

이 부분에서는 작성된 사업계획서의 내용 중 실제 창업 시에 발생가능한 문제점이나 위험 등을 생각해 보고 이에 대한 해결방안을 기술한다. 발생가능한 문제점과 위험으로는 자금 조달의 어려움, 계획 사업 업종의 경기불황, 부품이나 원자재 확보의 어려움, 제품 개발의 차질, 경쟁 기업의 가격인하 등을 생각할 수 있다.

3) 사업계획서 작성 시 주의사항

사업계획서는 고유한 목적을 가지고 작성되므로 목적으로 한 바의 내용이 독자에게 충분히 전달되어야 한다. 즉 창업자의 우수성, 아이템의 적절성, 사업의 시장성이나 기술성 등이 충분히 입증되고 표현될 수 있도록 작성에 유의해야 할 것이다.

(1) 사업계획서 작성 시 강조해야 할 점

사업계획서 작성 시 가장 중점을 두어야 할 사항은 경영진의 회사운영 능력과 시장기회라고 말할 수 있다. 창업자는 투자자에게 무엇을 줄 수 있는지 결정하고 그에 걸맞은 사업계획서를 구조화시킬 줄 알아야 한다.

만약 창업을 하는 경영진이 경험이 없고 사업을 처음하는 것이라면 어떤 시장 기회와 어떤 제품이 어떻게 사업을 성공적으로 이끌 수 있는지에 대해 초점을 맞추어야 한다. 투자자들은 창업 멤버들의 이력을 중요하게 생각한다. 많은 투자자들은 경영진이 어떻게 구성되었는지를 가장 먼저 알고 싶어 하기 때문에 이에 대한 자료 제시가 미약하면 안 될 것이다. 반면, 경영팀이 경력 있는 멤버로 구성되어 있다면, 요약문 바로 다음에 경영진에 대해 기술함으로써 이 부분을 강조시킬 수도 있다.

사업계획서를 작성할 때는 가능한 한 핵심적인 내용부터 적어 내려가야 한다. 기술적인 사항이 창업 성공에 중요하게 작용한다면 그 내용을 부각시켜야 하고, 창업팀 가운데 핵심적인 인물이 있다면 이 점을 역시 강조하고 우선시한다. 재무적 사항이나 고객 관련 사항 중 중요한 것이 있으면 이 역시 마찬가지로 부각시킨다. 그리고 사업계획서 내용은 될 수 있으면 측정가능하고 객관화할 수 있는 자료로 뒷받침하며 분명하고 명확한 용어를 사용하도록 한다.

(2) 사업계획서에 들어가야 할 핵심 메시지

사업계획서에서 가장 핵심이 되는 다음 내용들이 잘 강조되어 있는지 마지막까지 세심하게 확인하도록 한다.

- 개인투자자 혹은 벤처캐피탈이 연구해볼 만한 가치가 있는 사업계획이라고 느낄 수 있도록 요약문을 구성해야 한다.
- 사업운영에 있어 성공가능성을 엿볼 수 있는 경영진을 소개해야 한다.
- 제안된 사업 아이템이 차별화된 경쟁력을 가진다는 것을 보여줄 수 있는 시장기회를 제시해야 한다.
- 제안하는 제품이 생산가능하고 시판될 수 있는 제품임을 제시해야 한다.

- 투자대비수익률(return on investment)을 만족시키는 재무 계획을 제시해야 한다.

(3) 창업자들의 사업계획서에서 가장 부족한 점

일반적으로 창업자들이 사업계획서를 작성할 때 가장 부족한 점은 다음과 같다.

- 사업계획서의 30% 정도는 사업전략에 대한 설명이 제대로 되어 있지 않다.
- 사업계획서의 40%는 창업팀의 마케팅 경험이 부족하고 마케팅 계획이 미숙하다.
- 사업계획서의 55%는 기술 아이디어의 특허보호에 대한 언급이 없다.
- 사업계획서의 75%는 경쟁에 대해 자세히 언급하고 있지 않다.
- 사업계획서의 10%는 재무예측을 전혀 하지 않고 있으며, 15% 정도는 대차대조표가 없다.

(4) 사업계획서를 작성하는 데 필요한 시간

사업계획서를 작성하는 데 소요되는 시간은 일반적으로 1개월에서 6개월 정도 걸린다. 물론 자료 조사와 작성에 얼마만큼의 시간투자를 하는지에 따라 소요 시간은 다를 수 있다.

4) 기본 사업계획서의 구성 및 내용

대다수 사업계획서의 내용을 망라한 기본 사업계획서를 외부 관계기관 제출용과 창업자 자체 용도의 두 가지 양식으로 나누어 〈그림 6-1〉과 〈그림 6-2〉에 제시하였다. 용도가 다른 만큼 그 구성과 내용에도 약간의 차이가 있다.

(1) 외부 관계기관 제출용 사업계획서

이는 주로 창업조성 실시계획 승인신청 또는 각종 공장건설과 각종 용도의 자금지원을 위한 승인 신청 시에 제출하게 되는데, 각 기관에 따라 내용상 차이가 다소 있다. 〈그림 6-1〉은 중소기업진흥공단(www.bizonk.or.kr)의 투자용 사업계획서 양식을 예시한 것이다.

그림 6-1 투자용 사업계획서(외부 관계기관 제출용도)

사업계획서

I. 일반현황

1. 기업체 개요
2. 기업연혁
3. 경영진 및 주주 현황
   가. 주요 경영진 현황
   나. 주주 현황
4. 관계회사 현황
5. 영업 현황
   가. 영업실적
   나. 원재료 조달 현황
   다. 거래추진 현황
   라. 주요거래처 현황

II. 사업내용

1. 사업개요 및 계획
   가. 사업개요 등
   나. 관련법규
   다. 제품내용
   라. 제품개발 및 생산 · 판매 추진일정
   마. 투자회수기간까지의 총 소요자금
2. 시장성
   가. 제품의 시장동향
   나. 수요전망
   다. 동업계 현황
   라. 매출목표
3. 기술성
   가. 공업소유권 및 구격표시 보유현황
   나. 기술인력
   다. 기술개발실적
   라. 기술제휴 현황
   마. 적용기술 내용 및 특성

III. 재무상태

1. 향후 6개월간 소요자금 및 조달계획
2. 차입금 현황
3. 추정 재무제표
   가. 제품별 판매계획
   나. 단위당 생산능력계획

IV. 사업추진일정

V. 첨부서류

1. 정관
2. 법인등기부등본
3. 사업자등록증 사본

4. 주주명부
5. 이력서(대표이사, 과점주주인 이사, 기술진, 경영실권자)
6. 사업장 부동산 등기부등본(임차 시 임대차계약서 사본)
7. 대표이사 거주주택 등기부등본
8. 금융기관 금융거래확인서
9. 최근 3개년 결산서(최근 연도 부속명세서 포함) 및 감사보고서
10. 최근 연도 분기별 부가가치세신고서 사본(매출액, 공급가액 증명원)
11. 최근 3개월 소득세징수액집계표(세무서확인본)
12. 협회 및 단체가입 관련 회원증 사본
13. 제품에 대한 각종 공업소유권 및 인증서 사본
14. 기술제휴 시 계약서 사본
15. 제품 안내 팸플릿
16. 조직도 및 담당업무
17. 제출일 현재 미결제 지급어음명세서
18. 리스거래 현황
19. 기타 심사에 필요한 서류

(2) 간이 사업계획서(창업자 사업계획용)

간이 사업계획서는 창업자 자신이 동업자 또는 주주, 거래처 및 이해관계자 등에게 자기 사업계획을 소개할 필요가 있거나 스스로 계획적인 사업추진을 하기 위해 비교적 간단하게 작성하는 사업계획서이다.

그림 6-2 간이사업계획서(사업자 자체 용도)

사업계획서

Ⅰ. 기업체 현황

- 회사 개요
- 업체연혁, 창업동기 및 향후 계획

Ⅱ. 조직 및 인력현황

- 조직도
- 대표자, 경영진 및 종업원 현황
- 주주현황
- 인력 구성상의 강 · 약점

Ⅲ. 기술현황 및 기술개발 계획

- 제품(상품)의 내용
- 기술현황
- 기술개발 투자 및 기술개발 계획

Ⅳ. 생산 및 시설계획

- 시설현황
- 생산 공정도
- 생산 및 판매실적
- 원 · 부자재 조달 상황
- 시설투자계획

Ⅴ. 기업체 현황

- 일반적 시장현황
- 동업계 및 경쟁회사 현황
- 시장 총규모 및 시장점유율
- 판매실적 및 판매계획

Ⅵ. 기업체 현황

- 최근 결산기 주요 재무상태 및 영업실적
- 소요자금 및 조달계획
- 금융기관 차입금 현황

Ⅶ. 사업추진 일정계획

Ⅷ. 사업차질 시 대안

Ⅸ. 첨부서류

- 정관 · 상업등기부 등본
- 사업자등록증 사본
- 최근 3년간 요약 결산서
- 경영진 이력서

TRY IT YOURSELF 2

사업계획서를 작성해 보자!

1. 사업계획서 작성

본 사업계획서는 소상공인지원센터에서 창업자금을 지원받기 위한 사업계획서 작성 서식의 예이다. 사업 아이템을 하나 선정하여 사업계획서 작성 연습을 해보자.

사업계획서	
대상 분야	
작 성 일	
창업사업명	
상 호 명	

사업계획서 요약서

사업계획		사업분야	
기 업 명		대 표	
사업개념			
사업명			
아이템 설명			

❶ 창업사업의 개요

1-1. 사업 개념

1-2. 사업 목적

1-3. 기대 효과

1-4. 사업 추진 능력

---

❷ 사업 아이템의 내용

2-1. 아이템의 특성

2-2. 핵심 아이템

2-3. 핵심 기술

2-4. 기술개발 진척도

2-5. 성공사례

2-6. 시장분석

2-7. 자사분석

2-8. 경쟁업체 분석

---

❸ 사업화 추진 계획

3-1. 아이템 양산 계획

3-2. 인력 확보 계획

3-3. 마케팅 계획

3-4. 사업화 추진일정

내용	창업추진년도				D+1년				비고
	1/4	2/4	3/4	4/4	1/4	2/4	3/4	4/4	
자금 조달									
매장 확보									
직원확보 및 교육 실시									
내부시설 확보									
홍보, 판촉									
인터넷 동호회 운영									
시설개발 및 계량									
이벤트 및 대회 실시									

3-5. 추정손익계산서

(단위: 만 원)

내용	사업추진년도	D+1년	D+2년	D+3년	D+4년
매출액					
매출원가(−)					
인건비(−)					
영업이익					
영업외손익(+, −)					
경상이익					
특별손익(+, −)					
법인세 등(−)					
당기순이익					

3-6. 소요자금 및 조달계획

용도	소요자금		조달계획		
	내용	금액	조달방법	기 조달액	추가 조달액
운전자금	1개월 운영비				
	판촉 활동비				
	기타				
	소계		소계		
시설자금	매장보증금				
	인테리어비				
	기자재비				
	기타				
	소계		소계		
합계			소계		

❹ 사업계획 지연 또는 차질 시 대안

구분	대안
자금 조달	
인력 수급	
고객 유치	
부품 및 기자재 조달	

2. 사업계획서 사례 분석

다음 사업계획서 사례를 벤치마킹하여 앞에서 작성한 사업계획서를 발전시켜 보자.

개성을 살린 다양하고 튼튼한 가방 사업계획서

목 차

01. 사 업 개 요

- Vision & Mission
- Name & Symbol
- 도메인
- 기 업 개 요
- 기 업 조 직 도
- 사 업 영 역

01 사업개요
Vision & Mission

VISION

1, 2, 3 마인드

고객의 불만이 접수된 후 하루 안에 반영계획,
이틀 안에 계획실천, 삼일 안에 고객 반응 보기

MISSION

상품: 디자인을 살린 BackPack

수납을 많이 해야 할 때 구매의 폭이 좁은 소비자들을 위한
다양한 디자인의 수납용 BackPack

매출: 2018년까지 매출액 10억!

01 사업개요
Name & Symbol

Site name

**0gu는 우리 가방이 튼튼하다는 점을 강조해 영구적으로 사용할 수 있
다는 점을 이름 자체로 표현했다.**

Company Symbol

**커다란 흑색 원이 투명한 원을
감싸 안은 것처럼 우리 가방이 고객들을
영구적으로 안전하게 보호할 것이라는
고객 중심의 가치가 들어있다.**

01 사업개요
도메인

www.0gu.co.kr

01 사업개요
기 업 개 요

회 사 명 : 0GU

대표이사 : O O O

설 립 일 : 2016년 O월 O일

자 본 금 : 500만원

매 출 액 : 5천만 원 (2016년 예상)

종업원수 : 3명 (2015년 9월 현재)

주요제품 : BackPack, 그 외 가방

주 소 : ***************************

Homepage : www.0gu.co.kr

01 사업개요
기업조직도

대표이사

마케팅본부	디자인본부	연구개발본부	경영지원본부
온라인사업팀	디자인1팀	현장연구팀	경영지원팀
오프라인사업팀	디자인2팀	본사연구팀	회계팀

01 사업개요
사업영역 - 백팩

북쪽 면 가방
이제 정말 지겹다.
내구성과 개성을 살린

YOUNGGU 가방

수납 공간과 튼튼한 내구성을 원하는 소비자들의
선택의 폭을 넓히기 위한 개성을 살린 디자인
BACKPACK

02. 사업타당성 분석

- Five force
- 분석 결과

02 사업타당성 분석

Five force - 기존기업간의 경쟁 정도

집 중 도	내구성이 좋은 백팩을 판매하는 인터넷사이트는 많지 않은 것으로 확인됨. 즉, 사업 집중도는 매우 높음.
경쟁기업의 다양성	기존 가방 쇼핑몰의 대부분은 내구성이 아닌 디자인에 집중한 저가 정책을 하고 있음.
제 품 차 별 화	내구성을 원하는 소비자들은 브랜드 의존도가 매우 높음. ➔ A/S서비스를 강화하고 고가 정책을 써야 함.
원 가 구 성	인터넷 쇼핑몰 시장은 시장점유율 경쟁이 치열함. 따라서 우리 제품의 특성상 생산원가절감에 치중하기 보다는 그외 비용 감소에 집중해야 함.

02 사업타당성 분석
Five force - 신규기업의 진입위험

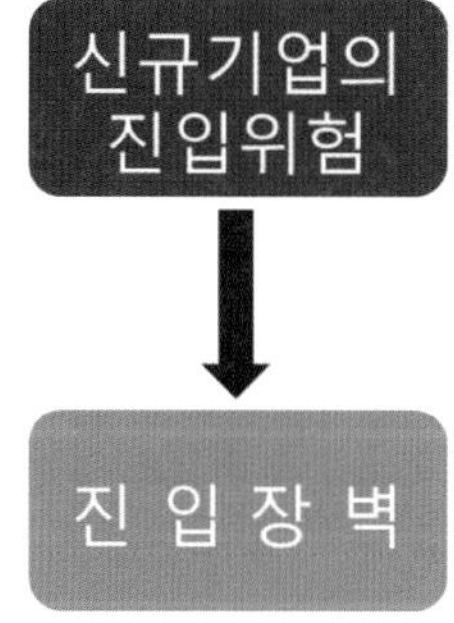

인터넷 쇼핑몰은 진입장벽이 매우 낮기 때문에
신규기업의 진입위험이 매우 높음.
신규기업의 진입에 대비 하기 위해 초반에
빠른 시장점유율 확보가 중요하며 사업의
전문성을 높여야 함.

02 사업타당성 분석
Five force - 대체품의 위협

고객의 대체성향

인터넷 쇼핑몰 특성상 쇼핑몰 의존도가 매우 낮기 때문에
고객의 수요대체 성향은 매우 높으며 대체품의 위협 또한 높음.
가격과 제품차별화에 영향을 받기 때문에 적정수준의 가격과
끊임 없는 제품차별화가 필요하고 고객을 잡을 수 있는 전략을
세워야 함.

가격 대비 성능 비

가격 대비 성능을 높여야 하기 때문에 대부분의 가방 쇼핑몰
보다는 고가 전략을 사용하지만 유명 브랜드 가방보다는 저가를
유지하며 제품개발을 지속해 성능을 높여 일반 쇼핑몰 비교 시
가격이 높더라도 대체가능성을 낮추도록 함.

02 사업타당성 분석
Five force - 구매자의 협상력, 공급자의 협상력

가격민감성
제품 생산 시 구매제품의 동질성은 매우 높으나 구매자 생산 제품경쟁은 낮은 편임. 구매자 제품의 품질에 대한 기여도는 우리 사업에 있어서는 매우 높기 때문에 가격민감성은 중간 정도라고 할 수 있음.

상대적 협상력
가방공장 주문 자의 수는 많은 편이고 구입규모 또한 총 생산량을 보면 높은 편임. 하지만 안정적으로 공장과 거래를 체결하면 제품을 공급받는 것에 문제가 생길 가능성은 적다고 봄.

02 사업타당성 분석
분석 결과

사업타당성 분석 결과

Five force에 근거한 사업타당성 분석 결과 기존의 가방 인터넷 쇼핑몰과 브랜드 사이에 위치하고 우리와 비슷한 경쟁 쇼핑몰이 현재 없는 것으로 보아 사업타당성은 있다고 보임. 하지만 인터넷 쇼핑몰 특성상 진입장벽이 매우 낮아 후발 기업 진출 가능성이 매우 높기 때문에 이를 견제하는 전략이 필요한 것으로 여겨짐.

03. 마케팅 전략

- 학생회 체험단 100명 모집
- SNS를 활용한 광고/마케팅

03 마케팅 전략

학생회 체험단 100명 모집

EX2 우퍼진동 이어폰
체험단 모집!

하선정 김치 체험단 3기
100명 모집!

윈도우폰 캠퍼스 챌린지

AK몰 MVP 서포터스 3기 모집

국가대표 두유,
두잇 블로거 서포터즈
두잇터를 모집합니다!

스킨 서플라이즈 포 맨을 경험할 수 있는
예스 체험단 14기를
모집합니다.

03 마케팅 전략

학생회 체험단 100명 모집

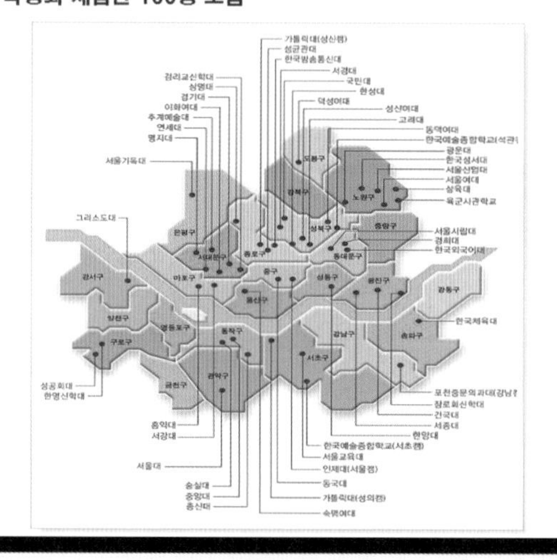

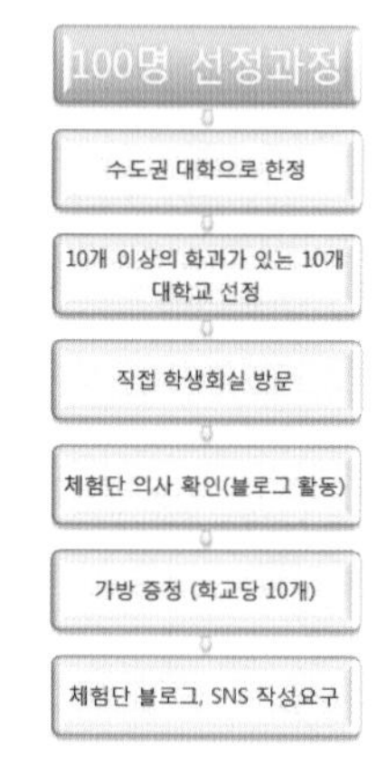

03 마케팅 전략

SNS를 활용한 광고/마케팅 – SNS 광고시장 현황

[국내 소셜미디어 광고비의 증가 전망 이유]

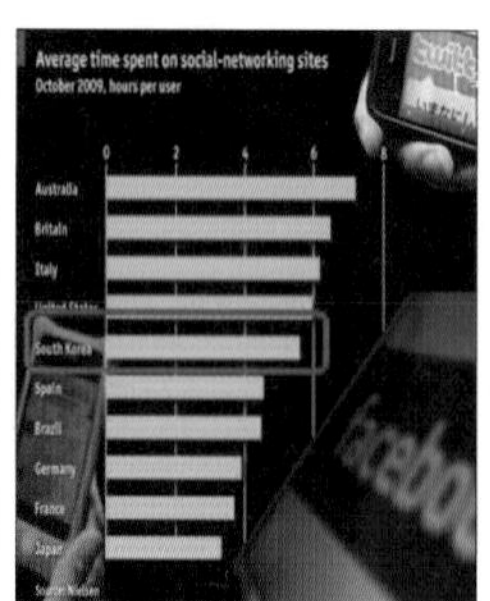

- **세계에서 5번째로 높은 국내 인터넷 유저들의 SNS 이용시간**
  국내 이용자들이 소셜미디어 속에서 하루 평균 약 5시간 반이라는 많은 시간을 소비하고 있는 만큼 그 만큼 기업 마케팅 메시지를 접할 확률도 높을 것으로 전망
- **주요 광고사 34.4%가 올 해 광고비를 늘릴 것이라고 대답했으며 그 대상이 소셜미디어가 될 것으로 전망**
  2010년 3월에 한국광고단체연합회에서 발표한 자료에 따르면 주요 37개 광고사를 대상으로 한 조사에서 '올 해 광고비를 늘릴 것이다'라고 대답한 비율이 34.4%, '작년 수준을 유지할 것이다'라고 대답한 비율이 54.1% 였고 또한 실제 광고 효과에 견줘 가장 저평가된 매체는 인터넷(37.8%), 고평가된 매체는 지상파 TV(43.2%)로 나타남
  기존 방식의 광고가 아닌 새로운 형식의 인터넷 마케팅과 광고의 시도가 늘어날 가능성이 커질 것이며 그 대상이 바로 소셜미디어가 될 것으로 전망
- **기업들의 뜨거운 트위터 참여 열기**
  글로벌 기업들이 속속 트위터 계정 오픈 대열에 동참하고 있으며, 그에 발 맞춰 국내의 기업들도 적극적으로 트위터 계정을 오픈하고 있어 현재까지 국내 기업들의 비즈니스 트위터 계정만 약 400여 개에 육박
  ex) KT, 삼성, LG전자, SKT, LGT, 하나은행, 미스터 피자 등
- **기업의 위기관리에 대한 경각심 자각**
  2010년 초 강타한 토요타 사태는 기업들의 위기관리에 대한 경각심을 불러 일으켰고, 국내 기업들 역시 그 필요성에 대해 절감하여 대응책으로 신속적인 특성을 지닌 소셜미디어를 이용할 것으로 전망

03 마케팅 전략

SNS를 활용한 광고/마케팅
– 최근 영향력이 커지고 있는 매체

[최근 영향력이 커지고 있는 매체]

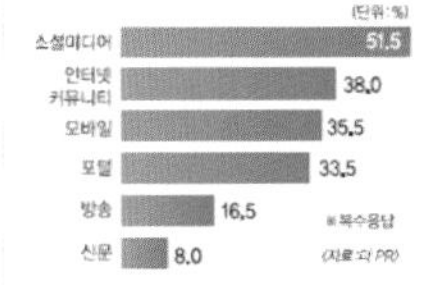

2010년 4월 홍보전문잡지 '더 피알'이 국내 200개 기업의 홍보 담당 임직원을 대상으로 실시한 **'미디어 환경 변화에 따른 홍보 트렌드 변화'** 설문 조사에 따르면

- **51%가 최근 들어 영향력이 가장 증가한 매체로 소셜미디어를 선택 (인터넷커뮤니티 38%, 모바일 35.5%, 포털 16.5%, 신문 8%)**
- **31%가 소셜미디어 등 뉴미디어 담당 직원을 두고 있음**
- **40%는 소셜미디어 전문가를 사내에서 육성하거나 외부에서 영입할 계획이 있음**
- **PR 수단으로 소셜 미디어의 기여도에 대해서는 48.1%가 '효과적'이라고 답**

03 마케팅 전략

SNS를 활용한 광고/마케팅 – YOUNGGU

프로모티드 트윗츠(Promoted Tweets) twitter

: 2010년 4월 트위터 창사 4년 만에 처음으로 수익사업을 시작
트위터 사이트에서 특정 단어를 검색을 하면, 검색결과에 광고 트윗을 노출하는 방식으로 이후 검색 결과 외 타임라인(글목록)에도 광고를 노출할 계획.
첫 광고주로 스타벅스, 소니픽처스, 베스트바이, 버진 아메리카, 레드불 등이 참여

- **전체 사용자 중 10%에게만 노출** – 국내 도입은 아직 안된 상태이며 상용화 단계가 아닌 광고로서의 가치를 분석하고 사용자들의 반응을 관찰하고 있는 단계
- **CPM 방식의 과금** - 차후 광고효과에 따라 과금 형태 변경 고려
- **'Resonance' 라는 효과측정 시스템 도입 예정** – Google의 Quality Score와 비슷한 시스템으로 링크클릭, 리트윗, 광고주 기업 계정 팔로우를 하는 사람이 많을 수록 점수 누적
- **광고주는 사용자의 반응 확인 후 광고 지속여부 결정**

광고 실행 과정

▲ Twitter.com 접속 후 검색 창에 'bag' 입력

▲ 검색 결과 상단에 트윗 형태의 영구가방 광고 노출

Search results for younggu
영구가방 : 8월 15일까지 (타인의) 영구가방 사진 10장을 찍어오면 미니백을 드립니다.

▲ '8월 15일까지 영구가방 사진을 찍어오면 미니백을 드린다'는 내용의 트윗광고.

04. 추정재무계획

- 추정대차대조표
- 추정손익계산서

04 추정재무계획

추정대차대조표

단위 : 만원

	2016	2017	2018	2019	2020
유동자산	3,500	6,900	7,349	8,113	9,809
당좌자산	2,500	5,522	5,819	6,729	8,281
재고자산	1,000	1,378	1,530	1,384	1,528
고정자산	1,500	1,130	2,436	2,212	5,523
자산총계	5,000	8,030	9,785	10,325	15,332
유동부채	1,800	2,811	2,874	2,819	3,041
고정부채	200	163	223	359	454
부채총계	2,000	2,974	3,097	3,178	3,495
자 본 금	1,000	1,053	1,093	1,112	1,446
자본잉여금	0	83	1,590	1,649	4,496
이익잉여금	2,000	3,272	4,105	4,486	5,895
자본총계	3,000	5,156	6,788	7,247	11,837
부채와 자본 계	5,000	8,130	9,885	10,425	15,332

04 추정재무계획

추정손익계산서

단위 : 만원

	2016	2017	2018	2019	2020
매 출 액	19,919	21,791	11,021	21,878	24,146
매출원가	13,713	15,141	7,694	15,527	17,114
매출총이익	6,206	6,650	3,327	6,351	7,032
판 관 비	3,870	4,296	2,188	4,600	5,044
영업이익	2,336	2,354	1,139	1,751	1,988
영업외수익	75	172	72	150	163
영업외비용	334	166	86	165	135
경상이익	2,077	2,360	1,125	1,736	2,016
특별이익	0	0	0	-	0
특별손실	0	0	0	-	0
법 인 세	693	718	291	521	608
당기순이익	1,384	1,642	834	1,215	1,408

END

감사합니다

PART 3

BUSINESS VISUALIZING

비즈니스 실행하기

계획은 실행을 전제로 세우는 것이다. 이제 잘 만들어진 사업 계획을 토대로 하여 비즈니스의 세계로 들어가 보자. Part 3에서는 인터넷 비즈니스를 실행하기 위한 구체적인 방법들을 다루며, 인터넷 비즈니스를 잘 실행할 수 있는 팁들을 함께 살펴본다. 먼저 인터넷 비즈니스에서 택할 수 있는 채널의 유형에는 무엇이 있을지, 그리고 인터넷 비즈니스의 채널에 어떤 채널을 효과적으로 결합시킬 수 있을지에 대한 검토로부터 시작하여, 쇼핑몰 솔루션을 사용하거나 오픈마켓을 활용하여 매우 손쉽게 인터넷 비즈니스 환경을 구축할 수 있는 방법에 관해 학습한다. 그리고 인터넷 쇼핑몰 비즈니스를 위해 타깃을 설정하고 콘셉트를 결정하여 상품을 구성하는 과정과 웹에서 상품을 잘 표현하고 고객에게 전달할 수 있는 방법을 탐색해본다. 마지막으로 쇼핑몰에서 판매할 상품을 기획하여 선정하고 조달하는 방법을 실무적인 팁과 함께 자세히 알아본다. '뷰티풀너드'라는 인터넷 쇼핑몰의 창업 사례가 전반적인 내용을 정리하는 데 도움이 될 것이다.

CHAPTER 7

유통채널 전략

멀티채널 리테일링은 기업이 소비자에게 다각도로 접근하기 위해 오프라인 점포뿐 아니라 다이렉트 마케팅, 다이렉트 셀링, 그리고 온라인 쇼핑몰과 기타 디지털 방식을 포함하여 전개하는 B2C모델이라고 할 수 있다. 오프라인 점포 이외의 또 다른 유통채널을 확보한다는 데서 시작했던 멀티채널 전략은 이제 여러 채널들을 통합한 소비 경험을 제공하여 시너지 효과를 창출하고자 하는 옴니채널 전략으로 진화하였다. 인터넷 비즈니스에서 당연히 선택해야 할 유통채널은 인터넷 쇼핑몰이다. 멀티채널 전략을 실행하기 위해서는 인터넷 쇼핑몰 외에 어떤 채널을 추가할 수 있을까? 그 채널들의 동향은 어떠할까? 앞서가는 기업들의 옴니채널 현황은 어떠하며, 그로부터 어떤 점을 벤치마킹할 수 있을까? 본 장의 내용은 유통채널 전략에 관한 기본 구상을 돕기 위한 것이다.

1. 유통채널의 유형

1) 온라인 채널

인터넷 유통의 특징은 가상공간에서 모든 거래가 이루어진다는 데 있다. 국내 인터넷 쇼핑몰 시장은 1996년 인터파크와 롯데쇼핑몰이 개설되면서 본격적으로 발달하기 시작했다. 패션 관련 쇼핑몰은 다른 부문에 비해 소극적으로 시장을 형성해 오다가 1999년부터 인터넷 인프라의 급진적인 발전과 다수 판매자의 참여로 인해 활성화되기 시작하였다. 현 시점에서의 온라인 쇼핑몰은 어떤 상태인지 그 유형과 동향을 살펴보자.

(1) 온라인 쇼핑몰의 유형

온라인 쇼핑몰은 고객에게 제공하는 핵심 가치의 차이와 취급하는 상품 범주의 범위를 기준으로 하여 종합쇼핑몰, 포털 사이트 쇼핑몰, 오픈마켓, 전문 쇼핑몰, 소호 쇼핑몰, 제조업체 쇼핑몰 등으로 구분할 수 있다. 이들 중 제조업체 쇼핑몰은 직접판매에 해당되고 나머지는 간접판매 형태이다. 이들의 특징을 〈표 7-1〉에 정리하였다.

표 7-1 온라인 쇼핑몰의 종류와 특징

종류	특징
종합쇼핑몰	• 인터넷 쇼핑몰 시장에서 가장 큰 매출액과 방문자 수를 차지함 • 주로 백화점, TV 홈쇼핑, 할인점과 같이 기존 사업의 상품 소싱 기반 체제에서 쇼핑몰이 운영됨 • 인터파크, 롯데닷컴, 신세계몰, AK몰, CJmall, H몰, GS샵 등
포털 사이트 쇼핑몰	• 포털 사이트는 인터넷 접속의 관문에 해당하는 사이트이므로 다양한 콘텐츠를 제공함 • 포털 사이트 쇼핑몰 또한 일종의 콘텐츠 성격을 띠며, 실제적인 판매 기능보다는 다른 쇼핑몰을 중개해 주는 기능이 중심 • 포털 사이트에 따라서는 특정의 혹은 여러 종합몰과 제휴를 맺고 광고나 판촉 이벤트의 배너 혹은 쇼핑몰 주소 링크 제공 • 네이버 지식쇼핑, 다음 쇼핑하우, 네이트 쇼핑 등
중대형 전문 쇼핑몰	• 패션전문 쇼핑몰은 품목별, 브랜드별, 콘셉트별로 좁은 범위의 상품구색에 집중하여 깊이 있는 상품 제공 • 오프라인상의 전문점과 같은 특성을 가지므로 고객이 전문몰의 웹사이트를 정확히 알고 있는 경우는 효율적인 쇼핑을 할 수 있으나 그렇지 않은 경우는 구매하려는 상품을 다루는 상점을 찾기 위해 여러 웹사이트를 방문해야 하는 번거로움이 있음 • 주로 속옷, 스포츠웨어, 아동복, 임신복, 특수 사이즈 옷 등을 중심으로 발달하기 시작하였고, 현재는 다양하게 발전하여 특정 국내외 브랜드 재고 및 할인 상품, 해외 명품, 자체 제작 제품 등을 전문으로 하는 패션 전문몰들이 운영됨 • 위즈위드, 엔와이뉴욕 등
오픈마켓	• 오픈마켓 또는 온라인 마켓플레이스는 기존의 온라인 쇼핑몰과 달리 개인 판매자들이 인터넷에 직접 상품을 올려 매매가 이루어짐 • 온라인 쇼핑몰에서의 중간 유통 이윤을 생략하고 판매자와 구매자를 직접 연결시켜줌으로써 기존보다 저렴한 가격으로 판매 가능 • 판매하는 아이템의 개수가 일반 쇼핑몰에 비하여 적고 하나의 제품만으로도 판매가 가능하므로 온라인 비즈니스를 처음 시작하는 초보 판매자에게 적당함 • 8~12%의 수수료율 부담이 있으며, 오픈마켓 빅셀러들의 박리다매식 저가공세가 심하여 경쟁이 치열한 단점 • 최근에는 한 판매자가 오픈마켓에서 여러 제품을 판매하는 경우가 많아짐에 따라 옥션의 옥션스토어, 인터파크의 미니숍 등과 같이 아예 오픈마켓 내에 판매자를 위한 상점을 개설해 주기도 함 • G마켓, 옥션, 11번가 등
소호 쇼핑몰 (일반몰)	• 누구나 오픈할 수는 있으나, 사업자등록과 통신판매 신고를 반드시 해야 함 • 판매 시작 시점의 아이템 수가 오픈마켓보다 훨씬 많은 50개 이상을 필요로 한다는 점에서 초기 투자비의 부담이 있을 수 있음 • 스타일난다, 립합, 나인걸 등
입점몰	• 본인이 직접 디자인하고 생산한 제품을 온라인 백화점이라고 말할 수 있는 CJ몰, 현대몰 등의 대형 온라인 숍 또는 위즈위드, 에이랜드 등에 숍인숍 형태로 입점 • 수수료율이 25~30%까지 높게 책정되어 있으므로 자칫 매출은 있으나 이익은 없는 구조가 될 수 있음

CASE REVIEW

포털 사이트와 오픈마켓 입점 조건

1. 네이버 쇼핑

<table>
<tr><th></th><th>수수료 종류</th><th colspan="4">부과기준</th></tr>
<tr><td>CPC Package 입점</td><td>입점비,
CPC(Cost Per Click)</td><td colspan="4">• 입점비 99,000원(현재 무료)
• 클릭당 단가 = 상품가격대별/카테고리별 CPC 수수료 + 10원
가격비교 상품군(가전/컴퓨터, 분유/기저귀/물티슈, 국내/수입화장품, 향수/바디/헤어)
• 일반 상품군(가격비교 상품군 제외한 상품군)</td></tr>
<tr><td rowspan="6">CPS Package 입점</td><td rowspan="6">매월 고정비,
판매 수수료</td><th>입점형태</th><th>대상업체</th><th>고정비</th><th>수수료</th></tr>
<tr><td>프리미엄 패키지</td><td>종합몰 카테고리</td><td>1,200만 원</td><td>2%</td></tr>
<tr><td>준종합몰 패키지</td><td>준종합몰 규모</td><td>700만 원</td><td>2%</td></tr>
<tr><td rowspan="3">전문몰 패키지</td><td>일반 전문몰</td><td>300만 원</td><td>2%</td></tr>
<tr><td>티켓 전문몰</td><td>300만 원</td><td>1%</td></tr>
<tr><td>면세 전문몰</td><td>500만 원</td><td>–</td></tr>
<tr><td>스토어팜 입점</td><td>네이버 쇼핑 매출연동 수수료, 네이버 페이 결제수수료</td><td colspan="4">• 네이버 쇼핑 매출연동수수료 2%
• 네이버 페이 수수료: 휴대폰 결제 3.85% / 계좌이체 1.65% / 신용카드 3.74% / 가상계좌 1% / 보조결제 3.74%</td></tr>
</table>

가격비교 상품군 수수료율	
상품가격대	수수료율
1만 원 이하	0.2%
1만 원 초과 ~ 5만 원 이하	0.01%
5만 원 초과 ~ 20만 원 이하	0.001%
20만 원 초과 ~ 50만 원 이하	0.0001%
50만 원 초과	0%

일반 상품군 수수료율	
상품가격대	수수료율
1만 원 이하	0.15%
1만 원 초과 ~ 3만 원 이하	0.1%
3만 원 초과 ~ 4만 원 이하	0.02%
4만 원 초과 ~ 6만 원 이하	0.01%
6만 원 초과 ~ 10만 원 이하	0.01%
10만 원 초과	0%

2. 다음 쇼핑 하우

<table>
<tr><th></th><th>수수료 종류</th><th colspan="4">부과기준</th></tr>
<tr><td rowspan="11">CPC 입점</td><td rowspan="11">입점비,
CPC(Cost Per Click)
*입점비 무료</td><td colspan="2">상품가격대</td><td colspan="2">수수료</td></tr>
<tr><td colspan="2">1만 원 이하</td><td colspan="2">20원</td></tr>
<tr><td colspan="2">2만 원 이하</td><td colspan="2">35원</td></tr>
<tr><td colspan="2">3만 원 이하</td><td colspan="2">40원</td></tr>
<tr><td colspan="2">4만 원 이하</td><td colspan="2">45원</td></tr>
<tr><td colspan="2">5만 원 이하</td><td colspan="2">50원</td></tr>
<tr><td colspan="2">7만 원 이하</td><td colspan="2">55원</td></tr>
<tr><td colspan="2">10만 원 이하</td><td colspan="2">60원</td></tr>
<tr><td colspan="2">15만 원 이하</td><td colspan="2">65원</td></tr>
<tr><td colspan="2">15만 원 초과</td><td colspan="2">70원</td></tr>
<tr><td colspan="2">쇼핑몰만 노출</td><td colspan="2">30원</td></tr>
<tr><td rowspan="8">CPS 입점</td><td rowspan="8">매월 입점비,
거래 수수료</td><td>입점형태</td><td>대상업체</td><td>고정비</td><td>수수료</td></tr>
<tr><td>프리미엄</td><td>상품DB 30만 개 이상
대카테고리 5개 이상</td><td>2,000만 원</td><td>2%</td></tr>
<tr><td>전문 프리미엄</td><td>상품DB 30만 개 이하
대카테고리 5개 이상</td><td>1,000만 원</td><td>2%</td></tr>
<tr><td rowspan="2">전문</td><td rowspan="2">일부 카테고리만 취급</td><td>400만 원</td><td>2%</td></tr>
<tr><td>200만 원</td><td>3%</td></tr>
<tr><td>도서</td><td>도서만 취급</td><td>–</td><td>3%</td></tr>
<tr><td>공연</td><td>티켓만 취급</td><td>–</td><td>1%</td></tr>
<tr><td>면세</td><td>면세점 취급</td><td>500만 원</td><td>–</td></tr>
<tr><td>광고전용 입점</td><td>–</td><td colspan="4">•입점비 무료
•그 외의 광고비용은 대행사 통해 부과됨</td></tr>
</table>

3. G마켓

수수료 종류	부과기준	비고
등록 수수료	• 경매: 경매방식별 300~1,000캐시 • 공구플러스: 전시기간별 5,000~35,000캐시	기간 연장 시 추가등록비가 부과될 수 있음
판매 수수료	상품 카테고리에 따라 판매금액의 8~12%까지 부과됨	–
신용카드 무이자 행사 수수료	• 3개월: 결제금액의 2% • 3, 6개월: 결제금액의 4% • 3, 6, 10개월: 결제금액의 7%	–

4. 인터파크

수수료 종류	부과기준	비고
등록 수수료	• 일반/공동경매, 고정가판매: 기본 300원 • 스토어 전용 고정가판매: 무료	• 사업자회원, 파워셀러: 무료 • 자동차 카테고리: 5,000원 • 정액제
판매 수수료	• 개당 낙찰금액을 기준으로 물품 카테고리별로 5~12%까지 차등 적용 • 낙찰금액이 50만 원 초과 시에는 초과금액의 3% 추가 부담	핸드폰 할부 카테고리: 25,000원 정액
부가서비스 수수료	선택한 부가서비스의 종류에 따라 해당 수수료 부담	–
신용카드 무이자 행사 수수료	• 3개월: 결제금액의 2.8% • 6개월: 결제금액의 4.8%	–

자료: 네이버 쇼핑 입점 및 광고(join.shopping.naver.com) 2015. 9. 14. 검색
쇼핑하우 입점(commerceone.biz.daum.net/join/main.daum) 2015. 9. 17. 검색
김민정(2008). 쇼핑몰&오픈마켓 창업실무 가이드. 웰북. p. 82-83

(2) 온라인 쇼핑몰의 동향

다양한 유형의 온라인 쇼핑몰 중에서 종합쇼핑몰, 오픈마켓에 대한 온라인 소비자들의 만족도는 비교적 높은 편이다. 서울시에서 인터넷 쇼핑몰 100곳을 대상으로 2015년 2월에 실시한 만족도 평가결과를 보면 소비자보호(50점), 소비자이용만족도(40점), 소비자피해발생(10점) 등 세 가지 분야에 있어서 해외구매대행과 소셜커머스의 평가점수가 지난해에 비해 하락했고, 오픈마켓, 식품, 종합쇼핑몰, 티켓 분야의 평가점수는 높게 나타났다. 또한 2014년도 쇼핑업체별 온라인 트래픽 순위를 보면 순방문자 수는 G마켓, 11번가, 옥션, 인터파크, 신세계쇼핑몰, GS샵의 순으로 높게 나타났고, 페이지뷰는 옥션, G마켓, 11번가, 롯데아이몰, GS샵, 신세계쇼핑몰, 인터파크의 순으로 높게 나타났다(그림 7-1).

최근 해외직접구매 소비자들이 늘어나고 있지만, 국내 일반몰이나 오픈마켓 등을 통해서 해외 판매처의 상품을 구매하거나 구매대행 서비스를 이용하고 있는 소비자들도 많다. 따라서 국내 온라인 사업자 간의 경쟁뿐 아니라 국외 사업자와의 경쟁이 불가피한 상황이 되었고, 나아가 해외시

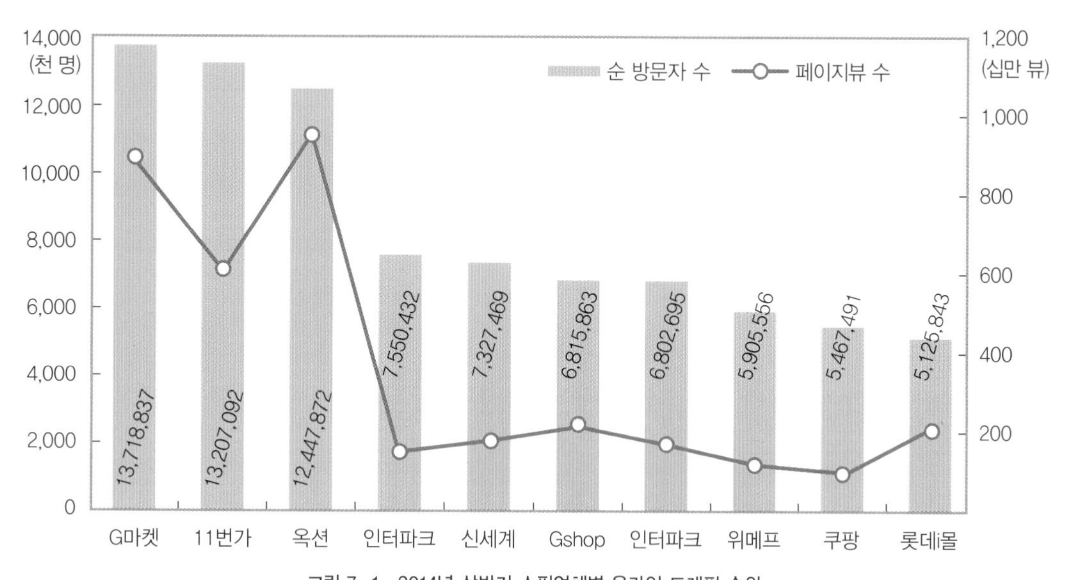

그림 7-1 2014년 상반기 쇼핑업체별 온라인 트래픽 순위
자료: 메조미디어(2014), 2014년 상반기 쇼핑업종자료

표 7-2 독립몰, 종합몰, 오픈마켓의 해외진출 현황

구분	기업명	해외진출 현황
독립몰	롯데닷컴	일본 진출(2011)
종합몰	인터파크	일본 진출 · 철수(2001), 중국 법인 설립(2004)
오픈마켓	Qoo10	일본 · 싱가포르 진출(2008), 인도네시아 · 말레이시아 · 홍콩 진출(2011), 중국 진출(2013)
	11번가	중국 진출 · 철수(2009), 터키 · 인도네시아 진출(2013)

자료: 대한상공회의소(2015). 2015 유통산업백서. p. 75

장과 국내시장의 동질화 현상도 나타나고 있다. 일례로 미국의 전통적 할인시즌인 블랙프라이데이에 맞추어 국내 온라인 쇼핑몰과 더불어 백화점 등의 오프라인 소매기업들도 할인행사를 진행하곤 한다. 한편에서는 국내 온라인 쇼핑기업도 해외 진출을 적극적으로 추진하고 있다(표 7-2). 최근 온라인 쇼핑몰의 성장은 모바일의 폭발적인 성장에 따른 것으로, 과거 저렴한 가격이라는 혜택만 고려되던 온라인 쇼핑은 소비자들의 선택을 받기 위해 이제 결제 및 배송에서도 혁신적인 노력을 하고 있다. 그 사례는 다음과 같다.

- **쿠팡** 소비자들의 배송 만족을 높이기 위해 온라인 쇼핑몰 사상 처음으로 자체 배송인력 채용
- **이베이코리아** 온라인 결제에 대한 편리성을 높이고자 '스마트페이'를 도입해 처음 결제 시 신용카드 정보를 입력하면 이후부터 단문메시지 인증만으로 구입 가능
- **11번가** SK플래닛이 개발한 '시럽페이'를 적용해 신용카드 등록 시 비밀번호 입력만으로 결제가능
- **소셜커머스 티몬과 위메프** '티몬페이'와 '케이페이' 등을 통해 결제 편의성 추가

해외 업체들의 국내 진출이 확대되면서 해외 온라인 쇼핑기업과의 연계를 통한 국내시장의 재편도 예상된다. 2000년대 초 이미 이베이의 진출로 국내시장에서 해외 온라인 쇼핑기업의 사업이 시작되었으며, 최근까지 그루폰 리빙소셜과 같은 해외계 자본의 진출과 참여가 있었다. 특히 중국 최대 전자상거래 기업 알리바바 그룹의 인천 물류복합단지 유치 협의가 향후 국내 온라인시장에 미치는 영향은 클 것이다. 부정적인 방향으로는 국내 경쟁업체의 고객점유율 하락이 예상되고,

'직구족' 확산으로 인한 국내 병행수입업체의 매출감소 및 국내 결제시장 잠식도 우려된다. 하지만, 운송량 증가로 택배사들의 수익이 증가할 수 있으며, 기업 간 치열한 가격 경쟁으로 소비자들은 더 저렴하게 상품을 구입할 수 있는 긍정적인 영향도 있을 것이다. 또한, 알리바바의 도매사이트인 알리익스프레스는 주로 동대문 의류복합생산단지에 의존해 성장해 온 전문몰, 오픈마켓 셀러에게 직접적인 영향을 줄 것으로 예상된다.

2) 모바일 커머스

온라인과 오프라인을 연결하는 모바일 채널이 등장하면서 소비자들의 채널 선택 폭은 더욱 더 넓어졌고 모바일 커머스 시장은 스마트폰의 보급 이후 급성장하였다. 아직은 저조한 모바일 숍 오픈율, 웹 버전과의 연동 기능 부족, 모바일 숍의 독자적인 마케팅 툴 부족, 응용 프로그램의 빈약, 불편한 UI(사용자 인터페이스) 등이 모바일 상거래의 극복해야 할 과제로 남아 있지만, 모바일 커머스는 언제 어디서나 활동 중에도 실시간 상거래가 가능하다는 매력적인 요소를 가지고 있어서 향후 사용자의 편의를 증진시키는 노력과 함께 지속적인 성장세를 나타낼 것으로 예상된다. 오프라인 마켓을 모바일에서 구현하거나 오프라인 상점의 구매를 돕고 촉진하는 보조수단으로 적극 활용될 수 있으므로 모바일 커머스는 무한한 성장 잠재력이 있다.

(1) 모바일 커머스의 특징

모바일 커머스는 휴대전화를 이용한 전자상거래로, 무선 인터넷 기술의 발달과 데이터 통신 서비스의 확대에 따라 가능해졌다. '모바일'은 휴대전화를 의미하며 기존의 인터넷 전자상거래를 뜻하는 e-커머스와 비교해 M-커머스라 부르기도 하고, '모바일 쇼핑' 또는 '스마트 쇼핑'이라고 칭하기도 한다. 모바일에서도 앱은 데스크탑이나 브라우저보다 더 우수한 사용자 환경을 가지고 있어서 모바일 앱 사용 소비자들은 모바일 웹 사용 소비자들보다 전환율이 3배나 더 높다.[1]

1 모바일 커머스 현황, 앱과 크로스 디자인, 모바일 비즈니스 성장 주도. Criteo(2015). p. 16

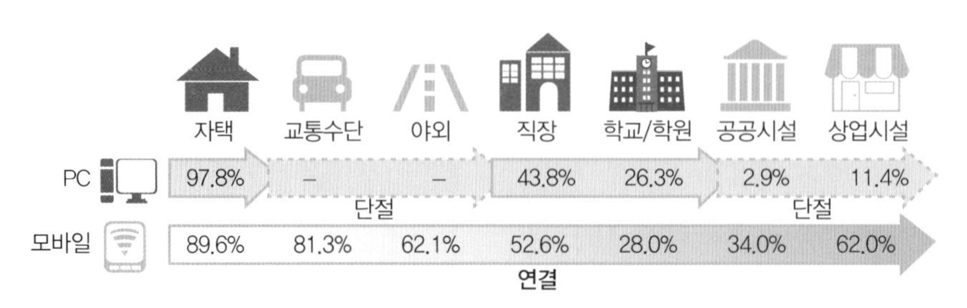

그림 7-2 장소별 인터넷 이용율
자료: 제65회 디지에코 오픈세미나자료(2013). p. 11

모바일이 가진 이동성, 즉시성, 개인화라는 특징은 오프라인이나 온라인 상거래 활동을 더욱 다양하고 효과적으로 할 수 있게 하며 소비자의 구매결정이나 생산자의 공급 프로세스 등에도 변화를 가져왔다.[2] 집과 직장에서만 이용하던 PC와 달리 모바일로는 장소의 구분 없이 인터넷 이용이 가능하므로, 소비자는 공간의 제약 없이 모든 장소에서 상거래를 할 수 있다. 고객이 직접 상품이 있는 곳을 찾아 수령할 수 있으므로 상품의 입고와 배송 과정 등이 생략될 수 있다. 고객의 다양한 수요와 순간적인 필요의 순간에도 즉시적인 반응이 가능하여 구매의사결정과정의 모든 단계에 대한 통합적 마케팅을 구현할 수 있다. 잠재된 니즈를 일깨워 주는 개인화된 맞춤형 상품제안을 고객은 광고로 인식하기보다는 정보로 인식할 것이므로, 개인별 맞춤형 서비스의 제공은 소비자와 판매자 간 일대일 커뮤니케이션을 통해 친밀한 관계 형성으로 이어져 고객 만족도와 마케팅 효율성을 동시에 높여줄 수 있다.

(2) 모바일 커머스의 동향

모바일 기기로 인해 온라인과 오프라인의 경계가 모호해지면서 종합 유통업체와 온라인 상거래 업체가 직접적인 경쟁관계를 형성하게 된다. 소비자들은 다양한 형태의 유통채널에 대해 모바일 서비스를 제공받을 수 있게 되었다. 또한 모바일의 특성을 활용하여 새로운 사업자들이 커머스 시장에 진입하게 되었다.

2 스마트시대 소비트랜드의 중심, 모바일커머스. 제65회 디지에코 오픈세미나자료(2013). p. 10

① 유통업체의 모바일 진출

아마존의 경우 소비자가 오프라인 매장에서 제품의 바코드 혹은 사진을 찍으면 해당 제품의 가격을 아마존 및 타사의 제품 가격과 비교할 수 있게 하였다. 이에 대해 오프라인에서 제품을 보고 온라인에서 구매를 하는 쇼루밍 현상이 생겨났다. 또한 지역 소매상의 데일리 딜을 도시별로 보여주는 서비스를 함으로써 아마존 e-커머스의 지배력을 지역 소매상권으로 확대시켰다.

월마트의 경우는 2011년 자체 스마트폰 앱을 출시하고 쿠폰 서비스를 통합해서 제공하는 등 모바일과 오프라인 매장이 통합된 쇼핑 서비스를 구현하였다. 페이스북 정보를 토대로 이용자 기호 분석 및 추천정보를 활용해 구매전환율의 상승효과를 가져왔다. 소비자는 신용카드나 계좌 없이도 온라인으로 상품 주문을 먼저 한 후 매장에서 상품을 수령할 때 현금으로 결제할 수 있도록 하였다.

② 모바일을 통한 새로운 서비스 출현

지역상권의 정보를 모바일로 구현하여 소비자에게 효과적으로 제공하는 새로운 서비스 사업자들들이 생겨났다. 모바일의 편의성을 기반으로 선불 바우처 시장을 형성한 기프트쇼, 기프티콘은 초기의 소액상품 위주에서 최근 수십만 원대까지 금액이 상승했고, 매출액도 매년 늘어나고 있다. 티몬과 같은 소셜커머스의 경우 패션잡화, 식품, 문화 등 지역 소매상의 할인쿠폰을 편리하게 사용할 수 있게 하며 반값 공동구매 형태로 수십 퍼센트의 파격적 할인율을 제공하고 있다. 위치기반 로컬 정보 서비스가 커머스 플랫폼으로 진화한 미국의 옐프(Yelp)는 지역정보 사이트로서 주변 맛집, 미용실, 세탁소, 병원 등 지역상권 정보를 제공해 준다. 배달의 민족은 모바일과 오프라인 매장을 연결하는 음식배달사업이다.

③ 상품 형태의 다변화

최근 모바일 커머스에서는 재화 중심으로 거래하던 인터넷 비즈니스 방식에서 벗어나 다양한 종류의 상품이 취급되고 있다. 소셜커머스를 통해 맛집, 카페, 티켓 등 전통적인 오프라인 구매품목이 거래되는 것은 물론 디지털 콘텐츠 등도 취급된다. 또한 모바일에서는 쿠폰으로 상품을 인지시키고 오프라인에서 확인 후 구매를 결정하도록 하는 린스토어(Lin-Store: location+loyalty+

in-store) 커머스가 다양하게 나타난다. 린스토어 커머스는 지역기반의 쇼핑정보 및 각종 딜이나 쿠폰을 스마트폰으로 제공하여 사용자의 방문을 유도하고 오프라인 스토어에서는 구매 등 상거래 활동 및 로열티 프로그램을 이용할 수 있도록 지원하는 모바일 커머스 환경을 말한다. 소셜커머스를 비롯한 Shopkick, Facebook Offers, 네이버쿠폰 등은 물론 애플 패스북(Apple Passbook), Moca, 스마트 월렛 등의 전자지갑도 린스토어 커머스의 일종이라 할 수 있다.

3) 다양한 무점포 채널

오프라인 점포나 온라인 쇼핑 채널과 함께 소비자들의 채널 선택 대안이 될 수 있는 유통채널은 카탈로그와 DM, TV홈쇼핑, 다이렉트 셀링, T-커머스 등이다. 한국온라인쇼핑협회의 〈2014 온라인 쇼핑시장에 대한 이해와 전망〉에 따르면 향후 모바일 쇼핑과 더불어 TV와 리모콘만으로 상품을 구매하는 T-커머스가 계속 성장세를 주도할 것으로 전망된다.

(1) 카탈로그 쇼핑

카탈로그나 DM을 통한 통신판매는 소매업자가 소비자에게 우편으로 카탈로그를 보내면 고객이 우편이나 전화를 이용해 주문을 하고, 주문을 받은 소매업자가 고객에 상품을 배송하는 판매 방식이다. 통신판매는 잡지 형태로 편집한 카탈로그를 통해 상품 사진과 정보를 자세히 수록할 수 있고 우편이 가능한 모든 소비자에게 접근할 수 있다는 장점이 있지만, 카탈로그 인쇄비용과 우편요금 등의 부담이 있다.

우편을 이용한 카탈로그 쇼핑은 상품에 대한 시각적 정보를 쉽게 노출시켜 소비자의 구매 욕구를 자연스럽게 불러일으킬 수 있다는 이점이 있다. 소비자가 카탈로그나 DM을 통해 곧바로 전화나 우편 또는 인터넷으로 구매를 신청하는 경우도 있지만, 카탈로그나 DM에서 본 상품에 대한 관심이 실제 오프라인 점포의 방문으로 연결되고 결과적으로 구매에 이르게 되는 등 다른 채널과의 시너지 효과도 매우 크다.

카탈로그 쇼핑의 성공여부는 소비자에게 어필할 수 있는 트렌디하고 감각적인 상품구색과 다양한 판촉 전략의 개발에 달려 있다. 국내의 패션상품 통신판매에서는 주로 이너웨어나 베이식한 티셔츠, 바지 등의 상품을 많이 취급하지만, 미국의 경우에는 약혼복이나 웨딩드레스, 수영복 등 다양한 TPO의 트렌디한 의상을 취급하고 있다. DM의 번호를 입력하면 추가 할인을 해주는 것과 같은 판매촉진 전략을 사용할 수도 있다.

(2) TV 홈쇼핑

TV 홈쇼핑은 매년 2%대에서 시장규모가 성장하고 있다.[3] TV 홈쇼핑은 비교적 짧은 역사에도 불구하고 비약적인 성장을 기록해왔다. 1995년 2개 사업자로 출발한 TV홈쇼핑은 2001년에 3개 사업자가 추가 승인되었고, 2012년에는 중소기업상품 판매를 목적으로 하는 1개 사업자가 시장에 진입하여 현재 6개 사업자 체제가 되었다. 업계구도는 매출액을 기준으로 CJ, GS, 현대, 롯데 그리고, NS, 홈앤쇼핑의 2강, 2중, 2약으로 형성되고 있다.[4]

인터넷과 카탈로그 쇼핑을 병행하여 운영하는 TV홈쇼핑 업계는 최근 인터넷 쇼핑, 특히 모바일 쇼핑의 급성장 때문에 매출규모 성장세가 주춤하고 있다. 이와 함께 2014년 들어 크게 늘어난 해외직접구매도 국내 TV 홈쇼핑 시장의 성장 둔화에 기여한 것으로 보인다. 케이블 TV 가입 가구

표 7-3 국내 TV 홈쇼핑사 현황

법인명	CJ오쇼핑	GS홈쇼핑	NS쇼핑	우리홈쇼핑	현대홈쇼핑	홈앤쇼핑
채널명	CJ오쇼핑	GS SHOP	NS홈쇼핑	롯데홈쇼핑	현대홈쇼핑	홈앤쇼핑
개국연도	1995. 8.	1995. 8.	2001. 9.	2001. 9.	2001. 11.	2012. 1.
소재지	서울 서초구	서울 영등포	경기 성남시	서울 영등포	서울 강동구	서울 마포구
자본금	310억 원	328억 원	168억 원	400억 원	600억 원	1,000억 원
기업공개	공개	공개	미공개	공개	공개	미공개

자료: 대한상공회의소(2015). 2015 유통산업백서. p. 82

3 온라인 쇼핑, 모바일, T커머스 뜨고 카탈로그, PC 지고. MK뉴스, 2014. 12. 16.

4 대한상공회의소(2015). 2015 유통산업백서. p. 82

표 7-4 홈쇼핑 연도별 매출규모 및 전망

(취급고 기준, 단위: 억 원)

구분		2009	2010	2011	2012	2013	2014(F)	2015(F)
TV 홈쇼핑 (6사)	케이블 TV	42,500 (21.0%)	49,400 (16.2%)	54,300 (9.9%)	63,400 (16.8%)	63,400 (0.0%)	62,000 (−2.2%)	62,000 (0.0%)
	위성TV	2,300 –	3,000 (30.4%)	4,500 (50.5%)	6,000 (33.3%)	8,100 (35.0%)	8,200 (1.2%)	8,400 (2.4%)
	IPTV	100 –	2,400 (0.0%)	4,300 (79.2%)	7,500 (74.4%)	16,400 (118.7%)	19,800 (20.7%)	21,000 (1.6%)
	소계	44,900 (22.0%)	54,800 (22.0%)	63,100 (15.1%)	76,900 (21.9%)	87,900 (14.3%)	90,000 (2.4%)	91,400 (1.6%)
T−커머스		100 –	600 (500%)	800 (33.3%)	900 (12.5%)	1,600 (77.8%)	1,700 (6.3%)	2,500 (47.1%)
TV 홈쇼핑사 합계		45,000 (22.0%)	55,400 (23.1%)	63,900 (15.3%)	77,800 (21.8%)	89,500 (15.0%)	91,700 (2.5%)	93,900 (2.4%)
인포머셜 홈쇼핑		2,000 –	1,400 (−30.0%)	1,400 (0.0%)	1,400 (0.0%)	1,300 (−7.1%)	1,200 (−7.7%)	1,200 (0.0%)
총계		47,000 (18.0%)	56,800 (20.9%)	65,300 (15.0%)	79,200 (21.3%)	90,800 (14.6%)	92,900 (2.3%)	95,100 (2.4%)

자료: 대한상공회의소(2015). 2015 유통산업백서. p. 81

수는 지속적으로 감소하는 반면 위성 TV와 IPTV 가입 가구 수는 증가하고 있으므로, 이런 현상이 T-커머스의 성장 등 TV홈쇼핑 시장의 구도변화를 가져올 것으로 보인다.

(3) 다이렉트 셀링

다이렉트 셀링(direct selling)에는 방문 판매와 다단계 판매가 있다. 방문 판매는 다른 유통채널이 발달되지 못했던 시기에 직접 소비자를 찾아가 제품을 설명하고 판매하던 형식으로 시작되었다. 최근에는 고가 화장품을 중심으로 마사지 서비스 등의 부가 서비스를 함께 제공하는 형태로 가정 방문 판매가 이루어지고 있다. 방문 판매의 경우 대리점 등을 통한 유통을 최대한 제한하여 제품의 회소가치를 높이고 방문 판매사원들에게 성과에 따른 판매 수수료를 제공해 주는 방식으로 운영한다. 다단계 판매는 일정한 인력과 사람들 사이의 연결을 바탕으로 한 판매 형식으로, 한 사람이 여러 명에게 제품을 판매하고 제품을 구매한 사람이 다시 여러 명에게 제품을 파는 식으로 판매망을 확장한다.

(4) T-커머스

T-커머스는 'Television Commerce' 또는 'e-Commerce on TV'의 줄임말로 디지털화된 TV를 통해 발생하는 상거래 서비스(방송통신위원회, 2004)를 말한다. T-커머스는 거래유형에 따라 상품 판매형, 용역 제공형, 콘텐츠 판매형으로 구분되며, 서비스 유형에 따라 전용 데이터 방송(채널 독립형), 보조적 데이터방송(프로그램 연동형) 등으로 구분된다. TV와 인터넷 미디어의 장점을 수용하여 다수의 공급자와 소비자를 연결함으로써 새로운 가치를 제공할 수 있는 유통채널로 인식되고 있다.[5]

표 7-5 국내 T-커머스 사업자 현황

계열	법인명	채널명	최근 동향
홈쇼핑	CJ 오쇼핑	TVOshop	•2008년 자체 홈쇼핑채널 연동형 및 가상채널 독립형 서비스 시작 •2012년 총 2,000억 원의 취급고까지 성장하였으나 또 다른 결제수단의 하나로 인식해 추가투자 없음
	GS 홈쇼핑	GS SHOP 리모콘	
	NS 홈쇼핑	NS T-Shop	
	우리홈쇼핑	Lotte T-Mall	
	현대홈쇼핑	TV 현대홈쇼핑	
비홈쇼핑	KTH	스카이 T 쇼핑	스카이라이프 17번, 올레 TV 20번
	(주)아이디지털홈쇼핑	쇼핑 & T	티브로드 16번
	SK 브로드밴드(주)	BTV 쇼핑	자체 홈 메뉴에서 VOD형 준비 중
	화성산업(주)	동백TV몰	전용채널 오픈 준비 중
	(주)티브이벼룩시장	TV벼룩시장	시장 관망 후 진입검토 예정

자료: 대한상공회의소(2015). 2015 유통산업백서. p. 83

5 대한상공회의소(2015). 2015 유통산업백서. p. 83

그동안 T-커머스는 디지털 가입자 수의 부족, 디지털 전환 정책 지연, T-커머스 진흥을 위한 관계 부처의 지원 부족, 고객 접근성 확보 실패, 차별화된 고객 가치 창출 부족 등의 원인으로 다소 부진한 양상을 보여왔다. 그러나 디지털 TV 가입자 수가 증가하고 유료 VOD 매출의 급격한 성장세와 이용자의 TV 리모콘 조작 및 양방향 서비스에 대한 충분한 학습 등 T-커머스 사업 여건이 개선되고 있어 대형 유통기업들도 T-커머스 시장의 잠재적 성장성을 예측하여 이 시장에 잇따라 진출하고 있다.

한국커머스협회에 따르면 2014년 기준 T-커머스(데이터홈쇼핑) 취급액(총매출)은 800억 원으로, TV홈쇼핑(12조원)의 0.6%에 불과하다. 하지만 업계는 디지털 유료방송 가입자 수가 2015년 연말 전체 유료방송 가입자인 2,900만 명과 비슷해질 것으로 보고 있다. 2016년에는 7000억 원 규모까지 매출이 성장할 것으로 추정하고 있다.[6]

2. 옴니채널 전략

1) 옴니채널 전략의 등장 배경

대표적인 전통 오프라인 점포 중 하나인 미국의 메이시스 백화점은 상품과 고객들의 정보를 하나로 통합하고 오프라인 매장과 온라인 매장의 가격과 이벤트를 동일하게 함으로써 옴니채널을 구축했다. 세계적인 SPA 브랜드인 GAP도 온라인에서 예약한 상품을 오프라인 매장에서 직접 픽업할 수 있는 서비스를 2013년 6월부터 도입해 2014년 4월 기준 전년 대비 21.5%의 매출 신장을 기록했다. 이는 오프라인 채널과 온라인 채널을 동시에 소비자와 연결시키는 옴니채널 전략에 의한 수익창출 사례이다.

6 T-커머스 시장 춘추전국시대… 대기업 채널 경쟁 가속화. 아시아경제, 2015. 7. 27.

옴니채널 전략은 기업이 비즈니스에 활용하고 있는 모든 채널을 고객 중심으로 통합하고 연결하여 일관된 커뮤니케이션을 제공함으로써 고객경험을 강화하고 판매를 증대시키는 채널 전략이다. 기존에는 온·오프라인에서 판매하는 상품, 가격, 그리고 혜택이 채널마다 달랐지만, 옴니채널 전략으로는 각 채널을 일관되고 유기적으로 연결하여 온·오프라인에서 동일한 경험과 상품, 일관된 가격과 혜택을 고객에게 제공한다. 즉, 온라인, 오프라인, 모바일, TV 등 모든 채널의 특성을 결합해 고객이 어떤 시간, 어떤 시점에서 어떤 채널을 이용하더라도 같은 매장을 이용하는 것처럼 느낄 수 있도록 하는 쇼핑환경이라고 할 수 있다.

기업 입장에서도 멀티채널 전략을 사용하는 경우에는 각 채널들 간에 수익률을 높이기 위한 별도의 경쟁이 존재할 수 있는 반면, 옴니채널 전략하에서는 각 채널들이 기업의 총 수익률을 위해서 서로 보완적으로 존재한다. 현재와 같이 옴니채널 전략이 새로운 패러다임을 제안하며 안착할 수 있었던 것은 전통적인 채널의 수익성 악화라는 유통산업 내 환경, 다양한 채널로 접근하는 소비 패턴의 변화, 옴니채널의 구현이 가능한 기술의 발달, 그리고 IT를 기반으로 하는 다양한 유통채널의 출현이 있었기 때문이다.

(1) 전통적인 채널의 수익성 악화

지속된 경제 불황으로 백화점, 대형 할인마트, 가두점 등 전통적인 유통채널의 수익성이 악화되었다. 또한 인터넷과 글로벌 물류 서비스의 발달로 인해 국가 간 경계가 없는 온라인 소비 생활, 즉 해외 직구가 일상화되면서 전 세계 기업과 경쟁해야 하는 상황이 되었으며, 소비자들은 바쁜 생활로 편리함을 추구하는 가운데 기존 고객의 이탈이 더욱 가속화되었다. 따라서 신규고객 유치보다 기존고객 유지가 더 중요하다는 점이 다시 부각되며, 고객 중심으로 채널을 통합하는 옴니채널이 주목받게 되었다.

(2) 기술의 발달

센서 및 빅데이터 분석기법, 그리고 드론(drone, 무인비행기) 등과 같이 과학기술의 괄목할 만한 발달은 상이한 유통채널에서도 기업 혹은 브랜드의 동일화된 쇼핑 경험을 고객에게 제공할 수 있는 환경을 구축하는 데 기여하고 있다. 또한 최근 등장한 비콘과 NFC(near field communication)

기술은 옴니채널을 구현하는 대표적인 마케팅 도구로 활용되고 있다.

(3) 다양한 채널의 등장

온라인 커머스의 경쟁이 갈수록 심화되어 가격비교 사이트, 오픈마켓, 소셜커머스 등에서도 최저 가격 보상제를 실시하는 등 인터넷 쇼핑몰에서는 더 이상 가격이 아닌 온라인에서의 쇼핑 경험이 중요해지는 상황이 되었다. 온라인 내에서도 비즈니스 모델을 달리한 채널이 등장함에 따라 소비자들은 다양한 경험과 서비스를 제공하는 채널을 이용하는 데 점점 익숙해졌다. 이에 따라 온·오프라인 채널을 넘나들며 쇼핑하는 소비자인 쇼루밍족과 웹루밍족이 빠르게 증가하는 양상이다.

국내 패션기업들은 옴니채널에 익숙해져 가는 소비자들의 변화를 빠르게 인식하여 발 빠르게 대응할 필요가 있다. 옴니채널로의 변화는 많은 준비기간과 자금을 필요로 하지만 소비자에게는 더 나은 쇼핑 환경과 만족도를 제공하고, 제조사에게는 유통비 절감의 효과가 있으며, 유통업자에게는 물리적인 한계로 정체되어 있는 소비자 점유율을 높일 수 있는 기회를 제공할 것이다.

2) 옴니채널 전략의 특징

옴니채널은 고객, 기술, 채널의 변화에 대응하기 위해 유통 기업들이 생존을 모색하면서 탄생한 채널 전략이다. 옴니채널은 다음과 같은 특징을 가지고 있다. 물리적으로는 통합과 연계가 이루어진 채널을 통해 동일한 상품을 동일한 가격으로 제공함으로써 추상적으로는 고객 중심의 일관된 경험이 제공되어야 한다.

(1) 채널의 통합과 연계

옴니채널 전략은 소비자들이 구매의사결정과정의 전 단계에서 선택하는 쇼핑 채널 및 커뮤니케이션 채널을 고객 중심으로 통합하고 연계하는 것이다. 옴니채널은 고객이 구매하는 직접적인 온·오프라인 유통채널 외에 상품, 서비스, 조직, 시스템, 프로세스, 물류 등 구매와 연관된 전·후방의 모든 지원체계를 포함하는 개념이라고 할 수 있다. 온·오프라인에서의 소비자 구매 정보는 옴니채널상에서 연동되어 구매와 결제가 손쉽게 처리된다. 결제 시에는 현금이나 신용카드 외에 모바일 간편결제 등을 손쉽고 편하게 사용할 수 있다. 배송 서비스 또한 고객이 원하는 방식과 장소로 제공된다. 예를 들어 온라인에서 주문한 상품을 오프라인 매장에서 찾아갈 수 있는 클릭앤드콜렉트(click & collect) 서비스나 고객과 가장 가까이 있는 매장이나 편의점 등에서 받을 수 있는 다양한 배송 연계 서비스가 있다.

(2) 동일한 상품과 가격

옴니채널 전략에서는 온·오프라인 채널상에서 제공되는 상품의 구색, 다양성, 가격, 서비스, 배송 등 모든 조건이나 혜택 등이 동일해야 하며, 오프라인에서 구매하고자 하는 상품이 없는 경우에는 온라인에서 주문하고 동일한 혜택을 받을 수 있도록 각 채널이 통합되고 유기적으로 연결되어야 한다. 고객은 자신의 TPO에 맞추어진 관심 상품, 쿠폰, 할인 등의 다양한 혜택을 제공받아 매장을 방문하게 된다. 검색, 블로그, 소셜미디어 등 고객이 평소 관심을 갖고 있는 채널에서도 광고 및 관련 콘텐츠를 쉽게 제공받을 수 있다. 다양한 리뷰, 검색, 비교 서비스들을 통해 온·오프라인 매장의 상품정보를 탐색하고 가격 조회와 가격 비교를 쉽게 할 수 있다. 구매 후 반품 처리나 고객 문의에 대해서도 온·오프라인 채널이 전방위로 활용되며, 재구매 유도를 위한 실시간 맞춤형 상품 추천 및 재방문 혜택 등도 채널간 연계를 통해 이루어진다.

(3) 일관된 경험

옴니채널 전략으로는 소비자에게 언제 어디서나 단절되지 않는 일관된 경험을 제공해야 한다. 온라인과 오프라인 채널을 통해 동일한 경험이 제공되어야 하며, 고객이 상품을 구매하기 위해서 상품을 인지하는 순간부터 구매 후 평가, 만족에 대한 관리에 이르기까지 고객과 지속적으로 커뮤니케이션해야 한다. 고객과의 일 대 일 소통을 통해 고객이 원하는 가치를 얻을 수 있도록 일관된 고객 경험을 제공하는 것이 중요하다. 상품을 사전에 체험할 수 있는 인터렉티브한 고객 경험 기술을 기반으로 하여 소비자는 오프라인 매장이 아닌 온라인 매장을 방문하더라도 만지고, 보고, 느끼는 경험을 가질 수 있다. 오프라인 매장에서는 첨단기술이 보강된 다양한 인터렉티브 기술들을 활용하여 기존의 보고, 만지고, 느끼는 경험 외에 매장 탐색, 구매 편의, 제품 체험 등의 구매경험을 할 수 있게 된다. 현재 고객 커뮤니케이션을 위한 인터렉티브 기술로는 위치기반 GPS, 비콘, QR 코드, NFC 등의 다양한 인식 기술이 있어 개인화된 맞춤형 서비스를 제공할 수 있다. 증강현실, 3D 프로젝션 맵핑, 홀로그램 등은 고객이 직접적으로 체감하고 몰입 경험을 강화할 수 있는 체험기술이다. 이러한 기술들을 활용하여 옴니채널상에서는 상품에 대한 스토리텔링과 고객 경험을 훨씬 더 강화할 수 있다.

(4) 고객 중심

옴니채널상에서 모든 마케팅 전략은 고객을 중심으로 이루어진다. 모바일을 통한 구매의 일상화, 매장의 쇼루밍화 등 고객의 구매패턴 변화는 기업 중심의 판매 채널 통합이 아닌 고객 중심의 원활한 커뮤니케이션 통합으로 옴니채널 전략이 이루어져야 한다는 것을 의미한다. 즉, 기존의 기업 중심 채널 운영방식에서 벗어난 마케팅 커뮤니케이션, 조직 및 시스템 방식을 벗어난 고객 중심의 체제 마련이 옴니채널의 핵심이라고 볼 수 있다.

3) 국내 옴니채널 전략 사례

국내에서도 옴니채널 전략을 선도적으로 실천하고 있는 사례들을 많이 찾아볼 수 있다. MCM, ABC마트, 롯데그룹, 신세계몰, SK플래닛, CJ오쇼핑, 유니클로, 자라의 경우를 살펴보자.

(1) MCM

패션잡화 브랜드 MCM은 옴니채널 'M5 서비스'를 오픈하여 상품과 이벤트, 콘텐츠 등을 온·오프라인상에서 이용할 수 있도록 하고 있다. M5 서비스로 소비자는 잡지나 광고 등 매체에서 만난 MCM 이미지를 통해 상품관련 정보를 바로 확인할 수 있다. 이미지와 함께 표기된 5개 숫자를 스마트폰이나 매장 내 대형화면에 입력하면 그 자리에서 상품정보 확인이 가능한 것이다. 매장 안에서 스마트폰으로 제품을 구매하고 즉시 상품을 가져가거나 퀵서비스로 받을 수도 있다. M5 서비스는 단순히 구매와 픽업에 그치지 않고 소비자와의 소통, 자연스러운 온·오프라인 연결, 동일한

그림 7-3 MCM의 옴니채널 M5 개념도

그림 7-4 ABC마트의 옴니채널 홍보 포스터

브랜드 경험이라는 주요 포인트를 만족시키는 서비스라고 할 수 있다.[7] 이 서비스를 오픈한 후 MCM은 이전 2개월 대비 국내 매출이 20% 증가했고, 특히 매장 직접 수령이 가능해지면서 주말 구매율이 23% 증가했다.

(2) ABC마트

ABC마트는 신발업계 최초로 온·오프라인의 경계를 허물고 옴니채널을 구축했다.[8] '스마트 슈즈 카트(smart shoes cart)'라고 불리는 이 옴니채널 시스템은 ABC마트 매장 방문 시 재고 품절로 상품을 구입하지 못했던 불편함을 개선하는 '품절제로' 취지를 담았다. 사이즈가 없어서 발길을 돌려야 했던 불편을 해소하는 등 온·오프라인 통합 유통채널을 확보함으로써 소비자들이 언제 어디서든 ABC마트 상품을 확인하고 구입할 수 있게 만든 시스템이다.

7 「MCM」 'M5 서비스' 성공할까. 패션비즈, 2015. 2. 26.
8 ABC마트, 업계 최초 옴니채널 '스마트 슈즈 카트' 구축. 어패럴뉴스, 2015. 6. 15.

(3) 롯데그룹

롯데그룹은 백화점과 마트, 홈쇼핑, 편의점, 온라인몰 등 온·오프라인의 모든 유통채널을 가지고 있는 장점을 앞세워 옴니채널 확대에 의지를 보이고 있다. 2014년 11월부터 롯데백화점은 롯데닷컴과 연계해 본점 1층에 국내 최초로 '롯데 온라인 픽업서비스 전용데스크'를 운영하여 소비자가 온라인에서 구매한 상품을 픽업데스크에서 바로 수령할 수 있게 하고 있다. 또한, 롯데백화점 매장에 들어서면 그날의 화장품 매장별 할인 정보를 실시간으로 제공해 주며, 특정 브랜드 매장을 지나가면 현재 진행하는 이벤트를 알려주는 메시지와 할인쿠폰 등이 자동으로 전송되도록 하였다. 백화점 모바일 앱을 설치하고 메시지 수신기능을 켜면 손쉽게 이용가능하다.

(4) 신세계그룹

신세계그룹도 온라인 복합쇼핑몰인 'SSG닷컴'을 통해 옴니채널을 구축하고 있다. 신세계백화점과 인터넷 쇼핑몰, 이마트몰, 트레이더스몰 같은 그룹의 쇼핑몰에서 지금까지 각각 취급하던 150만여 개의 상품을 통합하여 소비자가 편리하게 구매할 수 있도록 시스템을 개선해왔다.[9]

(5) SK플래닛

SK플래닛은 비콘 서비스 앱인 '시럽'을 통해 쇼핑 정보를 자동으로 알려주는 서비스를 통해 매장 인근 고객에게 할인 쿠폰, 행사상품과 이벤트 정보 등을 실시간으로 제공한다. 시럽은 고객의 개성에 맞춘 개인화 서비스로, 모바일과 오프라인을 오가며 고객 개개인에게 최적화된 쇼핑 정보를 제공하면서 편리하게 쇼핑할 수 있도록 한다.

(6) CJ오쇼핑

CJ오쇼핑은 홈쇼핑에서 파는 인기 디자이너 브랜드 의류 제품을 직접 만지고 입어본 뒤 살 수 있도록 하였다. 신세계 여주 프리미엄 아울렛에 '스타일 온 에어'라는 오프라인 매장을 열어 홈쇼핑에서만 판매되던 40여 개의 브랜드 제품을 직접 보고 구입할 수 있도록 쇼핑 환경을 변화시켰다.

---

9 유통 핫이슈, '옴니채널'은 온·오프 경계 지운다. 아이뉴스24, 2014. 12. 11.

(7) 유니클로

유니클로는 모바일 애플리케이션을 출시하면서 오프라인 매장과의 연계를 통한 시너지를 확대하는 데 주력하고 있다. 자주 찾는 매장을 등록해 놓으면 맞춤형 쿠폰 등의 혜택을 제공하고 있으며 현재 위치를 기반으로 근처 매장을 검색할 수 있게 하고 주차 가능 여부 등 세부 내용을 알 수 있게 하였다. 오프라인 매장에서 상품 바코드를 스캔하면 상품 상세정보와 상품평도 확인할 수 있다.

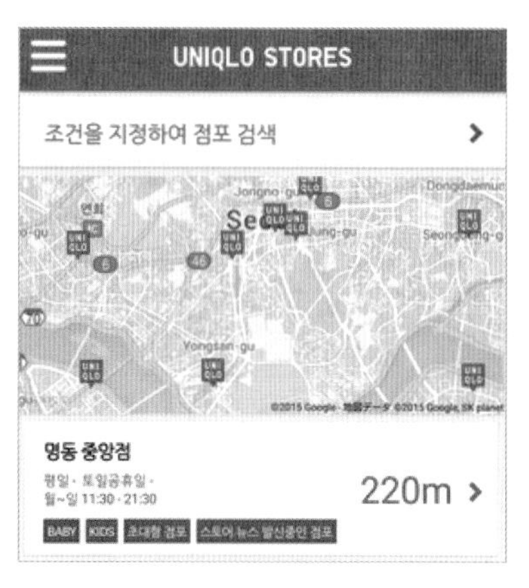

그림 7-5 유니클로 모바일 앱의 위치기반 서비스 매장안내

(8) 자라

자라는 온라인에 구축한 자라닷컴으로 온·오프라인을 연계하여 소비자에게 접근하고 있다. 자라닷컴은 오프라인 매장에서 구입할 수 있는 여성, 남성, 아동 제품을 동일하게 선보이고 있다. 온라인에서 구매한 제품을 오프라인 매장 픽업으로 지정할 경우 직접 방문해 수령할 수 있으며, 교환이나 환불도 가능하다. 유니클로와 마찬가지로 자라 오프라인 매장에서 모바일 애플리케이션을 이용하여 제품 바코드를 스캔하면 온라인 구매 가능 여부를 즉시 확인할 수 있다.

4) 해외 옴니채널 전략 사례

메이시스 백화점은 옴니채널 전략을 성공적으로 도입한 대표적인 사례로 평가받고 있다. 이 밖에도 버버리, 노드스트롬 백화점, C&A, 아마존닷컴, 존루이스 백화점, 막스앤스펜서, 월마트의 경우를 함께 살펴보자.

(1) 메이시스 백화점

메이시스 백화점은 오프라인 매장과 온라인 매장의 상품과 고객 정보를 하나로 통합하였으며, 애플의 아이비콘 센서를 통해 메이시스 백화점을 내방하는 고객에게 맞춤정보 및 할인쿠폰을 제공하는 비콘 서비스를 시작했다. 메이시스는 또 주문한 물건이 빠른 시간 내에 정확하게 배송되기만 한다면 어디에서 배송이 이루어지는지는 고객들이 신경 쓰지 않는다는 점에 착안하여, 주요 창고가 각 온라인과 우편 주문의 배송을 담당하도록 하였으며, 더 나아가 720여 개의 메이시스 소매점을 활용하여 고객과 가까운 곳의 소매점에 주문 물품이 있을 경우에는 그곳에서 직접 배송하도록 하였다.[10] 따라서 온라인에서 구매한 것을 오프라인에서 받을 수 있는 '클릭앤드콜렉트(click and collect)' 매장을 600여 개로 확대했고, 오프라인 매장에 재고가 없을 경우에는 온라인에서 배송받을 수 있는 '서치앤드센드(search and send)' 프로그램을 운영하는 등 재고가 있는 매장끼리 서로 연결해 통합적으로 채널간 운영 관리를 하고 있다. 가상적으로 옷을 입어볼 수 있도록 인터렉션 체험이 가능한 '매직피팅룸'이나 매장 안에서 온라인 구매를 편리하게 할 수 있는 '뷰티스팟' 등도 고객의 만족을 극대화시켰으며, 매장에 위치기반 서비스인 숍킥이나 아이비콘을 설치하여 방문자의 위치에 따라 맞춤화된 혜택을 제공하였다. 피팅룸에는 태블릿 PC를 설치해 고객이 구매 결정을 내리는 데 도움을 주고 태블릿을 들고 다니는 판매원을 통해 바로 계산이 가능하게 하였다.

(2) 버버리

패션업계에서 옴니채널을 가장 잘 활용하고 있는 브랜드는 버버리(Burberry)이다. 버버리는 디지털 미디어를 적극적으로 활용해 오프라인 매장, 런웨이, 온라인을 통합하고 연결하여 누구나 쉽게 접근할 수 있는 럭셔리 브랜드로 소비자에게 접근하고 있다. 버버리는 오프라인 매장에서 최대한의 온라인 쇼핑 경험을 제공하는 데 초점을 맞추고자 플래그십스토어 중앙에 초대형 스크린을 설치해 실시간 패션쇼나 콘서트 등을 방송하며 다양한 스크린을 통해 멀티미디어 서비스를 제공하고 있다. 버버리의 런웨이는 온라인 사이트에서 생중계되고 집에서 인터넷으로 버버리 패션쇼를 보다가 마음에 드는 제품은 클릭 몇 번으로 7주 만에 집으로 배송받을 수 있다. 매장 옷에 RFID 태그가 부착되어 있어 고객이 옷을 입어보기 위해 옷을 들면 거울이 비디오 화면으로 바뀌면서 상품에 관한 정보도 확인할 수 있다.

10 똑똑해진 소비자… '옴니채널'만이 살길. 한국경제, 2015. 1. 6.

버버리는 전통과 젊은 감각을 온라인상에서도 체험할 수 있는 다양한 콘텐츠를 제공하고 있는데, '비스포크' 서비스를 통해 온라인상에서 고객이 직접 원하는 스타일의 트렌치코트를 디자인하고 주문할 수 있다. 120만 개의 조합으로 디자인을 선택할 수 있으며, 360도 비디오뷰로 입체적인 체험이 가능하고, 주문한 제품은 8주 안에 배송받을 수 있다. 버버리는 온라인 사이트를 통해 디자인, 소재, 관리법 등의 설명을 제시하고 제품을 구경하다가 궁금한 점이 있으면 24시간 오픈되어있는 채팅창을 통해 상담을 받거나 자신이 남긴 연락처 등을 통해 전화가 오는 '콜백' 서비스를 이용할 수 있다.

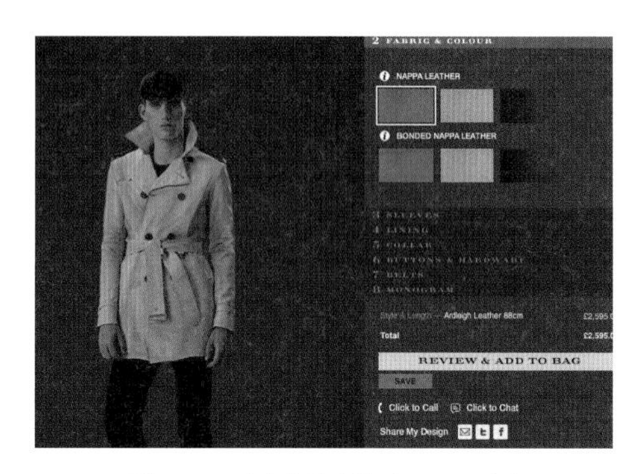

그림 7-6 버버리 온라인 비스포크 서비스
자료: The Wall Street Journal, 2011. 11. 3.

(3) 노드스트롬 백화점

미국의 노드스트롬 백화점은 소셜네트워크 서비스인 핀터레스트에서 가장 많은 횟수의 'Pin'을 받은 상품만을 온라인 스토어의 한 섹션으로 운영한다. 오프라인 매장에서도 관련 물품들에 표시를 해놓는다. 또 인스타그램을 통해 상품을 소개하고 소비자들이 바로 구매할 수 있도록 돕는 서비스인 '라이크투바이(Like2Buy)'도 운영하고 있다. 피팅룸에는 아이패드를 설치하여 사이즈가 맞지 않거나 다른 색상을 입어보기 원한다면 점원을 부를 필요 없이 손쉽게 커뮤니케이션이 가능하도록 했고, 다양한 상품 정보가 있는 앱을 설치하여 현재 매장의 상황 및 인근 매장의 상태 등도 파악할 수 있게 하였다. '스마트 미러(smart mirror)'를 통해 상품 바코드를 인식하여 매장 재고를 파악할 수 있을 뿐만 아니라 구매하고자 하는 상품과 어울리는 스타일 리스트를 추천받을 수 있게 하였고, 즉시 구매도 가능하게 하였다. 또한 매장 내 고객의 트래킹 분석을 통해 고객 쇼핑행동과 선호도를 분석해 고객 맞춤형 응대와 상품 추천을 하고 있다.

(4) C&A

의류업체인 C&A는 매장에 들어섰을 때 졸졸 쫓아다니는 점원에게 방해받는 것은 싫지만 많은 사람들의 2차 의견을 듣고 싶어 하는 고객들을 위해 '패션라이크(Fashion Like)'라는 서비스로 오프라인 진열대와 페이스북을 접목시켰다. 이는 C&A의 페이스북 페이지에서 방문객들이 '좋아요'를 누른 횟수가 실시간으로 옷걸이에 있는 숫자에 나타나게 하여 소비자들의 선택에 도움이 되도록 하는 것이다.

(5) 아마존닷컴

전통적인 온라인 상거래 업체인 아마존닷컴도 오프라인 기반의 상품을 확대하고 모바일 채널을 강화하는 등 온라인과 오프라인 연계를 확대하고 있다. 아마존은 사물인터넷 기술을 접목해 매장의 개념을 바꾼 '대시(Dash)' 서비스를 선보였다. 이는 상품을 스캔하거나 음성으로 제품명을 말하면 아마존의 온라인 장바구니에 추가되는 서비스로, 예를 들면 가정에서 커피캡슐이 있는 곳에 대시버튼을 설치해 놓으면 커피캡슐이 떨어졌을 때 버튼을 한번 누르는 것으로 추가 주문이 들어가는 방식이다. 아마존은 또한 하루배송서비스나 빠른 배송을 위해서 드론을 이용한 '아마존 프라임 에어' 프로젝트를 통해 배송시간을 줄이려고 하고 있다.

(6) 존루이스 백화점

영국의 존루이스 백화점은 매장 내에 인터랙티브 기술을 적용한 '디지털 스토어'를 제공해 쇼루밍 고객까지 적극적으로 끌어안는 옴니채널 전략을 추진하고 있다. 영국에서는 최초로 매장 내 와이파이 서비스를 제공해 매장 내에서 인터넷으로 상품 검색 및 가격 비교를 할 수 있게 했다. 존루이스를 방문한 고객이 더 저렴한 가격으로 온라인에서 구매할 수 있을 경우 온라인 구매를 적극적으로 유도하고 있다. 디지털 스토어에서는 인터랙티브 키오스크와 스크린을 설치하여 고객이 편리하게 상품을 구매할 수 있는 가이드 역할도 한다. 어떤 상품을 구매할지 모르는 고객이 스크린에 표시된 질문 사항에 답하면 고객의 관심사를 파악해 상품 추천, 매장 위치 안내, 상품 정보 제공을 하며 온라인 판매 상품도 함께 제시해 준다.

(7) 막스앤스펜서

영국의 패션유통기업인 막스앤스펜서는 매장 내 방문 고객에게 구매 경험을 높여주기 위해 온·

그림 7-7 존루이스 백화점 내 디지털 스토어
자료: retail design blog, 2012. 12. 17.

그림 7-8 막스앤스펜서 앱
자료: Bargain Avenue, 2016. 1. 4. 검색

그림 7-9 월마트의 스캔앤고 시스템
자료: macrumors.com, 2013. 3. 20.

오프라인을 연계한다. 2012년에는 'at home'이라는 앱을 출시해 기존의 오프라인 카탈로그를 대체하였고, 매장 내 직원들은 아이패드를 활용하여 고객을 응대할 수 있게 하였으며, 고객들은 매장 중앙에 설치된 키오스크를 활용하여 카탈로그를 검색하거나 상품의 바코드를 스캔하여 상품 정보를 얻을 수 있게 하였다.

(8) 월마트

미국의 대형 유통업체 월마트는 스마트폰으로 상품을 스캔하고 결제까지 하는 '스캔앤고' 서비스를 제공하고 있다. 스마트폰으로 결제를 마친 고객은 계산대에서 기다릴 필요 없이 '셀프체크아웃카운터'를 통해 나가면 된다.

CHAPTER 8

쇼핑몰 구축

실제로 인터넷 비즈니스를 시작하기 위해서는 사업자등록과 통신판매신고를 하고 전자금융서비스이용약관과 개인정보취급방침을 갖추는 등 행정적으로 요구되는 절차를 이행해야 한다. 온라인결제시스템과 물류시스템도 확보해야 한다. 그리고 고객과 접촉하는 가상점포를 개설하기 위해서는 도메인을 등록하고 쇼핑몰을 구축해야 한다. 쇼핑몰을 구축할 때는 독립 쇼핑몰 솔루션을 구입하여 구축하거나 자체 프로그래밍으로 쇼핑몰을 제작하는 방법도 있겠지만 소규모 창업 시에는 비용이 저렴한 기존 플랫폼을 이용하는 것이 유리하다. 전문 호스팅업체에는 카페24, 고도몰, 후이즈, 워드프레스 등 다양한 업체가 있으므로 사용 목적에 맞게 선택하면 된다. 본 장에서는 카페24를 예로 들어 쇼핑몰 구축 과정을 알아볼 것이다. 상품이 많지 않은 경우나 독립적인 쇼핑몰이 있더라도 인터넷 상의 채널 확대를 원할 때에는 옥션이나 G마켓 같은 오픈마켓에 입점하여 개별 판매자로서 인터넷 비즈니스를 시작할 수도 있다.

1. 쇼핑몰 구축 사전준비

1) 사업신고

인터넷 쇼핑몰 비즈니스를 위한 행정 절차로 사업자등록과 통신판매업 신고가 필요하다.

(1) 사업자등록

사업 개시일 전부터 사업 시작일로부터 20일 이내의 기간에 사업자등록 신고를 마쳐야 합법적으로 사업을 할 수 있다. 사업자등록 신고는 관할 세무서에서 하는데 세무서에 비치된 사업자등록 신청서를 작성해야 하는 것 외에 신분증을 준비해야 한다. 사업허가가 필요한 경우는 사업허가증 사본, 사업장을 임차한 경우는 임대차계약서, 2인 이상의 공동 사업 시에는 동업계약서, 상가에 사업장을 임차한 경우에는 사업장 도면, 본인 명의의 집을 사업장으로 사용하는 경우에는 등기부 등본이 필요하다. 신청 후 사업자등록증의 교부는 대체로 즉석에서 이루어진다.

(2) 통신판매업 신고

〈전자상거래에서의소비자보호에관한법률〉에 따라 인터넷에서 판매업을 하는 사업자는 누구나 통신판매업 신고를 해야 한다. 접수는 관할구청에서 하며 신고 시에는 신분증과 사업자등록증 사본 등의 서류가 필요하다. 단 최근 6개월간 거래횟수가 10회 미만이거나 거래금액이 600만 원 미만인 경우에는 신고 의무가 면제된다. 신고 접수 후 주말과 공휴일을 제외하고 총 3일 이내에 처리되며, 신고가 처리되면 반드시 통신판매업 신고번호를 쇼핑몰 하단에 명기하도록 되어 있다. 면허세로 45,000원의 비용이 소요된다.

■ 전자상거래 등에서의 소비자보호에 관한 법률 시행규칙 [별지 제1호서식] <개정 2012.8.17>

통신판매업 신고서

접수번호	접수일	처리기간 3일

신고인	법인명(상호)	법인등록번호	
	소재지	전화번호	
	대표자의 성명 (서명 또는 인)	주민등록번호	
	주소	전화번호	
	전자우편주소	사업자등록번호	
	인터넷도메인 이름	호스트서버 소재지 (웹호스팅업체에 확인하여 적습니다)	
	참고사항	판매방식	[ ]TV홈쇼핑, [ ]인터넷, [ ]카탈로그, [ ]신문・잡지, [ ]기타
		취급품목	[ ]종합몰, [ ]교육/도서/완구/오락, [ ]가전, [ ]컴퓨터/사무용품, [ ]가구/수납용품, [ ]건강/식품, [ ]의류/패션/잡화/뷰티, [ ]레저/여행/공연, [ ]성인/성인용품, [ ]자동차/자동차용품, [ ]상품권, [ ]기타(구체적 품목 기재:)

「전자상거래 등에서의 소비자보호에 관한 법률」 제12조제1항, 같은 법 시행령 제13조, 제15조 및 같은 법 시행규칙 제8조제1항・제2항에 따라 위와 같이 신고합니다.

년 월 일

신고인 (서명 또는 인)

※ 위 신고인 대표자와 동일인이 아닐 경우에만 적습니다.

공정거래위원회
특별자치도지사・시장・군수・구청장 귀하

신고인(대표자) 첨부서류	별지 제2호서식의 구매안전서비스 이용 확인증(선지급식 통신판매를 하려는 경우만 해당합니다)	수수료 없음
담당 공무원 확인사항	1. 법인 등기사항증명서(법인인 경우만 해당합니다) 2. 발기인의 주민등록표 등본(법인의 설립 등기 전에 신고하는 경우만 제출합니다) 3. 사업자등록증(확인에 동의하지 않는 경우에는 사업자등록증 사본을 제출해야 합니다)	

행정정보 공동이용 동의서

본인은 이 건 업무처리와 관련하여 「전자정부법」 제36조제1항에 따른 행정정보의 공동이용을 통하여 담당 공무원이 위의 담당 공무원 확인 사항을 확인하는 것에 동의합니다. *동의하지 않는 경우에는 신고인이 직접 관련 서류를 제출해야 합니다.

신고인(대표자) (서명 또는 인)

처리절차

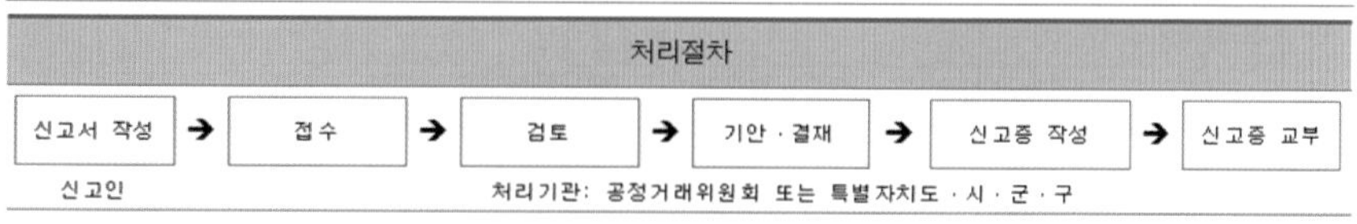

210mm × 297mm[백상지 80g/m²]

그림 8-1 통신판매업 신고서

■ 부가가치세법 시행규칙 [별지 제3호서식] <개정 2012.2.28>

홈택스(www.hometax.go.kr)에서도 신청할 수 있습니다.

사업자등록신청서(개인사업자용)
(법인이 아닌 단체의 고유번호 신청서)

※ 귀하의 사업자등록 신청내용은 영구히 관리되며, 납세성실도를 검증하는 기초자료로 활용됩니다.
아래 해당 사항을 사실대로 작성하시기 바라며, 신청서에 본인이 자필로 서명하여 주시기 바랍니다.
※ [ ]에는 해당되는 곳에 √표를 합니다.

(앞쪽)

접수번호		처리기간	3일(보정기간은 불산입)

1. 인적사항

상 호(단 체 명)	전 화 번 호	(사 업 장)
		(자 택)
성 명(대 표 자)		(휴대전화)
주민등록번호	FAX번 호	
사업장(단 체) 소재지		

2. 사업장 현황

업 종	주업태		주종목		주업종 코드	개업일	종업원 수
	부업태		부종목		부업종 코드		

사이버몰 명칭		사이버몰 도메인	

사업장구분	자가 면적	타가 면적	사업장을 빌려준 사람 (임 대 인)			임대차 명세		
			성 명 (법인명)	사업자 등록번호	주민(법인) 등록번호	임대차 계약기간	(전세) 보증금	월 세
	㎡	㎡				. . . ~ . . .	원	원

허 가 등 사업 여부	[ ]신고 [ ]등록	주류면허	면허번호	면허신청
	[ ]허가 [ ]해당없음			[ ]여 [ ]부
개별소비세 해 당 여 부	[ ]제조 [ ]판매 [ ]입장 [ ]유흥			

사업자금 명세 (전세보증금 포함)	자기자금	원	타인자금	원
사업자단위과세 적용 신고 여부	[ ]여 [ ]부		간이과세 적용 신고 여부	[ ]여 [ ]부

전자 세금 계산서 (e세로)	회원가입 신청 여부	[ ]여 [ ]부	사용자아이디(ID)	(영어 또는 영어·숫자의 조합, 6~20자) * 온라인 신청 회원과 ID 중복방지를 위해 기재하신 ID앞에 영문이 첨부되어 등록됩니다. qt[xxxxx] : 세무서 신청, qh[xxxxx] : 홈택스 신청
	전용메일 이용 동의	[ ]동의함 [ ]동의하지않음	* e세로 회원가입을 신청한 경우에 한해 전용메일 이용 동의 여부 선택이 가능하며 동의한 경우 사업자등록증에 전용메일 주소가 표시됩니다. * 아래 전자우편주소로 초기 비밀번호가 발송되니 전자우편주소를 반드시 정확하게 적어야 합니다.	

전자우편주소		국세청이 제공하는 국세정보 수신동의 여부	[ ]동의함 [ ]동의하지않음

그 밖의 신청사항	확정일자 신청 여부	공동사업자 신청 여부	사업장소 외 송달장소 신청 여부	양도자의 사업자등록번호 (사업양수의 경우에 한정함)
	[ ]여 [ ]부	[ ]여 [ ]부	[ ]여 [ ]부	

210㎜×297㎜[백상지 80g/㎡ 또는 중질지 80g/㎡]

(계속)

(뒤 쪽)

3. 사업자등록 신청 및 사업 시 유의사항 (아래 사항을 반드시 읽고 확인하시기 바랍니다)

가. 귀하가 다른 사람에게 사업자명의를 빌려주는 경우 사업과 관련된 각종 세금이 명의를 빌려준 귀하에게 나오게 되어 다음과 같은 불이익이 있을 수 있습니다.

1) 조세의 회피 및 강제집행의 면탈을 목적으로 자신의 성명을 사용하여 타인에게 사업자등록을 할 것을 허락한 사람은 「조세범 처벌법」 제11조제2항에 따라 1년 이하의 징역 또는 1천만원 이하의 벌금에 처해집니다.
2) 소득이 늘어나 국민연금 및 건강보험료를 더 낼 수 있습니다.
3) 명의를 빌려간 사람이 세금을 못내게 되면 체납자가 되어 소유재산의 압류 · 공매처분, 체납명세의 금융회사 등 통보, 출국규제 등의 불이익을 받을 수 있습니다.

나. 귀하가 다른 사람의 명의로 사업자등록을 하고 실제 사업을 하는 것으로 확인되는 경우 다음과 같은 불이익이 있습니다.

1) 조세의 회피 또는 강제집행의 면탈을 목적으로 타인의 성명을 사용하여 사업자등록을 한 사람은 「조세범 처벌법」 제11조제1항에 따라 2년 이하의 징역 또는 2천만원 이하의 벌금에 처해집니다.
2) 「부가가치세법」 제22조제1항제2호에 따라 사업개시일부터 실제 사업을 하는 것으로 확인되는 날의 직전일까지의 공급가액에 대하여 100분의 1에 해당하는 금액을 납부세액에 가산하여 납부하여야 합니다.
3) 「주민등록법」 제37조제10호에 따라 다른 사람의 주민등록번호를 부정사용한 자는 3년 이하의 징역 또는 1천만원 이하의 벌금에 처해집니다.

다. 귀하가 실물거래 없이 세금계산서 또는 계산서를 발급하거나 발급받은 경우 또는 이와 같은 행위를 알선 · 중개한 경우에는 「조세범 처벌법」 제10조제3항 또는 제4항에 따라 해당 법인 및 대표자 또는 관련인은 3년 이하의 징역이나 공급가액 및 그 부가가치세액의 3배 이하에 상당하는 벌금에 처해집니다.

라. 신용카드 가맹 및 이용은 반드시 사업자 본인명의로 하여야 하며 사업상 결제목적 외의 용도로 신용카드를 이용할 경우 「여신전문금융업법」 제70조제2항에 따라 3년 이하의 징역이나 2천만원 이하의 벌금에 처해집니다.

대리인이 사업자등록신청을 하는 경우에는 아래의 **위임장을 작성하시기 바랍니다.**

위 임 장	본인은 사업자등록 신청과 관련한 모든 사항을 아래의 대리인에게 위임합니다. 본 인: (서명 또는 인)			
대리인 인적사항	성명	주민등록번호	전화번호	신청인과의 관계

위에서 작성한 내용과 실제 사업자 및 사업내용 등이 일치함을 확인하며, 「부가가치세법」 제5조제1항 · 제25조제3항, 같은 법 시행령 제7조제1항 · 제74조제4항, 같은 법 시행규칙 제2조제1항 및 「상가건물 임대차보호법」 제5조제2항에 따라 사업자등록 [[ ]일반과세자[ ]간이과세자[ ]면세사업자[ ]그 밖의 단체] 및 확정일자를 신청합니다.

년 월 일

신청인: (서명)

위 대리인: (서명)

세 무 서 장 귀하

신고인 제출서류	1. 사업허가증 사본, 사업등록증 사본 또는 신고필증 사본 중 1부(법령에 따라 허가를 받거나 등록 또는 신고를 하여야 하는 사업의 경우만 해당합니다) 2. 임대차계약서 사본(사업장을 임차한 경우만 해당합니다) 1부 3. 「상가건물 임대차보호법」이 적용되는 상가건물의 일부분을 임차한 경우에는 해당 부분의 도면 1부 4. 자금출처명세서(금지금 도 · 소매업 및 과세유흥장소에의 영업을 하려는 경우만 해당합니다) 1부	수수료 없음

※ 사업자등록 신청 시 다음과 같은 사유에 해당하는 경우 붙임의 서식 부표에 추가로 적습니다.
① 공동사업자에 해당하는 경우
② 종업원을 1명 이상 고용한 경우
③ 사업장 외의 장소에서 서류를 송달받으려는 경우
④ 사업자단위과세 적용을 신청한 경우(2010년 이후부터 적용)

그림 8-2 사업자등록신청서

2) 쇼핑몰 운영 준비

쇼핑몰의 이름과 주소에 해당하는 도메인을 확보하고 웹호스팅을 하는 것으로 가상공간에 자신의 쇼핑몰이 만들어진다. 결제 시스템과 배송 시스템을 확보하는 것도 쇼핑몰 비즈니스를 시작하기 전 준비사항이다.

(1) 도메인 등록

실제적인 쇼핑몰 구축을 위해서는 도메인을 구입하여 쇼핑몰의 웹 주소를 받아야 한다. 도메인 구입은 카페24, 후이즈, 가비아, 닷네임, 아이네임즈 등에서 가능하다. 도메인 등록은 구입한 후 24시간 이내에 마쳐야 한다. 도메인은 .com, .net, .co.kr, .kr 등 여러 형태로 구매할 수 있는데, 도메인 주소는 가급적 짧으면서 고객이 기억하기 쉬운 것이 좋으며 쇼핑몰의 성격이나 취급하는 아이템의 성격과 일치하도록 정하는 것이 좋다.

타인이나 다른 회사에서 이미 등록하여 사용하고 있는 도메인은 등록할 수 없으므로 사용가능한 도메인인지 미리 검색하고 구입하는 것이 필요하다.

도메인 작성은 영문자, 숫자, 하이픈의 조합으로 가능하며 대문자와 소문자는 구별하지 않으나 첫 글자는 반드시 영문자 또는 숫자로 시작해야 한다. 문자의 수는 2~63자로 사용할 수 있다.

(2) 카드결제대행 신청

쇼핑몰에서 구매가 이루어질 때 구매 상품에 대한 대금지불을 위해서는 결제시스템을 미리 구축해야 한다. 카드결제는 대행사를 통해 진행하는데 카드결제 대행사를 PG사(Payment Gateway)라고 한다. PG사에는 올더게이트, KCP, KG이니시스, LG유플러스, KSNET, 올앳페이 등이 있다. 이들 중 한 군데를 선정하여 온라인으로 결제대행을 신청하고 초기 가입비를 납부한 후 PG사에 계약서를 발송하면 PG사에서 해당 쇼핑몰을 심사한 후 카드사 등록을 처리한다. 쇼핑몰 심사가 필요하므로 PG사에 결제대행 서비스를 신청하는 것은 쇼핑몰 구축이 끝난 다음에 가능하다.

(3) 에스크로 시스템 구축

에스크로는 상품대금을 무통장으로 입금하는 고객을 보호하기 위한 은행과의 협력 시스템이다. 구매자가 상품을 주문할 때 상품대금을 쇼핑몰 판매자에게 바로 입금하는 것이 아니라 사전에 정해진 대행 은행의 계좌로 입금하고 대행 은행에서는 대금을 보관하였다가 판매자가 배송을 완료하고 구매자가 구매를 결정한 후에 비로소 미리 받아두었던 상품대금을 판매자에게 지불하는 시스템이다. 신용카드로 구매하는 거래, 소액거래 및 게임, 인터넷 학원수강 등과 같이 배송이 필요하지 않고 즉시 소비할 수 있는 상품의 거래에는 해당되지 않는다.

(4) 택배사 선정

쇼핑몰 상품 배송 시 선택 가능한 택배사는 CJ대한통운, 편의점택배, DHL, FedEx, KGB택배, SEDEX, 국제특급 EMS, 국제항공소포, 국제선편소포 등 무수히 많다. 택배사를 선정할 때는 비용 및 혜택을 꼼꼼히 따져야 하며 물품 파손과 같은 사고에 대비하여 A/S 조건도 잘 비교하여 결정해야 한다. 사무실과 가까우면 수시 배송이 가능하고 시간을 절약할 수 있어서 좋다.

2. 카페24에서의 쇼핑몰 구축

1) 회원 가입과 쇼핑몰 운영

카페24는 간단한 홈페이지 제작을 무료로 제공하고 있어 쇼핑몰을 처음 구축하는 초보자에게 진입장벽이 낮으며, 충분한 연습을 통해 창업을 준비할 수 있다는 이점이 있다. 또한 카페24는 회원가입과 동시에 쇼핑몰을 만들 수 있으며 쇼핑몰을 무한대로 만들 수 있다. 카페24(echosting.cafe24.com)에 접속하여 회원가입을 하고 쇼핑몰 아이디를 만든 다음 '무료로 쇼핑몰 만들기' 메뉴로 들어가 쇼핑몰 제작을 시작한다. 최초 가입 아이디를 기반으로 새로운 아이디를 무한히 만들 수 있다.

그림 8-3 쇼핑몰구축 사이트 카페24

쇼핑몰 관리자를 대표운영자, 부운영자, 공급사로 구분하여 접속을 허용하고 이들 각각에게 서로 다른 권한을 부여할 수 있다. 대표운영자는 쇼핑몰 운영의 모든 권한을 가진 관리자로 쇼핑몰 운영을 총괄한다. 부운영자는 대표운영자에게 설정받은 권한만 가진 관리자로 쇼핑몰의 한정된 기능을 주관한다. 공급사에는 해당 쇼핑몰의 상품 등록 및 관리와 같이 상품공급과 관련된 기능만 허용한다.

카페24에서는 한국어로 된 쇼핑몰을 영어나 중국어로 변환하는 서비스도 제공하고 있다. 따라서 기본이 되는 한국어 쇼핑몰을 만들면 영어권이나 중국어권 등 주요 언어권별 쇼핑몰도 오픈할 수 있다. 일본어, 대만어(번체), 스페인어, 포르투갈어도 이용 가능하다.

2) 쇼핑몰 디자인

쇼핑몰 디자인을 위해 메인 화면을 구성하고 레이아웃을 디자인한다. 이 과정에서 '스마트디자인' 기능을 활용할 수 있다.

(1) 페이지 메뉴

쇼핑몰 관리자 페이지의 메뉴는 크게 상점관리, 상품관리, 주문관리, 고객관리, 게시판관리, 디자인관리, 모바일쇼핑몰, C스토어, 프로모션, 마켓통합관리, 부가서비스, 마케팅센터로 나누어져 있다. 각 메뉴의 기능은 다음과 같다.[1]

- **상점관리** 상점기본정보, 상점운영, 상점결제, 배송관리 등 쇼핑몰 운영에 필요한 사항관리
- **상품관리** 상품카테고리 설정, 판매상품 등록, 상품진열순서 및 옵션 설정, 대량상품 일괄등록, 기획전 등 상품에 관한 사항 설정
- **주문관리** 주문내역, 주문 및 취소처리 등 영업관리와 매출현황을 볼 수 있는 정산관리
- **고객관리** 회원가입, 회원등록, 회원정보 조회 및 등급 설정, 전체 메일과 자동 메일 설정, 문자보내기, SMS 발송 등 고객관리에 필요한 사항 관리
- **게시판관리** 공지사항, 상품후기, 상품문의 등 쇼핑몰 운영에 필요한 게시판 설정과 관리
- **디자인관리** 심플디자인 및 스마트디자인 편집, 디자인 기능 설정, 쇼핑몰 환경 설정
- **모바일쇼핑몰** 모바일 쇼핑몰 디자인 관리 및 디자인 기능 설정, 모바일 환경 설정
- **C스토어** 쇼핑몰 운영에 유용한 기능의 애플리케이션을 제공하는 온라인 장터
- **프로모션** 쿠폰발행 및 관리, 기업프로모션 제휴, QR코드, SNS, 온라인설문 등 쇼핑몰 홍보를 위한 다양한 프로모션을 설정하고 관리
- **마켓통합관리** 국내외 오픈마켓과 쇼핑몰을 연동해 상품등록부터 주문까지 일괄관리
- **부가서비스** 대량메일, 파일링크 등 운영에 필요한 지원 및 제휴서비스 신청
- **마케팅센터** 온라인광고를 신청하고 운영현황에 대해 조회 및 관리

그림 8-4 카페24 관리자 메뉴

1 카페24(2014). 카페24로 쇼핑몰 정복하기. 서울: 심플렉스인터넷. pp. 25~26

(2) 레이아웃

쇼핑몰의 레이아웃은 디자인 스킨을 사용하여 쉽게 만들 수 있다. 쇼핑몰 관리자 메뉴에서 '디자인관리' 메뉴로 들어가면 '스마트디자인'에 접속하게 되고 디자인 관리 메뉴의 다양한 기능을 사용하여 레이아웃 디자인을 구성할 수 있다. 디자인의 기본 스킨은 무료와 유료가 있는데 자사 쇼핑몰의 특성에 맞는 스킨을 선택하면 된다. 디자인 스킨에는 전형적인 기본형, 그리고 주력상품과 스타일을 강하게 어필할 수 있는 집중형이 있다.

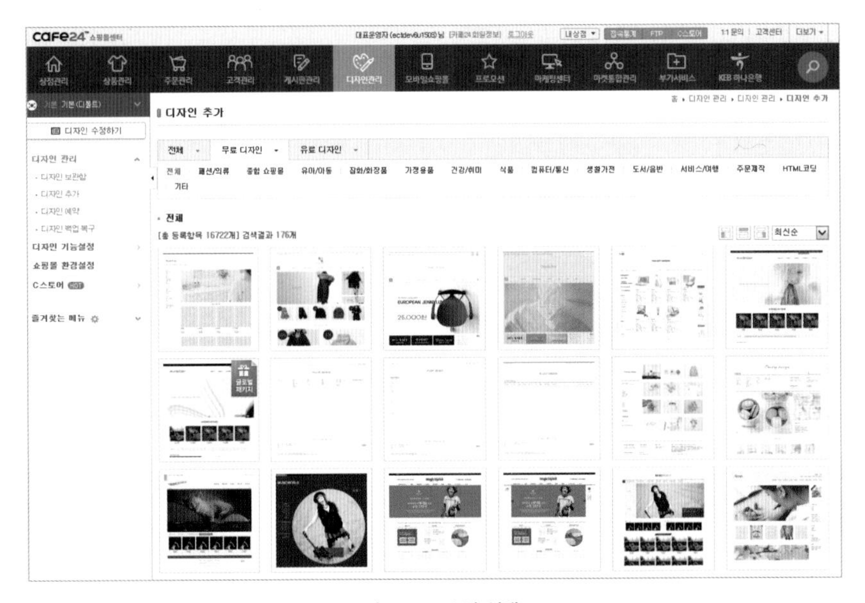

그림 8-5 스킨 선택

그림 8-6 기본형 스킨(좌)과 집중형 스킨(우)

(3) '스마트디자인'의 활용

메뉴에서 '스마트디자인'으로 들어가면 모듈 단위로 화면이 구성되어 있어 디자인의 편집과 관리를 쉽게 할 수 있다. 전체 레이아웃 화면을 구성하는 개별 모듈을 클릭하여 편집모드로 들어가면 디자인 관리 및 기능 설정이 가능하다.

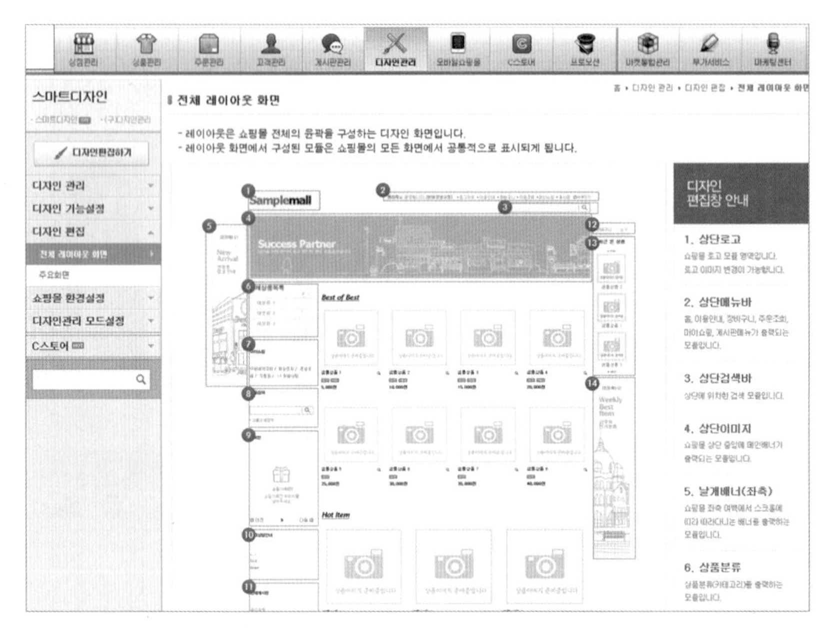

그림 8-7 '스마트디자인' 메뉴의 화면

3) 쇼핑몰 상품관리

상품관리 메뉴에서 상품분류, 상품등록, 상품진열, 상품판매, 재고관리 기능 등을 사용할 수 있다.

(1) 상품분류

다양한 상품을 판매하는 쇼핑몰에서는 유사한 상품들끼리 모아놓은 '상품분류' 메뉴를 제공하여 고객의 상품검색을 용이하게 한다. 패션 쇼핑몰은 다양한 종류의 상품을 취급하기 때문에 아이템의 분류가 매우 중요하다. 상품분류 체계는 고객이 원하는 상품을 찾아가는 데 길잡이 역할을 한다. 상품분류 카테고리는 대분류, 중분류, 소분류, 세분류로 나누어 단계별로 제시할 수 있다.

(2) 상품등록

상품분류체계를 만든 다음에는 각 카테고리별로 개별 상품을 등록한다. 상품등록 시 상품이미

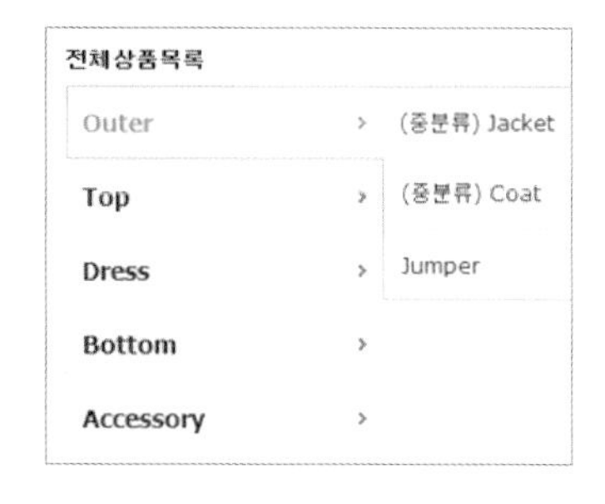

그림 8-8 상품분류관리(좌)와 상품목록(우)

지, 상품코드, 가격, 상품명, 사이즈/색상 옵션 등의 정보를 함께 등록한다. 상품이미지 등록 시 FTP 기능을 사용하면 이미지 파일을 간편하게 업로드할 수 있다. '상품옵션관리'에서 사이즈와 색상 등을 미리 등록해 놓으면 고객이 제품을 주문할 때 옵션으로 선택할 수 있다.

'상품목록바로가기' 메뉴로 들어가면 대량상품 일괄등록하기가 가능하며 등록된 상품을 한꺼번에 관리할 수 있어 판매가나 소비자가 및 할인율을 일괄적으로 적용할 수 있다. 또한 두 개 이상의 상품을 묶어서 한꺼번에 판매하고자 할 때 '세트상품 등록하기' 메뉴를 활용하여 세트상품을 설정하면 세트상품이 상품상세페이지에 나타나게 되어 고객이 편리하게 구매할 수 있다.

고객이 상세페이지를 볼 때 하단에 관련 상품을 노출하게 하는 기능도 있다. 패션제품은 코디가 중요하므로 서로 관련되는 상품을 보여주면 교차판매를 늘릴 수 있다. '상품관리' 메뉴에서 '상품목록'으로 들어가 해당 상품명을 클릭한 후 '상품정보수정'에서 관련 상품을 등록하면 된다.

그 밖에 상품진열순서를 바꾸려면 '상품표시관리' 메뉴에서 '상품진열관리'로 들어가 바꿀 수 있다. 또한 '기획전관리' 메뉴에서는 기획전을 따로 분류하여 관리하는 것이 가능하다.

그림 8-9 상품 등록 결과(상)와 간단히 등록하는 방법(하)

(3) 상품표시관리

'상품관리' 메뉴에서 '상품표시관리'로 들어가면 '상품진열관리'와 '상품정보표시' 설정이 가능하다. '상품진열관리'에서는 상품의 진열여부나 진열순서, 진열 카테고리 등을 결정할 수 있다. '상품정보표시설정'에서는 각 상품에 대해 상품명, 판매가, 제조사, 원산지, 소비자가, 할부 여부 등을 표시하고 관리한다.

그림 8-10 상품정보표시

4) 쇼핑몰 관리

쇼핑몰 관리는 주문관리, 고객관리, 게시판관리, 팝업창 등록, 플래시 등록 등으로 이루어진다.

(1) 주문관리

'주문관리' 메뉴에서는 고객들이 주문을 한 후 배송이 완료되기까지 입금, 상품발송 준비 및 배송 과정 관리, 교환·반품·환불 처리, 카드취소내역, 세금계산서 처리, 현금영수증 발행내역 등을 확인할 수 있도록 관리한다. 또한 매출현황을 파악할 수도 있는데, 일별·주별·월별 매출현황 및 결제수단별 매출을 확인할 수 있으며 상품별 판매순위 및 관심상품 분석, 장바구니 상품 분석 등이 가능하다.

(2) 고객관리

'고객관리' 메뉴에서는 회원정보 조회, 회원등급 설정 및 등급별 회원관리, 적립금 관리가 가능하다. 또한 회원가입항목 및 회원인증 설정, 메일발송, SNS 수신자 등록 및 발신관리 등의 메뉴를 통해 고객을 관리할 수 있다. 회원정보조회 메뉴에서는 회원의 기본정보 외에도 주문내역, 적립금·포인트·쿠폰내역, 예치금내역, SMS발송내역, 전화상담메모, 로그분석, 게시글 확인 등이 가능하다.

(3) 게시판관리

'게시판관리' 메뉴에서는 게시판 관리, 게시판 정보설정 및 디자인 설정, 게시물 관리, 자주 쓰는 답변 등록, 긴급문의 게시판 설정, 운영일지 설정 등을 할 수 있다. 게시판의 유형에는 공지사항, 뉴스/이벤트, 이용안내 FAQ, 상품사용후기, 1:1맞춤상담, 상품자유게시판, 상품 Q&A, 자유게시판, 자료실 등이 있는데 사용자의 편의에 따라 게시판의 사용여부를 결정하면 된다. 게시판 메뉴의 이미지 디자인 구성은 원하는 이미지를 등록하여 사용할 수도 있다. 게시물관리에서는 공지글을 등록하고 게시물 및 댓글을 삭제할 수 있다.

(4) 팝업창 등록

이벤트, 공지사항 등을 알리기 위해 팝업창을 노출하려면 '디자인기능설정' 메뉴에서 팝업창이나 배너를 만들면 된다. 팝업의 노출기간이나 노출위치, 노출될 화면을 설정하고 팝업의 종류와 크기를 설정할 수 있다.

그림 8-11 게시판 관리

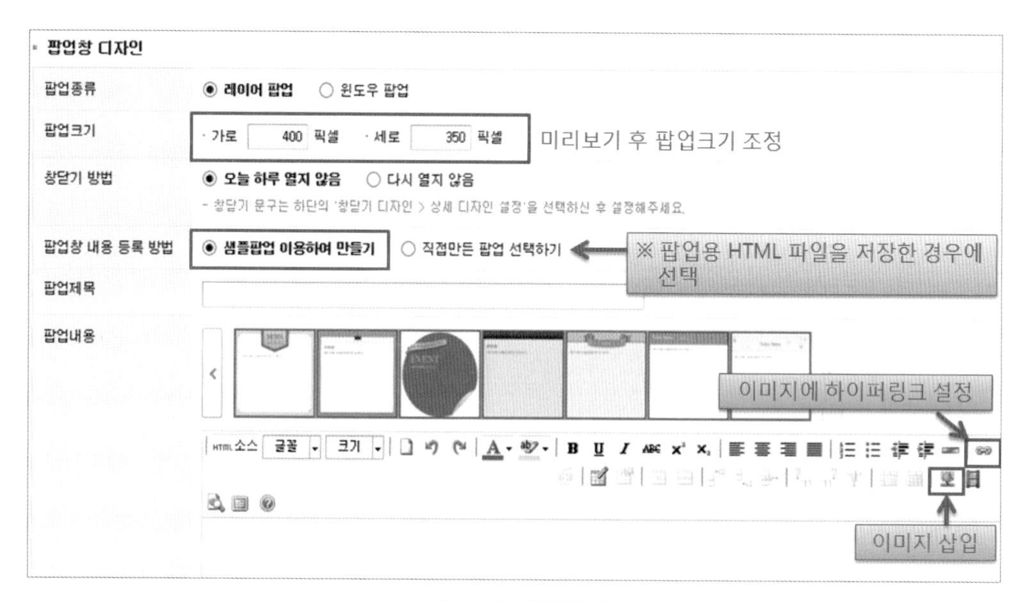

그림 8-12 팝업창 등록

그림 8-13 플래시 등록

(5) 플래시 등록

동적인 움직임으로 플래시 효과를 주기 위해서는 '디자인관리' 메뉴의 '디자인 기능설정'에서 플래시메이커로 움직이는 배너를 제작하고 관리할 수 있다.

CHAPTER

9

상품표현 전략

비즈니스 전략과 마케팅 전략의 실행은 상품의 타깃과 콘셉트를 명확히 하는 데서 출발한다. 타깃과 콘셉트를 기초로 하여 상품 소싱과 가격 전략, 촉진 전략이 수립될 수 있기 때문이다. 인터넷 쇼핑몰 비즈니스도 마찬가지이다. 고정 고객을 확보하여 지속가능한 경쟁력을 가지는 쇼핑몰이 되기 위해서는 명확한 타깃을 설정하고 이들에게 소구할 수 있는 정확한 콘셉트와 감성을 제시하여 차별화된 상품 구색을 제공해야 한다. 쇼핑몰의 타깃에 따라 상품 구성과 사입처를 결정하고 쇼핑몰 디자인, 색상, 상품제시 방법, 사진, 카피 등도 타깃과 콘셉트에 맞게 구성한다. 타깃에게 매력적으로 지각되는 상품 구성은 독특하고 세련된 쇼핑몰 디자인, 일관된 상품표현 및 마케팅 전략과 통합되어 마케팅 커뮤니케이션의 효과를 극대화시킬 것이다.

1. 쇼핑몰의 타깃과 콘셉트

1) 쇼핑몰의 타깃 설정

쇼핑몰의 타깃을 구체적으로 결정하기 전에 먼저 온라인 구매자의 일반적인 특성을 이해해야 한다. 과거에는 온라인 구매자가 제품의 품질에 많은 관심을 가졌다면 근래에는 품질보다 색상이나 디자인을 더 중요하게 여기는 경향이 있다. 즉, 초기의 온라인 시장은 주로 가격을 위주로 하여 경쟁했으나, 시장이 성숙 단계로 들어가게 되면서부터는 고가의 상품도 인터넷으로 빈번히 거래되고 있으며 인터넷 구매에서도 디자인이나 감성을 중요시하는 고객이 점점 더 많아지고 있다.

타깃 설정의 시작은 성별과 연령의 구분이다. 성별과 연령에 따라 소비자의 구매 행동에 차이가 있기 때문이다. 각 쇼핑몰은 타깃을 대상으로 강조하는 포인트를 카피에 담아 키워드 검색을 통해 고객에게 노출한다. 이러한 쇼핑몰들의 광고 카피를 살펴보면 〈표 9-1〉, 〈표 9-2〉와 같다.

2) 쇼핑몰의 콘셉트 결정

타깃이 설정되면 타깃을 고려하여 쇼핑몰 콘셉트를 결정한다. 어떤 존으로 진입할지, 어떤 이미지 포지셔닝을 할지, 어떻게 가격 포지셔닝을 할지가 모두 쇼핑몰의 콘셉트를 결정짓는다.

(1) 조닝

타깃을 설정하고 나면 이들에게 무엇을 팔 것인지 결정해야 한다. 종합쇼핑몰의 경우에는 타깃을 넓게 하여 다양한 조닝의 의류를 판매하지만 전문쇼핑몰은 좁은 타깃을 집중적으로 공략한다. 조닝(zoning)은 크게 남성복, 여성복, 유아동복, 아웃도어, 스포츠의류, 골프웨어, 이너웨어 등으로 구분되며 여성복은 다시 캐주얼, 커리어, 캐릭터, 컨템퍼러리 등으로 세분화된다. 타깃에 따라 상품 조닝의 제공 범위를 선택하고 차별화된 포지셔닝을 제공한다.

표 9-1 연령대에 따른 남성 타깃 쇼핑몰의 키워드 검색 광고 카피

연령대	쇼핑몰	카피
10대	단돈 100원! 특가달 아보키	매일 낮 12시 100원 상품이 뜬다! 마지막 기회. 여름상품 시즌오프 최대 90%
	남성 캐주얼룩 다이타	NEW 10대남자쇼핑몰, 댄디함&슬림함 200%, 훈남 어렵지 않아! OK?
	10대 남자쇼핑몰 썸앤썸	썸타는 스타일 내가 찾던 COOL스타일, 남녀패션쇼핑몰! 썸앤썸 10대 남자쇼핑몰
	간절기 아이템 깨알득템 키작남	썸타기 좋은 계절, 여자들이 좋아하는 슬림핏 코디, 요즘 날씨에 입기 좋은 가을 코디템
20대	20대 남자쇼핑몰 추천 스타일맨	20대 남자쇼핑몰, 즉시 할인 쿠폰북, 50% 세일, 고객만족 당일배송 서비스!
	I wanna be 맨즈비	감성어필! 느낌 있는 남자들의 선택! 트렌디 스타일 코디제안, 맨즈비!
	20대 남자쇼핑몰 붐스타일	현금처럼 마음껏 쓸 수 있는 적립금 4천원 받자! 더욱 특별해진 남자 옷 스타일 제안
30대	30대 남자쇼핑몰 유로옴므	30대 남자쇼핑몰 디플리티: 2015트랜드 Euro Style 소프트 캐주얼. 남자! 코디에 자신감을 불어넣다
	30대 남자쇼핑몰 HOTA	깔끔하면서도 심플한~ 그러한 느낌의 남자쇼핑몰! 패피들을 위한! 유니크한 HOTA
40대	40대남자쇼핑몰은 최사장닷컴	가격대비 월등한 퀄리티보장! 대한민국중년의 필수코스 최사장닷컴. 오늘의 특가상품행사
	40대 남자쇼핑몰 엘가노벰버	프리미엄 퀄리티 40대 남자쇼핑몰, 자체제작, 고품격 남성의류 엘가노벰버
	40대 남자쇼핑몰 웜스토리	성공하는 남자를 위한 40대 남자쇼핑몰. 타 사이트와 비교를 거부하는 폭풍 간지
	중년남성선물 전문 파파기프트	남자선물 뭐하지? 중년남성에게 꼭 필요한 상품만 선별, 편리함과 감동까지
50대	아즈아즈 좋은 남성 골프웨어	골프샵 론칭, 맨투맨 수작업, 절대 극소량, 국내 단 하나, 단일 론칭, 퀄리티 위주
	유로옴므	2015 프리미엄 옴므ST, 50대 남자쇼핑몰, 회원쿠폰할인, 신상 10%

자료: 네이버 검색 내용을 정리, 2015. 8. 30. 검색

표 9-2 연령대에 따른 여성 타깃 쇼핑몰의 키워드 검색 광고 카피

연령대	쇼핑몰	설명
10대	10대여자쇼핑몰 메롱샵	5500원 vs 원플러스원, 10대여자쇼핑몰! 심쿵할 간지템 가득 메롱샵
	10대여자쇼핑몰 소녀나라	언제나 궁금한, 소녀나라 10대여자쇼핑몰, 가을엔 어떤 혜택이? 배송도 1700원
	설레는 소녀코디 호두스토리	오늘도 깜짝SALE, 나만 알고 싶은 훈녀코디정보, 소녀들의 놀이터 호두스토리
	10대여자쇼핑몰 텐텐샵	10대여자쇼핑몰, 수입의류, 빈티지, 스키니진, 수학여행코디, 교복아이템 판매
	옥션 10대여자쇼핑몰	옥션파격특가 SALE! 10대여자쇼핑몰, 통통튀는 캐주얼의류, 핫스타일 코디 제안
20대	셀럽들의 신드롬 봄자샵	연예인처럼 날씬하게! 패션 핫아이템 신상품 폭풍업뎃. 가인 래쉬가드. 후회없는 클릭
	감성 데일리룩 스타일티바	매력적인 티바만의 패션아이템! 더 예뻐진 그녀의 비밀, 길거리 남자들 자꾸 쳐다봐!
	업뎃동시화제 예쁜가을옷 다홍	올가을. 누구에게나 사랑받는 감성데일리LOOK! 조명 없이도 빛나는 20대여자쇼핑몰
	단독입고 미쳐라	거품제로! 단독판매! 미쳐라만의 트렌디한 데일리 스타일!
30대	30대여자쇼핑몰 알리다	트렌디한 감각패션, 30대여자쇼핑몰, 하이퀄리티 이지캐주얼, Best 코디아이템
	30대여자쇼핑몰 메이블루	미시 it item, 30대 감성캐주얼, 소재 좋은 베이직 아이템 세련되게 날씬하게
	돌발세일20% 시크헤라	매일 달콤한 로맨틱 데일리룩, 시선을 사로잡는 남다른 ST, 해피런치 진행
40대	40대여자쇼핑몰 스타일베리	편한건 기본! 눈길 사로잡는 40대여자쇼핑몰, 핏, 소재 대박! 미시 극찬!
	2015 F/W 오제이럭셔리	상위5% 여성들을 위한 오제이럭셔리 만의 자체제작 F/W 40대여자쇼핑몰
	40대여자쇼핑몰 모노스토리	저렴한가격, 하이퀄리티, 보는순간 반해버리는 40대여자쇼핑몰 한가득!
50대	신상 50대여자쇼핑몰 주줌	디자이너자체제작, 스타일, 편안함, 사이즈 모두 만족! 직접 보고 사는 오프라인매장
	소재부터 고급져 이헌영패션	하늘하늘 시원한 썸머룩, 여리여리 슬림핏, 단정한듯 화사해! 안 사면 후회할걸?
	50대여자쇼핑몰 시골양품점	편하게 멋내자! 50대여자쇼핑몰 주문폭주, 불경기에 알뜰한 쇼핑은 시골양품점!

자료: 네이버 검색 내용을 정리, 2015. 8. 30. 검색

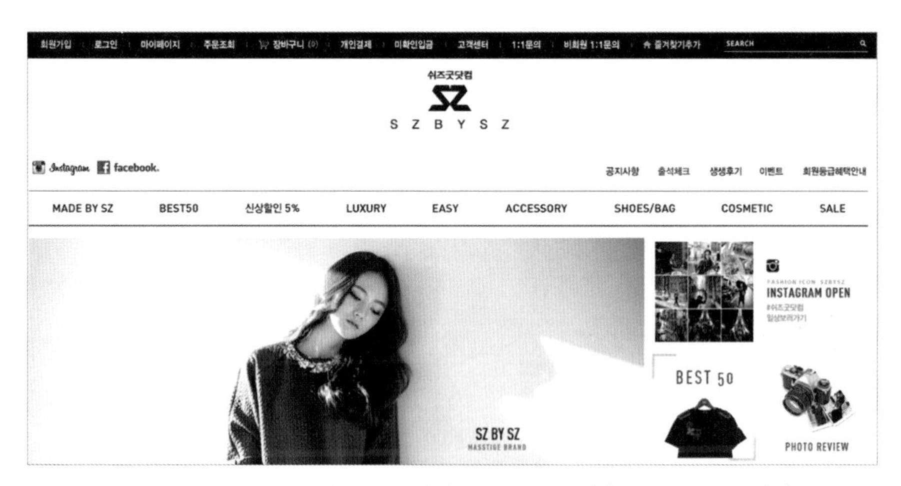

그림 9-1 조닝의 예: ① 캐주얼 쇼핑몰(상) ② 마담 쇼핑몰(중) ③ 이지룩 쇼핑몰(하)
자료: 바이슬림, 마담부띠끄, 쉬즈굿닷컴, 2015. 8. 30. 검색

(2) 이미지 포지셔닝

소비자의 의복 선택 과정에서 가장 중요한 요소 중 하나가 디자인이다. 소비자들은 대체로 선호하는 스타일이 있어 각자의 스타일대로 옷을 입으며 옷을 고를 때에도 상품 이미지의 영향을 받는다. 따라서 타깃 소비자가 선호하는 스타일에 맞추어 쇼핑몰과 판매 상품의 이미지를 일관되게 구성할 때 아이덴티티 확립을 통해 단골고객 확보가 가능하다. 〈그림 9-2〉에는 각각 로맨틱, 액티브, 엘레강스, 그리고 모던 이미지로 포지셔닝한 쇼핑몰의 예를 제시하였다.

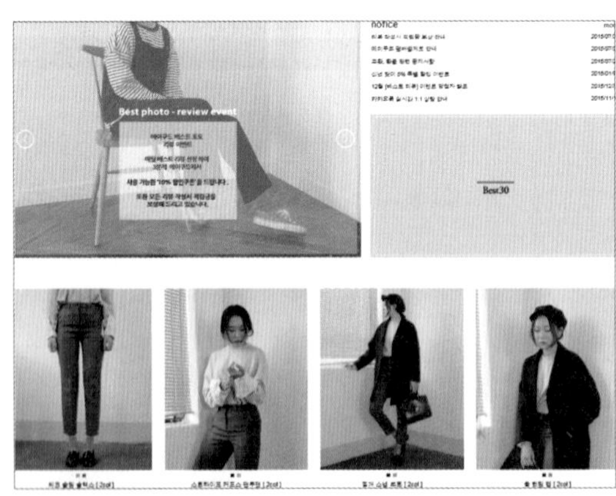

그림 9-2 쇼핑몰 이미지 포지셔닝의 예:
① 로맨틱 이미지(좌상) ② 액티브 이미지(우상) ③ 엘레강스 이미지(좌하) ④ 모던 이미지(우하)
자료: 스타일베리, 2015. 8. 30. 검색, 라온제나, 2015. 8. 30. 검색
바젬, 2016. 1. 9. 검색, 에이쿠드, 2016. 1. 12. 검색

(3) 가격 포지셔닝

이미지 포지셔닝과 더불어 가격 포지셔닝도 필요하다. 쇼핑몰 유형이나 마케팅 목표에 따라 제품의 가격 범위가 달라진다. 오픈마켓에서는 주로 중저가 제품을 취급하는 반면 전문몰은 고가의 쇼핑몰부터 저가에 이르기까지 다양한 가격 전략을 구사한다. 온라인 구매는 주로 저가 상품 위주로 일어나는 것으로 알려져있지만, 최근에는 온라인을 통한 고가 상품의 구매도 활발하며 심지어는 오픈마켓에서 명품을 판매하기도 한다. 2014년 기준으로 온라인에서 판매되는 럭셔리 의류, 주얼리, 시계 등의 매출은 럭셔리 전체 매출의 6%에 이르는데, 맥킨지에 따르면 2020년에는 두 배, 2025년에는 세 배로 증가할 것이라고 한다.[1]

온라인 소비자는 단지 싼 물건을 원하는 것이 아니라 현명한 구매를 원한다. 스마트한 소비자는 우수한 품질의 제품을 싸게 구매하는 가치 소비를 지향한다. 최근 해외직구 열풍도 같은 제품을 보다 싸게 구매할 수 있다는 이유가 크게 작용하고 있으므로 해외직구 역시 가치 추구 소비행동의 맥락에서 이해할 수 있다. 2014년 상반기 해외직구의 매출 규모는 약 7500억 원으로 전년 대비 48.5% 상승하였다.[2] 해외직구를 선호하는 이유로는 '국내 동일상품보다 가격이 싸서'라고 응답한 사람이 67%로 가장 많았는데,[3] 특히 세일기간에는 동일 상품을 국내의 반 가격에 저렴하게 구매할 수 있다. 해외직구를 많이 하는 품목에 건강식품, 유아용품, 가방, 지갑, 화장품 등이 있지만 특히 의류 및 패션잡화는 해외직구를 가장 많이 하는 품목이다.[4]

소비자에게 파격적인 가격을 제시하여 큰 호응을 얻고 있는 소셜커머스도 단기간에 급성장한 경우다. 특히 모바일을 이용한 소셜커머스가 계속 증가하여 전체 소셜커머스의 45~50%에 이른다.[5] 소셜커머스의 대표적인 업체로는 티켓몬스터, 위메이크프라이스, 쿠팡, G9, CJ오클락 등이 있으며 소셜커머스를 통해 식품, 육아에 관한 상품을 구매하는 30대가 늘고 있다.

1 2020년 럭셔리 온라인 매출 두배? 패션비즈, 2015. 9. 1.
2 상반기 해외직구 매출 7천5백억 원. 어패럴뉴스, 2014. 10. 24.
3 온라인쇼핑족 67% '알뜰소비 이유로 해외쇼핑몰' 이용. 뉴스웨이, 2013. 8. 5.
4 온라인쇼핑족 67% '알뜰소비 이유로 해외쇼핑몰' 이용. 뉴스웨이, 2013. 8. 5.
5 소셜커머스 모바일 쇼핑이 대세! 패션채널, 2013. 7. 9.

3) 쇼핑몰의 콘셉트 표현

쇼핑몰의 성공을 위해서는 타깃이 선호하는 색채, 쇼핑몰의 콘셉트를 잘 표현할 수 있는 쇼핑몰 이미지와 상품 이미지가 필요하다. 따라서 쇼핑몰 디자인 과정에서 색채, 레이아웃, 상품제시 방법 등이 쇼핑몰의 이미지를 잘 전달할 수 있도록 신중하게 결정되어야 한다.

(1) 색채 계획

쇼핑몰의 화면은 오프라인 매장의 VMD와 마찬가지로 고객에게 보이는 첫인상을 좌우하며 쇼핑의 시각적 환경을 구성한다. 시각에서 색채가 차지하는 중요성은 이미 잘 입증된 사실로 쇼핑몰의 콘셉트나 분위기를 좌우하는 가장 큰 요인은 바로 색이다. 따라서 쇼핑몰의 타깃과 이미지 포지셔닝에 맞는 색채를 선택하는 것이 우선적으로 중요하다. 일반적으로 각 연령별 타깃에 적합한 색채 전략은 〈표 9-3〉과 같다. 또한 이미지 포지셔닝에 적합한 색채 전략은 〈표 9-4〉와 같다.

표 9-3 타깃 연령별 색채 계획

타깃 연령	분위기	색채
10대	밝고 귀엽고 발랄한 분위기	고명도와 고채도의 선명하고 밝은 톤
20대	젊음과 성숙함, 화려함과 우아함 등을 적절히 조화시킨 개성적인 분위기	포인트 색상으로 보라색, 검정색, 황금색, 빨간색 등 사용
30대	화려하고 우아하면서 고급스러운 분위기	차분한 파스텔 계열이나 무채색
40대	모던하고 내추럴한 이미지나 세련되고 시크한 분위기	아이보리 계열이나 검정색 계열

자료: 곽준규, 임화연(2007). 쇼핑몰 상품페이지 전략. e비즈북스. pp. 76-79

그림 9-3 10대 타깃 색채 전략의 예: 소녀나라
자료: 소녀나라, 2015. 9. 1. 검색

그림 9-4 30대 타깃 색채 전략의 예: 딘트
자료: 딘트, 2015. 9. 1. 검색

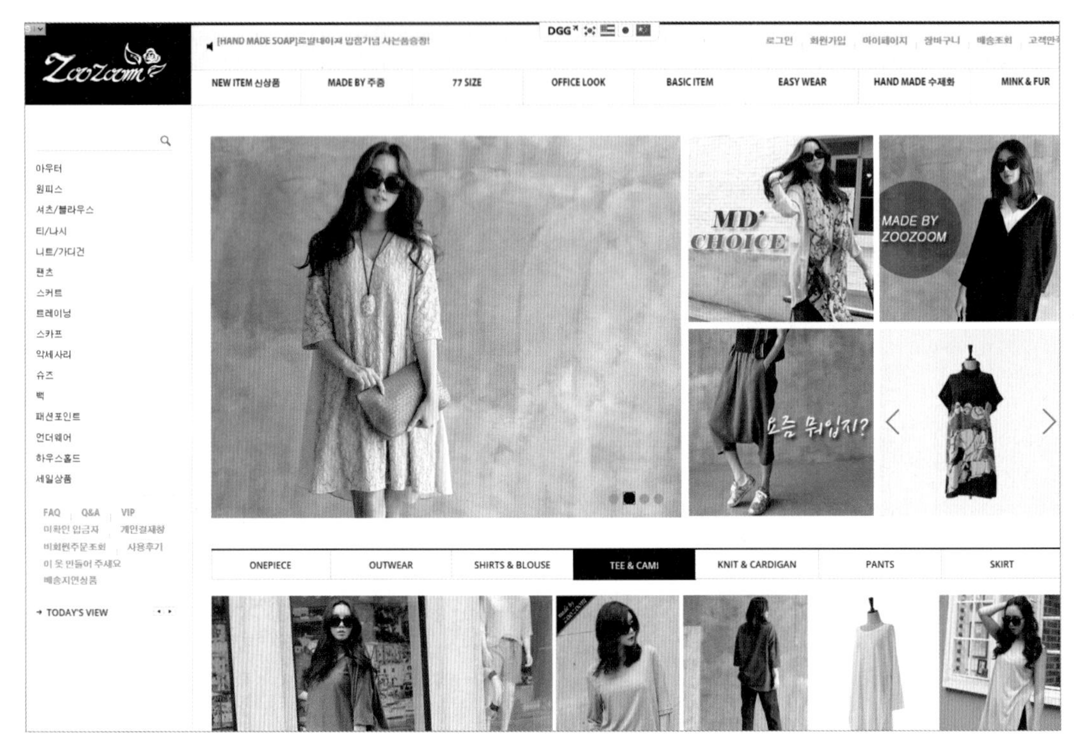

그림 9-5 40대 타깃 색채 전략의 예: 주줌
자료: 주줌, 2015. 9. 1. 검색

표 9-4 이미지 포지셔닝별 색채 계획

이미지	색채
고급스러운	무채색이나 채도가 낮은 색
화려한	채도가 높은 원색을 포인트로 하여 검정이나 저채도 색과 함께 사용
발랄한	고명도과 고채도의 밝고 선명한 색
모던한	회색이나 검정색 또는 파란색 등
깨끗한	흰색이나 파란색, 녹색계열
여성적인	핑크 계열이나 파스텔 계열
스포티한	빨강, 파랑, 그린, 노랑, 검정 등 강렬한 색
전통적인	옥색이나 단청색을 전통 문양과 함께 사용

자료: 곽준규, 임화연(2007). 쇼핑몰 상품페이지 전략. e비즈북스. pp. 80-83

그림 9-6 귀여운 이미지 색채 전략의 예: 프린세스걸
자료: 프린세스걸, 2015. 9. 1. 검색

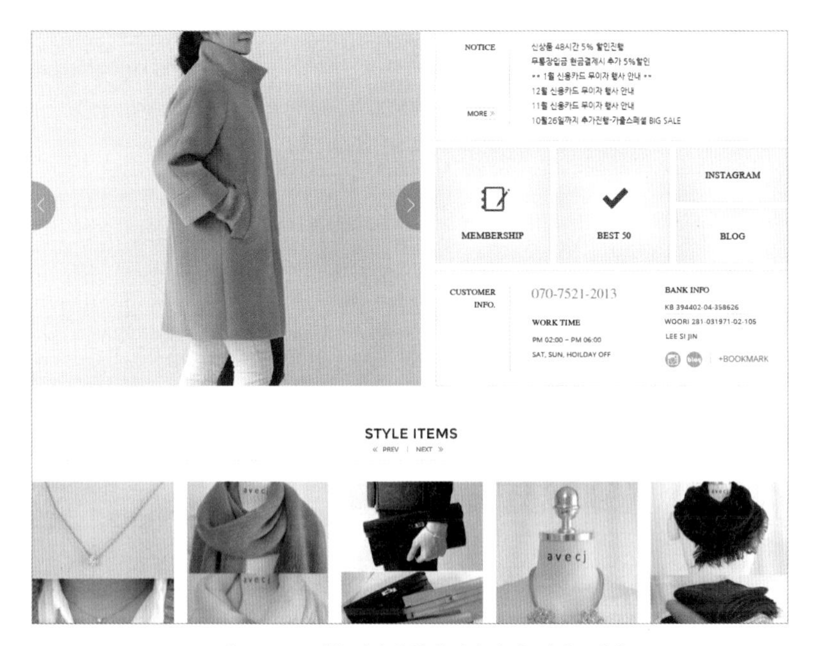

그림 9-7 모던한 이미지 색채 전략의 예: 아베끄제이
자료: 아베끄제이, 2016. 1. 18. 검색

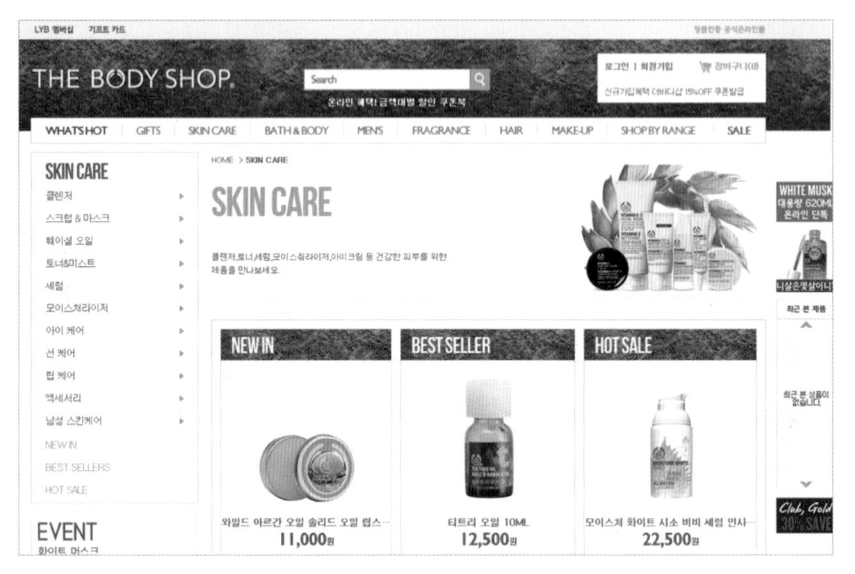

그림 9-8 깨끗한 이미지 색채 전략의 예: 더바디샵
자료: 더바디샵, 2014. 10. 27. 검색

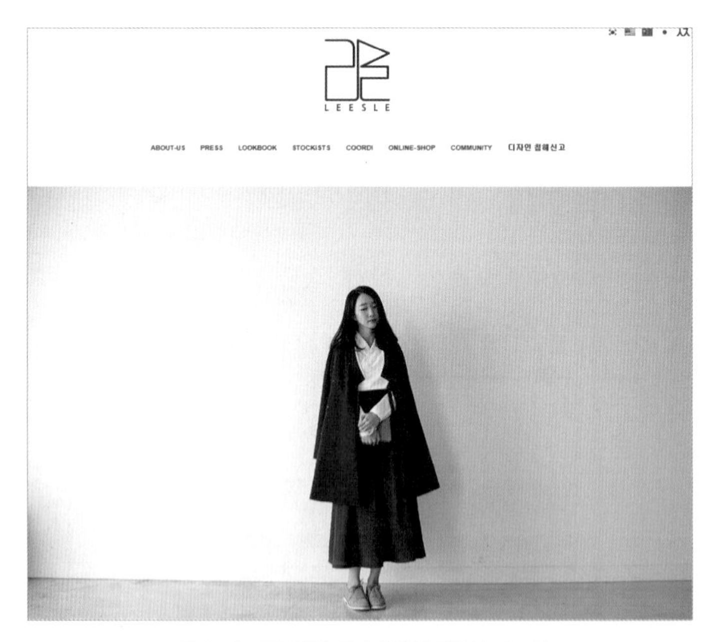

그림 9-9 전통적인 이미지 색채 전략의 예: 리슬
자료: 리슬, 2015. 9. 1. 검색

(2) 모델 선정과 사진 촬영

쇼핑몰 콘셉트에 맞는 상품 이미지를 제시하기 위해서는 모델 선정이나 사진 촬영으로 적절한 분위기를 연출해야 한다. 쇼핑몰의 모델은 이상적인 신체를 가진 모델을 채택하는 경우도 있고 때로는 평범한 모델을 채택하여 고객에게 보다 친근한 느낌으로 다가가는 경우도 있다. 쇼핑몰에 따라 사용하는 전략이 다른데 10~20대의 젊은 타깃이 고객인 경우에는 이상적인 신체 모델을 많이 사용하는 반면, 30대 이상을 타깃으로 하는 데일리웨어나 오피스웨어 쇼핑몰에서는 평범한 모델을 사용하는 경우가 많다. 소규모 전문몰에서는 쇼핑몰 관리자가 셀프 모델이 되어 촬영하기도 한다. 이 경우 쇼핑몰의 콘셉트와 각 상품의 장단점을 잘 알기 때문에 분위기를 적절하게 연출하면서 옷의 장점도 최대한으로 표현할 수 있다.

사진 촬영은 쇼핑몰의 제반 여건과 상품 특성을 고려하여 이루어진다. 분위기 있는 이미지 연출을 위해서는 특이한 장소를 찾아 야외 촬영을 하거나 실내에서 연출한다. 이국적인 곳에서의 야외 촬영을 위해 해외 촬영을 가는 경우도 많다. 최근에는 자연스러운 느낌의 이미지를 선호하기 때문에 딱딱한 분위기의 연출된 촬영을 택하기보다 오히려 일상생활에서의 모습을 스냅사진처럼 자유롭게 촬영하는 경향이 있다. 자연스러운 모습을 선호하여 모델 스스로 셀카로 촬영하기도 한다. 사진에서는 상품의 전체적인 느낌이 나타나므로 개별 상품들보다 전체적인 코디가 중요하며, 저가 상품의 경우 고가의 제품과 코디하여 고급스럽게 보이는 전략을 사용하기도 한다.

2. 상품구성과 상품표현

1) 상품구성

상품구색이 다양하면 고객의 선호에 맞는 상품을 제시할 확률이 크고 고객 스스로가 미처 의식하지 못하고 있는 선호를 발견하도록 해주기도 한다. 반면 상품구색이 너무 다양하면 고객에게 정보과부하를 주어 하나를 선택하도록 하는 것이 어려울 뿐만 아니라 고객의 기대 수준을 상승시켜 구매를 주저하게 만들 수 있다. 온라인 쇼핑에서는 물리적 공간이 제한된 오프라인 점포와 달리 무한정 많은 상품을 보여줄 수 있지만, 너무 많은 상품을 보여주는 데 따른 역효과도 있으므로 상품구색의 적정 수준을 잘 탐색하여 상품구성을 해야 한다.

(1) 상품 카테고리

쇼핑몰에서는 고객이 원하는 상품을 쉽게 찾아 구매할 수 있도록 상품을 분류해야 한다. 상품분류가 너무 자세하거나 상품 카테고리가 너무 많으면 오히려 상품 선택에 방해가 될 수 있다. 반대로 상품 카테고리가 너무 적으면 상품이 다양해 보이지 않아 구매의욕을 떨어뜨린다. 하나의 카테고리 안에 너무 많은 상품이 있거나 카테고리가 지나치게 세분화되어도 원하는 상품을 검색하기 어렵다.

온라인 쇼핑몰 메뉴에서의 상품분류는 보통 대분류, 중분류, 중소분류, 소분류 등의 위계로 세분화한다. 예를 들어 G마켓에서의 분류를 보면(그림 9-10), 대분류는 크게 패션의류·잡화/뷰티, 유아동, 식품, 생필품, 홈데코, 건강, 문구/취미, 스포츠, 자동차/공구, 가전, 디지털, 컴퓨터, 여행/도서, 티켓/e쿠폰 등으로 하였다. 그중 패션의류는 다시 여성의류, 남성의류, 언더웨어, 유아동의류의 중분류로 나누었다. 여성의류는 티셔츠, 맨투맨/후드티, 블라우스 등의 아이템 중심 소분류로 제시하였다. 또한 각 아이템은 스타일별로 분류하여 쉽게 선택하도록 하였다. 예를 들어 티셔츠는 스타일을 이해하기 쉽도록 롱티셔츠, 루즈핏 티셔츠, 무지 티셔츠, 프린트 티셔츠, 라운드 티셔츠 등의 명칭별로 구분하였다.

한편 동일한 쇼핑몰에서도 여러 가지 기준을 동시에 적용하여 상품분류를 하는 경우가 많은데, 그 기준에는 아이템, 스타일, 판매촉진, 브랜드, 컬러, 가격, 시즌 등이 있다. 예를 들어 아이템별 카테고리에서는 티셔츠, 바지, 재킷, 코트, 스커트 등 쇼핑몰에서 취급하는 주요 아이템 별로 상품을 분류하여 제시할 수 있다. 스타일별 카테고리에서는 데일리룩, 오피스웨어 또는 이지룩, 럭셔리 등 옷의 특징에 따라 분류한다. 판매촉진 카테고리에서는 신제품, 세일상품, 베스트상품, MD추천상품, 이벤트상품 등을 따로 검색하게 할 수 있다.

대부분의 쇼핑몰은 상품분류를 위해 대분류, 중분류, 소분류 등의 기본 분류체계를 갖추고 있지만 그 밖에도 컬러, 가격, 브랜드, 아이템, 스타일 등에 해당하는 키워드를 넣어 검색할 수 있는 시스템을 갖추고 있다. 이로써 원하는 상품이 뚜렷이 있는 고객의 경우에는 그 상품에 편리하게 접근할 수 있다.

그림 9-10 상품분류의 예: G마켓
자료: G마켓, 2016. 1. 11. 검색

(2) 상품구성비

상품구성의 초기에 결정해야 할 가장 중요한 일은 해당 시즌에 판매할 아이템을 결정하는 것이다. 쇼핑몰의 특징과 타깃에 따라, 또는 트렌드에 따라 취급하는 아이템의 종류가 달라질 것이다. 특히 요즘과 같이 기후 예측이 불가능하고 이상기후가 일상화된 때에는 아이템을 어떻게 구성하여 언제 어떤 아이템을 공급하느냐가 매출을 결정하는 중요한 요인이다.

아이템별 카테고리를 제시하는 방법은 쇼핑몰에 따라 다른데, 종합쇼핑몰이나 오픈마켓에서는 다양한 아이템 카테고리를 제시하는 한편, 전문몰에서는 잘나가는 소수의 아이템 위주로 상품을

표 9-5 여성복 전문쇼핑몰의 아이템별 상품구성비

<table>
<tr><th rowspan="2">아이템</th><th colspan="5">스타일 수</th></tr>
<tr><th>A쇼핑몰</th><th>B쇼핑몰</th><th>C쇼핑몰</th><th colspan="2">D쇼핑몰</th></tr>
<tr><td rowspan="4">아웃웨어</td><td rowspan="4">59</td><td rowspan="4">13</td><td rowspan="4">99</td><td>재킷&점퍼</td><td rowspan="4">142</td></tr>
<tr><td>가디건</td></tr>
<tr><td>베스트</td></tr>
<tr><td>코트</td></tr>
<tr><td rowspan="2">티셔츠</td><td rowspan="2">94</td><td rowspan="4">48</td><td rowspan="4">128</td><td>티셔츠</td><td rowspan="5">440</td></tr>
<tr><td>블라우스, 셔츠</td></tr>
<tr><td rowspan="2">블라우스</td><td rowspan="2">72</td><td>나시</td></tr>
<tr><td>크랍탑</td></tr>
<tr><td>니트·가디건</td><td>79</td><td>18</td><td>96</td><td>니트</td></tr>
<tr><td>드레스</td><td>58</td><td>54</td><td>64</td><td>원피스</td><td>155</td></tr>
<tr><td>스커트</td><td>84</td><td>25</td><td rowspan="5">124</td><td>스커트</td><td>114</td></tr>
<tr><td rowspan="4">팬츠</td><td rowspan="4">83</td><td rowspan="4">12</td><td>롱팬츠</td><td>64</td></tr>
<tr><td>숏팬츠</td><td>83</td></tr>
<tr><td>청바지</td><td>59</td></tr>
<tr><td>레깅스</td><td>20</td></tr>
<tr><td>합</td><td>529</td><td>170</td><td>511</td><td colspan="2">1,077</td></tr>
</table>

구성하고 이에 맞게 쇼핑몰의 메뉴 카테고리도 정한다. 아이템 카테고리를 결정할 때에는 타깃의 선호 스타일과 시즌별 패션 트렌드를 고려해야 하고, 경쟁사의 카테고리 구성과 카테고리별 매출 데이터 정보를 참고하도록 한다.

몇 개 여성복 전문쇼핑몰의 아이템별 상품구성비를 비교해 보면 〈표 9-5〉와 같다. A쇼핑몰의 경우 상의가 304 스타일(57.5%), 하의와 드레스가 225 스타일(42.5%)로 상의에 더 집중하였으며, 특히 티셔츠가 94 스타일(17.8%)로 가장 큰 비중을 차지했다. B쇼핑몰은 스타일 수가 많지 않은 가운데, 하의와 드레스가 91 스타일(53.5%)로 상의보다 조금 더 큰 비중을 차지했다. C쇼핑몰은 A쇼핑몰과 스타일 수가 비슷한데, 상의 323 스타일(63.2%), 하의와 드레스 188 스타일(36.8%)로 A쇼핑몰보다 더 상의에 집중되는 경향을 보였다. D쇼핑몰은 스타일 수가 많은 만큼 아이템 카테고리를 보다 더 세분화하여 제시하고 있다. 상의가 582 스타일(54.0%), 하의가 496 스타일(46.0%)로 상의의 비중이 약간 높다. 아웃웨어가 상의에 포함되기 때문에 대체로 상의와 하의의 비중은 아웃웨어를 얼마나 갖추는가에 영향을 받는다.

(3) 상품재고관리

온라인이든 오프라인이든 패션상품의 판매에서 가장 어려운 점의 하나가 수요와 공급을 맞추는 것이다. 패션상품은 소비자의 취향과 상품의 종류뿐만 아니라 사이즈와 컬러가 다양하여 SKU[6]의 수가 매우 많기 때문에 수요에 맞춘 재고 물량의 확보 및 관리가 어렵다. 온라인에서는 미리 재고를 전량 확보하고 판매하는 것이 아니라 주문을 받은 후 또는 고객의 반응을 보면서 물량을 확보하는 경우가 많아 적절한 재고관리가 더욱 중요하다. 고객의 반응은 매출로 알 수 있지만 매출이 일어나지 않았더라도 장바구니에 들어간 숫자를 통해 잠재수요를 파악할 수 있다.

상품재고관리를 위해서는 먼저 초도물량을 얼마나 확보할 것인가를 결정해야 하는데 자칫 단가를 낮추기 위해 무리하게 많은 물량을 미리 제작해두지 않도록 주의해야 한다. 싸다고 무조건 팔리던 시점은 온라인에서도 지나갔다. 저렴한 가격보다는 제품의 품질과 디자인, 스타일, 서비스가 중요하므로 제작 단가가 다소 비싸지더라도 꼭 필요한 수량을 예측하고 확보해야 한다.

6 Stock Keeping Unit. 재고관리단위. 재고관리에 사용하는 상품 분류 수준.

한편 신상품의 업데이트 주기는 짧은 것이 좋다. 온라인에서 쇼핑하는 고객 중에는 새로운 상품에 대한 기대감으로 매일 방문하는 단골고객이 많기 때문에 비록 소량이라 하더라도 부분적으로 상품을 자주 바꿔주도록 한다. 신상품이 자주 업데이트되어야 고객의 재방문을 유도할 수 있고 방문횟수를 증가시킬 수 있다. 또한 쇼핑몰이 유행에 뒤지지 않는다는 인상을 줄 수 있다.

2) 상품표현

적절한 상품구성을 한 후에는 쇼핑몰 상에서 상품표현이 적절하게 이루어지도록 해야 한다. 어떤 고객이 찾고 있던 바로 그 상품이라 하더라도 눈에 잘 띄지 않거나 상품 정보가 부족하다면 선택받지 못할 것이기 때문이다. 메인페이지 구성, 카테고리 연출, 상품의 네이밍과 타이포그래피, 상품설명에 이르기까지 고객의 눈과 마음을 붙들 수 있는 최적의 상품표현 전략이 필요하다.

(1) 메인페이지 구성

메인페이지의 상품정렬을 몇 개까지 하느냐는 쇼핑몰마다 다르다. 적게는 가로 4개, 세로 5개씩 20개의 상품 사진이 메인페이지에 정렬되며 클릭할 때마다 페이지가 넘어간다. 그러나 어떤 쇼핑몰에서는 메인페이지에 가로 4개, 세로 20개에서 30개씩 총 80~120개의 상품사진을 보여주기도 한다. 이때 고객은 화면을 스크롤하면서 많은 상품을 메인페이지에서 보게 된다. 요즘은 클릭수를 될 수 있는 한 줄이고 메인 페이지에 많은 상품을 보여주는 쇼핑몰이 많은데 클릭을 많이 할수록 고객의 중도 이탈률이 높아지기 때문이다.

(2) 카테고리 제시

소비자는 카테고리 분류를 통해 원하는 상품을 검색한다. 카테고리 분류 기능을 화면의 어느 곳에 어떤 형태로 배치하는가에 따라 다음과 같은 유형이 있다. 쇼핑몰의 특성에 따라 적합한 것을 선택하도록 한다.

그림 9-11 일반형 카테고리의 예: 인터파크

자료: 인터파크. 2015. 9. 1. 검색

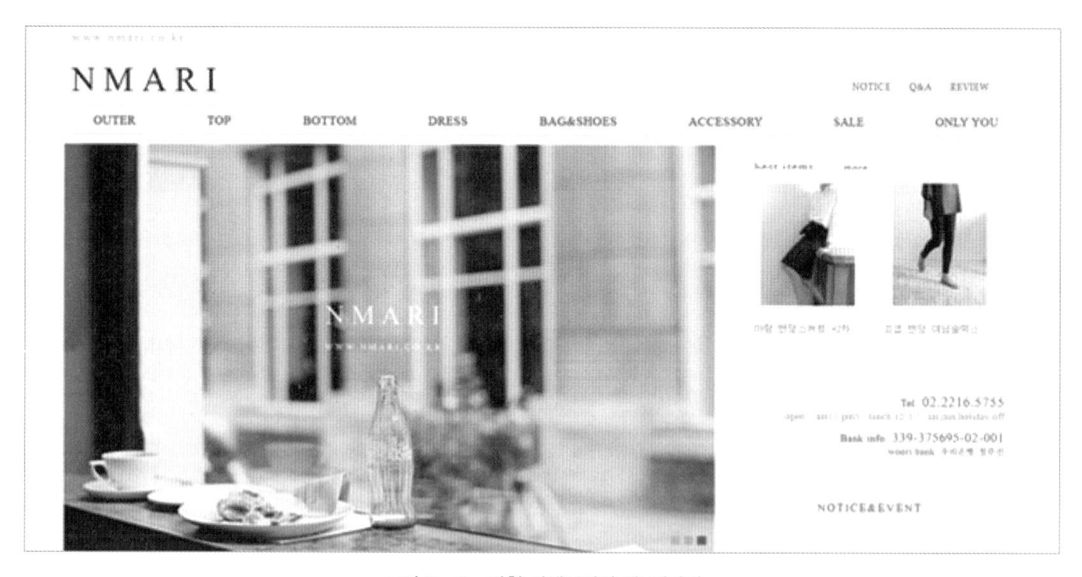

그림 9-12 바형 카테고리의 예: 앤마리

자료: 앤마리. 2015. 9. 1. 검색

- **일반형 카테고리** 카테고리를 메인 페이지에 진열하는 방법으로 주로 종합쇼핑몰에서 많이 사용한다. 여러 카테고리가 한꺼번에 노출되어 다양한 상품을 보여줄 수 있는 장점이 있는 반면, 전체적으로 복잡한 느낌을 주며 특정 상품군을 전략적으로 부각시키기 힘들다는 단점이 있다.
- **배너형 카테고리** 메인페이지 전면에 상품 사진을 배치하는 방법으로 새로운 트렌드에 관심이 많고 추천 상품을 좋아하는 우리나라 고객의 성향에 적합한 방법이다.
- **바형 카테고리** 메인 페이지 상단에 바를 위치하는 방법으로 주로 배너형 카테고리와 함께 사용한다.
- **검색형 카테고리** 검색형 카테고리로 원하는 상품을 쉽고 빠르게 찾을 수 있다. 상품의 수는 많은데 카테고리가 다양하지 못한 경우나 메인페이지에서 보여줄 만한 전략 상품이 많지 않을 때 주로 사용한다. 자신이 원하는 상품을 결정한 후 검색하는 목적구매 고객이 주 타깃이며, 브라우징 과정을 통해 충동구매를 하는 고객은 어느 정도 포기할 수밖에 없다.

(3) 상품의 네이밍

상품의 이름은 고객을 유인하는 역할을 하고 또한 검색이 잘되게 도와주기도 하므로 매우 중요하다. 상품명을 짓는 방법은 전략적 목적에 따라 다음과 같이 다양하다.

- **검색이 잘되는 상품명** 상품 검색을 통해 쉽게 노출되도록 고객이 자주 사용하는 키워드를 포함하여 상품명을 짓는다. 이때 상품명을 하나의 단어로 구성하지 말고 가격, 상표, 스타일을 포함한 다양한 키워드가 모두 상품명에 포함되게 한다. 또한 계절별, 시즌별로 주요 관심사가 되는 키워드를 포함시켜 검색에 잘 노출되도록 한다. 예를 들어 '여성의류/여름용 반팔 티셔츠/맞주름이 이쁜 전지현 셔링T/3000원'과 같이 여러 키워드가 한꺼번에 들어가게 네이밍할 수 있다.
- **욕구를 자극하여 고객을 유인하는 상품명** 고객을 유인할 수 있는 문구를 사용하여 구매 욕구를 자극한다. 예를 들어 드라마에 나오는 스타일의 상품에 '천송이 야상' 등의 문구를 사용하여 고객의 흥미를 끈다.
- **고급스러워 보이는 상품명** 명품 구매 욕구를 자극하기 위해서는 명품 스타일이라는 문구를 사용하고 아이템 이름에 영어를 사용하여 고급스러워 보이게 할 수 있다. 때로는 '바지와 팬츠' 같이

한국어와 영어를 같이 사용하여 검색 확률을 높이기도 한다.

- **감성적인 상품명** 감성적인 키워드를 상품명에 사용하여 상품의 이미지를 형성한다. 예로 어떤 쇼핑몰에서는 체크무늬 팬츠를 달콤한 코코아 팬츠로, 티셔츠를 동네한바퀴-티셔츠, 그림자놀이-롱티셔츠 등으로 표현하기도 했다.

(4) 타이포그래피

상품의 이름이나 상세설명에 들어가는 서체나 텍스트도 쇼핑몰의 비주얼 환경을 구성하는 데 중요한 역할을 한다. 쇼핑몰에서는 보통 한 가지 서체만 사용하지 않고 서로 다른 서체, 서로 다른 굵기의 글자를 혼합해서 사용함으로써 화면이 단조롭지 않게 한다. 서체를 선택할 때에는 가독성이 우수한 글자체를 선택해야 하며 시선집중을 위해 서로 다른 크기, 서로 다른 색상의 글자를 혼합해서 사용한다. 특별히 신상품이나 MD추천 상품 등 강조하고 싶은 상품에 대해서는 아이콘으로 강조한다.

한정 수량! 주문 폭주!
*** 서*두*르*세*요 ***
겨울철 필수 아이템
따뜻하고 포근한
기모 티셔츠 & 기모 레깅스
1+1 특가판매
19,900원

그림 9-13 타이포그라피를 통한 시선집중 효과

(5) 상품설명

상품명과 더불어 한 줄 카피로 부가 설명을 덧붙임으로써 구매 욕구를 더욱 자극할 수 있다. 한 줄 카피에서는 패션 스타일, 가격, 욕망, 계절, 시즌 등을 중점적으로 어필할 수 있다.

- **패션스타일 강조** 세련된 감성을 담은 오피스룩
- **가격 강조** 초저가 고급 겨울 패딩 기획
- **니즈에 소구** 슬림해 보이는 핏으로 뱃살을 감쪽같이 커버해 주는 원피스
- **계절, 시즌 강조** 봄을 부르는 파스텔 색조 로맨틱 블라우스

(6) 상품 상세이미지

상세이미지의 배치순서는 소비자의 구매의사결정과정에 따라 순차적으로 어떤 정보가 필요한지를 예상하여 정하는 것이 좋다. 상세이미지에는 다음과 같이 상품의 구체적인 정보를 제시한다.

- **상품 사진** 상품의 모습을 가능한 한 정확히 보여줌으로써 어떤 상품인지 정확하게 판단할 수 있도록 한다. 상품의 전면, 후면, 측면의 사진으로 상품을 이해하는 데 도움이 되게 한다.
- **다양한 각도에서 촬영한 사진과 모델 사이즈** 소비자가 입었을 때 어떤 모습일까를 상상할 수 있도록 다양한 각도에서 촬영한 모델의 착용 사진을 보여준다. 또한 모델의 사이즈를 공개하여 소비자가 입으면 사진과 어떻게 다를지 상상할 수 있게 해준다.
- **상품의 부분 확대** 옷의 장점이 되는 디테일을 확대하여 강조한다. 직접 눈으로 보고 만져볼 수 없다는 점을 감안하여 질감을 손으로 느끼듯이 자세하게 글로 표현해 준다.
- **코디법 제안** 옷의 장점을 가장 잘 부각시켜줄 수 있게 잘 어울리는 상품과 적절히 코디하여 교차구매를 유발한다.
- **사이즈 정보** 일단 옷이 마음에 들면 나에게 맞는 사이즈가 있는지 관심을 가지게 되므로 구체적인 사이즈 수치를 부위별로 자세히 제공한다.
- **배송 및 반품 정보** 제품 주문 후 배송에는 시간이 얼마나 걸릴지, 반품이 어렵지는 않은지에 대한 정보를 제공하여 구매결정을 내릴 수 있도록 도와준다.

(7) 상품 상세설명

상세설명에서는 상품과 쇼핑몰 또는 판매자의 장점을 적극적으로 설득력 있게 홍보해야 한다. 정보의 설득력을 높이는 방법에는 객관적인 정보를 상세하게 제공하는 방법과 감성을 자극하여 감성적으로 호소하는 방법이 있다. 또는 권위 있는 모델을 사용하거나 게시판을 활용하여 신뢰성 높은 정보를 제공하도록 한다. 상품정보로 고객을 설득하고자 할 때에는 타깃, 제품 사용에 적합한 TPO,[7] 원단, 제작과정 등 가능한 한 구체적인 정보를 제공한다.

7 Time(시간), Place(장소), Occasion(상황)

CHAPTER 10

상품기획과 조달

쇼핑몰 창업이 매우 쉬워지면서 수많은 쇼핑몰이 생기고 각 쇼핑몰마다 많은 패션상품을 판매하고 있지만, 창업 2~3년 내에 사업을 접지 않고 성공적으로 비즈니스를 유지하기 위해서는 각 쇼핑몰의 특성에 맞는 상품기획으로 매출을 증대시키고 이익을 극대화하는 것이 중요하다. 즉, 쇼핑몰 운영자나 상품기획 MD가 쇼핑몰에 최적화된 상품을 기획·구성하는 능력을 갖고 있지 않으면 많은 쇼핑몰과의 경쟁에서 결코 성공할 수 없는 것이다. 본 장에서는 인터넷 쇼핑몰 상품기획 프로세스의 일반적인 내용과 더불어 쇼핑몰 유형별로 상품기획 업무의 특징을 다룬 다음, 초보 사업자에게 도움이 될 만한 상품조달 실무에 대해 구체적으로 소개한다.

1. 상품기획 업무의 이해

1) 상품기획 프로세스

인터넷 쇼핑몰에서의 상품 판매를 위해서는 상품 조달이 필요하다. 그리고 상품 조달을 잘하기 위해서는 신상품 탐색, 고객 니즈 분석, 마케팅 전략 수립, 구색 계획, 시장조사, 소싱과 상품 조달, 재고 및 판매 관리 단계를 거치는 상품기획 프로세스를 이해하는 것이 필요하다.

(1) 신상품 탐색

쇼핑몰에서 고객들의 수요에 적합하여 적시에 판매가 잘되는 상품을 기획하기 위해서는 트렌드 조사나 시장조사가 필수적이다. 사회적인 요구와 시사정보, 그리고 특히 도매시장의 신상품 현황 등을 파악하면서, 고객이 현재 어떤 사회 상황에 처해있으며 어떤 트렌드에 민감하게 반응하는지를 잘 관찰한다. 그리고 트렌드에 적합하면서 고객이 좋아할만한 상품을 탐색하여 그 상품의 시장성 및 자사 쇼핑몰 콘셉트와의 적합성에 대해 분석한다.

(2) 고객 니즈 분석

고객의 니즈를 파악할 때는 다양한 트렌드 조사업체의 세미나에 참석한다든지 보고서를 분석할 수 있으며, 혹은 직접 소비자를 대상으로 설문조사나 표적집단 면접조사 등을 실시할 수 있다. 또한 쇼핑몰 고객들의 구매 후 반응, 즉 시즌 상품에 대한 다양한 불만사항을 수집하여 꼼꼼하게 분석해 고객의 숨은 요구사항을 파악하고, 이 내용으로 도매매장과 상담해서 신상품을 개발, 사입하며, 이에 대한 고객의 반응을 다시 관찰해 나가는 것이 필요하다.

(3) 마케팅 전략 수립

경쟁시장에서 살아남기 위해서는 시장이 어떻게 움직이는지를 파악해 적절한 전략을 수립해야 한다. 유사해보이는 수많은 쇼핑몰들 중에서 자사 쇼핑몰을 '차별화'시키기 위해서는 표적시장을 선

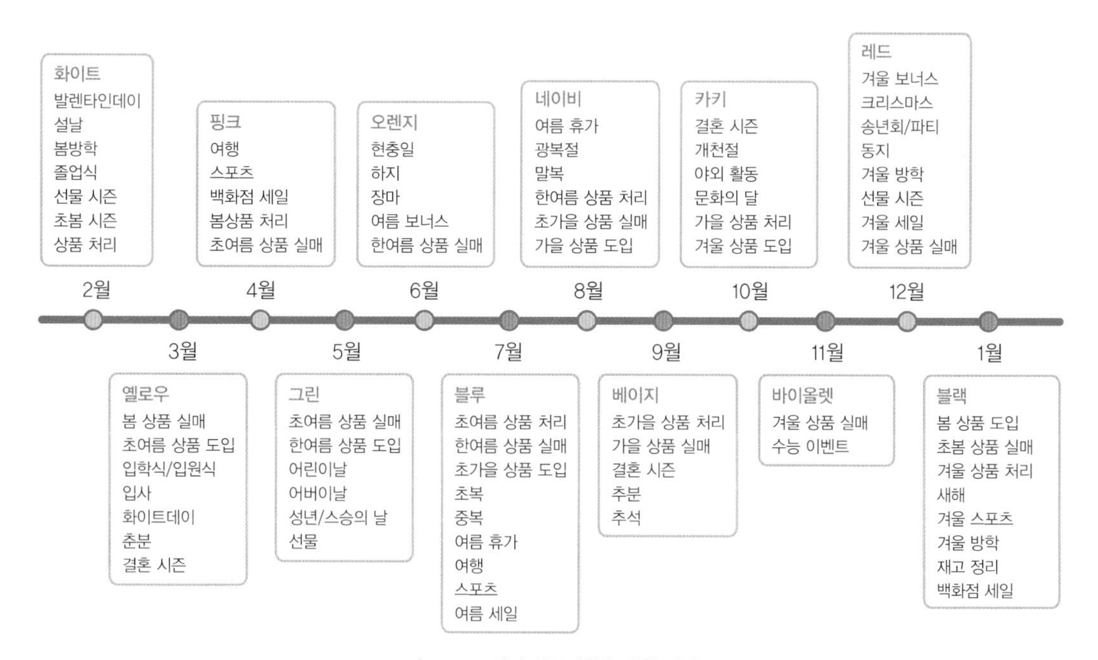

그림 10-1 연간 상품기획을 위한 이벤트
자료: 전중열, 이정일(2013). BLACK BIBLE. p. 41

정하고 판매하고자 하는 상품의 콘셉트를 설정한 후 포지셔닝 방법, 상품 가격대, 판매 경로 등에 관한 계획를 구체화해야 한다. 또한 고객 접근 방법을 확정하고 커뮤니케이션 매체, 판매촉진 등에 관한 계획을 세운다. 쇼핑몰이 수익을 내기 위해서는 내가 판매하고 싶은 상품을 구비해서 판매하는 것이 아니라 팔릴 만한(고객이 원하는, 돈이 될 만한) 상품을 판매하는 것이라는 점을 잊지 않는다. 〈그림 10-1〉은 연간 상품기획 전략에 도입되는 이벤트들을 정리한 것이다.

(4) 구색 계획

포지셔닝에 따라 시장 내 쇼핑몰의 상대적 위치가 결정되면 그에 적합한 상품 구색을 준비한다. 패션 쇼핑몰에서는 쇼핑몰의 특성과 재정 수준에 대해 충분히 고려한 후 상품 믹스의 넓이와 길이 및 깊이의 적정 수준, 상품구성비를 결정하여야 한다.

쇼핑몰의 상품 믹스가 결정되면 그에 따른 상품구성비 계획수립이 필요하다. 예컨대 상품 믹스

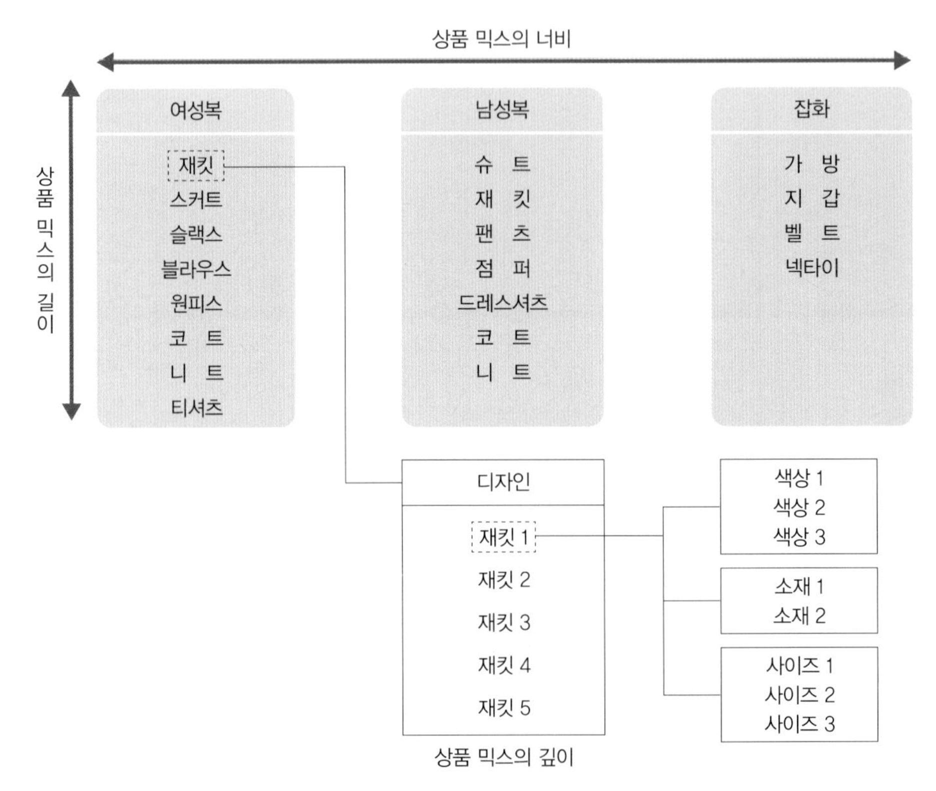

그림 10-2 상품 믹스의 구성

자료: 정인희 외(2010). 패션 상품의 인터넷 마케팅. p. 172를 수정

표 10-1 쇼핑몰 상품구성비 계획의 예

구분	구성비					
의복 범주에 따른 구성비	남성복(30%)		여성복(40%)		캐주얼(30%)	
품목에 따른 구성비	재킷 (10%)	바지 (20%)	스커트 (10%)	원피스 (10%)	티셔츠 (40%)	니트 (10%)
패션성의 정도에 따른 구성비	베이식 상품(70%)			트렌디 상품(30%)		
판매 전략에 따른 구성비	중심 상품(70%)		보완 상품(25%)		기획 상품(5%)	

자료: 정인희 외(2010). 패션 상품의 인터넷 마케팅. p. 174

의 넓이에서 남성복과 여성복의 의복 범주를 포함시켰다면 남성복과 여성복의 상품 비율을 어떻게 할 것인지, 상품 믹스의 길이에 해당하는 품목으로는 어떤 품목을 얼마만큼 갖추어 놓을 것인지, 또한 판매전략에 따라 중심상품과 보완상품을 어떻게 구성할 것인지를 결정한다.

(5) 시장조사

온라인 쇼핑몰을 운영하는 데 있어서 시장조사는 쇼핑몰의 매출과 중요한 연관성이 있다. 쇼핑몰의 목적은 비용 절감을 통해 상품 가격을 낮추어 경쟁력을 높이거나 공급가액을 낮추어 마진율을 높이는 것이다. 따라서 개인 쇼핑몰의 경우 좋은 거래처와 공급처를 발굴하려면 인터넷으로 제조기업 등에 관한 정보를 조사하고, 공급처와 거래처를 직접 방문하여 상담한 후에 상품의 경쟁력을 확인하고 가격을 비교, 검토하는 것이 필요하다. 상품을 직접 제작하지 않는 한 원가를 낮추는 방법은 상품 구매 가격을 낮추는 방법밖에 없기 때문에 품질 좋은 상품을 싼 가격으로 공급받을 수 있다면 가격 경쟁력은 물론이고 고객들의 신뢰를 얻는 데도 효과적이다.

한편 판매 동향을 탐색하기 위해 온라인 쇼핑몰을 조사하는 경우에는 랭키닷컴과 같은 순위 사이트를 참고하는 것이 좋다. 순위 사이트에는 순위뿐만 아니라 트래픽 분석이나 분야별 순위에 관한 사항도 파악할 수 있으므로 동일 업종 내 경쟁사이트에 대한 매출, 방문자 수에 대한 예측이 가능하다. 시장은 항상 변화는 속성이 있으므로 수시로 시장조사를 하는 것이 좋다.

(6) 소싱과 상품 조달

온라인 패션 쇼핑몰의 상품기획에서 소싱은 매우 중요하다. 소싱은 특정 구매자를 대상으로 상품이나 서비스를 기획하면서 판매하고자 하는 상품의 경쟁력을 확보하고 구성을 강화하여 최대한의 판매 기회를 창출하기 위해 상품(제조업체)과 협력사(공급원)를 개발하는 과정이다. 소싱은 온·오프라인의 다양한 채널에 대해서 가능하며, 소싱처를 통해 상품 조달이 이루어진다.

상품 조달은 공장에서 직접 옷을 제작하여 판매하는 제조업체로부터 또는 제조업체로부터 직접 옷을 건네받은 원도매업체나 원도매업체로부터 상품을 공급받는 일반도매업체로부터 가능하다. 일반도매업체의 경우는 크게 도매전문업체와 도소매업체로 구분된다. 동대문시장의 디자이너 클럽, 에이피엠, 뉴존 등은 도매전문업체라고 할 수 있고, 두타, 밀리오레 등은 도매와 소매를 겸하

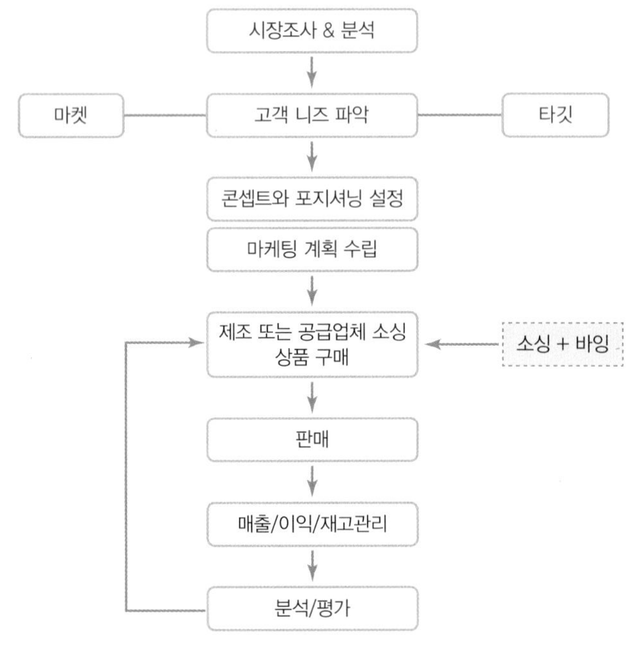

그림 10-3 쇼핑몰 상품기획 프로세스

는 형태이다. 인터넷 쇼핑몰 중에도 도매를 하는 경우가 있으니 상품을 조달할 때는 여러 소싱처의 여러 상품 중 어느 업체에서 어떤 상품을 얼마의 가격에 어느 정도의 수량으로 언제까지 들여올 것인가를 잘 결정하고 주문해야 한다.

(7) 재고 및 판매 관리

재고 및 판매관리는 주문량과 재고량을 잘 연계시키는 일이다. 주문이 있을 때 재고가 없거나 재고가 있지만 주문이 없는 일이 없도록 해야 한다. 재고를 최소화하는 것은 모든 상품의 판매에서 가장 이상적인 목표일 것이다. 규모가 큰 쇼핑몰에서는 기존 주문 패턴으로부터 예상 주문량을 계산하여 적정 재고를 유지해야 한다. 만약 사입 상품으로 작은 패션 쇼핑몰을 운영하는 경우라면 고객의 주문을 받은 후에 새벽 도매 시장을 활용하여 사입하고 배송함으로써 재고율을 낮게 유지할 수 있을 것이다.

패션상품의 경우 재고 관리 시 반품의 위험도 고려해야 한다. 패션상품은 반품율이 높으나 쇼핑몰에 반품된 상품을 공급처에서 다시 받아주는 경우가 많지 않으며, 있다 하더라도 조건부 반품일 경우가 많으므로 이 점에 유의해야 한다. 따라서 최초 판매 시점부터 고객에게 정확한 상품정보를 제공하여 고객이 구매에 대한 확신을 가지고 구매를 하도록 해야 하며, 반품될 경우 적정한 시기에 세일을 실시하여 재고상품을 처분하는 것이 수익률 향상에 도움이 된다.

정확한 재고관리를 위해 카페24나 메이크샵 등의 업체를 이용한다면 재고관리의 어려움을 줄일 수 있다. 재고조사는 품번별 재고량과 재고금액을 함께 조사한다. 재고 금액은 사입 원가보다 판매가격을 기준으로 관리한다. 장부상의 재고는 전월 재고에 이번 달에 추가로 사입한 재고 및 가격 인상분의 합에서 판매했거나 공급처에 반품했거나 가격 인하된 금액을 제함으로써 구할 수 있다. 재고 물품이 장부상의 재고보다 많이 있는 경우는 '과다', 적은 것으로 확인된 경우는 '로스'라고 한다.

2) 쇼핑몰 유형별 상품기획 업무

상품기획 업무의 본질은 동일하더라도, 쇼핑몰마다 운영방식이나 규모 등에 따라 실제 업무에 차이가 날 수 있다. 쇼핑몰 유형에 따른 일반적인 상품기획 업무를 비교해 보자.

(1) 종합쇼핑몰의 상품기획 업무

롯데닷컴, 신세계몰, GS샵과 같은 종합쇼핑몰에서의 상품기획 업무는 크게 쇼핑몰 입점 프로세스와 관련한 업무, 상품관련 업무, 스텝업무 등이다. 쇼핑몰 입점 프로세스와 관련해서는 거래처 입점 상담부터 상품판매에 이르는 모든 과정을 처리한다. 먼저 쇼핑몰에서 판매할 수 있는 상품을 선정하고 발굴하는 일부터 시작하여, 상품 선정 후에는 거래처를 선정한다. 관심 상품군과 관련된 거래처를 탐색하여 우수한 제품을 생산, 유통하는 업체를 선정하고, 선정된 거래처의 상품과 판매가를 확인한다. 그리고 마진율(판매수수료)을 협의하고, 상품을 어떻게 판매할 것인가(이벤트, 기획상품) 협의한다. 마지막으로 입점서류를 확인하고 계약을 체결한다. 계약이 완료되면 내부적으로 거래처 코드를 부여하고, 종합쇼핑몰에 상품을 등록하고, 정해진 판매가와 마진율에 따라서 할인율과 판매가를 확인한 다음 쇼핑몰 페이지에 진열하고 판매를 시작한다.

상품과 관련한 업무는 크게 상품 소싱, 매장운영, 거래처 관리, 이벤트기획, 운영 등으로 구분된다. 상품 소싱은 상품을 개발하는 업무로 트렌드를 파악하여 소비자 요구에 맞는 상품을 소싱하고 히트하는 상품이 있다면 선점하고 물량을 확보하는 일이다. 마지막으로 매출분석과 보고, 클레임 대응업무, 기획업무 등이 종합쇼핑몰 상품기획자의 업무내용이라고 할 수 있다.

(2) 포털 사이트 쇼핑몰의 상품기획 업무

네이트 쇼핑(shopping.nate.com), 네이버 지식쇼핑(shopping.naver.com) 등과 같은 포털 사이트 쇼핑몰은 포털 사이트가 직접 쇼핑몰을 운영하는 것이 아니라 몰인몰(mall in mall)의 형태로 사이트를 운영하는 것이다. 적어도 수백 개에서 수천 개의 업체들이 입점하여 상품을 광고하고 노출해서 고객을 유인하고 매출을 발생시킨다. 포털 사이트에서 상품기획자는 신규 거래처 개발과 입점관리, 매출관리와 분석업무를 담당한다. 따라서 종합몰이나 오픈마켓에 비해서 상품기획자가 상대적으로 적은 편이고 상품을 기획하는 업무보다는 입점한 업체를 관리하는 업무가 중심이 된다.

(3) 중대형 전문 쇼핑몰의 상품기획 업무

위즈위드(www.wizwid.com), 엔조이뉴욕(www.njoyny.com) 등과 같은 전문몰은 아이템이 전문화된 곳과 형태를 차별화한 곳으로 나누어 볼 수 있다. 화장품, 유기농식품 등 전문화된 품목을 주축으로 다양한 종류의 상품을 갖추고 쇼핑몰을 운영한다. 따라서 전문몰의 상품기획자는 대부분 전문상품에 대한 지식이 많다. 유통이나 쇼핑몰 업계의 경력보다는 판매하는 상품의 특징을 잘 아는 사람이 상품기획자로 일하기 때문에 업계에서 자부심을 갖고 일하는 것이 특징이다. 주요 업무는 시장동향에 대한 조사, 분석, 신상품 및 신규 거래처 발굴, 거래처 입점, 상품품질관리, 신규상품 등록, 기존 및 신규 거래처 관리, 판매실적 분석과 관리, 재고관리, 프로모션 관리 등이다.

그림 10-4 전문몰인 위즈위드 사이트
자료: 위즈위드, 2016. 1. 19. 검색

(4) 오픈마켓의 상품기획 업무

옥션, 지마켓, 11번가와 같은 형태의 오픈마켓을 중개몰이라고도 부른다. 오픈마켓은 입점에 별다른 제약이 없기 때문에 개인이 판매하더라도 법적으로 문제가 없다. 시장에 유통되는 상품이라면 누구든지 입점하여 판매할 수 있다. 오픈마켓에서 상품기획자의 업무와 역할은 일반적인 쇼핑몰 사이트와는 다른 면이 많다. 카테고리 매니저(CM)는 카테고리별 매출과 이익을 관리하는 역할을 하며 상품기획자(MD)는 판매자 소싱, 상품개발 등의 업무를 비중 있게 처리하고 판매자별 매출 및 이익목표 관리에 집중한다.

(5) 소호 쇼핑몰의 상품기획 업무

개인이 운영하는 소규모 쇼핑몰이 소호몰이다. 소호 쇼핑몰은 최적의 투자를 위해 최소한의 인원으로 운영하는 것이 일반적이다. 창업자와 함께 상품기획자 2~3명으로 구성되며 상품기획자의 역할을 포함하여 쇼핑몰 운영에 필요한 대부분의 업무를 한두 사람이 처리한다. 소호몰에서 상품기획자의 역할은 신상품과 신규거래처 발굴, 상품등록과 사이트 관리, 프로모션 관리, 판매 및 재고 관리와 분석, 고객지원에까지 해당하며, 쇼핑몰에서 일어나는 업무 전반에 두루 관여한다. 또한 상품을 수입하여 판매하는 쇼핑몰에서는 상품기획자가 무역실무까지 담당하기도 한다.

2. 상품 조달의 실제

1) 상품의 선정

인터넷 쇼핑몰이 성공하기 위해서는 판매할 아이템을 잘 선택하는 것이 중요하다. 아이템을 어떻게 선정하느냐에 따라서 성공과 실패가 결정될 수 있으므로 아이템 선정에 가장 많은 시간과 노력을 투입해야 한다. 쇼핑몰을 찾는 표적 고객이 원하는 상품을 적절한 시기에, 상품 가치와 비교하여 더 저렴한 가격으로 준비해 놓고 적정 마진율을 고려해서 판매하는 것이 중요하다. 쇼핑몰에서 판매하는 상품들은 일반적으로 직접 제작하는 것이 아니라 외부에서 들여온 것, 즉 소싱한 것이다. 자체 생산기반이 없는 소호몰들은 대부분 동대문 도매시장에서 제품을 구입하여 판매하는데 이렇게 현장에서 현금을 지불하고 물건을 가져오는 것을 사입이라고 한다.

(1) 아이템 선정 과정

판매 상품 선정을 위해서는 타깃의 성별과 연령 등에 따라 대상 연령층이 선호하는 여러 스타일 중에서 어떤 것을 중심으로 상품기획을 할 것인지 정한다. 그 다음 단계에서 품목을 결정하며, 이때 고려해야 할 점은 쇼핑몰 내 상품들끼리 가능한 한 세트 코디가 이루어져야 한다는 점이다. 따라서 모델 촬영을 할 때에도 쇼핑몰에서 판매하는 상품들로 세트 코디를 만들어서 촬영하는 것이 좋다. 시즌에 따라서 판매할 아이템이 달라져야 하므로, 상품 사입 달력을 만들어놓고 시즌별로 참고해서 조달하면 된다.

그림 10-5 아이템 선정 과정

(2) 아이템 선정 방법

대부분의 여성복 사입은 동대문 도매시장을 통해서 이루어진다. 쇼핑몰에서 판매할 아이템을 결정하려면 먼저 동대문의 동부상권(도매상권인 디자이너크럽, 뉴존 등) 시장조사를 통한 아이템 분석이 선행되어야 한다. 쇼핑몰의 콘셉트 및 판매하고자 하는 아이템을 주로 취급하는 몇몇 도매상점을 선택한 후, 그 점포들에서 주로 취급하는 아이템들에 대해 분석한다. 분석을 통해 아이템들의 장점과 단점을 파악한 후에는 소비자의 실제 선호 경향을 확인하기 위해 서부상권(소매상권인 두타, 밀리오레 등)을 중심으로 시장조사를 실시한다. 소매상권에서 다시 한 번 아이템에 대한 장점과 단점 등을 분석한 후 도매시장의 어느 점포에서 어떤 아이템을 사입할지 최종적으로 결정한다.

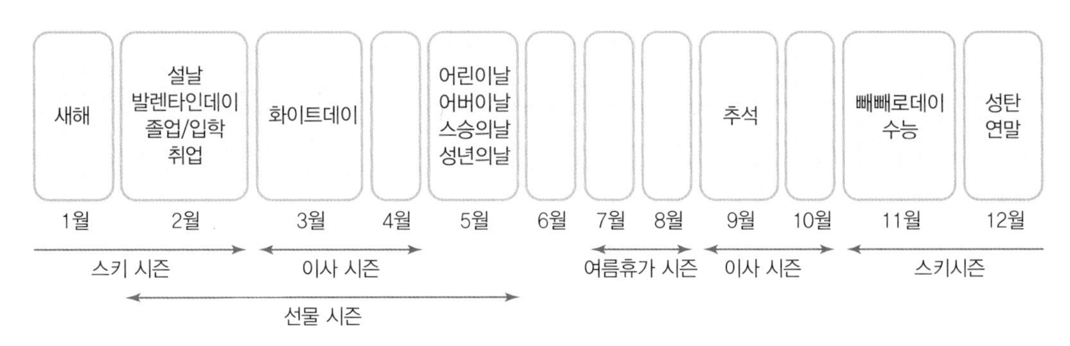

그림 10-6 상품조달 달력

자료: 김병성, 네모도리(2010). 한 권으로 끝내는 쇼핑몰 창업 & 운영. p. 68

(3) 아이템 선정의 적절성

판매 아이템이 적절한지 확인하기 위해서는 각 유형별 쇼핑몰에서 판매되고 있는 아이템을 분석해보는 것도 한 가지 방법이다. 예컨대 오픈마켓에서 판매하는 아이템은 상품등록비와 부가서비스 등의 비용을 고려하여 단품 위주로 선정해야 하는데, 오픈마켓에서의 소분류 판매량 순위 분석을 하면 아이템의 적절성을 확인하고 적정 사입 수량과 예상 마진율까지 계산할 수 있다. 비슷한 아이템에 대한 1일 상품평이 몇 개인지 확인하여 거기에 20을 곱하면 배송 건수라고 간주할 수 있고, 여기에 1인 평균 구매 수량을 곱하면 판매량을 예측할 수 있으며, 판매 아이템의 판매가를 분석하고 사입 단가와 비교하면 마진율 분석도 사전에 가능하다.

개인 쇼핑몰의 경우에는 다양한 상품을 취급하여야 하므로 비슷한 아이템을 취급하는 쇼핑몰을 벤치마킹해보는 것이 필요하다. 같은 품목을 취급하는 사이트의 판매가격을 분석하고 판매마진을 가늠해보며, 상품의 판매가와 마진율, 사용후기를 분석하여 상품에 대한 고객의 평가를 수집하는 것도 중요하다.[1]

(4) 아이템 선정 시 고려사항

아이템별로 계절과 날짜에 따라서 다양한 판매특성을 띠고 있으므로 먼저 이에 대한 이해가 필요하며, 상품의 라이프사이클, 즉 수명주기의 위치에 따라 판매 전략을 달리해야 한다. 판매가 가장 잘될 때 10,000원을 받을 수 있는 어떤 상품이 있다고 가정했을 때 도입기, 성장기, 성숙기, 쇠퇴기에 따라 가격대는 〈그림 10-7〉과 같이 형성된다. 아이템 수명주기에 따라 소비자 및 경쟁업체의 현황, 매출의 증가추이 등은 단계별로 다른 특징을 가지므로, 이에 맞추어 아이템에 대한 사입 및 재고 준비 등이 이루어져야 한다.

1 장용준(2015). 쇼핑몰 사입의 기술. 서울: e비즈북스. pp. 21~22

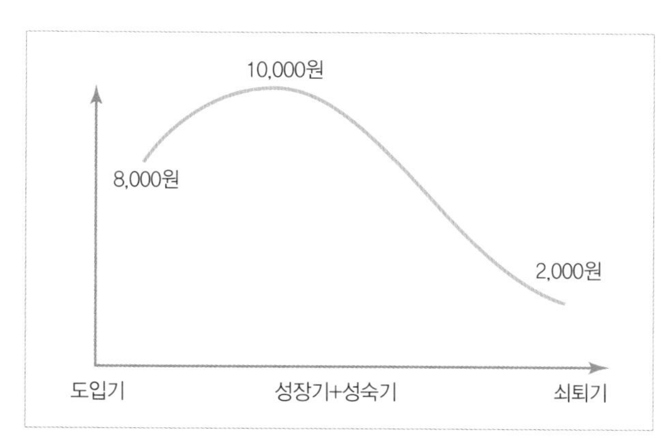

그림 10-7 아이템 수명주기
자료: 김병성, 네모도리(2010). 한권으로 끝내는 쇼핑몰 창업 & 운영. p. 64를 수정

표 10-2 아이템 수명주기에 따른 단계별 특성

구분	도입기	성장기	성숙기	쇠퇴기
소비자	소비 준비	소비 시작	소비 절정	소비 위축
경쟁업체	미약	증대	극대	감소
아이템	아이템 준비	아이템 판매시작	아이템 차별화	신상품 도입준비
매출	조금씩 증가	최고	평행선	하락

자료: 김병성, 네모도리(2010). 한 권으로 끝내는 쇼핑몰 창업 & 운영. p. 65

2) 상품의 사입

판매할 상품이 선정되면 실제 사입을 해야 한다. 사입 과정에서 알아야 할 실무들을 초도 사입량, 사입수량 예측 방법, 사입처의 결정, 사입가격의 결정, 사입삼촌의 활용, 사입 리스트의 작성, 재고 최소화 요령의 순으로 알아보자.

(1) 초도 사입량

① 최초 수량 사입

처음 쇼핑몰을 오픈하고 사입을 진행할 때는 어느 정도의 양을 사입해야 할지 막연할 것이다. 아직 판매경험이 많지 않으므로 초기 사입량은 소극적으로 적게 하는 것이 좋다. 인터넷 쇼핑몰에서는 굳이 많은 재고를 보유하면서 쇼핑몰을 운영할 필요가 없다. 상품사진을 올리고 관련 제품 정보를 등록할 때 필요한 최소한의 수량만을 사입하면 된다. 하루 이틀 쇼핑몰 방문객의 반응을 보면서 판매경험이 쌓이면 사입하는 양을 점차적으로 늘려가는 것이 좋다. 쇼핑몰에서의 판매가 아직 확실하지 않은데 가격이 저렴하다고 미리부터 덜컥 대량으로 구매하는 것은 적절하지 않다. 여러 아이템에 대한 욕심이 너무 많으면 준비 기간도 길어지므로 메인 아이템을 위주로 사입한다.

② 예상 수요의 30% 내외 사입

보통 처음에는 예상하는 시장의 수요에 대해 30~35%정도만 사입하도록 권장하는데, 이는 사입량과 판매량의 균형을 맞추어 추후 부담이 될 재고를 최소화시키기 위해서이다. 패션제품은 시즌에 따라 가치가 달라지는 상품이라서 시즌 내에 소화 시킬 수 있는 양만큼 사입하는 것이 적당하다. 꾸준히 사입을 하다보면 단골 도매상이 생기고 사입량도 늘어나서 대량구매를 할 때는 타 점포에 비해 더 좋은 가격조건으로 물건을 받게 되어 결과적으로는 쇼핑몰의 수익이 올라가게 될 것이다. 도매상들은 물건을 한꺼번에 많이 구입하고 미판매분에 대해 반품을 요구하는 쇼핑몰 점주보다 적은 양이지만 규칙적으로 꾸준히 사입해가는 쇼핑몰 점주들을 더 선호한다고 하므로, 처음부터 단골 도매상을 만들기 위해 무리하게 대량 사입을 시도할 필요는 없다.

예를 들어 처음 쇼핑몰을 오픈한 경우라면 20, 30, 40장 등 몇 십 장 단위의 부담 없는 양으로 사입을 시작하는 것이 좋다. 이는 3주 정도에 팔수 있는 물량이다. 패션상품의 경우 한 디자인에 있어서도 사이즈별, 색상별로 구색을 맞춰두는 것이 중요하므로 각 디자인당 색상, 사이즈별로 샘플을 몇장 씩 사입한다. 모든 상품을 억지로 고미[2]단위로 구입할 필요는 없으니 도매상과 상의하여 결정한다. 계절이나 트렌드에 따라서 유독 잘나는 색상이 있어서 그러한 색상들은 여러 쇼핑몰에서 모두 사입을 하고자 하므로 미리 수량을 선점하는 것도 중요하지만, 잘 나가지 않는 색상의 상품도 같이 사입을 해야 잘나가는 색상에 대해 원하는 수량을 맞춰준다. 오프라인 점포에서 시즌에 앞서 쇼윈도나 VMD를 통해 미리 상품을 선보여서 수요를 유발하는 것처럼, 온라인 쇼핑몰에서도 사입할 수량을 되도록 정확하게 예측하고 결정한 후 사입은 신속하게 하여 쇼핑몰에 신

2 사이즈가 여러 개일 때 모든 사이즈로 구성된 세트의 개념.

상품의 구색을 갖춰놓는 것이 한 번의 판매 기회라도 놓치지 않는 방법이다. 또한 도매시장에서는 세일가로 사입했을 때 반품이 어려울 경우가 많다는 것을 잊지 말아야 한다.

(2) 사입 수량 예측 방법

먼저 자신의 주력상품과 보조상품을 구분한다. 예를 들어 여성 블라우스 전문 쇼핑몰의 경우 주력상품은 블라우스이고, 블라우스와 코디해서 입을 수 있는 의류와 잡화 등은 보조상품이다. 오픈마켓으로 판매를 시작하는 경우라면 경쟁 판매자들의 상품판매 수량, 입찰 수량 등을 파악한다. 옥션, G마켓에서 자신의 주력상품과 유사한 상품을 판매하는 판매자들의 전체 입찰 신청 및 판매수량을 기간별로 합산해본다. 이렇게 파악한 전체 판매 수량을 이용하여 하루 평균 예상 판매 수량을 설정해 놓으면 각자 사입 주기에 따라 한 번에 사입할 수량을 계산할 수 있다.

(3) 사입처의 결정

생산업체와 도매업체 중 어느 쪽을 사입처로 정할지에 대해 장단점을 따져 보아야 한다(표 10-3). 상품의 단가 면에서는 생산업체가 아무래도 유리하지만 여러 가지 조건을 꼼꼼히 따져보아서 본인에게 유리한 곳으로 사입처를 결정하는 것이 좋다. 처음 창업을 하는 쇼핑몰 점주의 경우 도매

표 10-3 생산업체와 도매업체의 사입 장단점 비교

	생산업체 사입	도매업체 사입
장점	상품 단가면에서 유리 독점공급의 기회 가격경쟁력의 확보 A/S 가능 브랜드화 가능	접근이 용이 다양한 상품군 확보 판매 활동의 융통성이 큼 소자본 가능 반품/교환 가능
단점	한정된 상품군 초기접근이 어려움 제한된 상품의 판매활동 구매 단위가 큼 초기자본금 부담	상대적 매입단가 상승 불안한 상품공급 A/S 불가능

자료: 장용준(2015). 쇼핑몰 사입의 기술. p. 34

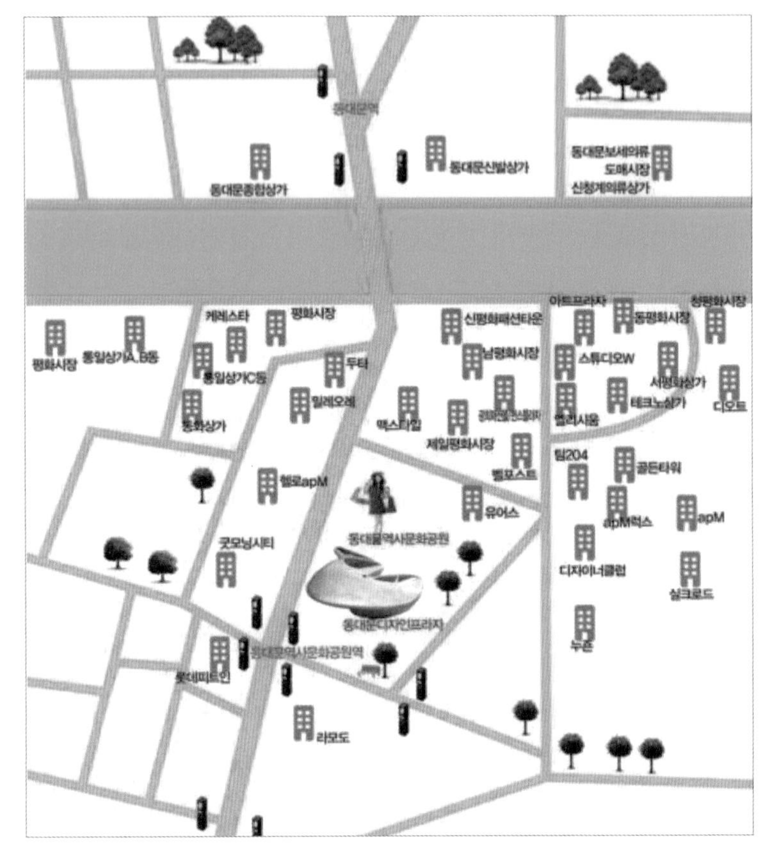

그림 10 – 8 국내 최대 도매시장인 동대문패션클러스터
자료: 동대문패션타운 관광특구협의회(2014), 2014 동대문유통백서. p. 69

업체로부터 사입을 시작하는 것이 여러 가지로 무난하다. 생산업체와 직거래를 하기에는 여러모로 경험이 부족하고 초기투자비용 등을 고려해야 하므로 우선 도매업체로부터 사입을 시작해 보고 어느 상품이 충분히 경쟁력 있다고 판단이 될 경우 생산업체와 직접 거래하는 것이 적절하다. 또한 앞으로 판매할 상품의 샘플을 구매하는 것부터 시작하는 것이 좋다.

도매상에서 사입하고자 할 때는 각 도매상별 매출이 가장 좋은 상품 순으로 정리해 보고, 스타일별 매출이 좋은 상품 순으로 정리해 보며, 마지막으로 도매상별, 스타일별 매출이 좋은 순으로 정리해 보면서 판매량을 점검하여 적절한 도매상을 사입처로 결정할 수 있다. 이러한 확인 과정을

표 10-4 아이템별 동대문시장 사입처

아이템	도매시장
여성의류(영캐주얼)	테크노상가, 패션몰 청평화, 디오트
여성의류(캐주얼)	패션몰 청평화, 디오트, 남평화시장 2,3층, 디자이너크럽, 뉴존 1층, 유어스, APM 1층, 동평화 패션타운 지하
여성의류(미시캐주얼)	제일평화시장, 누존 2층, 디자이너크럽, 유어스, APM 2층, 신평화 패션타운, 광희 패션몰 1층, 아트프라자, 벨포스트
여성의류(정장)	벨포스트, 제일평화시장, 디자이너크럽, APM, 누존, 아트프라자
여성의류(빅사이즈)	신평화 패션타운, 광희 패션몰, 누존
여성의류(실버웨어)	평화시장 2층, 신평화 패션타운, 아트프라자
여성의류(임부복)	누존, 신평화 패션타운
남성의류(영캐주얼)	누존, APM, 신평화 패션타운, TI 상가
남성의류(캐주얼)	누존, APM, 신평화 패션타운, TI 상가
남성의류(정장)	누존, APM, 신평화 패션타운, TI 상가
남성의류(빅사이즈)	광희 패션몰, 누존, TI 상가
남성의류(단체복)	평화시장
댄스복	신평화 패션타운 지하
테마복(파티복)	신평화 패션타운 지하, 누존 지하 1층
스포츠용품	엘리시움 지하
액세서리	평화시장, 디자이너크럽 지하, 누존 지하
란제리	신평화 패션타운 1층, 동평화 패션타운 1층
양말	신평화 패션타운 1층, 동평화 패션타운 1층
모자	평화시장, 패션몰 청평화
아동복	엘리시움
아동한복	광장시장
가방	남평화시장 1층, 지하, 광희 패션몰 지하, 제일평화시장
스카프	평화시장, 패션몰 청평화 지하, 디오트 지하
신발/구두	동대문 신발상가, 팀204
가죽의류	광희 패션몰 2층
벨트	평화시장, 신평화 패션타운
타월	신평화 패션타운, 평화시장
수영복	평화시장
홈패션/커튼	동대문종합시장
원단	동대문종합시장, 광장시장
부자재	동대문종합시장, 동화상가, 광장시장

자료: 장용준(2015). 쇼핑몰 사입의 기술. pp. 60~61를 편집

거쳐 적절한 거래처가 확보되면, 사입하고자 하는 상품의 품질을 확인하고 적정 수량을 파악하여 확보한 다음 적절한 납기를 설정하고, 마지막으로 적당한 가격을 결정해서 판매를 이행한다.

동대문에서 사입하는 경우를 예로 들면 동대문의 동쪽은 도매상권이고 서쪽은 소매상권이다. 도매상권에는 신평화, 동평화, 청평화, 남평화, 광희 패션몰, 아트프라자, 엘리시움, 테크노상가, 디자이너크럽, 누죤, APM, 유어스, 디오트, 팀 204, 스튜디오W, 제일평화, 벨포스트 등이 있다. 서쪽의 소매상권에는 밀리오레, 두타, 헬로APM 등이 있다. 아이템별로 사입 가능한 시장은 〈표 10-4〉

표 10-5 동대문 시장에서의 의류 생산 과정

과정	설명
디자인 제작	샘플 평가 후, 결과에 따라 메인 디자인 제작. 기존 제작 판매 제품 중 판매가 잘 된 제품을 약간 수정해서 디자인하기도 하고, 외국 패션쇼나 컬렉션을 응용하여 디자인을 제작하기도 함.
원단 확보	완성된 디자인을 바탕으로 사용할 원단 결정. 메인 원단 결정 후 샘플 작업지시서를 작성하거나 직접 봉제공장을 방문하여 패턴사에게 작업 지시하기도 함.
샘플 완성	원단 확보 후 봉제 공장으로 원단을 보내고 새롭게 만들어진 디자인을 토대로 봉제공장 및 패턴사와 의견 조율.
모델 착장	핏 등 전체적인 느낌 확인, 수정할 부분 체크, 반영.
요척 계산	샘플 완성 후 한 벌에 들어갈 원단 사용량 계산. 요척 계산은 단가로 연결되므로 중요함.
부자재 결정	디자인에 따라서 적절한 부자재 결정. 대부분 샘플에서 이미 결정된 부자재로 진행함.
가격 결정	원단과 부자재가 결정되고 요척이 계산되면 최종적으로 옷 한 벌의 가격 결정. 원단 소모량, 공임 등 옷 제작에 필요한 비용 외에 재고 발생율 등을 고려해서 결정.
샘플 평가	도매 매장에 신상품(샘플)을 등장시켜 소매상인이나 사입자들의 평가 의견 수렴. 이때 신상품의 수명이 결정되고, 소매상들의 의견이 도매상들에게 중요한 순간임.
본 작업 결정	샘플 중 반응이 좋은 것을 본 작업으로 결정. 신상품으로 출시.
본 작업 시작	본 상품용 원단 구매, 이때 총 제작 수량은 샘플에 대한 반응을 기준으로 결정. 샘플은 한 가지 색상이지만 본 작업은 다양한 색상으로 생산.
색상과 사이즈 결정	샘플 평가 시에는 주변의 반응을 수집하는 데 시간을 소요하지만, 이미 본 작업으로 결정된 상품에 대해서는 색상, 사이즈 결정을 신속히 진행하게 됨.
신상품 입고 및 디스플레이	전체 수량에 대한 생산이 완료되면 매장으로 납품. 초기 반응이 좋으면 계속 재생산이 들어가지만, 처음 반응이 별로 일 경우 곧 사장되는 경우도 있음.
신상품 판매 시작	신상품의 수명은 판매 반응에 따라 결정됨. 길게는 한 달 정도이고, 평균 2~3주. 반응이 너무 없는 경우 생산이 나온 그 주에 혹은 그 다음날에도 생산이 중단될 수 있음.

와 같다. 동대문 시장에서의 의류 생산 과정은 〈표 10-5〉와 같으므로, 사입하는 경우 이들 과정을 잘 이해하고 사입계획을 세워야 한다.

(4) 사입 가격의 결정

사입 시에는 원도매업자와 중간도매업자를 구분하는 것이 필요하다. 보통 원도매업자에 비해 중간도매업자가 판매하는 가격이 더 높고, 적게는 20%에서 많게는 50%까지 가격 차이가 나는 경우도 있다. 이러한 이유 때문에 중간도매의 경우 때로는 가격을 낮추어주는 경우도 있다. 원도매는 한 아이템에 대해 많은 수량을 확보하고 있는 경우가 대부분인데 중간도매의 경우 일정 수량을 사오는 것이므로 수량이 많지 않거나 매장 내 제품들의 콘셉트가 서로 맞지 않아도 여러 품목을 진열하여 판매하고 있는 경우가 많다.

도매시장에서 매입장끼를 활용하면 안전한 거래처를 확보함과 동시에 비교적 저렴하게 사입할 수 있다. 매입장끼는 동대문 도매매장에서 옷을 반품하고자 할 때 반품을 받고 현금을 주는 대신 영수증에 반품 금액과 함께 '매입'이라는 표시를 기재하여 주는 것이다. 매입장끼로 구매할 때에는 '일반장끼'인지 '매입장끼'인지 혼동하지 않도록 반드시 확인해야 한다. 매장마다 매입장끼로 사입할 수 있는 수량에 차이가 있을 수 있으므로 확인이 꼭 필요하다. 매입장끼에 유효기한이 있는 경우에는 보통 3개월이며, 분실되면 보상받을 방법이 없으므로 잘 보관해야 한다. 매입장끼는 의류 관련 커뮤니티 사이트를 통해서 거래되거나 서로 교환하기도 한다. 이때는 기재된 금액보다 통상 50~60% 정도 가격에 매입장끼를 구매할 수 있다.

(5) 사입삼촌의 활용

사입을 대신하는 사입삼촌을 활용할 때 지속적으로 거래하고자 한다면 개인 사입삼촌보다 기업형으로 사입대행을 해주는 업체를 선택해 회사가 사입에 대한 책임을 지게 하는 것이 좋다. 사입대행 비용은 사입대행비, 배송비, 배송기간을 비교하여 선택한다. 사입대행비는 매장당 평균 1,500~2,000원을 받으며 배송비는 별도로 받는다. 배송기간은 당일배송을 원칙으로 한다. 사입대행사를 알아보기 위해서는 네이버 등 포털 사이트에 '사입삼촌'을 검색하면 된다. 동사정(동대문사입정복), 도매꾹, 동팡, 나익스, 사입나라, 더바잉 등 네이버에 등록된 사입대행 사이트만 40여 개

표 10-6 도매시장에서 통용되는 용어와 의미

용어	의미
원도매상	공장에 상품 생산을 직접 의뢰하여 주문 생산한 후 소매상에게 소량씩 공급하는 판매자. 원도매상이 매장을 가지고 있는 사람도 있지만 창고만 가지고 소매상에게 상품을 공급하기도 하는데, 이 경우 왕도매상이라고도 함.
도매상	일반도매상으로 공장을 운영하면서 도매 매장을 운영하는 판매자.
준도매상	준도매상은 원도매상이나 일반도매상에서 상품을 공급받아 전시하고 도매가로 판매하는 상인이며 중간도매상이라고도 함.
고미	사이즈당 묶음(세트). 55, 66 등 사이즈가 두 가지 이상 나오는 경우의 옷을 칭할 때 사용. 아동복의 경우 보통 한 고미에 5~8벌. 아동복의 경우 무조건 고미로 구매를 해야 하는 것이 관행이지만, 그 외의 경우는 반드시 고미로 구매를 하지 않아도 됨.
깔	색상의 의미. 색상이 몇 가지인지를 표현할 때 "이 디자인은 깔이 세 가지"와 같이 사용.
마도매	제품 제작 후 후공정에서 사용하는 용어. 제품의 마무리, 끝손질을 의미. 제품 제작 완성 후 다림질(아이롱) 또는 실밥을 정리하는 것 등 마무리 공정을 말하며 '시아게'라고도 함. 이런 작업을 전문적으로 하는 업체가 있음.
미송	도매에서 사입할 때, 만들어진 제품의 물량 부족으로 인해 당장은 사입하지 못하고 제품 값부터 선결제해 주는 경우 '미송 잡았다'라고 함. 이 경우 사입한 물품에 대해 장끼를 작성해 주는데 여기에 제품 값을 지불받았으나 제품을 주지 못했다는 의미로 미송이라고 적어줌. 이때 받는 장기는 '미송장끼'라고 함.
와끼	의류 제품의 옆솔기. 안감 옆구리에 제품성분 라벨과 품질표시 라벨이 있는데 이를 와끼 라벨이라 함.
완사(입)	매장에 남아있는 재고 상품을 전부 한꺼번에 사입하는 것. 보통 '땡'칠 때 완사가 이루어지는데, '완사'된 제품에는 불량이 섞일 수 있지만 이것까지 포함해서 전량사입을 하는 것을 의미함.
가다	어깨(심) 또는 형, 형태, 모양, 본을 의미함.
간지	옷이 주는 느낌 또는 맵시, 몸에 잘 맞는 정도를 의미함.
대봉, 중봉, 소봉	구매 시 제품을 넣는 비닐 백, 봉투를 의미함. '몇 호'라고 칭하기도 하나, 가장 큰 사이즈를 보통 '대봉'이라고 함.
땡	제품 판매 후 고미가 깨져버리고 남아있는 재고를 다른 판매자에게 전량 싼값에 넘길 때 '땡쳤다'라고 표현함. 재고는 아직까지 타인의 손에 넘어가지 않은 상태의 제품을 의미하고, 보통은 도매에서 세일하여 판매함. '땡'은 완사 조건으로 1/3 가격 이하에서 진행되는 경우가 많음.
나오시	상품의 불량. 공장에서는 에러가 발생한 제품을 바로 잡거나 고치는 일(수선)을 의미함.
다이마루	환편 니트를 일컬으며 저지라고도 함. 여름철 많이 입는 부드럽고 신축성 좋은 티셔츠 원단과 같은 것.
단가라	가로 스트라이프 무늬.
탕	제품의 염색과 관련된 색상 느낌을 표현하는 용어. '사이즈마다 탕이 좀 다르다'와 같이 사용함.
매입장끼	판매를 다하지 못해 반품을 한 경우 현금으로 환불을 받지 않고 그 매장에서 다음 사입 시 지불처리 가능한 금액을 기재한 영수증. 매입장끼가 있으면 현금처럼 지불 가능하므로 잘 관리해야 함.

사입삼촌	지방에서 서울 도매시장에 자주 올라올 수 없는 소매점주들에게 도매처에서 사입한 상품들을 수거해서 배송해 주는 사람을 일컬음.
장끼	세금계산서가 아닌 그날 사입한 후 받는 영수증. 가끔 시장조사 시에 가격 등을 기록하여 사입자들에게 전해 주기도 하며, 사입자들이 샘플을 받아갈 때 '샘플 장끼'를 넣어주기도 함.
파스	FAS(Flexible Assembling System)로, 상품을 만드는 기간이나 재료의 소진기간이며 한 번에 생산된 총량과 기간. 한 번 작업한 주기를 일컫는 용어.
미싱사, 시다, 객공	미싱사는 공장에 소속되어 제품 봉제를 주로 하는 사람, 시다는 미싱사를 보조하는 사람을 의미. 객공은 공장에 소속된 미싱사가 아니라 프리랜서 미싱사로서 일한 만큼 일당을 받는 도급제 형태의 미싱사.

그림 10-9 사입대행업체 예: '사입삼촌닷컴' 홈페이지
자료: 사입삼촌닷컴, 2015. 8. 31. 검색

가 있다. 이들은 도매상과 소매상, 해외 바이어들의 B2B사이트를 지향하며 소매상들이 직접 동대문을 나가지 않더라도 인터넷 사이트를 통해 제품을 구매할 수 있도록 해주고 있다.

(6) 사입 리스트 작성

사입 리스트는 상품에 대한 주문이 들어오면 도매시장에 나가서 구매할 거래 매장, 디자인, 색상, 사이즈, 수량 등을 정리한 것으로, 상품의 실제 구매 시 오류를 방지하기 위해 작성한다. 사업을 시작할 때 사업계획서를 만들고 시작하는 것처럼 사입을 시작할 때도 어떤 상품을 어디에서 얼마만큼 구입할 것인지에 대한 사전계획를 세우고 사입을 해나가는 것이 좋다.

① 다양한 컬러와 다양한 사이즈는 피한다

색상이나 사이즈가 너무 많으면 판매에 대한 부담이 되고, 안 팔릴 경우 재고가 될 수 있으므로 아무리 마음에 들어도 사입을 적게, 소극적으로 하는 것이 바람직하다.

② 여성 캐주얼 제품은 더욱 더 신중을 기한다

시중 온라인 쇼핑몰 중 가장 많은 비중을 차지하는 제품군이 바로 여성 캐주얼 제품이다. 따라서 경쟁이 가장 심하고, 업계의 프로들이 이미 자리를 잡고 있어 그 속에서 성공하기는 쉽지 않다. 따라서 더 많은 시장조사와 트렌드 분석, 소비자 분석을 해야 하며, 가능하면 특수복(임부복, 댄스복, 파티복, 기능성 의류 등) 등 여성 캐주얼 이외의 제품군으로 시장을 노려보는 것도 필요하다.

③ 샘플 구입비를 최대한 줄인다

샘플은 아직 판매가 시작되지 않은 제품이므로 샘플 구입비에 너무 많은 비용을 투자한다면 팔리지 않아 재고 부담으로 남게 될 확률이 있다. 개인적인 취향이나 단순한 예측보다는 객관적이고 근거 있는 예측하에 적정 수량을 구입하는 것이 좋다.

④ 그날 판매한 제품은 그날그날 사입한다

샘플 중에서 반응이 좋은 상품의 경우 너무 많은 양을 한꺼번에 사입하기보다는 나누어서 사입하는 것이 좋다. 예상 판매량에 대해 30~35% 정도의 양으로 그때그때 나누어서 사입하는 것이 재고 부담을 줄이는 방법이다.

⑤ 상품 사입을 신속하게 한다

시장조사나 소비자조사, 트렌드 조사 결과에서 유행이 예상되는 상품이라면, 사입시기를 최대한 앞당기는 것이 물량확보를 위해 좋다. 사입이 늦을 경우 품절이 될 수 있으며, 원하는 수량을 사입하지 못할 수도 있어서 상품배송에 지장을 줄 수 있다. 특히 시장에서 상품은 최소 한 시즌 먼저 출시되므로 이런 사이클에 적응하여 미리미리 다음 시즌의 상품을 준비해야 한다.

⑥ 샘플의 공급 가능시간을 확인한다

샘플의 반응이 좋아 계속 판매가 될 경우, 공장에서 언제까지 상품 생산이 가능한지 여부를 반드시 도매상인에게 문의해서 확인하고 사입 일정을 조정한다. 생산 종료하는 상품을 주문받아 배송을 못하게 되면 쇼핑몰의 신뢰도가 하락하게 된다.

⑦ 상품의 시즌 사이클에 주목한다

시즌상품의 경우 아무리 현재 판매가 좋아도 시즌이 끝나가면 갑자기 판매가 종료된다. 시즌이 끝날 무렵 판매가 되는 상품의 경우에는 반품이나 교환이 일어날 확률이 크므로, 이를 미리 감지해서 소비자가 지각하는 시즌 종료 시기보다 한 타임 앞서서 시즌 상품의 판매를 종료하기 시작해야 재고부담이 줄어든다. 만약 계절이 바뀌는 시기에 도매상에 반품하게 되면 계절 상품 간의 원단 가격 차이로 인해 1:1 교환이 가능하지 않을 수 있으므로 이 점에 유의해야 한다. 또한 초겨울 상품은 대체로 상품수명이 짧으므로 사입할 때 더 신중해야 한다.

(7) 재고 최소화 요령

쇼핑몰에 상품을 등록한 다음 주문이 들어오면 장바구니 개수를 확인하고 인기 정도를 예측하여 즉시 도매상에게 연락해서 재고량을 확보해야 한다. 재고량은 구매숫자와 장바구니에 담긴 개수를 합한 수의 두 배 정도를 미리 확보하여 추가 주문 시 신속한 배송이 이루어지도록 하는 것이 중요하다. 고객반응이 별로인 상품의 경우 그때그때 구입하여 최소한의 재고만 유지하는 방식으로 한다.

한편, 도매시장에서는 여러 생산처에서 제작한 상품들을 한꺼번에 취급하기 때문에 가끔 표준 사이즈와 차이가 나는 제품들이 취급되는 경우가 많다. 사입을 할 경우에도 여러 도매상과 거래하는 경우가 대부분이므로 상품에 대한 실측 없이 쇼핑몰에 동일한 사이즈로 자료를 올려서 이를 보고 소비자가 구입한 경우에는 추후 교환, 환불 등이 발생할 수 있다. 따라서 사입처의 사이즈 정보를 아이템별로 꼼꼼하게 기입해서 관리하는 것이 필요하다.

도매시장에서의 상품 교환은 대체로 교환할 상품을 갖고 와서 색상이나 사이즈가 다른 제품으로 1:1 교환하는 것이다. 따라서 쇼핑몰에서의 판매 시작 후 1주일 동안 반응이 없다면 미련 없이 교환하는 것이 적절하다. 흰색 옷의 경우 반품을 잘 안 받아주므로 재빨리 교환해야 도매상도 부담이 줄어들고 도매상과의 신뢰관계도 확립될 수 있다. 언제까지(보통 2주) 교환 가능한지 사입 전에 거래처와 미리 의사소통하는 것이 필요하다. 또한 계절이 바뀔 때에는 사입량을 조금 줄이면서 세일을 통해 기존 제품을 최대한 판매하고, 그래도 남은 상품은 가능한 한 빨리 교환하는 것이 좋다.

반품은 보통 밤 시장만 되고, 새벽시장은 안 된다. 청평화는 반품이 안 되는 상가지만 가격이 저렴하기 때문에 인터넷 쇼핑몰 운영자들이 주로 이용한다. 통상적으로 여성복은 1:3, 남성복은 1:2 정도로 반품비율이 정해져있다. 액수가 클 경우 나누어서 재사입이 가능하다. 예를 들어, 10만 원 정도를 반품하면 30만 원 정도 재사입해야 하는데, 이 경우 우선 필요한 제품만 가져오고 나머지는 매입장끼를 끊어서 나중에 재사입해도 된다.

3) 상품 자체제작

상품을 사입하다 보면 쇼핑몰의 콘셉트에 맞추어 모든 상품을 사입하기가 쉽지 않다. 즉, 내가 원하는 디자인, 가격의 제품을 찾기가 어려운 경우가 있다. 도매시장에서는 소매상 한 곳을 보고 상품을 제작하는 것이 아니라 다수의 소매상을 대상으로 제작·판매하기 때문에 개별 쇼핑몰 입장

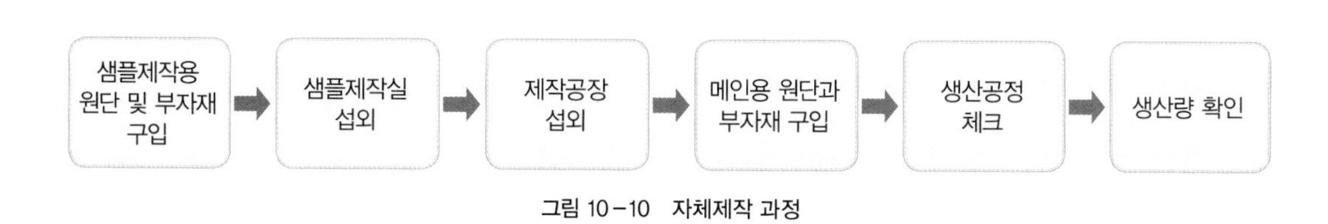

그림 10-10 자체제작 과정

에서는 그 디자인이나 색상 등이 다소 불만족스러울 때가 있는 것이다. 쇼핑몰에서 단골 고객들이 요구하는 아이템을 도매시장에서 공급받기 어렵다는 생각이 여러 번 반복될 때, 혹은 가끔 '대박' 상품이 나와서 상품의 공급량이 부족하여 상품 단가가 턱없이 올라갈 때는 직접 생산을 해야 하지 않을까 고민하게 된다. 자체제작의 주요 과정은 〈그림 10-10〉과 같다.

(1) 샘플제작용 원단 및 부자재 구입

상품의 자체 제작을 위해 디자인을 기획하고 선정하였다면 먼저 샘플을 제작해서 사업성을 확인해야 한다. 샘플을 제작하기 위해서는 디자인에 적합한 원단과 부자재를 잘 선정하여 구입하도록 한다. 처음으로 자체제작을 시도할 때는 단품 위주로 진행하는 것이 바람직하다. 한꺼번에 많은 양을 생산하기보다는 판매 추이를 보면서 생산을 의뢰하는 것이 좋고, 판매가 잘되는 색상이나 사이즈 위주로 추가 생산을 의뢰해야 한다.

(2) 샘플제작실 섭외

샘플제작실은 원래 공장을 운영하지 않는 도매상이 제조에 들어가기 전에 상품성을 확인하기 위해 샘플 제작을 의뢰하는 곳이다. 요즈음에는 자체제작을 하는 쇼핑몰들이 많아지면서 샘플제작실이 여러 곳 생겨났다. 샘플제작실에서는 패턴사가 의뢰받은 디자인의 패턴을 만들고 이 패턴에 따라 재단사가 미리 준비된 샘플용 원단을 재단하며 샘플사가 디자인에 적합한 봉제를 한 후 마무리하여 샘플을 완성한다. 샘플 제작비는 보통 총 10여만 원 정도 소요되는데, 원단과 부자재 구입 가격이 5천~1만 원, 패턴 제작비가 4~5만 원, 재단비와 봉제비, 그리고 마무리 비용이 3~4만 원 정도이다. 만약, 제작공장을 먼저 섭외하였다면 제작공장에 샘플제작을 맡길 수도 있다. 샘플 제작실에서는 패턴이나 재단 등을 외주로 처리하는 경우도 있지만, 공장에서는 패턴에서 마무리까지 모두 공장 내에서 처리를 하기 때문에 일반적으로 비용이 더 싸다. 샘플제작비는 공장마다 임의로 결정하기 때문에 정해진 가격은 없다. 공장은 본 생산을 목적으로 하기 때문에 샘플제작비를 따로 받지 않는 경우도 있다.

(3) 제작공장 섭외

샘플을 보고 생산을 결정하게 되면 메인 제작을 위한 공장을 섭외해야 한다. 공장은 원단 시장의 매장을 통해서 소개를 받거나 동타닷컴(www.dongta.com) 등의 의류관련 커뮤니티 또는 카페를 통해 찾을 수 있다. 봉제공장은 현재 창신동, 장위동을 포함한 성북구, 강북구, 중랑구 일부에 퍼져있으며 이들 지역에 2만여 개의 중소형 봉제공장들이 밀집해 있다.

공장을 섭외할 때는 반드시 공장을 방문하여 제작하고자 하는 제품의 전문가인지 꼼꼼하게 살펴보아야 한다. 공장을 잘못 섭외하면 원하는 제품을 못 만들 수도 있으므로 이미 만들어진 상품의 가격, 바느질 상태, 마무리 상태, 불량률, 일일 제작 수량 등 그 공장의 실적을 꼼꼼히 따져보고 의뢰를 결정해야 한다. 제작을 의뢰한 스타일에 대한 이해도가 높아 원래 기획의도를 잘 표현해주

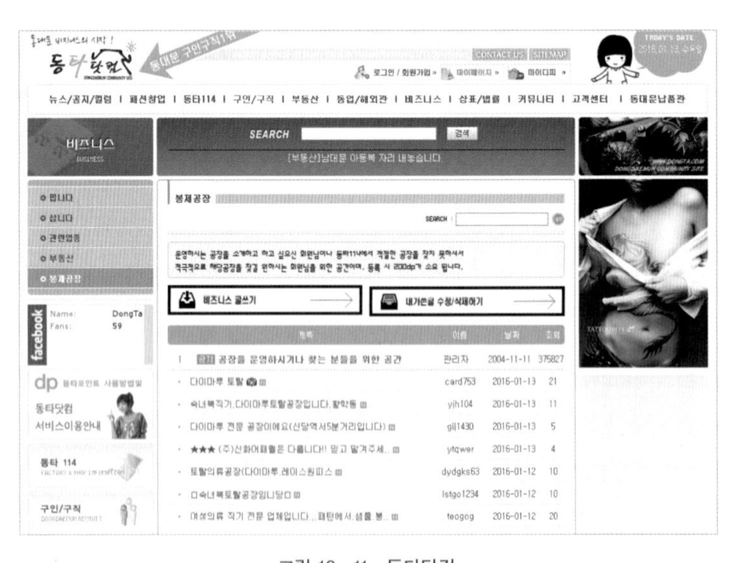

그림 10-11 동타닷컴
자료: 동타닷컴, 2016. 1. 13. 검색

는 공장을 섭외하는 것은 추후 판매성과와도 직결된다.

또한 생산하려는 의류가 어떤 의류인지에 따라 적합한 공장을 찾아야 한다. 다이마루 원단의 티셔츠를 생산하려면 삼봉재봉틀(봉제와 올풀림 방지가 한 번에 가능한 재봉틀)이 설치된 공장을 섭외한다. 폴리에스테르나 모직 등 직기 원단으로 생산할 경우에는 본봉재봉틀(일반적으로 사용하는 재봉틀)과 오버록용 재봉틀(올풀림 방지 오버록 가능 재봉틀)이 설치된 공장을 섭외해야 한다.

자체제작 시 생산량은 최소로 하는 것을 원칙으로 해야 한다. 한꺼번에 대량으로 생산하면 원단과 부자재 비용이 과도하게 책정될 뿐 아니라 원단과 부자재를 확보하고 생산하는 공정이 길어져서 제때에 판매를 못하게 될 수도 있다. 또한 생산 중에 사고가 발생하여 생산한 상품을 모두 땡처리해야 되는 상황이 발생할 수 있다. 그러므로 공장과 협의하여 최소 수량으로 생산하는 것이 좋다. 최소 수량은 공장의 규모에 따라 달라지지만, 보통 재봉틀이 1~2대 있는 정도의 소규모 공장이라면 하루 동안 작업할 수 있는 수량, 약 50벌 정도를 최소수량으로 생각하면 된다. 이것이 재고를 줄일 수 있는 방법이며 제품을 신속하게 공급받을 수 있는 지름길이다.

(4) 메인용 원단과 부자재 구입

공장이 섭외되면 원단과 부자재를 확보해야 한다. 동대문에는 원부자재 최대 공급처인 동대문종합시장을 비롯해 종로5가의 방산시장, 광장시장이 있다. 평화시장과 동화상가에서는 부자재 구매와 라벨, 자수 등 디테일 작업이 가능하다. 판매가 잘되는 상품은 원단이 없어서 품절되는 경우가 많으니 제조를 진행할 때는 원단시장에서 생산하려는 상품의 원단 확보가 가능한지부터 미리 확인해야 한다.

구입을 진행할 때는 패턴사로부터 생산에 필요한 원단과 부자재량에 대한 요척 계산을 받아 생산량에 맞추어 한다. 요척 계산이 잘못되어 원단과 부자재가 충분히 확보되지 않았을 경우 원했던 수량만큼 생산을 하지 못하거나 생산이 끝나고 나서도 원단이나 부자재가 남아서 버려지는 경우가 발생할 수 있다.

(5) 생산 공정 체크

생산에 들어가면 공장을 방문하여 샘플과 똑같이 생산되고 있는지 생산 공정을 체크해야 불량을 줄일 수 있다. 바느질이 잘 되어 나오는지, 단추나 지퍼는 깨끗하게 달렸는지를 일일이 체크해야 한다. 생산이 끝난 후에 잘못된 부분을 발견한다면 다시 수선을 해야 할 뿐만 아니라 출고 시기가 늦어져서 제 시즌에 판매하지 못할 수도 있으니 미리 꼼꼼하게 생산을 관리하는 것이 좋다.

간혹 생산완료 후에 제조한 상품에 하자가 발견되는데, 이때 기본적으로 모든 책임은 제품을 주문한 쇼핑몰이 부담해야 한다. 설혹 생산과정에서 하자가 발생하였다고 해도 이를 공장에서 책임져주지 않는다. 공장에서 봉제인건비를 안 받을 수는 있겠지만, 원단이나 부자재 비용을 물어주는 경우는 없다. 처음 생산을 의뢰할 때 상품 하자에 대한 수선이 가능한지, 불량이 나올 경우 책임을 누가 어떻게 질지 계약을 확실하게 하지 않으면 낭패를 본다. 그러므로 샘플을 주면서 주의사항은 미리 꼼꼼하게 일러주어야 하며 생산과정도 항상 관심을 가지고 체크하도록 한다.

(6) 생산량 확인

원단량에 맞게 상품이 생산되었는지 생산량을 검수 및 검품해야 한다. 일부 공장에서는 요척을 변경하여 생산하는 경우가 있는데, 요척을 변경하면 상품의 품질이 떨어지거나 사이즈에 맞지 않게 생산될 수 있다. 재고를 남기지 않기 위해서는 쇼핑몰이나 오픈마켓에서 일일 판매량을 체크하여 생산을 의뢰해야 한다. 재고를 체크한 후 상품이 생산되는지 확인하여 판매를 진행해야 하는데, 이때 1일 판매량이 100장이라면 생산수량은 '판매일자×100장+여유상품' 이내로 한다.

4) 중국 광저우 도매시장에서의 사입

인터넷 쇼핑몰이 활성화되면서 수많은 쇼핑몰들은 어쩔 수 없이 가격경쟁을 하게 되는데, 동대문시장에서 사입한 상품의 단가보다 더 낮은 가격책정은 불가능해 보일 것이다. 하지만 중국시장에서 사입은 이보다 더 저가상품의 조달을 가능하게 한다. 중국에서 사입하려면 여러 가지 어려움이 있고 상품에 대한 사계절 판매추이를 한 번 경험한 후라야 사입 상품을 선택하는 안목이 생기기 때문에, 판매 경력이 최소 1년 이상 되었을 때 중국시장에서의 사입을 시도하는 것이 적절하다.

중국시장에는 다양한 상품들이 있는데 사입하기 전에 국내 반입이 가능한 것인지부터 알아보아

그림 10-12 광저우 패션도매상권

자료: 동대문패션타운 관광특구협의회(2014), 2014 동대문유통백서. p. 194

야 한다. 패션상품들 중에서 짝퉁이나 위조품 같은 것들은 반입이 불가하기 때문이다. 의류는 품질만 정확하다면 상당한 경쟁력이 있고, 패션잡화 중에서는 가방류나 모자류가 상당한 경쟁력을 가지고 있다.

중국에서 사입하기로 마음먹었다면 일단 2~3일 정도 시장조사를 통해 상품에 따른 품질이나 가격을 조사해야 한다. 그리고 매장마다 상품이 언제 출고되는지도 꼭 조사해야 한다. 중국시장은 상품을 쌓아놓고 판매하는 곳이 거의 없고, 대부분 미리 주문을 받아 상품을 생산하는 것이 일반적이다. 그러므로 출고일자를 확인하여 국내에 상품이 언제 도착하는지 꼼꼼히 조사해야 한다. 중국의 국민성이나 문화는 한국과 많이 다르기 때문에 여유 있는 시장조사가 반드시 필요하다.

광저우 시장은 중국시장 중 우리나라 사람들이 가장 많이 찾는 시장 중 하나이다. 광저우 시장에서는 의류, 패션잡화, 아동복, 완구 등을 판매하는데 특히 패션에 관련된 제품이 많다. 상품을 소량으로도 구매할 수 있어서 보따리 무역이 가능하다는 것이 장점이며, 이런 까닭에 인터넷 쇼핑몰을 운영하는 사업자나 오픈마켓에 소량으로 판매하는 사업자에게 적합한 사입처이다. 광저우에는 다양한 상품을 취급하는 시장이 곳곳에 산재해 있다. 각 시장마다 주력 상품에 차이가 있으므로, 원하는 상품을 판매하는 시장이 어디에 있는지를 알고 시장조사를 해야 한다.

표 10-7 중국 광저우 도매시장의 지역별 특징

지역명	주요 취급 아이템	도매시장 특징
짠시루	의류, 신발, 시계	정품 재고 제품들을 비롯해 짝퉁이나 스탁이라 불리는 유명 브랜드 이미테이션과 유명 브랜드의 디자인을 모방한 제품들을 다양하게 판매. 이곳 의류 도매시장의 제품은 중국 내수시장뿐 아니라 전 세계로 수출됨. 국내에서 유통되는 짝퉁 제품이나 동대문시장에서 판매하는 제품 대다수도 이곳에서 거래. 낱개 구매 시 도매가의 2배 정도로 가격이 형성되어 있고, 한국인 상점이 많아 한국어가 통용되는 경우가 있음. 중국 상거래에서는 에누리가 성행하고 있음. 신발시장의 경우 브랜드 상품의 OEM생산제품이 도매상을 통해 세계 각국으로 수출되고 있음. 낱개판매는 하지 않고 주문제작이 많음. 신발의 경우 연 생산량 30억 켤레.
짠첸루	의류	중국 내 큰 도매시장 중 하나. 시장내부가 깨끗하고 깔끔하며 각 매장마다 쇼룸을 만들어 샘플을 전시하고 있어서 샘플을 보고 오더할 수 있음. 내수보다는 수출 위주이기 때문에 해외 바이어 상담이 많은 곳.
스싼항루	저가 의류	한국의 동대문 테크노상가처럼 저가 여성의류 중 캐주얼 의류 판매. 중국 최대 여성복 도매시장. 새벽시장으로 오후 1시에는 폐장함. 도매 단위는 다른 곳보다 커서 컬러 당 5pcs가 최소수량임. 제품 퀄리티는 그다지 높지 않음.
꾸이화강	가방, 가죽원단	구찌, 베르사체, 버버리 등 세계적으로 유명한 브랜드의 이미테이션 가방 등 제작 판매. 한국, 일본, 동남아시아 등에 수출. 품질과 가격 면에서 다양한 제품이 섞여 있으므로 원하는 수준의 상품을 잘 찾아야 함. 가방 외 가죽제품도 취급.
중산빠루	아동복, 유아용품	유아복, 아동복, 유아용품, 임산부 의류 등이 주요 품목. 가격대는 약간 비싼 편이고 한국인이 운영하는 매장도 많음. 직접 디자인하고 제작하여 판매하며, 바이어에 따라 오더 위주로 판매 가능. 한국 상인들이 매장을 내고 한국 디자인을 가져다 중국에서 브랜드로 생산하여 중국시장과 세계시장을 타깃으로 비즈니스 하는 경우도 많음.
중따	원단, 부자재	원단과 부자재 도매시장이 대규모로 형성됨. 내수는 물론 한국, 아시아, 유럽, 북미, 남미 등 전 세계로 수출됨. 값싼 상품부터 초고가의 명품까지 다양한 시장과 제품들을 접할 수 있음.
타이캉루	액세서리	인테리어 소품과 벨트 같은 패션잡화, 핸드폰 줄이나 헤어밴드, 귀걸이 같은 액세서리 등 판매. 가격은 비교적 저렴한 편. 재고가 있는 경우는 즉시 구매 가능하나 대부분은 오더를 한 후 생산해야 하는 경우가 많으므로 주문생산을 계획하고 가야 함.

자료: 장용준(2015). 쇼핑몰 사입의 기술. pp. 191-203을 수정 및 편집

(1) 환율 체크

중국 사입은 국내 거래가 아니므로 항상 환율을 체크해야 한다. 환율 계산을 하지 않고 대충 사입을 하면 마진이 적어질 수 있고 적자가 날 수도 있으니 계산기로 상품 가격에 환율을 곱해 제품

금액을 계산한 후 사입을 진행한다. 환율은 항상 변하고 있으므로 물건을 구매할 때의 환율과 한국에 도착한 후의 환율이 다를 수 있다는 점에도 유의한다.

(2) 샘플 구매

중국시장에서는 샘플만을 판매하지는 않는다. 그러나 주문이 체결되면 샘플을 가지고 올 수 있다. 샘플은 두 장을 구매하여 한 장은 가이드 또는 물류 회사에 주어 주문한 상품이 생산되었을 때 샘플과 동일한지 확인한 후 발송하도록 하는 것이 좋다. 전혀 다른 상품이 납품되는 것을 방지하기 위해서 계약을 할 때는 우선 계약금만 주고 본 상품을 확인한 후에 상품 대금을 결제하는 것이 좋다. 다른 한 장의 샘플은 자신이 보관하고 있다가 본 상품이 입고된 후 주문한 상품과 동일한지 검품을 할 때 사용한다. 만약, 샘플이 없는 경우에는 추후 생산되는 제품의 확인을 위해 사진 촬영을 해두는 것이 필요하다. 겉모양은 물론 디테일한 부분까지 꼼꼼하게 촬영한 후 프린트하여 물류 회사나 가이드에게 주면 된다.

(3) 가이드 선정

중국에서의 사입을 도와 줄 가이드가 필요한데, 중국에서의 시장조사 후에 가이드를 이용하는 것이 안전하다. 가이드는 조선족이 많으며, 믿을 만한 가이드는 상당히 도움이 된다. 중국에서 비일비재하게 발생하는 것이 가이드의 수수료 문제이므로 안전하고 정직한 가이드를 소개받는 것이 필요하다. 모이자(www.moyiza.com)와 같은 현지 조선족 커뮤니티 사이트를 통해 현지 사정을 잘 아는 가이드를 미리 섭외해서 중국 도착 후 도움을 받는 것도 한 가지 방법이며, 최근에는 니하오광저우(www.nihaogz.com)와 같이 광저우 비즈니스에 관한 사이트도 개설되어 있어서 정보 수집을 비롯한 여러 가지 도움을 받을 수 있다.

(4) 검품과 검수

중국 상품을 수입하다보면 불량률이 상당히 높다. 그리고 주문한 것과 다른 디자인의 상품이 수입되는 경우도 허다하다. 또 주문한 수량과 차이나게 오는 경우도 발생한다. 이런 상황을 방지하기 위해서는 검품과 검수를 필수로 해야 한다. 따라서 검품 회사나 물류 회사 선정에 유의해야 한

그림 10-13 현지 조선족 커뮤니티: 모이자
자료: 모이자, 2016. 1. 19. 검색

다. 물류 회사에서 책임지고 검품과 검수를 할 수 있게 권한을 주어 물류 회사를 통해 원하는 제품을 안전하게 수입할 수 있도록 신경을 써야 한다.

(5) 통관절차와 물류회사

중국에서 사입한 상품의 국내 반입을 위해서는 통관절차를 거쳐야 한다. 쇼핑몰 운영자의 경우 대부분 소량 수입하는 경우이므로, 상품 주문 후 물류 회사에 연락하면, 물류 회사에서 픽업과 선적 및 통관까지 처리해준다. 수입이 되면 국내 물류 회사가 세관 심사를 받은 후의 배송을 책임진다. 따라서 필요한 시점에 맞추어 안전하게 수입을 해주는 물류회사를 선정하는 것이 중요하다. 배송이 완료되면 물류 회사가 통관 절차에서 발생한 비용을 청구하게 되며, 물류비용은 배송일 및 중량에 따라 달라진다.

(6) 교환과 환불

중국에서 사입한 물건이 불량이라면 교환할 수 있으나 교환을 하기 전에 물류 비용을 고려해야 한다. 한국시장에서와 마찬가지로 불량 상품에 대한 환불은 해주지 않고 교환만 가능하다.

(7) 사입대행업체의 활용

중국 사입은 실질적으로 중국에 상주 사무실이 있는 업체나 사입을 대행해 주는 업체를 통해 이루어지는 경우가 많다. 중국 도매시장은 주로 주문생산 위주여서 중국에서 사입대행업체가 주문한 상품의 생산관리, 사입대행, 검품, 검수 등의 업무를 하고 물류회사를 통해 쇼핑몰 운영자에게 배송된다. 이때 대행업체는 일정액의 수수료를 받게 되는데 수수료는 상품 가격의 10~20% 정도이다.

TRY IT YOURSELF 3

성공적인 쇼핑몰을 만들어 보자!

1. 뷰티풀너드 소개

그림 T3-1 뷰티풀너드 메인페이지

쇼핑몰 뷰티풀너드(www.beautifulnerd.co.kr)는 2012년 7월 31일 분당세무서에서 사업자 등록증을 발급받았으며, 실제로 쇼핑몰 비즈니스를 시작한 것은 2013년 2월 20일이다. 쇼핑몰을 처음 시작한 해의 첫 달인 2013년 3월에 비해 2015년 8월 현재의 매출은 약 10배 증가하였으며 연도별 매출은 2013년 기준 2014년 2배 증가, 2015년 상반기 기준 전년 대비 2배 증가의 추세를 보였다. 뷰티풀너드의 운영자 강유진은 쇼핑몰 오픈 이래 '광뉴의 이중생활'라는 블로그 이외에는 전혀 홍보를 하지 않았기 때문에 블로그의 이웃 수 증가는 쇼핑몰 회원 수와 직접적으로 연결되었다. 2015년 8월 기준 블로그 '광뉴의 이중생활'의 이웃은 7,300여 명에 이른다.

쇼핑몰 운영자 강유진은 서울대학교 미술대학 대학원생의 신분으로 창업을 했다. 패션에 대한 관심이 많아 공부를 하면서도 늘 패션에 대한 미련이 남아있었고, 패션에 대한 자신의 관심을 혼자 간직하기는 아까운 마음에 블로그를 개설하여 패션 이야기를 하다가 쇼핑몰까지 자연스럽게 연결되었다. 많은 사람들이 블로그를 통해 자신의 패션에 대한 생각과 짧은 지식들에 공감을 하자 처음에는 무척 놀라웠다. 쇼핑몰을 개설하려는 의도로 블로그를 시작한 것은 아니지만, 자신이 가진 패션 스타일을 공유하고 더욱 질 좋은 상품을 소개하고자 순수한 의도에서 블로그 마켓을 오픈했다. 점차 소문이 나면서 고객들이 요구하는 바가 많아지기 시작했고, 이에 본인도 좀 더 직업의식을 갖게 되어 사이트를 빠르게 구축하게 되었다. 강유진은 현재 쇼핑몰의 운영자이자 동시에 자신이 운영하는 쇼핑몰의 모델이기도 하다.

이처럼 모든 과정들이 자연스럽고 순차적으로 진행되었는데, 순차적으로 진행되었다고 해서 절대로 우연히 쇼핑몰을 하게 된 것은 아니다. 강유진은 항상 패션에 관심이 많았고 예술중학교와 예술고등학교를 나와 미대에 진학하기까지 '디자인'과 매우 인접한 관계에 있었다. 그래서 쇼핑몰을 운영하는 지금은 자연스럽게 직접 디자인한 의류와 잡화까지 판매한다.

강유진이 말하는 뷰티풀너드 성공의 핵심 요인 첫째는 진실성이다. 자신이 진심으로 패션을 좋아하고, 그래서 대충 사입 판매하는 것이 아니라 끊임없이 디자인을 연구한 결과 새로운 제작상품을 만들어 내는 것에 많은 사람들이 감동을 받는 것 같다고 말한다. 이러한 진실성 때문이었는지 오픈 첫 해에도 타 쇼핑몰에 비해 상대적으로 많은 수익을 낼 수 있었다. 성공요인 둘째는 꾸준한 공부라고 한다. 진실성이란 고객들의 관심을 사기에는 충분하지만 고객의 충성도를 유지시키기에는 부족한 요인이다. 미술을 전공한 강유진은 패션에 대한 전문지식이 없었으므로 서울대학교 의류학과에서 수업을 들으며 공부했고, 그 모습을 여과 없이 블로그에 올렸다. 직접 발품을 팔아 상품을 제작하고, 유통과정, 제작과정, 판매과정을 공부하는 모습을 계속 블로그에 노출시켜 지속적인 신뢰를 얻을 수 있었다.

2. 뷰티풀너드 비즈니스의 실제

블로그에서 시작하여 일정 수의 고객과 매출을 창출하고 자체제작까지 하고 있는 쇼핑몰 뷰티풀너드의 성공요인은 적은 자본으로 창업을 준비하는 초보자에게 제공하는 시사점이 크다. 쇼핑몰 창업 준비, 타깃 및 콘셉트 설정, 상품구성, 웹페이지 구성, 그리고 고객과의 커뮤니케이션에 대해 뷰티풀너드 운영자 강유진으로부터 더 자세히 들어보자.

쇼핑몰 창업 준비: 블로그 운영

2012년부터 블로그를 운영하였다. '패션블로거'로 주제를 잡고 패션에 대한 이야기를 하면서 시작하였다. 지금은 카테고리가 많이 변경되었지만, 당시에는 또래의 여성들이 많이 공감할 수 있는 뷰티와 패션을 중심으로 블로그에 포스팅을 했다. 단순히 트렌드와 코디 방식에 대한 포스팅도 하였는데, 가장 많은 공감을 받았던 포스팅은 온·오프라인 매장에서 구매를 한 솔직한 구매후기였다. 많은 사람들이 이러한 포스팅에 공감과 덧글을 남겨주었고, 꾸준한 활동으로 조금씩 이웃이 늘어갔다. 그러다가 쇼핑몰을 오픈하면서 더욱 활발하게 고객들과 소통하게 되었다.

쇼핑몰마다의 전략이 다르겠지만, 그 전략을 보여줄 수 있는 공간이 있는 것은 중요하며, 강유진에게는 블로그가 고객과 소통하는 창이었다. 많은 쇼핑몰이 SNS의 마케팅 효과를 중요하게 생각하지만 실제로 소통을 할 수 있다는 것은 정말 많은 도움이 되었다고 한다. 구매예측을 하는 것이 패션업계의 난제인데, 아무리 대중적인 안목을 가졌다고 하더라도 구매예측은 항상 빛나가기 마련이다. 고객과 판매자의 소통이 활발하게 이루어지는 SNS가 하나 있다면, 고객들의 의견을 적극 반영할 수 있고, 소비자가 원하는 제품과 서비스를 성말 빠른 속도로 피드백 받을 수 있다. 빠른 속도의 피드백은 분명한 경쟁력이기에 아무리 바빠도 블로그 활동은 절대로 소홀히 하지 않았다.

쇼핑몰을 정식으로 운영하게 된 계기는 이러하다. 블로그의 규모가 점점 커지면서 타 쇼핑몰에서 구매한 옷의 후기를 작성하기 위해 많은 옷을 구매하게 되었고, 후기도 점차 전문적으로 발전해 갔다. 그러면서 강유진은 자신이 직접 발품을 팔아 도매시장에서 물건을 가져다 판매하면 더욱 만족스러운 상품을 사람들에게 소개할 수 있겠다는 생각이 들었고 이에 마켓을 시작하게 되었다. 그동안 블로그로 많은 사람들과 소통을 했던 까닭에 공동구매를 시도했을 때에도 처음부터 잘 되었고, 빠른 시일 내에 소비자들에게 더 나은 쇼핑환경을 제공해야겠다는 생각이 들어 쇼핑몰을 오픈하게 된 것이다. 블로그에 마켓을 오픈한 것은 2012년 여름이었고, 학업과 병행하면서 한 달에 한 번 정도 또는 두 달에 한 번 정도 마켓을 운영하다가 2013년 2월부터는 뷰티풀너드 사이트를 정식으로 오픈하게 되었다. 7개월 동안 몇 번 마켓을 진행하며 나름의 노하우도 익혔으므로 아무런 경험 없이 쇼핑몰을 오픈할 때 생길 수 있는 많은 리스크를 줄일 수 있었다.

블로그의 내용은 패션, 뷰티, 여행, 일상 이렇게 크게 네 가지로 나누어지는데 가장 큰 비중을 차지하는 것이 패션이다. 블로그 이웃의 숫자는 어느 순간이 되면 평행곡선을 그리기 시작하는데, 평행 곡선을 뛰어넘기 위해 어떤 인위적인 노력을 하기보다는 그 자체를 자연스러운 현상으로 받아들이고 꾸준히 포스팅을 했다. 가끔 이벤트를 하여 회원 수를 늘리기도 하지만 이벤트로 끌게 된 고객은 주로 일회성 고객이거나 구매로 이어지지 않는 고객이 많기에 이벤트의 효과가 그리 크지는 않다. 이벤트보다는 공통의 관심사를 꾸준히 공유하는 것이 충성고객을 늘리는 더욱 효과적 방안이다. 블로그의 회원을 쇼핑몰 구매로 유도하는 것은 비교적 간단한데 상품소개와 링크를 걸어주면 자연스럽게 구매가 일어난다. 하지만 너무 상업적인 블로그가 될까봐 두렵다면 일상 포스팅과 함께 링크를 걸어주는 것 또한 추천할만하다.

표 T3-1 뷰티풀너드 방문자 현황

성별	방문횟수	비율
여자	1,871	67.6%
남자	36	1.3%
기타	859	31.1%

관계별	방문횟수	비율
서로이웃	245	8.9%
이웃	223	8.1%
비이웃	1,439	52.0%
기타	859	31.1%

연령별	방문횟수	비율
12세 이하	0	0.0%
중고생(13~18)	1	0.0%
20대(19~29)	1,158	41.9%
30대(30~39)	674	24.4%
40대(40~49)	46	1.7%
50대 이상	28	1.0%
기타	859	31.1%

통계 기간: [일간 통계] 2015년 10월 5일~2015년 10월 5일

블로그의 이웃과 방문자는 대부분이 여성이며 남성은 약 1.4% 정도로 2%를 넘지 않는다. 블로그 이웃으로는 20~30대의 여성이 가장 많은 분포를 차지하는데 이는 블로그를 처음 개설한 시점부터 같은 또래의 여성들이 가질 수 있는 관심사들에 관하여 주로 포스팅하였기 때문이다. 20~30대 여성은 여성의류 쇼핑몰에서 타깃으로 삼는 연령대이기도 하기 때문에 비교적 무난한 타깃이라고 할 수 있다.

타깃 및 콘셉트 설정

쇼핑몰의 주 타깃은 20대 후반~30대 초반 여성으로 운영자의 연령대와 비슷한 연령대의 고객이다. 뷰티풀너드는 진실성을 중요시하는 쇼핑몰이다. 운영자가 30대인데 40~50대의 미시 옷을 판매하면서 옷에 대한 느낌을 전달하기는 어렵기 때문에 운영자의 연령대를 주 타깃으로 잡았다. 자연스럽게 관심 있는 것들 위주의 제품을 판매하였기 때문에 패션을 전공하지 않았어도 20대 후반에서 30대 초반으로 고객 연령을 타깃팅 하는 것은 어렵지 않았다.

20~30대 중에서도 '자신의 일이나 공부를 열심히 하는 여성'이라는 타깃을 잡았다. 비단 커리어 우먼뿐 아니라, 자신의 능력을 발휘하고 한 분야에서 두각을 나타내는 여성이라는 타깃을 잡고, 고객들이 '이런 사람이 되고 싶다.'라는 느낌이 들게끔 하고 싶었다. 'beautiful nerd'라는 쇼핑몰 이름 또한 이러한 배경에서 나오게 되었다. 'beautiful은 자신을 외면적으로 꾸밀 줄 알고 내면이 아름다운 여성을 의미하며 'nerd'는 자신의 분야에서 열심히 활동하는 여성을 의미한다. 많은 여성들이 사회활동을 하면서 이러한 여성상을 'wanna be'로 삼고 그러한 이미지를 이 쇼핑몰에서 받기 바랐다.

실 구매 고객에 대한 분석도 정기적으로 한다. 역시 블로그가 타깃 분석에 큰 역할을 하는데, 많은 사람들이 구매후기를 남기면서 나이를 말해준다. 사이트로는 고객들의 나이를 짐작할 수 없기 때문에 블로그로 소통하면서 고객의 연령 변화나 아이템에 따른 연령별 선호도를 분석하고 그 정보를 다음 판매에 최대한 이용하려고 노력한다. 판매가 많이 일어나게 하기 위해서는 아이템을 늘리는 것보다 타깃 층을 넓히는 것이 더 쉽고 좋은 방법이기 때문에 연령에 구애받지 않는 아이템도 정기적으로 판매하고 있다.

처음 뷰티풀너드의 경쟁사는 블로그를 베이스로 한 여성의류 온라인 쇼핑몰이었다. 하지만 사이트를 오픈한지 2년 정도 지난 지금의 경쟁사는 '뷰티풀너드'의 주력상품인 슈즈를 판매하는 쇼핑몰이다. 경쟁사 분석이 중요하긴 하지만 너무 매달리지는 않았다. 경쟁사가 몇 개 되지 않을 때에는 경쟁사 분석을 철저히 해야겠지만 온라인 쇼핑몰, 특히 여성의류 및 잡화의 경우는 이미 레드오션이기 때문에 경쟁사의 홍보 및 마케팅 방식이 너무나 다양하여 이를 철저하게 조사하거나 그에 좌우되지 않으려고 노력했다. 경쟁사의 홍보 및 마케팅 방식과 사입 방식을 참고만 하되 너무 휘둘리지는 않으면서 오히려 차별화된 쇼핑몰이 되려고 애썼다.

상품구성

상품구성 품목을 딱 정해놓기보다는 유연성 있게 대처하는 편인데 요즘에는 잡화의 비중을 높여 의류 반, 잡화 반을 유지하고 있다. 과거에는 의류에 훨씬 큰 비중을 두었지만 온라인 쇼핑몰 업체가 워낙 많다보니 다른 쇼핑몰과 차별화되는 독특한 상품을 제작하지 않으면 살아남기 힘들다는 것을 알았다. 잡화가 의류에 비해 비교적 제작이 쉽고 계절성이 낮기 때문에 잡화의 비중을 높여 외부환경 요인의 영향을 낮추는 전략을 택하고 있다.

제작상품을 많이 하기 때문에 신상품 바잉은 한 달에 한 번 정도로 그리 많이 하지는 않는다. 일주일에 한 번은 바잉을 하는 것이 일반적이지만 쇼핑몰의 경쟁력과 상품구색에 맞게 바잉 횟수와 방법을 정하는 것이 좋다. 매일 주문이 들어오고 빠르게 배송해야 하기 때문에 신상이 아닌 제품은 '사입삼촌'을 통해서 매일 재고 보충을 한다. 주문이 들어온 이후 새벽에 오픈하는 동대문 거래처에 연락하면 삼촌이 물건을 수거하여 다음날 아침까지 사무실로 가져다준다. 대량판매가 예상되어 미리 상품을 구매해 두어도 재고가 남지 않을 자신이 있는 경우를 제외하고는 상품주문이 들어온 이후 구매를 하며, 대부분의 쇼핑몰이 이러한 방법을 사용한다.

문제는 교환·반품이 들어온 제품의 재고처리인데, 이런 경우 거래처에서 사이즈 교환이나 색상 교환 등을 통해 새로 들어오는 주문에 판매가 연결되도록 도와주는 곳도 있고, 전혀 교환이 되지 않는 곳도 있다. 교환이 안 되어서 재고로 남는 경우는 샘플 세일을 통하여 새 상품을 싼 가격에 판매하기도 하고, 비수기인 8월과 1월에 일종의 벼룩시장 같은 것을 오픈해서 재고처리와 더불어 비수기 매출 향상을 유도한다. 그렇게 해도 재고처리가 되지 않는 상품들이 있는데 그런 경우는 '아름다운 가게'나 '세이브 더 칠드런'에 기부한다. 다른 쇼핑몰의 경우 '땡처리'라고 하여 헐값에 처분하기도 하는데 조금 더 의미 있는 일을 하고자 기부를 하고 있다.

상품구성 시 의류의 경우는 사입과 제작의 비율이 9대 1정도이며 슈즈의 경우는 제작만 진행한다. 의류의 경우 여러 요인을 고려하여 제작을 결정하는데, 주력상품으로 생각한 것이 시장에 없거나 시장에 나와 있는 것보다 더 질 좋은 상품으로 판매하고 싶은 경우에 제작을 선택하게 된다. 다만 제작은 초기에 큰 비용이 들고 원단 초이스부터 완제품이 나오기까지 예상치 못한 변수가 많이 생기기 때문에, 자칫 제작을 잘못하게 되면 큰돈을 잃게 되는 경우가 있다. 사입과 달리 최소 제작 단위가 크고 원단만 해도 많은 비용이 들어가기 때문에 신중에 신중을 가하는 것이 중요하다.
단골 사입처와 새로 개척하는 사입처의 비율은 매번 다르다. 단골 사입처를 잘 연결해 놓으라는 말들을 많이 듣곤 했는데 개인적으로는 추천하고 싶지 않다. 한국은 유행이 빠르고 유행의 범위 자체도 좁기 때문에 단골 사입처에서 계속 물건을 가져오다보면 유행과 맞지 않는 경우가 많다. 스타일을 정하고 최대한 많은 곳을 방문하며 계속해서 끊임없이 새로운 사입처를 개척하는 것이 굉장히 중요하다.

웹페이지 구성

쇼핑몰 홈페이지는 카페24를 통해 비교적 간단하고 저렴한 비용으로 구축하였다. 웹페이지의 경우 하단의 상품 설명이 심플한 디자인이면서 일반 쇼핑몰보다 사진크기가 큰 레이아웃으로 제작하여 사진을 강조하였다. 디자인 콘셉트가 깔끔함이었기 때문에 화이트를 바탕으로 하였다. 많은 온라인 쇼핑몰에서 메인 컬러를 정하지 않고 있는데, 사실 옷의 컬러가 너무 다양하기 때문에 메인 컬러를 잡게 되면 상품구성을 할 때 어려움이 있다. 색상을 굳이 고집해야 할 이유가 없다면 웹페이지의 색채 톤은 정하지 말라고 권한다.

쇼핑몰의 메뉴 카테고리는 크게 의류, 잡화, 제작상품, 신상품으로 나누고 신상품의 경우 할인 카테고리를 만들었다. 의류의 카테고리는 outer, top, bottom, dress 이렇게 네 가지이며, 잡화의 경우 shoes와 bag이다. 하지만 진행하는 프로모션에 따라 메뉴 변경이 쉬워 매달 다른 형태를 보이기도 한다. 전체적으로 메뉴의 가짓수를 줄여 소비자가 상품을 보기 쉽게 하는 것을 추천한다.

쇼핑몰의 모델은 운영자가 직접 하는데, 아무래도 블로그에서 운영자의 라이프스타일을 보던 이웃들이 주 고객층이기 때문에 이를 선호하는 것 같다. 간혹 성수기에는 모델을 섭외하여 촬영을 진행하기도 한다. 하지만 운영자가 직접 모델을 하면서 입어보고 그 느낌을 전달할 때 더 매출이 좋다. SNS로 자신을 내세워 쇼핑몰을 운영하는 경우에는 이러한 진실성이 매출 향상의 직접적 요인이 되는 것 같다. 아르바이트생의 도움을 받기도 하지만 1인 기업에 가깝기 때문에 스타일링부터 촬영 준비까지 운영자가 직접 하는 편이다.

사진 촬영은 프리랜서 포토그래퍼를 사용하여 정기적으로 진행하는데, 스튜디오나 카페를 빌리기도 하고 야외에서 자연스럽게 진행하기도 한다. 간혹 친구들과의 만남이 있을 때 신상을 입고 나가서 촬영하기도 한다. 또 셀카도 많이 사용한다.

커뮤니케이션 전략

고객응대 전략으로는 친절이 가장 중요하고, 고객 입장에서 생각하는 것 또한 중요하다. 고객응대 과정에서는 직원들이 해결할 수 없는 부분이 반드시 존재하기 때문에 고객응대에 관하여 특이한 점은 운영자가 모두 보고받는 것이 좋다. 뷰티풀너드는 블로그로 소통하고 있기 때문에 직접 문의가 많이 들어오는 편인데, 직원이 하루 동안 받은 질문 중 특이점이 있는 질문은 모두 보고받는 편이다. 일이 많더라도 직업이라고 생각하고 꼭 답변을 성실하게 한다.

정기적인 판매촉진 이벤트로는 새해, 크리스마스, 블랙프라이데이에 진행하는 세일이 있다. 그리고 일 년에 두 번 시즌오프를 진행한다. 신상품에 대해서는 5~10% 할인을 하며, 간혹 블로그 활성화를 위해 쇼핑몰 사이트 대신 블로그에서만 진행하는 특가 이벤트도 있다. 이벤트는 최대한 새로운 방식과 재미있는 방식으로 시도하는 편이며 그 계절에 가장 이슈가 되는 제품을 특가나 최저가로 판매하여 검색유입을 늘리고 고객을 모은다. 이 외에 새로운 신상이 나왔을 때에 그 상품에 맞는 이벤트를 전략적으로 진행하는데 신상 구매 시 추첨을 통해 기프티콘을 증정하는 간단한 이벤트부터, 어떠한 미션을 주고 미션을 수행하면 비교적 가격이 비싼 신상품을 제공하는 큰 이벤트까지 종류는 다양하다.

최근 모바일 사용이 활성화되면서 인스타그램처럼 모바일 중심의 SNS가 크게 유행함은 물론이고, 모바일을 이용하여 결제를 하는 횟수가 급속도로 늘어나고 있다. 카페24나 메이크샵 등의 쇼핑몰 결제 서비스에서 모바일로 결제가 이루어진 목록을 볼 수 있는데 모바일 결제의 비중은 날이 갈수록 늘고 있다. 모바일로 편리하게 쇼핑할 수 있는 환경을 구축하는 것은 기본이고 카카오톡을 활용한 모바일 홍보방안도 계획하고 있다.

3. 뷰티풀너드의 미래

한국에서 온라인 쇼핑몰이 레드오션 시장이 된 것은 벌써 오래이다. 한국에서 시장을 확장하는 것에는 분명 한계가 있기 때문에 뷰티풀너드는 제작상품을 중심으로 해외진출을 꿈꾸고 있다. 패션시장은 계절에 큰 영향을 받기 때문에 지리적으로 가까운 나라부터 시작해야 할 것이다. 시장 확장을 위해 중국, 홍콩 등의 시장조사를 일 년 동안 꾸준히 하였으며 앞으로 2년 안에 해외진출을 목표로 하고 있다.

그림 **T3-2** 뷰티풀너드의 상품구성

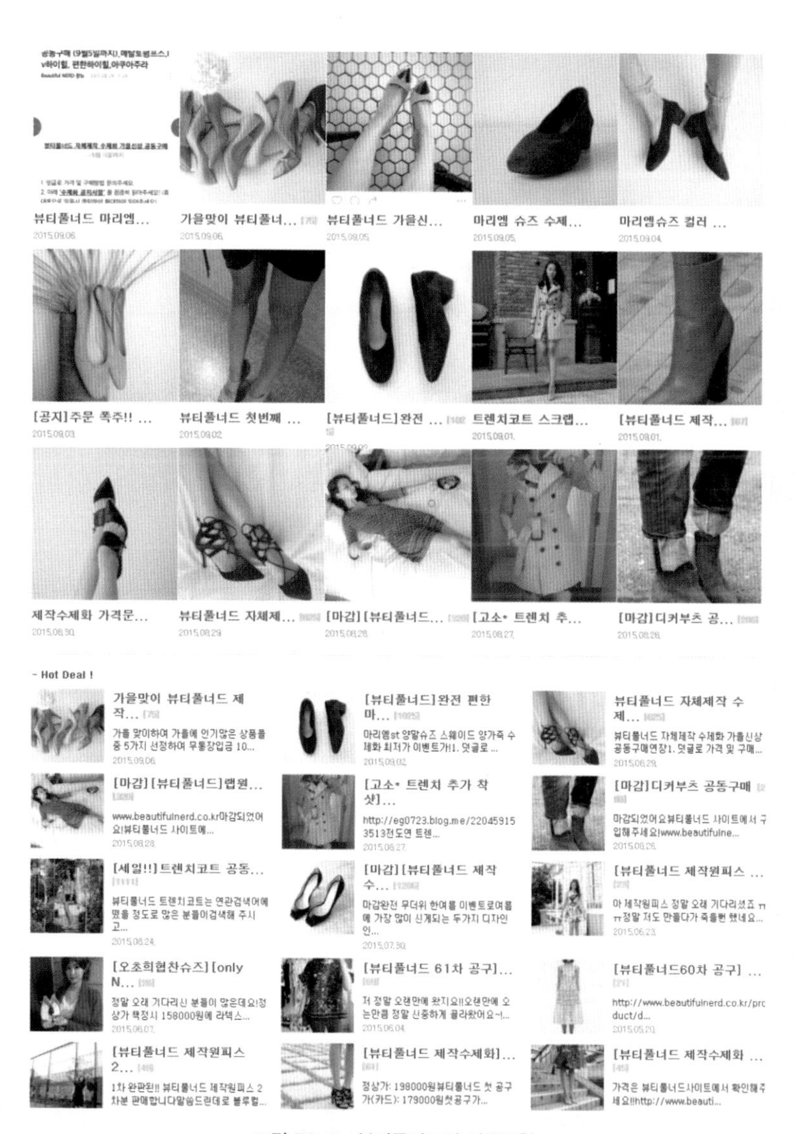

그림 **T3-3** 뷰티풀너드의 상품표현

4. 쇼핑몰 비즈니스의 구체화

뷰티풀너드의 사례를 보고, 인터넷 쇼핑몰 비즈니스를 할 때 검토해야 할 사항들을 구체적으로 정리하여 체크리스트를 만들어보자.

PART 4

BUSINESS ACTIVATING

비즈니스 성장시키기

인터넷 쇼핑몰의 구축과 개설, 그리고 상품 소싱은 인터넷 비즈니스를 위한 기초 작업에 불과하다. 진정한 인터넷 비즈니스를 위해서는 인터넷 쇼핑몰을 방문하는 고객과의 소통이 필수적이다. 전통적인 4대 대중매체를 이용하여 광고하고 PR하는 촉진전략도 물론 가능하겠지만, 모름지기 인터넷 비즈니스라면 최신 인터넷 기술을 활용한 촉진전략들을 도입해야 할 것이다. Part 4에서는 인터넷 비즈니스를 위한 촉진전략을 커뮤니케이션과 고객 관리의 관점에서 정리해 본다. 배너 광고, 검색 광고, 동영상 광고, 문맥 광고, 이메일 광고, 네이티브 광고 등의 다양한 광고 기법과 블로그, 페이스북, 트위터, 유튜브, 인스타그램 등을 활용한 소셜미디어 마케팅의 특징, 그리고 옴니채널에서의 고객 대응 전략 및 eCRM을 위한 로그분석과 개인화 추천시스템에 이르기까지 그야말로 핫(hot)한 마케팅 이슈들을 살펴보고, 이어서 환상적인 이케아 성공 사례를 학습한 후에 최대한의 창의성을 발휘하여 각자의 비즈니스 활성화 전략을 수립해 보자.

CHAPTER 11

인터넷 비즈니스와 커뮤니케이션

커뮤니케이션에 일대변혁을 가져온 인터넷 환경은 모바일과 같은 뉴미디어 또는 뉴플랫폼들이 등장하면서 멈출 줄 모르는 변화의 바람 속에 놓여 있다. 기존 유선 인터넷 미디어에 비해 시·공간적 제약으로부터 더 자유롭고 한층 강화된 상호작용성을 갖는 모바일 미디어는 사용자의 커뮤니케이션 구조를 개인 미디어 중심의 다수 대 다수 형태로 탈바꿈시키고 있다. 초기 모바일 미디어는 기능이나 이용시간 측면에서 기존의 고정형 미디어의 대체재라기보다는 보완재로서의 관계를 유지하고 있었지만, 최근 유선 PC의 사용량을 추월하며 커뮤니케이션 및 마케팅 활동의 핵심 미디어로 부각되고 있다. 모바일은 온·오프라인에 기반한 다양한 커뮤니케이션 채널들을 연결시키는 매개체의 역할을 하면서 기업의 대고객 접점관리를 용이하게 하고 있다.

1. 인터넷과 모바일 광고

1) 인터넷과 모바일 광고 현황

넓은 의미에서 볼 때 인터넷 및 모바일[1] 광고는 기업이 인터넷이나 모바일을 이용하여 수행하는 고객과의 다양한 커뮤니케이션 활동을 모두 포괄하는 개념이다. 그러나 협의의 개념으로 보면 특정 미디어 플랫폼, 예컨대 주요 포털이나 소셜미디어 등에 비용을 지불하고 자신의 기업이나 브랜드 관련 광고메시지를 노출시킴으로써 고객으로부터 기대하는 반응을 얻고자 하는 행위를 말한다. 여기서는 협의의 개념으로 인터넷과 모바일 광고를 살펴보고자 한다.

(1) 인터넷과 모바일 광고의 특성

인터넷 광고는 상호작용성, 개인화 가능성, 멀티미디어적 요소, 실시간 정보전달, 광고효과의 수량화 가능성 등을 특징으로 TV, 라디오, 신문, 잡지와 같은 매체에서는 불가능했던 새로운 방식의 광고를 구현하고 있다. 한편, 스마트폰의 국내 가입자가 4,200만 명을 넘어서면서(ICT 통계포털, 2015), 모바일은 도달범위가 가장 넓은 광고매체로 부상하고 있다. 이에 따라 최근 모바일 광고시장 역시 급성장하고 있는 추세이다. 모바일 광고는 모바일이 갖는 고유의 특성으로 인해 타 매체 광고와 비교했을 때 광고효과 측면에서 다음과 같은 몇 가지 특징을 갖는다.

첫째, 모바일 광고는 타깃마케팅이 가능하다. 모바일은 일반적인 PC 환경과 달리 사용자 개인이 휴대하는 1인 미디어의 역할을 하기 때문에 개인에게 최적화된 메시지를 전달할 수 있다. 즉, 모바일은 완벽한 타깃미디어로 연령, 지역, 성별에 따른 광고 노출이 가능하며 개인 DB를 통해서 일대 일 광고 메시지를 보낼 수도 있다.

둘째, 모바일 광고는 타임 기반(timing based) 및 위치 기반(location based) 마케팅이 가능하다. TV는 아침이나 저녁 시간 외에는 사람들에게 노출되기 어렵고 신문은 출근 또는 퇴근시간에

1 이하에서는 편의상 PC 기반 인터넷을 '인터넷'으로, 모바일 기반 인터넷을 '모바일'로 구분하여 사용한다.

한 번 읽고 나면 메시지의 가치가 소멸된다. 반면 모바일은 항상 휴대하고 다니기 때문에, 모바일 광고는 광고주가 필요한 시기에 적절한 마케팅을 할 수 있다. 또한 모바일을 통해 이용자가 현재 어디에 위치했는지를 실시간으로 확인할 수 있으므로 기업은 현재 매장의 위치에서 일정 거리 안에 있는 소비자들을 대상으로 언제든지 정보를 전달할 수 있어 소비자의 행동범위와 상권을 연결시키는 마케팅이 가능하다. 따라서 모바일은 온라인과 오프라인 마케팅 활동을 통합하는 역할을 수행한다.

셋째, 모바일 광고는 즉각적인 양방향 커뮤니케이션을 가능하게 한다. 즉, 소비자들은 장소에 구애받지 않고 이동하면서 구매결정의 여러 단계에서 지속적으로 브랜드와 상호작용할 수 있다. 최근 모바일 멀티미디어 기술이 진화하면서 패션기업은 영상, 음성, 데이터 등 다양한 형태의 메시지로 소비자에게 접근할 수 있게 되었다. 소비자들 또한 모바일을 통해 기업의 마케팅 메시지에 대해 다양한 형태의 반응, 즉 다운로드, 전달, 문의, 구매 등과 같은 행동을 보일 수 있다.

표 11-1 매체 유형별 특성 비교

비교 항목	대중매체 광고	유선인터넷 광고	모바일 광고
광고단위	시공의 제한 있음	시공의 제한 없음	시공의 제한 없음
커뮤니케이션 방향성	단방향	쌍방향	쌍방향
메시지 생명성	일시적	영구적	영구적
반복광고	불가능	가능	가능
정보의 전달	시공의 제한 있음	시공의 제한 없음	시공의 제한 없음
광고목표 대상	대중	특정 그룹 혹은 개인	특정 그룹 혹은 개인
메시지의 시의성	낮음	높음	매우 높음
정보의 양	매우 제한적	무제한	제한적
즉각적인 효과 측정	확인 어려움	확인 가능	확인 가능
이동성	없음	제한적	높음
온·오프라인 연동성	없음	제한적	매우 높음
고객밀착성	낮음	높음	매우 높음

자료: 탁진영, 황영보(2005). 모바일 광고의 설득효과에 관한 탐사적 연구. 언론과학연구, 5(1), p. 270

넷째, 모바일 광고는 높은 광고 효율성을 갖는다. 모바일은 일반 PC에 비해 전체 화면의 크기는 작지만 한 페이지 안에 보이는 광고의 수가 적기 때문에 오히려 광고의 주목성은 높다. 2011년부터 2013년까지 3년간의 광고효과를 조사한 Millward Brown의 보고서에 따르면(Millward Brown, 2014), 광고 인지도는 온라인에서 3.6%, 모바일에서 10.9%로 모바일이 3배 정도 높았고, 구매의도는 온라인에서 0.9%, 모바일에서 3.7%로 모바일이 4배 가량 높은 것으로 나타났다.

이와 같이 인터넷이나 모바일 같은 뉴미디어를 이용한 광고는 기존의 전통적인 대중매체 광고와 차이가 날 뿐만 아니라, 서로 간에도 특성 차이를 보인다(표 11-1). 예를 들어 모바일 광고는 광고의 단위, 커뮤니케이션의 방향성, 메시지 생명의 영구성, 반복광고의 가능성, 정보의 전달력, 광고표적의 개인화, 즉각적인 효과 측정이라는 측면에서 대중매체 광고보다 우수하고, 유선 인터넷 광고와는 유사한 특성을 가진다. 그러나 정보의 양을 제외한 메시지의 시의성, 이동성, 온·오프라인 연동성, 고객밀착성 등에서는 대중매체광고뿐만 아니라 유선인터넷 광고보다도 우월한 특성을 보이고 있다.

(2) 인터넷과 모바일 광고 시장

인터넷이 현대사회의 중심 매체로 자리 잡으면서 인터넷 광고시장은 지난 10년간 폭발적인 성장세를 이어왔으며, 최근 신문과 옥외광고를 제치고 TV에 이어 제2의 광고매체로 성장하였다. 인터넷 광고시장의 규모는 2001년 1,280억 원에서 2011년에는 약 2조 원으로 10년 만에 그 규모가 15배 이상 증가하면서 이미 본격적인 온라인 광고시대를 예고했다. 2014년 광고시장 규모를 추정한 한국온라인광고협회의 자료에 따르면(한국온라인광고협회, 2015), 2014년은 전체 온라인 광고비 2조 9,228억 원으로 전해 대비 19% 정도 성장하였고, 그중 검색 광고비는 1조 4,134억 원, 노출형 광고비는 6,765억 원으로 각각 6%와 5% 정도씩 성장하였다. 나머지 8,329억 원은 모바일 광고비에 해당한다. 따라서 2014년 온·오프라인을 포함한 전체 광고시장 규모, 즉 10조 4,294억 원 중 전체 온라인 광고시장이 차지하는 점유율은 약 28% 정도이다.

인터넷 광고는 크게 배너나 동영상을 중심으로 한 디스플레이 광고와 키워드 창을 통한 검색 광고로 구분된다. 디스플레이 광고는 소비자들을 식상하게 하여 주목을 받지 못한다는 측면에서 시장규모가 감소 추세에 있는 반면, 인터넷 검색 광고는 디스플레이 광고 시장의 두 배 이상 점유

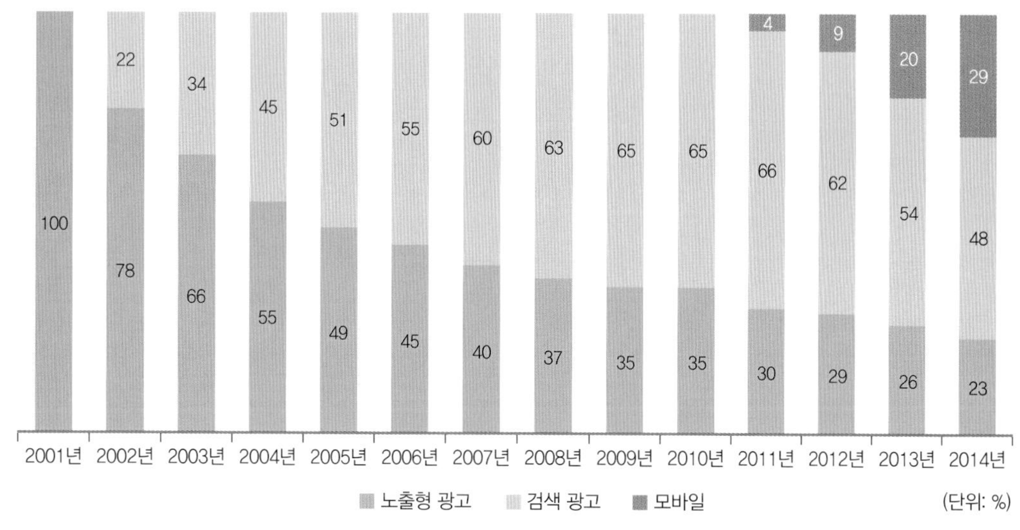

그림 11-1 전체 온라인 광고시장 규모

자료: 한국온라인광고협회(2015). 온라인 광고시장규모 조사. p. 9

율을 보이며 인터넷 광고시장의 성장세를 주도해 왔다. 그러나 최근 모바일 광고시장이 급속히 커지면서 인터넷 검색 광고 시장 역시 성장 하락세를 보이고 있다. 즉 PC 기반(web) 광고는 검색 광고, 디스플레이 광고 모두 성장 정체기에 접어들고 있어, 모바일 시장에서의 동력이 전체 온라인 광고시장의 성장을 좌우할 것으로 평가된다. 한편 전 세계적으로 인터넷 및 모바일 기기 사용시간이 TV 시청시간을 앞지르고 있는 가운데 TV 광고가 점차 온라인 동영상광고로 대체될 것으로 예측되어, 동영상 광고 시장의 성장은 디스플레이 광고 시장의 성장으로 이어질 전망이다.

(3) 광고비 책정기준

인터넷이나 모바일 광고는 단순히 메시지를 전달하는 데 그칠 뿐만 아니라 광고 수용자의 반응까지 바로 확인할 수 있기 때문에 전통적인 매체보다 정교한 가격체계를 가진다. 인터넷과 모바일 광고의 매체비 책정에는 일정노출 횟수를 보장하는 고정형 광고비, 그리고 광고가 사용자에게 노출된 횟수, 클릭수, 또는 실제 구매행위를 기준으로 한 유동형 광고비의 방법이 사용된다.

① 노출 기준형 광고비

노출 기준형 광고비(CPM: cost per millenium)는 1,000회 노출을 기준으로 광고비가 책정되는 방법이며 배너 광고나 텍스트형 광고에 주로 사용된다. 정액제 요금처럼 일정 비용을 지불하면 계약 기간 내에 노출순위를 보장해 주는 방법으로 개념적으로는 기존의 일 대 다수 방식의 전통적인 매스미디어 광고와 유사하다. 광고주의 입장에서는 관리가 쉽고 전월 조회 수로 광고비를 책정하기 때문에 비수기에는 저렴한 가격으로 이용할 수 있다는 장점이 있다. 그러나 CPM의 경우 계약 기간 내에는 광고게재 영역의 변경이 불가능하기 때문에 광고게재의 유연성이 떨어지는 단점이 있다. 특히 광고노출 후 이용자의 행동이나 집중도 등 광고효과의 질적 측면을 측정하기 어렵다는 한계점이 있다.

② 클릭 기준형 광고비

클릭 기준형 광고비(CPC: cost per click)는 광고를 한 번 클릭할 때마다 요금이 부과되는 형태로 검색 광고, 텍스트형 광고 등에 사용되는 방식이다. 주요 포털 사이트의 스폰서 링크가 대표적인 예이다. CPC는 현재 대부분의 검색 광고에서 사용되는 방식으로 빠른 등록이 가능하고 광고 중단 및 시작도 편리하다. 또한 예산에 맞는 광고 집행이 가능하다는 장점이 있다. 그러나 경쟁 입찰방식으로 클릭당 비용 및 노출순위가 정해지기 때문에 과열경쟁과 순위의 변동이 심하다는 단점이 있다. 클릭 기준형 광고비 모델을 모바일 상황에 맞게 변형한 통화 기준형 광고비(CPC: cost per call)도 있다.

③ 행동 기준형 광고비

행동 기준형 광고비(CPA: cost per action)는 검색 광고를 통해 유입된 이용자가 구매, 회원가입, 다운로드 등 특정 행위를 수행했을 때에만 비용이 발생하는 방식으로 배너 광고, 텍스트형 광고, 이메일 광고 등에 사용된다. 광고를 통해 광고주가 원하는 실적이 발생한 경우에만 광고비를 지급하기 때문에 비용 효율적이다.

④ 시청 기준형 광고비

시청 기준형 광고비(CPV: cost per view)는 동영상 광고가 많아지면서 생겨난 방식으로 이용자가 해당 광고를 클릭한 후 동영상을 시청하는 시간을 기준으로 하여 광고 단가를 매기는 방식이다. 유튜브의 경우 30초 미만의 광고는 끝까지 시청했을 때, 30초 이상의 광고는 30초를 시청했을 때 과금된다. 미디어에 따라서는 시청시간 15초를 기준으로 광고비를 지불하는 경우도 있다.

2) 인터넷과 모바일 광고 유형

인터넷과 모바일을 이용한 광고의 유형에는 디스플레이 광고, 검색 광고, 문맥 광고, 이메일 광고, 네이티브 광고, 메시징 광고 등이 있다. 그중 디스플레이 광고는 배너 광고, 네이티브 광고, 텍스트 광고, 동영상 광고 등과 같이 인터넷에서 접할 수 있는 노출형 광고를 통칭한다. 인터넷 광고의 영향력이 커지면서 이들 광고는 온라인 쇼핑몰과 같은 인터넷 기반 기업뿐만 아니라 서비스 산업이나 매체 산업 등과 같은 전통적인 산업에서도 매우 중요한 커뮤니케이션 수단으로 각광받고 있다.

표 11-2 인터넷과 모바일 광고 유형

<table>
<tr><th>플랫폼</th><th>광고 유형</th><th colspan="2">세부 유형</th></tr>
<tr><td rowspan="9">인터넷/모바일</td><td rowspan="6">디스플레이 광고</td><td colspan="2">배너 광고</td></tr>
<tr><td colspan="2">텍스트 광고</td></tr>
<tr><td rowspan="2">네이티브 광고</td><td>피드형 네이티브 광고</td></tr>
<tr><td>기사형 네이티브 광고</td></tr>
<tr><td rowspan="2">비디오(VOD) 광고</td><td>프리/미드/엔드 롤(pre/mid/end-roll) 광고</td></tr>
<tr><td>오버레이</td></tr>
<tr><td>검색 광고</td><td colspan="2">검색 광고</td></tr>
<tr><td>문맥 광고</td><td colspan="2">문맥 광고</td></tr>
<tr><td>이메일 광고</td><td colspan="2">이메일 광고</td></tr>
<tr><td>모바일</td><td>메시징 광고</td><td colspan="2">SMS / MMS / LMS</td></tr>
</table>

(1) 배너 광고

배너(banner) 광고란 인터넷 광고의 가장 오래되고 보편적인 형태로, 인터넷이나 모바일에서 배너를 클릭하면 해당 광고 메시지가 노출되거나 특정 기업의 웹사이트로 연결되는 것이다. 배너 광고는 특정 매체를 통해 수용자에게 침투하는 성격의 광고로 불특정 다수에게 전달되는 일 대 다수의 커뮤니케이션 형태를 갖는다. 모바일 배너 광고의 경우 웹상에서 구현되면 '모바일 웹 배너 광고'라고 하고, 앱 상에서 구현되면 '앱 배너 광고'라고 한다.

배너 광고는 표출되는 형식에 따라 여러 가지 유형으로 구분할 수 있는데, 고정형(static) 배너, 애니메이션(animation) 배너, 인터랙티브(interactive) 배너 등이다. 초기에는 광고 메시지나 그림이 변화되지 않는 고정형 배너가 대부분이었으나 클릭률이 낮다는 단점으로 인해 최근에는 애니메이션을 이용하거나 양방향의 특성을 가지는 배너 광고가 대부분을 차지하고 있다. 애니메이션 배너는 광고 메시지나 그림이 연속적으로 변화되는 광고로 고정형에 비해 시각적 효과가 높아 소비자들의 주목률이나 클릭률을 높일 수 있다. 인터랙티브 배너 광고는 사용자에게 게임 참여, 개인정보 제공, 질문에 대한 응답 등과 같은 추가적인 행동을 요구함으로써 사용자의 관여도를 높인다는 장점이 있다.

최근에는 단순한 텍스트나 그래픽에서 탈피하여 JPEG, DHTML, Shockwave, Javascript, Java 프로그래밍과 같은 신기술 및 고급 기술을 최대한 활용한 리치미디어(rich media) 배너가 각광받고 있다. 이는 비디오, 오디오, 사진, 애니메이션 등을 혼합한 고급 멀티미디어 형식의 광고라는 점에서 기존의 배너 광고와 차이가 있다. 사용자는 단지 광고 하나만 클릭해도 해당 브랜드의 상품 카탈로그를 볼 수 있고, 관심 있는 상품을 360도 회전시켜 볼 수 있는 등 브랜드와 상호작용 커뮤니케이션이 가능하다. 다음은 리치 미디어 배너의 사례들이다.

① 확장형 배너

확장형(expandable) 배너는 웹페이지의 게재 위치에서 일정 크기로 시작한 광고 배너가 자동, 또는 사용자가 마우스를 올리거나 클릭하면 콘텐츠 위로 확장되는 형태를 말한다(그림11-2). 화면을 광고면으로 폭넓게 활용함으로써 광고의 주목률과 집중도를 높이는 것이 목적이다. 배너의 크기가 확대되기 때문에 특정 사이트로 이동하지 않고도 브랜드 관련 정보나 동영상 보기가 가능하다.

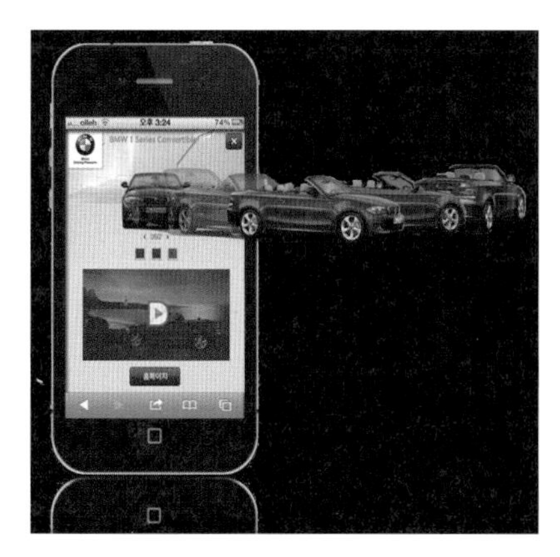

그림 11-2 확장형 배너의 예
자료: Ad@m 리치미디어 상품소개서, p. 7

그림 11-3 플로팅 배너의 예
자료: 루즈와이어 블로그, 2015. 12. 29. 검색

② 플로팅 배너

플로팅(floating) 배너는 사용자가 특정 웹페이지를 방문할 때, 웹페이지 콘텐츠 위에 강제적으로 겹쳐서 나타나는 광고 형태로, 특정 위치에 고정되지 않기 때문에 모양이나 크기에 구애받지 않는다. 웹페이지 내에서 사용자가 스크롤을 올리거나 내릴 때 마우스 롤오버 형태로 광고가 움직이면서 지속적으로 노출된다. 그러나 그 자체로는 서핑에 방해가 되기 때문에 소거하거나 축소할 수 있는 버튼이 배치되어 있다. 떠다니는 로고 또는 걸어 다니는 캐릭터 등과 같이 역동적인 제작물을 통해 사용자의 주목률과 상기율을 높일 수 있다. 사용자의 상호작용이 없을 경우 15초 정도 후면 광고가 사라진다.

리치 미디어 광고는 화면 안에서 소비자가 필요로 하는 정보가 충분히 구현되기 때문에 광고주의 사이트로 이동하지 않아도 된다는 장점이 있다. 또 배너 자체가 가지고 있는 크리에이티브의 다양성과 사용자와의 상호작용성 때문에 일반 배너 광고에 비해 기억률이나 클릭률이 더 높은 것으로 나타나고 있다. 일반적인 배너 광고의 클릭률이 0.12%인 것에 비해 리치미디어 광고의 클릭률은 0.44%로 3~4배 더 높다고 한다(Emarketer, 2014). 그러나 한꺼번에 너무 많은 광고가 뜬다거나 한 번 뜬 광고가 오랫동안 사라지지 않는 경우 사용자의 불만과 거부감을 증가시켜 오히려 역효과를 가져올 수도 있다.

(2) 동영상 광고

동영상 광고(video on demand)란 사용자가 무료 동영상 콘텐츠를 보기 위해 필수적으로 보아야 하는 광고를 말하는 것으로, 다른 형태의 광고에 비해 광고에 대한 관심과 집중도를 높여 광고 내용에 대한 기억 지속성에서 우수한 효과를 보인다. 최근 동영상 광고에 대한 관심이 커지고 있는데 이는 동영상 광고가 갖는 다양한 양방향 기능 때문이다. 예를 들어 광고 동영상 위에 SNS 버튼을 직접 노출함으로써 단순 영상광고 노출에 그치지 않고 브랜드 소셜페이지로 유입시키는 등의 즉각적인 반응을 유도할 수 있다. 이뿐만 아니라 인터랙티브 액션 버튼을 노출하여 이벤트 참여 또는 전화걸기 등과 같은 행동전환 유도도 가능하다. 특히 카테고리, 시간, 요일 등으로 스크린에 타깃팅을 설정하여 캠페인 특성에 맞는 사용자 및 상황에만 노출되도록 통제할 수 있는 것이 장점이다. 동영상이라는 콘텐츠의 매력성에 더해 다양한 전환 행동을 유도할 수 있는 기능이 더해져 앞으로 모바일에서 동영상 광고의 파워는 더욱 막강해질 것으로 보인다.

한편, 영상 콘텐츠 내에서 노출되는 시점에 따라 동영상 광고의 주목도가 달라지는데 영상 시작 전에 노출되는 프리롤(pre-roll)에 주목률이 가장 높은 것으로 나타나고 있다. 노출되는 시점이나 형태에 따라서는 다음과 같이 동영상 광고를 구분한다.

① 프리/미드/엔드롤 광고

프리/미드/엔드롤(pre/mid/end-roll) 광고란 동영상 콘텐츠가 시작되기 전, 중간 및 끝난 후에 재생되는 동영상 광고를 말한다(그림 11-4). 콘텐츠 전, 중간, 종료 시점에 재생되면서 건너뛸 수 없는 동영상 광고인 표준형과, 시작한 다음 약 5초 후에 건너뛸 수 있는 동영상 광고인 트루뷰(trueview) 형이 있다.

② 오버레이 광고

오버레이(overlay) 광고는 일반적으로 영상 콘텐츠가 재생되는 동안 하단 1/3 위치에 나타나는 텍스트, 이미지 또는 리치미디어 광고를 말한다(그림 11-5). 콘텐츠 시청을 크게 방해하지 않으면서도 광고를 노출할 수 있다는 장점이 있다.

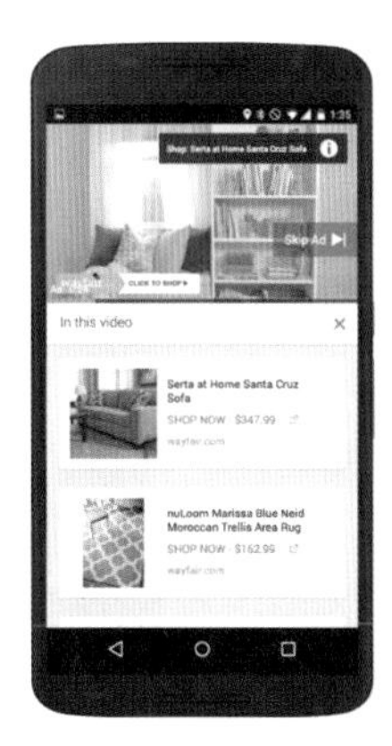

그림 11-4 트루뷰(TrueView) 광고의 예
자료: 테크룬, 2015. 12. 29. 검색

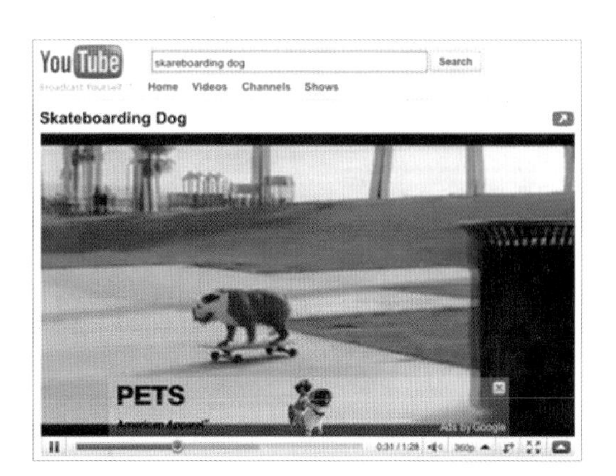

그림 11-5 오버레이 광고의 예
자료: 비즈니스인사이더, 2015. 12. 29. 검색

(3) 네이티브 광고

네이티브 광고(native advertisement)란 사용자들의 광고 회피를 최소화하고 노출을 최적화하기 위하여 광고 콘텐츠가 서비스 내에 통합된 형태로 자연스럽게 보이는 광고 방식이다. 방송광고의 PPL, 즉 간접광고처럼 기존 콘텐츠와 유사하게 제작되는 후원형 콘텐츠 광고가 진화한 형태라고 볼 수 있다. 사용자가 콘텐츠를 접하는 맥락을 고려하여 제시되는 고퀄리티의 광고이다. 대개의 인터넷이나 모바일 광고는 일방적으로 노출되어 콘텐츠 사용을 방해하거나 반복 노출로 광고 피로를 높이는 등 광고 자체에 대한 반감을 주기 쉽다. 특히 모바일 광고는 디바이스의 작은 화면을 통한 노출로 인해 메시지 전달에 있어서 다양성과 창의성이 부족하다는 문제점도 있다.

기존 디스플레이 광고의 이 같은 낮은 주목도와 높은 혼잡도 문제를 해결하기 위해 등장한 것이 바로 네이티브 광고이다. 따라서 네이티브 광고는 인터넷에서보다 모바일 상황에 더 적합한 광고로 평가되고 있다. 실제로 IPG Media Lab(광고대행사)과 Sharethrough(네이티브 광고 솔루션 제공업체)의 공동조사에 따르면, 브랜드 친밀도, 광고 공유, 제품 구매의사 등에서 일반적인 배너 광고보다 네이티브 광고가 소비자들로부터 더 긍정적인 반응을 얻고 있다(Sharethrough, 2013).

네이티브 광고는 크게 SNS와 같이 폐쇄적 플랫폼의 내부에서 한정된 형태로 노출되는 피드 형태, 그리고 언론사와 같은 개방적 플랫폼에서 외부 검색을 통해 노출될 수 있는 기사 형태로 분류

그림 11-6 뉴스 피드 형태 네이티브 광고의 예
자료: 심슨코리아, 2015. 12. 29. 검색

그림 11-7 기사 형태 네이티브 광고의 예
자료: 버즈피드, 2015. 12. 29. 검색

될 수 있다. 페이스북, 트위터, 인스타그램 등 SNS상의 뉴스 피드는 친구들의 최신 소식이 업데이트되는 곳이기 때문에 사용자들의 관심을 끌기 쉽고, 광고에 대한 호감이 있을 경우 다른 친구들과의 공유도 유도할 수 있다(그림 11-6). 기사 형태 네이티브 광고는 제작비를 협찬 받았다는 사실을 명확히 밝히는 한편, 해당 기업을 일방적으로 홍보하는 것이 아니라 콘텐츠 광고가 기사로서 충분한 가치가 있다는 점을 강조한다. 따라서 기사로서의 충분한 가치를 만들 수 있는 콘텐츠 개발이 성공적인 네이티브 광고의 핵심 요소이다. 현재 신생 디지털 미디어는 물론이고 〈뉴욕타임스〉나 〈워싱턴 포스트〉 같은 전통적인 주요 외신들도 전담팀을 구성하여 네이티브 광고 유치에 적극적으로 나서고 있다.

〈그림 11-7〉은 온라인 뉴스 & 엔터테인먼트 사이트인 버즈피드에서 진행한 네이티브 광고이다. MINI USA는 '비현실적으로 보이지만 실제로 존재하는 세계 명소 25곳'을 소개하는 기사를 후원함으로써 'Not normal'이라는 브랜드 철학을 암시적으로 표현하고 있다.

(4) 검색 광고

검색 광고란 검색 엔진에서 특정 검색어를 입력하면 검색결과 페이지에 관련 업체의 광고를 노출시켜주는 광고기법이다. 주요 포털 사이트의 스폰서 링크가 대표적인 검색 광고에 해당한다. 인터넷 사용자들이 온라인 공간에서 이메일 사용만큼 빈번하게 하는 행동이 검색 활동이다. 자신에게 적합한 정보를 찾기 위해 검색창을 사용하는 사람들은 그 내용에 대해 높은 수준의 흥미와 의도를 갖고 상호작용하게 된다. 따라서 키워드 광고는 특정 상품이나 서비스에 관심을 가진 사람들에게만 노출되는 타깃 광고로 불특정 다수를 상대로 하는 다른 인터넷 광고와는 차이가 있다. 이메일 마케팅이 푸시(push) 광고 마케팅의 대표적 수단이라면 키워드 광고는 대표적인 풀(pull) 광고 마케팅의 유형이라고 할 수 있다.

검색 광고는 적은 예산으로도 광고를 집행할 수 있어 규모가 큰 기업뿐만 아니라 온라인 소호몰과 같은 소액 광고주들에게 선호되고 있다. 인터넷 쇼핑몰의 고객유입 경로에서 검색엔진의 비중이 높아짐에 따라 검색엔진을 통한 검색결과의 첫 페이지는 거의 광고로 채워지고 있다. 따라서 예전에 비하면 검색 광고의 광고효과가 많이 감소되고 있는 상황이다. 또한 스폰서 링크 같은 검색 광고의 광고비는 광고를 클릭할 때마다 광고 예치금에서 일정 금액이 차감되는 방식을 사용하기 때문에 광고주의 비용부담이 크다고 할 수 있다. 네이버의 검색 광고로는 파워링크와 비즈사이트가 있고, 다음의 경우에는 프리미엄링크가 대표적인 검색 광고이다.

(5) 문맥 광고

문맥(contextual) 광고는 웹을 방문하는 사용자가 보고 있는 페이지의 내용을 기반으로 하여 연관성 있는 광고를 해당 페이지의 한쪽 부분에 자동으로 선택해 노출시키는 광고이다. 키워드 광고가 네티즌의 구체적인 검색행동에 대한 수동적인 반응이라면 문맥 광고는 고객의 욕구를 이해하고 능동적으로 찾아 나서는 광고 형식이다. 노출을 제어하는 방식이 키워드라는 점에서는 검색 광고와 동일하지만 광고가 노출되는 플랫폼의 범위가 훨씬 넓다는 점에서 차이가 있다. 즉, 검색 광고는 광고가 노출되는 영역이 검색 플랫폼으로 한정되지만 문맥 광고는 콘텐츠를 가지고 있는 모든 플랫폼이 그 노출 대상이다.

문맥 광고는 배너 광고와 검색 광고의 장점을 결합하여 만든 것이다. 배너 광고의 경우 폭넓게 노출할 수 있는 커버리지를 갖추고 있으나 검색 광고에 비해 상대적으로 연관성(relevancy)이 낮고 비용이 높다는 단점이 있는 반면 검색 광고는 타깃 도달률이 높고 비용 효율성이 높지만 노출이 검색 플랫폼에 한정되어 있어 적절한 커버리지를 확보하기 어렵기 때문이다. 따라서 문맥 광고는 기존 배너 광고처럼 노출화면을 사용하는 방식과 검색 광고의 노출제어 방식을 결합한 일종의 하이브리드 광고(hybrid advertisement)라고 볼 수 있다. 특히 소비자의 관심사와 연관된 내용이므로 광고 몰입도가 높은 것이 장점이다.

예를 들어, 어떤 인터넷 사용자가 관심 아이템인 '트렌치코트'라는 키워드를 포털 사이트에서 입력했다고 가정해 보자. 검색결과 페이지에 노출된 여러 사이트나 블로그 중에서 하나를 클릭해서 들어간다면, 페이지 아랫부분에 자신이 사용한 키워드인 '트렌치코트'와 관련성이 높은 의류쇼핑몰의 태그광고가 자연스럽게 노출된다. 이때 태그광고를 클릭하면 해당 쇼핑몰의 랜딩페이지로 바로 연결된다. 이렇게 구현되는 것이 바로 문맥 광고인 것이다.

(6) 이메일 광고

이메일 광고란 소비자들의 관심사에 관련된 내용을 이메일 뉴스레터로 전달하는 광고를 의미한다. 이메일은 대부분의 인터넷 사용자들이 일상적으로 사용하는 커뮤니케이션 수단이기 때문에, 소비자와의 관계구축이나 충성도를 높이는 데 효과적인 매체가 될 수 있다.

이메일 뉴스레터는 일반적으로 일주일이나 한 달을 단위로 하여 정기적으로 발송되며 소비자들이 원하는 정보를 제공하면서 동시에 광고를 게재하는 형태를 취한다. 이메일 광고는 다른 매체에 비해 비용이 저렴하며 표적시장에 대하여 선별적이고 지속적으로 광고를 진행할 수 있다는 장점이 있다. 소비자들은 뉴스레터를 통해 웹사이트에 접속하지 않아도 필요한 정보를 쉽게 볼 수 있으며 추가적인 정보를 얻고자 할 때 해당 웹사이트로의 이동도 편리하게 할 수 있다.

인터넷 쇼핑몰의 경우 광고매체로 이메일 뉴스레터를 사용할 때 소비자에게 어떤 내용을 제공할 것인가를 반드시 고려해야 한다. 기업이 제공하는 정보가 소비자를 위한 것인지 기업을 위한 것인지에 대한 판단이 필요하다. 소비자에게 필요하지 않은 단순 홍보성 또는 상업성 정보를 자주 보내게 되면 소비자들로부터 곧 외면당할 것이다. 따라서 이메일 뉴스레터를 제공할 때 기업은 소비자에게 어떤 방식으로든 가치 있는 정보를 제공하는 것이 필요하다. 또한 기업의 전문성과 신뢰성을 구축할 수 있도록 정확한 정보를 제공하는 것 역시 중요하다.

효과적인 이메일 광고를 위해서는 정확한 메일링 리스트의 확보가 우선되어야 한다. 일반적으로 소비자가 온라인 쇼핑몰의 회원으로 가입할 경우 자연적으로 이메일 주소를 확보할 수 있지만, 회원가입을 유치하기 힘든 사이트에서는 외부 기업의 메일링 리스트를 활용할 수도 있다. 또한 메일을 보낼 때는 무엇보다도 상대방의 동의가 중요한데, 이메일은 수신자의 동의 여부에 따라 수신자의 허락 없이 일방적으로 대량 발송되는 스팸(spam) 메일, 수신에 동의한 특정 수신자들에게만 보내지는 옵트 인(opt in) 메일, 스팸 메일과 마찬가지로 대량 발송되지만 수신사가 거부를 할 수 있는 기능을 제공하는 옵트 아웃(opt-out) 메일로 구분된다. 표적시장을 가리지 않고 무작위로 발송되는 스팸메일이나 정크메일은 소비자의 불만을 불러일으켜 이메일 광고의 이미지와 효과를 저하시킬 수 있기 때문에 반드시 소비자의 허락을 받고 이메일을 보내는 퍼미션(permission) 마케팅을 실행해야 한다.

3) 인터넷 쇼핑몰의 검색 광고 활용 전략

대표적인 풀 광고 마케팅 기법인 검색 광고는 적은 비용으로 큰 효과를 얻을 수 있는 광고이기도 하다. 인터넷 쇼핑몰을 운영하면서 보다 효과적으로 검색 광고를 활용할 수 있는 전략을 살펴본다.

(1) 검색엔진 마케팅

검색엔진 마케팅(SEM: search engine marketing)이란 자신의 웹사이트를 검색엔진 또는 검색 광고의 상위에 노출시켜 더 많은 방문자를 유입시키는 전략을 말한다. 이용자들은 검색엔진이 올려주는 수많은 검색결과들을 모두 살펴볼 수 없기 때문에 더 빠르고 정확한 검색결과를 얻기 위해 상위페이지의 정보를 클릭할 수밖에 없다. 검색 이용 행태에 대한 조사결과에 따르면, 인터넷 검색엔진 이용자의 75%가 첫 페이지에 노출된 정보에 중요도를 부여하며 약 60%는 두 번째 페이지 이후의 검색결과는 잘 검토하지 않는다고 한다(이티뉴스, 2005).

검색엔진 마케팅의 핵심 요소는 키워드이다. 이용자들은 대개 검색결과의 링크 또는 배너 광고

표 11-3 대표 키워드와 세부 키워드의 비교

구분	개념	키워드 예시	광고효과
대표 키워드	• 카테고리를 대표하는 일반적인 키워드 • 내 사이트를 대표하는 단어 • 고객이 보편적으로 검색하는 단어 • 주력상품명	• 여성의류 • 여성가방	• 조회 수 높음 • 광고단가 높음 • 평균 클릭률 높음 • 전환율 낮음
세부 키워드	• 한 카테고리 내의 세부적인 키워드 • 수식어가 포함된 상품명 • 사용자의 니즈에 맞게 타깃팅된 단어 • 상품의 특징과 장점	• 여름 휴가철 패션 • 소가죽 미니크로스백	• 조회 수 낮음 • 광고단가 낮음 • 타깃 클릭률 높음 • 전환율 높음

자료: 하이테크마케팅그룹(2010). 웹마케팅혁명. p. 145를 수정 및 보완

들 중에서 하나를 선택해 웹사이트로 유입되는데, 이때 웹사이트로 들어오는 관문의 역할을 하는 것이 바로 키워드이다. 따라서 검색 광고에서 제품이나 서비스의 특성, 그리고 마케팅 목표에 맞는 키워드를 선택하는 것은 무엇보다도 중요하다. 키워드는 크게 대표 키워드(또는 일반 키워드)와 세부 키워드로 구분되는데(표 11-3), 검색엔진에서의 조회 수가 높은 대표 키워드의 경우 광고단가는 높지만 상대적으로 타깃 클릭률이나 전환율이 높지 않다. 반면 세부 키워드는 조회 수가 낮더라도 타깃 클릭률과 전환율이 높은 편이다. 따라서 이용자의 숨은 니즈를 잘 파악하여 세부 키워드를 활용하면 저렴한 비용으로 효과적인 검색 광고를 운영할 수 있다.

광고주들이 선호하는 키워드는 검색 광고 매체사에서 제공하는 키워드별 검색 수와 입찰가격을 참고하면 쉽게 찾을 수 있다. 특정 키워드의 입찰가격은 검색쿼리(검색 시 입력하는 단어나 문구의 순위)와 광고주들의 입찰가를 바탕으로 결정된다. 특정 제품 및 서비스의 대표 키워드는 경쟁률이 높기 때문에 광고 입찰가도 높을 수밖에 없다. 따라서 경쟁이 심한 대표 키워드에 의존하기보다는 해당 제품 및 서비스를 매개할 수 있는 콘텐츠를 상정해 광고를 노출시키는 콘텐츠 매칭 전략이 필요하다. 즉, 제품과 연관이 높은 최근 트렌드를 선별해 이와 관련된 키워드를 선택하면 키워드의 입찰가는 낮은 반면, 구매로 이어질 가능성은 높아진다. 특히 이용자의 즉각적인 행동을 유발하기 위해서는 제품 및 서비스의 성질이나 상태를 디테일하게 나타내는 형용사 수식어를 잘 만드는 것이 중요하다. 예를 들어, '여름 휴가철 패션'보다 '여름 휴가지에서 빛나는 바캉스

룩'이 더욱 소비자들의 이목을 끌 수 있다.

검색 광고는 다른 광고매체에 비해 광고주의 접근이 쉽고 광고순위의 변동이 심하므로 관리가 소홀할 경우 순위가 쉽게 하락한다. 따라서 효과적인 키워드를 지속적으로 찾아내 추가하고 투자 대비 효율이 낮은 키워드들은 과감하게 삭제함으로써 검색 광고의 ROI(return on investment)를 높게 유지하는 전략이 필요하다. 이를 위해서는 검색어별 또는 광고형태별 등 다양한 기준을 사용하여 광고효과를 정교하게 측정해야 하고, 그 결과에 따라 지속적인 광고문구 최적화 작업과 경쟁사 모니터링을 수행해야 한다.

(2) 랜딩 페이지 최적화

이용자가 웹상에서 검색 광고를 클릭했을 때 링크되는 사이트의 첫 화면을 랜딩 페이지(landing page) 또는 엔트런스 페이지(entrance page)라고 한다. 랜딩 페이지에 도착한 사용자가 원하는 웹페이지를 찾기 어렵다고 느낀다면 아마도 정보탐색을 단념하고 다른 사이트로 이동해 버리게 될 것이다. 따라서 랜딩 페이지 최적화(LPO: landing page optimization)란 검색엔진이나 인터넷 배너 광고에서 넘어온 사용자가 사이트로부터 이탈하는 것을 방지하고 최종적인 행동까지 정확하게 연결될 수 있도록 최초로 방문하는 페이지의 내용을 사용자의 요구에 맞게 조정해 나가는 마케팅 전략을 말한다.

마이크로소프트사의 Chao Liu 등의 연구에 따르면, 웹사이트에 방문한 사용자의 평균 체류시간은 10~20초 정도라고 한다. 즉, 이용자들이 쇼핑몰의 랜딩 페이지를 보고 나갈 것인가 머무를 것인가(go or stop)를 결정하는 데 걸리는 시간은 10초가 채 되지 않는다는 의미이다(Nielsen, 2011). 따라서 방문자를 이탈시키지 않고 사이트 체류시간을 늘리기 위해서는 랜딩 페이지의 구성이 관건이다. 랜딩 페이지는 사이트에 접속한 방문자가 가장 먼저 인지하는 곳으로, 검색을 타고 이 페이지에 도달할 때 사용한 키워드와 랜딩 페이지의 콘텐츠는 반드시 일치되어야 한다. 예를 들어 '가을철 등산 나들이를 위한 아웃도어'라고 검색하여 해당 사이트에 도착했을 때는 그와 관련 내용이 있어야 한다는 뜻이다. 무작정 쇼핑몰의 메인 페이지로 유도한다든지 전혀 관계없는 페이지로 유도한다면 사용자는 바로 사이트에서 나가게 될 것이다.

랜딩 페이지 최적화에서 또 하나 고민해야 할 부분이 랜딩 페이지를 해당 키워드와 연관된 카테고리에 둘 것인지 아니면, 세부적인 특정 상품에 둘 것인지에 대한 판단이다. 보통은 여성의류 쇼핑몰 기준으로 한 시즌에 판매되는 아이템이 몇 백 개에서 심지어 몇 천 개에 이르기 때문에 투자대비 성과를 높이기 위해 카테고리 페이지로 랜딩 페이지를 설정하기 쉽다. 그러나 일반적으로는 세부키워드에 맞는 특정 상품페이지로 랜딩 페이지를 걸 때 구매전환율을 더 높일 수 있다. 타깃 세분화를 정교하게 할수록 체류시간이 늘어나게 되어 구매율이 높아지고 반품률은 떨어지게 되는 것이다. 즉 랜딩 페이지 내에서 또 다른 내비게이션을 주는 것이 아니라 랜딩 페이지가 구매를 위한 마무리 페이지(closing page)가 되는 것이 가장 이상적이다.

2. 소셜미디어와 마케팅

1) 소셜미디어 현황

개방화된 온라인 미디어 플랫폼을 기반으로 하는 소셜미디어는 정보의 생산자와 소비자 간의 경계를 허물면서 기업과 소비자 간의 소통 구조를 근본적으로 변화시키고 있다. 현재 소셜미디어는 TV, 라디오, 신문, 잡지 등 4대 매체의 커뮤니케이션 영역에 커다란 지각변동을 일으키며 광고, PR, 고객관리 등 다양한 기업 커뮤니케이션 활동의 중심축이 되고 있다.

(1) 소셜미디어의 개념

소셜미디어는 하나의 개별 미디어를 지칭하는 것이 아니라 이용자가 콘텐츠 제작에 참여할 수 있는 다양한 형태의 미디어를 총칭하는 개념이다. 소셜미디어에서는 정보의 생산자와 소비자가 분리되지 않으며 양방향 커뮤니케이션이 가능하다. 위키피디아(2015)는 이러한 소셜미디어를 '사람들이 자신의 생각과 의견, 경험, 관점 등의 콘텐츠를 생산하고 확산시키기 위해 사용하는 개방화된 온라인 툴과 미디어 플랫폼'으로 정의하고 있다.

일반적으로 소셜미디어는 참여, 공개, 대화, 커뮤니티, 연결 등 5개의 특성을 가지고 있으며, 여기에는 카페, 블로그, 그리고 SNS 사이트들이 포함된다. 소셜미디어 중에서 회원들끼리 서로 친구를 소개하거나 사이트 내에서 공통 관심사를 가진 사람과 친구가 되는 등 인적 네트워크 구축과 인맥관리를 목적으로 개설된 커뮤니티형 인터넷 사이트를 SNS라고 칭한다. 여기에는 싸이월드, 페이스북, 카카오스토리, 트위터, 유튜브 등이 포함되는데, 다른 소셜미디어 유형에 비해 이용자가 많아서 패션기업들의 마케팅 수단으로 가장 많이 활용되고 있다.

SNS 사용자는 전 세계적으로 급속히 증가하고 있는 추세인데, 전 세계 SNS 사용자는 2015년 약 19억 6,000만 명 정도로 추정되며, 2016년에는 21억 명을 넘어설 것으로 전망된다(Statista, 2015). 2015년 정보통신정책연구원의 자료에 따르면, 국내의 경우도 전체 미디어 사용자 중 SNS 이용률은 2013년 31.3%에서 2014년 39.9%로 1년간 8.6% 정도 상승한 것으로 나타났다(정보통신정책연구원, 2015). 카카오스토리, 페이스북, 트위터, 싸이월드가 국내 SNS 이용률의 90% 이상을 점유하고, 2013년 대비 2014년 페이스북의 사용자는 전 연령층에 걸쳐 증가한 것으로 나타났다. 특히 연령대별로 선호하는 SNS가 다른 것으로 집계되었는데(표 11-4), 10대, 30대, 40대에서 가장 많이 이용하는 SNS는 카카오스토리로 압도적인 점유율을 보였고, 20대는 페이스북을 가장 많이 이용하는 것으로 조사되었다.

표 11-4 연령대별 주요 SNS 이용 현황(2013~2014)

(단위: %)

순위	서비스사	10대		20대		30대		40대		50대	
		2013년	2014년	2013년	2014년	2013년	2014년	2013년	2014년	2013년	2014년
1	카카오스토리	60.7	43.8	38.8	29.2	59.7	54.4	69.7	56.7	69.2	54.8
2	페이스북	21.6	33.5	34.5	45.3	20.4	20.5	13.6	17.0	10.0	16.5
3	트위터	8.4	9.9	18.3	17.2	11.8	14.5	10.3	8.0	13.6	7.7
4	네이버밴드	–	1.9	–	2.1	–	4.0	–	11.7	–	12.7
5	싸이월드 / 미니홈피	7.5	7.2	5.9	3.8	5.3	3.0	3.6	2.9	3.8	4.6

자료: 정보통신정책연구원(2015). SNS(소셜네트워크서비스) 이용 추이 및 이용행태 분석. p. 9

현재 소셜미디어가 급속도로 확산되고 있는 이유는 두 가지 측면에서 생각해 볼 수 있다 첫째는 기술적 측면인데, 스마트폰과 같은 스마트 기기의 보급으로 24시간 다른 사람과 소통할 수 있는 네트워크 인터페이스 환경이 구축되었다는 점이다. 둘째는 소비자 측면으로, 콘텐츠를 소비하는 동시에 생산하는 프로슈머(prosumer)로 활동하고자 하는 욕구와 사회적 네트워크 안에서 자기를 표현하고 타인과의 공감대를 형성하려는 소비자의 욕구가 증대되었기 때문이다.

표 11-5 소셜미디어의 유형

서비스 유형		해외 사이트	국내 사이트
커뮤니케이션 모델	Blog	Bloger, LiveJournal, Open Diary, TypePad, WordPress, Vox, ExpressionEngine	포털 블로그, 이글루스, 티스토리
	Micro Blog	Twitter, Plurk, Jaiku	미투데이, 토씨, 플레이톡
	Social Networking	Bebo, Facebook, LinkedIn, Myspace, Orkut, Skyrock, Hi5, Ning, Elgg, FriendFeed	싸이월드, 아이러브스쿨
	Event Networking	Upcoming, Eventful, Meetup.com	
협업 모델	Wikis	Wikipedia, PBwiki, wetpaint	
	Social Bookmarking (or tagging)	Delicious, StumbleUpon, Google Reader, CiteULike	마가린, 네이버북마크
	Social News	Digg, Mixx, Reddit	다음 뷰
	Review & Opinion sites	Epinions, Yelp, City-data.com Epinions.com	디시인사이드, 아고라
	Community Q&A	Yahoo! Answers, wikianswers, Askville, Google Answers	네이버 지식 iN, 네이트 Q&A
콘텐츠 공유 모델	Photo sharing	Flickr, Zoomr, Photobucket, Smugmug	
	Video sharing	YouTube, Vimeo	판도라TV, 엠군
	Livecasting	Ustream.tv, Justin.tv, Stickam, Bizbuzztour.com	아프리카
	Audio and Music Sharing	Imeem, The Hype Machine, Last.fm ccMixter	벅스뮤직
엔터테인먼트 모델	Virtual worlds	Second Life, the Sims Online, Forterra	누리엔
	Game sharing & play	Miniclip, Kongregate	

자료: 최민재(2009). 소셜미디어의 확산과 미디어 콘텐츠에 대한 수용자 인식연구. p. 12

(2) 소셜미디어의 유형

소셜미디어의 발전과 더불어 새로운 형태의 소셜미디어가 계속하여 등장하고 있으므로 무엇을 기준으로 소셜미디어를 유형화할 것인지에 대한 합의는 아직 이루어지지 못하고 있다. 최민재(2009)는 광범위한 소셜미디어를 서비스 특성에 따라 커뮤니케이션 모델, 협업 모델, 콘텐츠 공유 모델, 엔터테인먼트 모델 등 4개의 대분류 유형으로 제시하였고 그로부터 다시 세부 유형을 분류하였다. 그중 가장 대표적인 유형은 커뮤니케이션 모델로 여기에는 블로그와 마이크로 블로그(예: 트위터, 미투데이 등), 소셜 네트워킹 사이트(예: 페이스북, 싸이월드 등), 이벤트 네트워킹 사이트가 포함된다. 협업 모델에는 위키, 소셜 북마킹, 소셜 뉴스, 리뷰&오피니언, 커뮤니티 Q&A 사이트 등이 해당된다. 콘텐츠 공유 모델에는 사진, 비디오, 음악 등 콘텐츠 공유 사이트들(예: 유튜브 등)이 포함된다. 마지막으로 엔터테인먼트 모델에는 게임이나 가상현실 사이트(예: 세컨라이프 등) 등이 포함된다.

표 11-6 SNS의 유형과 특징

유형	기능	서비스
프로필 기반	특정 사용자나 분야의 제한 없이 누구나 참여 가능한 서비스	싸이월드, 마이스페이스, 카카오스토리, 페이스북
비즈니스 기반	업무나 사업관계를 목적으로 하는 전문적인 비즈니스 중심의 서비스	링크나우, 링크드인, 비즈스페이스
블로그 기반	개인 미디어인 블로그를 중심으로 소셜 네트워크 기능이 결합된 서비스	네이트통, 윈도우라이브스페이스
버티컬	사진, 비즈니스, 게임, 음악, 레스토랑 등 특정 관심분야만 공유하는 서비스	유투브, 핀터레스트, 인스타그램, 패스, 포스퀘어, 링크드인
협업 기반	공동 창작, 협업 기반의 서비스	위키피디아
커뮤니케이션 중심	채팅, 메일, 동영상, 컨퍼러싱 등 사용자 간 연결 커뮤니케이션 중심의 서비스	세이클럽, 네이트온, 이버디, 미보
관심주제 기반	분야별로 관심 주제에 따라 특화된 네트워크 서비스	도그스터, 와인로그, 트렌드밀
마이크로 블로깅	짧은 단문형 서비스로 SNS시장의 틈새를 공략하는 서비스	트위터, 텀블러, 미투데이

자료: 한국방송통신전파진흥원(2012). SNS(Social Network Service)의 확산과 동향. p. 57

홍범식, 심현보(2009)는 좀 더 간명하게 블로그와 SNS, 위키, UCC(user created contents), 마이크로 블로그의 다섯 가지로 소셜미디어를 분류하였고, 각 소셜미디어 유형별로 사용목적, 주체대상, 사용환경, 콘텐츠 등에 따른 특성을 제시하였다. 이 모델에서는 유튜브나 마이크로 블로그를 SNS에서 배제시키고 별도로 구분하였다는 특성이 있다. 한국방송통신전파진흥원(2012)에서는 SNS를 기능별로 유형화하여, 〈표 1-6〉과 같이 프로필 기반, 비즈니스 기반, 블로그 기반, 버티컬, 협업 기반, 커뮤니케이션 중심, 관심주제 기반, 마이크로 블로깅의 9개 군으로 구분하였다.

이와 같이 소셜미디어의 유형 구분 방법은 연구자들에 따라 다르지만, 마케팅 도구로 가장 빈번하게 사용되고 있는 것은 크게 블로그와 SNS이다. SNS는 트위터와 같은 마이크로 블로깅, 싸이월드나 페이스북과 같은 프로필 기반 SNS, 유튜브, 핀터레스트, 인스타그램 등과 같은 버티컬 SNS로 분류할 수 있을 것이다. 현재 SNS는 싸이월드와 같이 제한된 관계를 중심으로 한 1세대의 SNS에서 불특정 다수로 관계가 확대된 2세대 SNS, 즉 페이스북이나 트위터 같은 유형으로 변화해 왔다. 이어 3세대 SNS에서는 특정 주제를 중심으로 관심사를 공유하는 작은 단위의 버티컬 소셜플랫폼으로 진화하고 있다.

(3) 소셜미디어의 활용

양방향 커뮤니케이션이 가능한 소셜미디어를 중심으로 마케팅 활동을 전개하는 것이 소셜미디어 마케팅이다. 즉, 소셜미디어 마케팅은 개방화되고 연결되어 있는 소셜미디어 중심의 다양한 고객 접점에 기반하여 정보공유와 참여를 통해 고객과의 지속적인 관계를 형성하는 커뮤니케이션 활동이라고 할 수 있다. 패션기업은 소셜미디어를 통해 다음과 같은 커뮤니케이션 활동을 할 수 있다.

첫째, 광고 플랫폼으로 사용할 수 있다. 배너 광고, 네이티브 광고, 동영상 광고 등의 디스플레이 광고를 일반적인 포털 사이트 외에 소셜미디어 사이트에서 진행하는 것이다. 특히 소셜미디어 상에서는 친구들의 추천을 받기 때문에 광고노출에 대한 거부감이 적을 수 있다.

둘째, 기업의 전략적 PR 활동을 수행할 수 있다. 패션기업은 공식적인 홈페이지 외에 특화된 전문영역의 정보를 제공하는 블로그나 페이스북 팬페이지를 제2의 홈페이지로 활용할 수 있다. 특히 PR의 효과를 증폭시키는 구전은 소셜미디어의 네트워크를 통해 강력하게 확산될 수 있기 때문에 소셜미디어는 패션기업 PR활동의 중요한 채널이 될 수 있다.

셋째, 고객관계를 구축하고 관리할 수 있다. 소셜미디어는 TPO에 기반한 고객접점 채널로서 소비자들과의 정보공유와 소통의 창고 즉, 제3의 공간이 될 수 있다. 패션기업은 소셜미디어의 양방향적 소통 특성을 활용하여, 소비자에게 메시지를 전달하고 설득하는 활동에 더해 소비자의 관심사를 파악하여 적극적으로 대응하거나 고객의 불만을 효율적으로 해결해 줄 수 있다. 이처럼 소비자와의 지속적인 관계형성을 통해 기업은 신규고객을 유치하는 동시에 기존고객의 이탈률을 낮출 수 있다.

넷째, 잠재고객의 니즈를 파악하기 위한 시장조사 활동이나 모니터링을 할 수 있다. 즉, 신제품에 대한 새롭고 창의적인 아이디어를 모집하거나 시제품에 대한 고객의 의견을 파악함으로써 기업의 마케팅 활동에 즉각적으로 반영할 수 있다. 또한 기존 상품이나 서비스에 대한 고객들의 의견을 실시간으로 조사하고, 고객의 소리를 청취하고, 고객의 의견을 경영과 서비스 개선에 반영할 수 있다.

다섯째, 자발적 입소문 확산을 통해 제품의 판매촉진을 할 수 있다. 기업은 재미있는 이벤트 체험과 더불어 샘플링, 쿠폰, 경품과 같은 다양한 판촉활동을 수행하여 소비자들의 바이럴을 유도하면서 판매증진 효과도 기대할 수 있다.

2) 소셜미디어 유형별 마케팅

소셜미디어는 패션기업의 목적에 따라 광고 플랫폼, 소비자 조사, 신제품 개발, 판매촉진, CRM, PR 등의 활동에 적절하게 활용될 수 있다. 그러나 개별 소셜미디어가 가진 차별적인 특성으로 인해 마케팅 도구로서의 역할과 기능이 다를 수 있기 때문에 소셜미디어 마케팅 기획에 있어서는 소셜미디어별 고유한 특성을 잘 이해하는 것이 우선되어야 한다. 예컨대, 블로그는 정보축적과 홍보매체로 활용할 수 있는 도구이고, 페이스북은 밀접한 인적 네트워크에 기반하여 형성된 인적 관계관리 수단이다. 트위터는 최근 이슈와 생생한 정보를 전파하는 데 유리한 바이럴 매체이며, 유튜브, 핀터레스트, 인스타그램 등은 사진이나 동영상 공유를 통해 소통할 수 있는 도구이다.

(1) 블로그 마케팅

블로그란 web과 log의 합성어로 인터넷이라는 바다에서 작성하는 항해일지를 의미한다. 블로그란 일반인들이 자신의 관심사에 따라 일기, 컬럼, 기사 등을 자유롭게 올리는 홈페이지로 개인출판, 개인방송, 커뮤니티에 이르기까지 다양한 형태를 취하는 1인 미디어를 의미한다. 블로그는 게시판을 중심으로 하여 전문적인 정보공유를 위한 공적인 공간으로 사용되어왔는데, 블로그가 널리 확산된 것은 개인 홈페이지를 운영하는 것과 달리 전문지식이나 기술 없이도 사용이 매우 쉽기 때문이다.

블로그는 고객과의 커뮤니케이션 연대가 용이하고, 소비자의 감성을 자극할 수 있는 감성마케팅 또는 소비자들의 강력한 입소문을 일으킬 수 있는 버즈마케팅을 유도할 수 있다는 강점 때문에 현재 많은 기업들의 핵심 커뮤니케이션 수단으로 자리매김하고 있다. 패션기업의 입장에서 블로그 마케팅은 다음과 같은 측면에서 효과적인 커뮤니케이션 수단이 된다.

첫째, 정보의 투명성과 신뢰성이다. 블로그는 기업 주도의 커뮤니케이션이 아니라 공개된 일반인들이 만들어 내는 정보이기 때문에 콘텐츠 자체에 대한 신뢰도가 높다. 따라서 기업은 소비자들이 능동적으로 움직이는 공간을 이용하여 특정 기업이나 제품과 연결시킬 수 있는 기업의 최신정보나 광고를 쉽고 빠르게 제공할 수 있다. 특히 파워블로거처럼 전문적이고 파급력 있는 블로거들이 운영하는 블로그는 양질의 콘텐츠가 지속적으로 생산되기 때문에 이용자들의 긍정적인 호응을 확보할 수 있다.

둘째, 조회하기, 스크랩하기, 댓글 달기, 엮인 글 달기 등 상호작용적 기능들을 이용하여 블로거와 이용자 또는 이용자 간에 양방향 커뮤니케이션을 할 수 있다. 이 과정에서 해당 블로거는 이용자들의 네트워크 내에서 중심적인 노드(node)로 위치할 수 있고, 때로는 블로거들 사이에 강력한 영향력을 행사할 수도 있다. 최근 기업들은 회사 공식 홈페이지의 일부 또는 전체를 블로그로 이전하거나 임직원의 블로그를 활용해 고객과의 커뮤니케이션을 시도하고 있다.

셋째, 블로그는 일차적으로 1인 미디어이지만 블로그 자체가 지니는 미디어적 특성과 온라인 네트워크의 확장성을 통해 수많은 사람들에게 정보를 확산시키는 파급력을 지니고 있다. 즉, 블로그는 트랙백(track back), 태그(tag), RSS(rich site summary)와 같은 네트워크 인터페이스를 제공해 다른 사이트나 블로그와 서로 네트워크를 형성할 수 있는 기능을 제공하고 있다. 따라서 무한대의 네트워크 확장이 가능하다.

넷째, 경험적 정보 제공이다. 최근 마케팅에서 가장 화두가 되는 것 중의 하나가 소비자들에게 어떻게 브랜드에 대한 경험을 줄 것인가의 문제이다. 블로그는 실제 제품을 사용해 보지 않은 사람에게도 간접적인 체험을 하게 해주어 브랜드 가치를 경험할 수 있는 기회를 제공해 준다. 이를 통해 소비자들의 제품에 대한 구매가능성을 높일 수 있다.

패션기업의 블로그 활용방법에는 크게 패션기업이 자체적으로 블로그를 개설하여 직접 마케팅 활동을 수행하는 방법과 대외적으로 유명세와 인기를 누리고 있는 파워블로그를 이용하는 방법이 있다. 기업이 직접 블로그를 운영할 경우, 포스팅 내용의 통제가 쉽고 관리가 편리하지만, 이용자들의 능동적이고 적극적인 방문을 유도하기는 쉽지 않다. 그러나 일방향 커뮤니케이션 도구인 기업 홈페이지와 달리 기업 블로그는 양방향 커뮤니케이션 도구라는 매력적인 장점이 있다. 또한 기업 홈페이지는 제품의 홍보 및 공지사항 등 기업의 이야기로 채워지게 되지만 블로그에는 기업 홈페이지가 갖지 못한 재미와 스토리 즉, 콘텐츠를 만들어낼 수 있다. 따라서 차별적이고 공감할 수 있는 스토리를 통해 상품의 희소가치를 만들어 고객에게 친밀감과 신뢰감을 확보하는 것이 블로그 성공의 관건이라고 할 수 있다.

기존의 파워블로그를 사용할 경우, 패션기업은 파워블로거들을 대상으로 일정한 대가를 지불하고 신제품의 리뷰 또는 사용후기를 작성하여 해당 블로그에 올리도록 함으로써 기업의 신제품이나 이벤트 활동 등을 홍보하게 한다. 이 방법은 파워블로거의 전문성과 신뢰성을 최대한 활용하여 신제품의 우수성을 빠르고 효과적으로 전달할 수 있다는 것이 큰 강점이다. 특히 파워블로거가 해당 분야에서 오피니언 리더로서 인식되고 있을 경우 최대한의 입소문 효과를 유도할 수 있어 투자비용 대비 높은 홍보효과를 기대할 수 있다. 파워블로거를 이용하여 패션기업의 콘텐츠를 생성할 경우 특정 기업의 상업적 콘텐츠는 소비자의 거부감을 불러일으킬 수 있기 때문에 소비자의 공감을 이끌어낼 수 있는 콘텐츠 전략을 구사해야 한다.

파워블로거들의 영향력이 막강해지면서 이들은 온라인상에서 셀러브리티만큼의 인기와 영향력을 누리고 있을 뿐만 아니라 막대한 수입까지 얻어내고 있다. 특히 소셜미디어의 사용자가 급증하면서, 블로거는 브이로거(Vlogger),[2] 인스타그래머 등으로 그 영역이 확대되고 있다. 국내의 경우

2 비디오와 블로거를 합성한 신조어. 직접 영상을 제작해 온라인에 게시하는 사람.

그림 11-9 키아라 페라니(필로소피 부츠, 리바이스진, H&M 스웨터 및 모자, 에르메스 미니 버킨백)
자료: 키아라 페라니 블로그, 2015. 12. 29. 검색

그림 11-10 브라이언보이 (Bryanboy Adrienne Landau 모피 목도리)
자료: 브라이언보이 블로그, 2015. 12. 29. 검색

는 아직 성공적이라고 할 만한 패션 파워블로거들이 없는 반면, 미국이나 유럽의 경우는 한 달에 수십만 명의 방문객과 일 년에 수십억 원의 수입을 벌어들이고 있는 파워블로거들도 종종 있다. 법학을 전공한 이탈리아의 키아라 페라니(Chiara Ferragni)는 루이비통, 샤넬, 펜디 등의 브랜드와 제휴파트너십을 맺고 있으며, 현재는 자신의 슈즈브랜드도 론칭하여 운영하고 있다(그림 11-9). 태국의 브라이언보이(Bryanboy)는 남성복과 여성복을 가리지 않고 포스팅하는 것으로 유명한데, 마크제이콥스나 잡지 보그 등과 제휴파트너십을 맺고 있으며, 퍼(fur) 디자이너 애드리안 랜도(Adrienne Landau)와 콜라보레이션을 하기도 하였다(그림 11-10).

블로그를 통한 마케팅 효과를 증대시키기 위해서는 검색엔진 최적화(SEO: search engine optimizing)를 활용할 수 있다. 검색엔진 마케팅이 검색 광고에서의 상위노출 전략이라면 검색엔진 최적화는 비광고 영역의 검색노출을 최적화시키는 전략이다. 모든 포털 사이트는 각각의 검색 알고리즘을 가지는데, 예를 들어 구글에서 검색 페이지에 순위를 매기는 방법에 페이지링크 알고리즘이라는 것이 있다. 다양한 웹사이트에서 특정 블로그로 유입되는 링크 개수와 중요도를 점수로 환산한 것이다. 해당 블로그가 여러 웹사이트에 링크되면 구글 검색엔진은 해당 블로그를 좋은 콘텐츠로 평가해 페이지 순위를 높인다. 이때 웹사이트의 신뢰도와 다양한 변수 등을 적용하기 때문에 여러 웹사이트에 링크된다고 반드시 좋은 것은 아니다. 네이버와 다음의 검색엔진 최적화 알고리즘은 비공개인데, 최적화 알고리즘이 공개될 경우 어뷰징[3]하는 블로그 운영자에게 악용될 수도 있기 때문이다.

블로그 검색 최적화는 온페이지 최적화(on page optimizing) 전략과 오프페이지 최적화(off page optimizing) 전략으로 나뉜다. 온페이지 최적화 전략이란 블로그 포스팅 품질을 말하는 것으로 검색 로봇에 잘 포착되도록 이야기 구성을 최적화하는 것이다. 제목에 어떤 키워드를 추가했는가, 이야기에서 제목에 관한 키워드가 몇 개인가, 몇 개의 이미지를 추가했는가, 태그를 추가했는가 등이 포함된다. 검색엔진 로봇은 웹사이트의 테마를 특정 카테고리에 속한 단어의 수를 기반으로 파악한다. 따라서 키워드와 연관성이 높은 단어 및 테마로 사이트를 구성해야 한다. 그러나 검색 로봇은 텍스트 외 플래시, 이미지 등의 콘텐츠는 파악하지 못하는 맹점을 가지고 있다. 아무리 뛰어난 디자인의 사이트라고 해도 검색엔진 로봇이 사이트의 텍스트 내용을 파악하지 못하면 해당 사이트의 품질지수를 낮게 부여할 수 있다.

오프페이지 최적화 전략은 해당 블로그에 대한 외부로부터의 반응, 즉 블로그의 신뢰도를 증가시키는 전략이다. 대표적으로 링크빌딩,[4] 클릭률, 체류시간, 댓글, 공감, 운영기간 등이 포함된다. 검색엔진 최적화를 위해서는 외부링크를 늘리는 것이 중요한데, 가장 간단한 방법은 링크하고 싶은 콘텐츠 페이지를 만들어 시너지를 얻을 수 있는 사이트와 교환하는 것이다. 예를 들어 '넥타이' 사이트는 '선물'로 연결되는 사이트와 연계하면 좋고, 20대 여성을 위한 '스포츠 웨어' 사이트라면 '피트니스 센터' 사이트와 연계하면 효과적이다. 그 외에 자신의 타깃과 동일한 사용자들의 방문이 많고 다른 사이트로의 링크가 잘 되어 있는 곳에서 링크를 받는 방법도 고려해볼 수 있다.

(2) 페이스북 마케팅

페이스북은 지인과의 교류를 위해 글, 사진, 영상 등을 사용하는 미디어이다. 페이스북에서는 이용자 간의 상호 동의하에 친구라는 개념으로 상대방과 교류하고 텍스트와 함께 사진, 영상, 음악 등의 콘텐츠를 공유할 수 있다. 결과적으로 이용자들은 페이스북을 통해 친밀한 인간관계를

3 abusing. 개인이 본인 계정 외의 여러 계정을 조작해 부당하게 이익을 취하는 행위.

4 link building. 검색엔진이 해당 블로그의 인기도를 책정하는 기술.

형성하고 일상생활을 공유하게 된다. 현재 전 세계적으로 SNS시장을 주도하고 있는 페이스북은 국경을 넘어 지구촌 커뮤니티를 형성함으로써 국가 간의 심리적 거리를 한층 좁혀주고 있다.

페이스북의 특징은 다음 몇 가지로 요약할 수 있다. 첫째, 친구들에게 실시간으로 메시지를 노출할 수 있다는 강력한 전파력으로 인해 효과적인 입소문 마케팅이 가능하다. 페이스북에서는 사용자들이 상태 메시지를 업데이트하거나, 담벼락에 글을 남기고, 선물을 주고받고, 이벤트에 대한 참석여부를 알려주고, 특정 페이지에서 '좋아요'라고 하거나 댓글을 남기면 그때마다 이 정보를 다른 친구들이 빠르게 알 수 있도록 전달해 준다. 즉, RSS feed, Comment, Follow, Like, RT 등을 통해 정보가 자발적으로 빠르게 확산되는 특징을 가지고 있다.

둘째, '좋아요'라는 기능을 통해 상호 열성적인 팬 관계를 형성하고, 사용자의 호감과 평가를 파악할 수 있다. 페이스북의 팬페이지가 예전의 블로그나 카페에 비해 그렇게 새로운 방법이 아님에도 불구하고 새롭게 조명받는 이유는 생성된 콘텐츠에 개인적인 의견, 감성, 판단 등이 부가되어 전달되는 '소셜'이라는 의미를 띠기 때문이다.

셋째, 트위터는 익명으로 가입 가능하지만 페이스북 계정을 만들기 위해서는 개인의 신상정보를 입력해야 하기 때문에 자신의 일상을 공개적으로 드러내야 한다. 이러한 투명한 정체성은 친구들 간의 적극적인 상호작용을 유도하기 때문에 더욱 강력한 네트워크가 형성된다.

패션기업은 페이스북을 통해 다양한 PR이나 판촉활동을 수행하고 있다. 컨버스는 2015년 글로벌 브랜드 캠페인 '메이드 바이 유(Made by you)'를 전 세계 동시에 진행하였다. '메이드 바이 유'는 100년 동안 가장 아이코닉한 스니커즈로 자리잡은 '컨버스 척 테일러 올스타'를 기념하고 이를 통해서 스스로의 창조성을 표현해 온 팬들을 응원하기 위해 진행한 행사이다. 특히 '척 테일러 올스타 디지털 스니커즈 초상화(Digital Sneakers Portrait) 모음전'에는 예술가나 뮤지션, 패셔니스타 외에 일반인도 참여할 수 있도록 하였는데, 각자의 초상이 느껴지는 척 테일러 올스타의 사진과 자신을 가장 잘 표현할 수 있는 6개의 사진을 페이스북에 업로드하는 형식으로 진행되었다. 페이스북을 통해 출품된 척 테일러 올스타 초상들은 다양한 스니커즈들이 신는 사람의 흔적에 따라 어떻게 변해 가는지를 보여줌으로써 스니커즈에 담긴 유명인들과 일반 팬들의 개인적인 스토리들을 하나의 예술작품으로 재탄생시켰다.

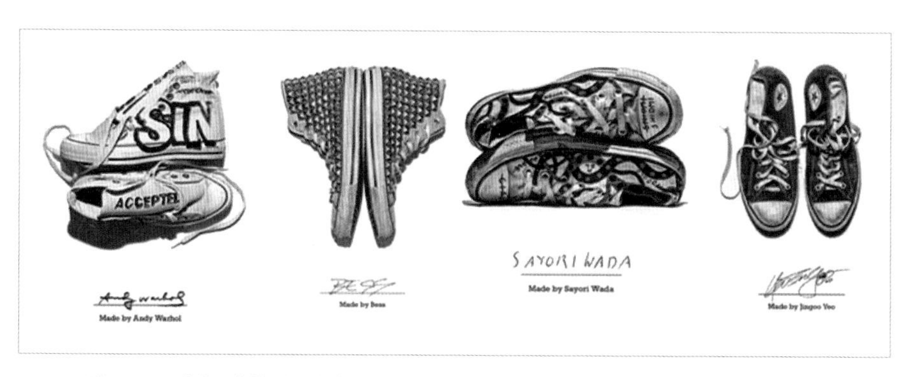

그림 11-11 컨버스의 척 테일러 올스타 디지털 스니커즈 초상화(Digital Sneakers Portrait) 모음전

(3) 트위터 마케팅

트위터는 SNS 카테고리 내에서도 미니블로그 또는 마이크로 블로그 형태의 커뮤니티이다. 트위터는 140자 이내의 단문 또는 사진과 동영상 등을 통해 일상적인 생각, 관심사, 이슈가 되는 뉴스 등을 팔로워들과 공유하며 소통하는 네트워크 서비스이다. 따라서 페이스북과는 달리 트위터에서는 모르는 사람들 간의 신속한 정보교류와 사회적 의견 형성이 일어난다. 트위터는 개인의 휴대전화를 이용해 실시간으로 정보의 업데이트를 확인하고 응답할 수 있는 커뮤니케이션 툴로 현재 전 세계적으로 유용한 정보가 업데이트되는 정보 창고의 역할을 하고 있다.

트위터는 다음의 몇 가지 특성을 갖는다. 첫째, 트위터의 팔로어 기능은 다른 사용자의 트위터를 자신의 타임라인에 자유롭게 표시하도록 하는 비대칭적 관계성에 기반한다. 기존의 싸이월드나 페이스북은 일촌맺기, 친구추가 등 상대방의 승인을 필요로 하는 대칭적 관계에서 정보를 열람하게 된다. 그러나 트위터에서는 실제 세계의 인간관계에 구속되지 않으면서 자유롭게 정보를 수집할 수 있다.

둘째, 이용자들이 투고하는 정보가 실시간으로 전달되고 타임라인상에서 공유된다. 투고된 트위터는 즉석에서 데이터베이스에 보관되어 트위터의 오른쪽 메뉴에 있는 검색란에서 검색할 수 있게 되며, 검색결과는 타임라인과 같이 최신결과부터 순서대로 나열된다. 이는 일반적인 포털 사이트들에서 검색을 할 때 스폰서 페이지가 먼저 나오는 방식과는 매우 다른 새로운 가치를 제공하는 것이다.

셋째, 해시태그(hashtag)와 리트윗 기능을 통해 실시간으로 전달된 정보를 빠르게 확산시킬 수 있다. 해시태그는 트위터에 지정하는 키워드 형태의 단어로 중요한 이슈나 뉴스, 세미나 등 관련 글을 하나로 묶기 위해 사용하며 '#특정단어'로 표기한다. 트위터에 해시태그를 적용하면 어떤 주제에 관심을 두고 이야기하는지 핵심을 쉽게 이해할 수 있을 뿐만 아니라 원하는 정보도 빠르게 검색할 수 있다. 특히 트위터의 독보적인 리트윗 기능은 가치있는 정보를 팔로워들이 자율적이며 신속하게 확산하도록 도와준다.

패션업계에서 트위터는 소비자 조사나 뉴스 전달, RT를 통한 구전마케팅 등에 다양하게 활용된다. 2014년 H&M은 이사벨 마랑(Isabel Marrant)과의 협업 제품을 론칭하면서 스웨덴 스톡홀름에서 H&M#HMLOOKNBOOK이라는 트위터 마케팅을 진행하였다. 거리에 설치된 옥외광고를, 안에는 새롭게 론칭하는 제품이 하나 들어 있지만 불투명 유리를 끼워 그 안을 볼 수 없게 만들었다. 그러나 고객이 유리케이스에 희미하게 보이는 사진을 찍어 해시태그를 달아 트윗하면 15초 동안 옷이 보이게 된다. H&M은 매일 아침 10시에 새로운 옷으로 교체하여 H&M의 충성적인 고객들이 지속적으로 관심을 가지도록 유인하였고, 이와 함께 새로운 컬렉션 아이템을 다른 사람보다 먼저 구매할 수 있는 기회를 제공하였다. 그뿐만 아니라 트윗을 받은 지인들도 H&M Isabel Marrant에 대해 관심을 갖도록 함으로써 구전마케팅을 성공적으로 이끌었다.

그림 11-12 H&M#HMLOOKNBOOK 트위터 마케팅
자료: 유튜브, 2013. 11. 6.

(4) 유튜브 마케팅

유튜브는 세계 최대의 무료 동영상 공유 사이트로 사용자들은 자신이 만든 콘텐츠를 직접 올리거나 남들이 만든 것을 공유할 수 있다. 1995년의 UCC 열풍과 더불어 글로벌 기업들의 유튜브 활용도가 높아지면서, 현재 유튜브는 동영상 콘텐츠 플랫폼에서 독점적인 입지를 구축하고 있다. 더욱이 콘텐츠가 텍스트에서 이미지나 동영상으로 전환되는 트렌드 속에서 강력한 영상 콘텐츠를 무기로 하는 유튜브는 매력적인 커뮤니케이션 매체로 부상하고 있다.

유튜브는 다음과 같은 특성을 갖는다. 첫째, 이야기를 통한 감성표현으로 흥미를 유발하여 높은 도달률과 장기기억 효과를 만들어 낸다. 사용자들 스스로 경험과 생각을 공유하고 만들어 가는 열린 커뮤니티이므로 재미있고 진정성을 가진 인기 콘텐츠일수록 자발적으로 선별되고 확산되어 타깃 도달률이 높아진다. 특히 영상의 경우는 짧은 내용이라도 효과적인 전달이 가능하기 때문에 소비자들의 기억에도 오래 머무는 것이 특징이다.

둘째, 이미지와 동영상 중심이기 때문에 언어의 장벽이 낮다. 스마트폰과 태블릿 PC 등이 보편화되면서 사람들은 언제 어디서나 콘텐츠를 소비할 수 있게 되었고, 이동 중이라는 특성상 이해하기 쉬운 이미지와 동영상 중심의 콘텐츠를 선호하게 되었다. 유튜브의 콘텐츠는 대부분 영상으로만 진행되기 때문에 다른 SNS에 비해 언어의 장벽이 훨씬 낮다. 따라서 다른 언어권 시청자들을 위한 자막 등을 별도 제작하지 않더라도 마케팅이 가능하다.

셋째, 간편한 콘텐츠 공유 기능을 가지고 있기 때문에 단시간 내의 무한 복제와 빠른 확산이 가능하며, 공간에 대한 제약 없이 자연발생적인 입소문 효과를 창출할 수 있다. 유튜브 동영상은 어떤 채널이든지 쉽게 공유가 가능한데, 블로그를 비롯해서 페이스북, 카카오톡, 트위터 등 여러 SNS에 유튜브 동영상을 간편하게 추가할 수 있다. 실제 상당수의 유튜브 동영상들이 SNS를 통해 재확산되고 있다. 또한, 유튜브에 동영상을 게재할 때 적절한 키워드를 삽입하면 구글 등 검색엔진에서 노출되는 효과도 누릴 수 있다.

넷째, 유튜브는 전 세계의 모든 시청자가 동일한 플랫폼 위에서 동일한 영상을 본다는 강점이 있다. 페이스북과 구글에 이어 세계 3위의 사이트 방문자 수를 보유하고 있으며, 사이트 내 검색량은 구글에 이어 세계 2위이다. 전 세계 사용자는 10억 명이고, 하루 평균 동영상 조회수는 70억 뷰를 기록하고 있으며, 76개국의 언어로 번역되어 서비스 중이다(유튜브, 2015 ; 아시아경제, 2015).

기업은 별도의 준비 없이 유튜브에 동영상을 등록하는 것만으로도 글로벌 타깃 시청자들에게 노출될 수 있다.

다섯째, 적은 비용으로 세계적인 파급 효과를 누릴 수 있는 것도 유튜브가 매력적인 요소 중 하나이다. 일반적으로 15초 분량의 TV광고 한 편을 제작할 경우, 평균 1억 5천만 원에서 2억 5천만 원 가량이 소요되며, 3개월 동안 공중파 방송광고를 진행할 경우 매체비는 약 7억 원에서 10억 원 정도가 든다(최재용 외, 2014). 이와 비교할 때, 기간에 구애받지 않고 전 세계 10억 명을 대상으로 동시 노출이 가능한 유튜브 마케팅은 비용 대비 파급효과가 매우 크다고 할 수 있다.

패션기업은 유튜브 채널을 통해 브랜드가 추구하는 미학과 철학을 소비자들에게 효과적으로 전달할 수 있는데, 스포츠웨어 브랜드인 언더아머(Under Armour)가 그 좋은 사례이다. 언더아머는 2015년 캠페인의 모델로 운동선수가 아닌 톱모델 지젤 번천을 발탁했는데, 이에 대해 소비자들의 실망스러운 반응이 이어지기 시작했다. 그런데 이 캠페인에서는 지젤이 운동하는 주변 벽에 실시간으로 날아드는 트윗 멘션을 투사했다. 언더아머는 그 어떤 편견이나 시선에도 아랑곳하지 않고 자기 자신에 집중하는 지젤의 모습을 통해 'I will what I want'라는 브랜드 메시지를 표현한 것이다. 특히 언더아머는 이 광고를 통해 강한 남성을 위한 운동복이라는 기존의 이미지를 벗고 여성도 중요한 타깃임을 제안하였다. 이 동영상 캠페인은 유튜브 채널을 통해 배포되었고, 2015 칸 국제광고제(Cannes Lions) 사이버 부문 대상을 수상하였다.

그림 11-13 언더아머의 캠페인(I Will What I Want)
자료: 유튜브, 2014. 9. 4.

(5) 인스타그램 마케팅

최근 SNS 분야에서 가장 이슈가 되고 있는 것이 바로 인스타그램이다. 인스타그램은 스마트폰으로 촬영한 사진과 동영상을 지인들과 공유하는 SNS로 2015년 9월 사용자 4억 명을 돌파하면서 트위터의 사용자 수를 추월하였다. 스마트폰으로 촬영한 영상을 간단한 설명을 달아 전 세계 사용자들과 공유한다는 것이 핵심 기능이다. 사진을 올려야 게시물을 등록할 수 있는 운영 시스템과 각 사진을 원하는 느낌으로 변조할 수 있는 필터 기능은 문자보다 영상에 익숙한 신세대에게 어필할 수 있는 결정적 요소이다. 특히 인스타그램의 '해시태그' 방식은 사진 설명과 검색어 역할을 겸하게 되어 사용자의 편의성을 높여준다.

인스타그램의 특징으로는 첫째, 가장 핫한 트렌드인 이미지 콘텐츠로 강력한 고객 커뮤니티를 형성하고 있다는 것이다. 따라서 텍스트보다는 비주얼에 익숙한 청소년과 밀레니얼 세대(Millenials, 1980년대 이후 출생)가 인스타그램 사용자의 대부분을 차지한다. 둘째, 쇼핑지향적 여성 사용자가 많기 때문에 패션, 디자인, 뷰티 분야의 마케팅에 유리하다. 특히 여성들은 핀터레스트나 인스타그램에서 콘텐츠를 공유하면서 자신의 취향과 라이프스타일을 소셜네트워크상의 지인들에게 인정받고 싶어 하는 욕구가 크다. 셋째, 사용자들이 어떤 이미지 또는 어떤 상품을 좋아하는지 확인할 수 있기 때문에, 이를 토대로 소비자들의 욕구와 욕망을 분석함으로써 신상품 개발 또는 신시장 진출 전략 수립에 활용할 수 있다.

다른 SNS와 비교했을 때 인스타그램이 가지는 가장 큰 차별점은 전 세계 사용자가 올리는 하루 8,000만 장의 사진을 통해 다른 어떤 미디어보다 유행의 흐름을 한눈에 읽을 수 있다는 것이다. 예컨대, 인스타그램 속에 등장하는 패션모델에 대한 사용자의 반응을 분석하면 앞으로 누가 패션계 스타모델로 떠오를지 예측할 수 있게 된다. 이미지 속에 담긴 정보를 알아내는 분석기술이 더욱 진보되고 있으므로, 기업의 마케팅 도구로서 인스타그램의 기능은 더욱 독보적인 것이 될 것이다.

SPA브랜드 H&M은 새로운 미국 온라인 스토어를 론칭하면서 〈50 States of Fashion〉이라는 프로모션 캠페인을 진행하였다. 이는 소비자가 H&M 제품 착용 사진을 #HMShopOnlineAL (Alabama) 등 자신이 거주하는 주의 이름을 해시태그로 달아 인스타그램에 올리는 이벤트로 각 주의 우승자는 상금과 뉴욕패션위크 여행권을 받게 된다. 특히 각 주에 거주하는 파워블로거를

그림 11-14 H&M의 〈50 States of Fashion〉

스타일 홍보대사로 선정하여 지역 내의 캠페인 홍보를 담당하게 했다. H&M은 인스타그램을 통해 〈50 States of Fashion〉 이벤트를 진행함으로써 행사 자체 및 온라인 스토어에 대한 홍보효과를 높였을 뿐만 아니라 행사에 대한 소비자들의 높은 참여도와 매출증대도 얻을 수 있었다.

CASE REVIEW

건너뛸 것이냐 말 것이냐, 5초 광고의 미학

'5초 후에 광고를 건너뛸 수 있습니다.'

'트루뷰' 광고에서 제공되는 자막이다. 트루뷰 광고가 나오기 전까지 동영상 광고는 시청자 또는 사용자의 시간을 일방적으로 빼앗거나 정보 노출을 강요하는 형태로 진행되었다. 그러나 유튜브에서 5초 뒤에 '건너뛰기' 버튼이 제공되는 트루뷰 광고를 새롭게 개발하면서 시청 여부에 대한 선택권을 사용자에게 다시 돌려주었다. 사용자 입장에서뿐만 아니라 광고주 입장에서도 트루뷰 광고는 효율적이다. 트루뷰 광고에서는 사용자가 30초 이상 광고를 시청했을 때만 광고비가 부과되기 때문이다. 다시 말하면, 트루뷰 광고는 시청자에게는 광고 영상에 대해 회피할 수 있는 기회를 제공하고, 광고주에게는 수용성이 낮은 타깃을 걸러낼 수 있는 필터링 기능을 제공하는 합리적인 광고이다. 따라서 불특정 다수를 대상으로 콘텐츠를 뿌려주는 것이 아니라 타깃 영상에 관심이 있는 사용자들을 대상으로 광고 메시지를 전달할 수 있다는 것이 가장 큰 강점이다.

광고주 입장에 보면 5초 안에 스킵된 광고에 대해서는 비용을 지출하지 않기 때문에 손해 보는 것이 아닐지라도, 광고 기획의 궁극적인 목적은 자신의 광고를 30초간 모두 보여주는 것이다. 따라서 아주 기발하고 독창적인 광고를 만들어 소비자들이 광고를 건너뛰지 않고 끝까지 볼 수 있게 만드는 것이 중요하다. 무엇보다도 우선 '5초' 내에 소비자들의 눈길을 사로잡아야 한다. 이를 위해 인기 있는 연예인을 등장시키거나, 5초 안에 건너뛰기 하지 못하도록 애걸하거나, 시청자들의 궁금증을 유발하여 자신도 모르게 광고를 보도록 유도하는 방식 등이 사용된다. 때로는 동영상 광고의 시청에서 가장 효과적인 소구법으로 알려진 '유머'를 사용하기도 하고, 5초 동안 BGM이 없는 광고를 만들기도 한다.

최근에는 5초 스킵을 방지하는 방법으로 참신한 소재와 줄거리를 담은 '스토리텔링' 광고가 유튜브에서 주목받고 있다. 과거에는 TV 플랫폼을 기준으로 영상을 만드는 경우가 대부분이었지만, 온라인의 영향력이 커짐에 따라 인터넷 동영상 플랫폼만을 위한 영상들도 상당수 제작되면서 나타난 현상이다. 특히 러닝타임이 더욱 길어진 형태가 '브랜드 웹 드라마' 광고이다. 분량은 3분에서 30분까지 다양하지만 보통은 10분 내외다. 이러한 웹 드라마는 러닝타임이 비교적 길고 스토리가 탄탄하기 때문에 소비자 몰입도가 높아 소비자의 생활에 제품이 쉽게 침투할 수 있다는 이점이 있다. 이니스프리에서 진행한 썸머 쿠션 웹 드라마 'Summer Love'가 대표적인 사례다. 영상 콘텐츠 속에서 이민호와 윤아는 서로에게 호감을 느끼지만 오래된 친구이기 때문에 쉽게 마음을 열지 못하는 안타까운 남녀의 마음을 잘 표현했다. 전체적으로 드라마적인 광고 시나리오에 윤아의 청초한 미모와 이민호의 훈훈한 비주얼이 덧붙여져 결과적으로 시청자들이 광고를 다 볼 때까지 건너뛰기를 할 수 없도록 만들었다.

이와 같이 유튜브의 트루뷰 광고들은 소비자들이 5초 이상 볼 수 있도록 최선의 노력을 하고 있지만, 유튜브 프리롤 광고를 역이용한 광고들도 나오기 시작했다. 그 대표적 사례가 미국 보험회사 가이코(Geico)의 〈Unskippable〉 캠페인이다. '5초만 보면 스킵할 수 있는 점'을 '5초 동안 스킵할 수 없다'는 역발상으로 재해석한 것이 이 광고의 핵심 포인트이다. 이 광고는 대사를 최소화해 5초 안에 광고를 끝내고 기업 로고를 장시간 노출했다. 광고 시작 5초 후에 화면이 정지하면서 "당신은 이 광고를 건너뛸 수 없습니다. 왜냐하면 이 광고는 벌써 끝났기 때문입니다"라는 카피를 보여준다. 하지만 갑자기 개가 한 마리 식탁에 올라와서 난장판을 치면서 진짜로 광고가 끝난 게 아니라

가이코의 〈Unskippable〉 캠페인

아우디의 R8 쿠페 광고

배우들이 멈춘 연기를 하고 있다는 것을 알게 된다. 바로 이때 소비자들은 이 브랜드의 크리에이티브한 광고 아이디어에 마음을 빼앗기게 된다.

또 하나의 성공적인 사례로, 아우디는 스포츠 R8 쿠페의 온라인 광고를 3.5초 분량으로 제작해 5초 안에 끝날 수 있도록 만들었다. 시동을 건 후 시속 100km의 스피드로 주행을 하기까지 단 3.5초만이 소요되는 장면을 보여준 후 '이제 광고 스킵을 해도 좋다'는 카피를 제시하고 있다. R8의 빠른 스피드와 유튜브 5초 스킵을 결합한 빅 아이디어가 돋보이는 광고이다. 이 광고는 소비자의 이목을 끌기에도 충분할 뿐만 아니라, 진짜 보여주고 싶은 광고는 5초 안에 끝나기 때문에 시청자가 건너뛰기 버튼을 누를 경우 광고비를 내지 않아도 된다는 보너스 혜택까지 누릴 수 있다. 아우디는 거의 큰 비용을 들이지 않고 R8의 론칭 광고를 진행할 수 있었으며 광고에 대한 바이럴 효과까지 얻어갈 수 있었다.

이처럼 트루뷰 광고는 바이럴 마케팅의 수단으로도 활용된다. 자발적으로 광고를 본 소비자들은 이를 다시 보기 위해 광고 동영상을 검색하거나 지인들과 SNS를 통해 공유한다. 실제 유튜브에 올라오는 광고 영상 중에서 참신한 아이디어가 돋보이는 광고는 시청자들 사이에서 SNS를 타고 급속도로 퍼지기도 한다. 이처럼 인터넷을 통해 전파되는 광고들은 제품의 이미지를 높여주면서 궁극적으로 매출까지 상승시켜 준다.

자료:
머니투데이(www.mt.co.kr), 2014. 3. 16.
아이뉴스(news.inews24.com), 2015. 8. 15.
조선비즈(biz.chosun.com), 2014. 6. 19.
이미지 자료:
가이코 광고: 유튜브(www.youtube.com), 2015. 12. 29. 검색
아우디 광고: 유튜브(www.youtube.com/watch?v=ABJYQhNW2f8), 2015. 12. 29. 검색

CHAPTER 12

인터넷 비즈니스를 위한 고객관리

점차 다양한 온·오프라인 유통채널이 생겨나고 있으며, 소비자들이 이들 채널을 넘나들면서 쇼핑할 수 있도록 기술 및 커뮤니케이션 미디어의 발전도 병행되고 있다. 이에 따라 인터넷 고객의 구매의사결정과정은 전자상거래 시스템과 오프라인의 상거래 시스템이 상호작용하는 가운데 진행되며, 소비자는 구매의사결정과정의 각 단계에서 가장 적절한 유통채널을 선택하여 정보를 탐색하고 여러 대안을 비교하며 구매결정을 하게 된다. 즉 옴니채널 쇼핑 환경에서 소비자의 정보탐색은 보다 능동적으로 이루어지며 합리적인 가격과 최적화된 서비스를 제공하는 채널을 선택하여 구매가 이루어지는 패턴을 보인다. 따라서 인터넷 비즈니스의 고객관리에서도 온·오프라인의 통합된, 그리고 기존의 인터넷 고객관리보다 확장된 관점이 필요하다. 고객 중심으로 채널을 통합하고 연계하여 구매의사결정과정의 각 단계에서 고객 경험을 최적화할 수 있는 고객관계관리 프로그램을 제공하며, 구매 후 지속적인 관계를 유지할 수 있도록 고객의 행동을 실시간으로 파악하고 공유해야 하는 것이다.

1. 인터넷 고객의 구매의사결정

1) 멀티채널 시대의 고객

'멀티쇼핑' 족은 멀티채널을 적극 활용하는 소비자를 일컫는 말로, 이처럼 여러 유통채널을 동시에 이용하는 고객들이 점차 늘어나면서 소비자들의 멀티채널 행동에 대한 분석도 심화되고 있다. 글로벌 시장조사회사 칸타월드패널이 2014년 한 해 동안 3,000가구의 소비재 구매 빅데이터를 분석한 결과, 오프라인은 물론 PC와 모바일을 함께 이용한 경우가 전체의 27%를 차지해 국내 소비자가 멀티채널 쇼퍼인 것을 입증하였다.

소비자의 37%는 오프라인에서 구입을 하고 있었고, 32%는 오프라인과 PC를, 27%는 오프라인과 PC, 모바일을 함께 이용하여 쇼핑했다. 나머지는 오프라인과 모바일을 이용한 것으로 나타났다. 오프라인만 이용한 소비자를 제외한 63%가 온라인 쇼핑을 병행해 쇼핑을 하는 셈이며, 연령대별로는 20대와 30대를 중심으로 온라인 쇼핑의 비중이 높지만 40대의 온라인 쇼핑 이용률도 꾸준히 증가하는 추세이다.

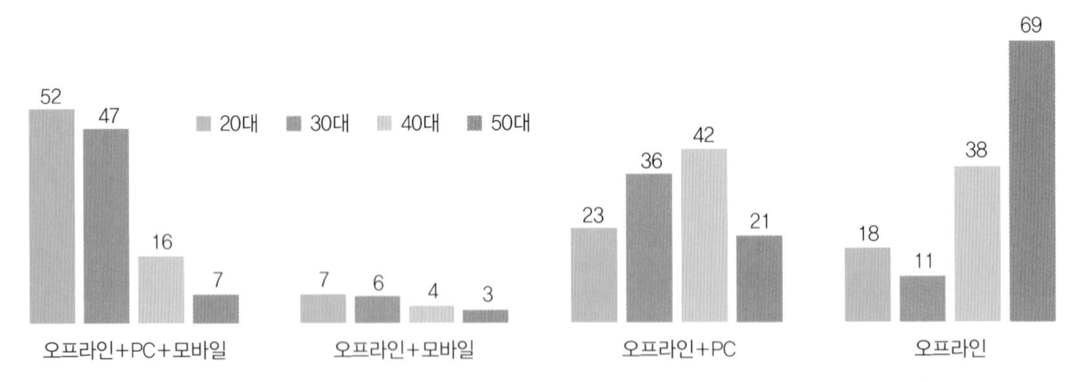

그림 12-1 2014년 국내 3000가구 대상 구매데이터 분석 – 연령대별 쇼핑 채널 이용 형태(단위: %)
자료: 칸타월드패널(kantarworldpanel.insightforyourbrand.co.kr), 2015. 7. 15. 검색

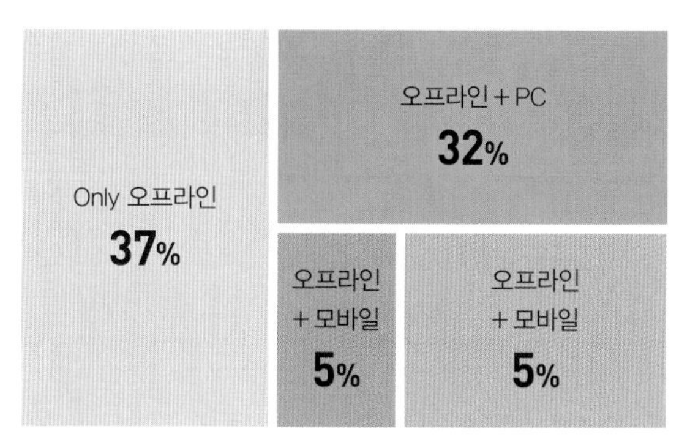

그림 12-2 이용채널 기준 2014 한국 소비자 세그멘테이션
자료: 칸타월드패널(kantarworldpanel.insightforyourbrand.co.kr), 2015. 7. 15. 검색

멀티채널을 활용하고 있는 한 대형마트의 고객분석에 따르면[1] 특히 20~40대 여성이 점포와 온라인몰을 동시에 이용하는 경향을 보이며, 이들은 채널별 쇼핑 패턴에도 차이가 나서 온라인몰에서는 화장지, 쌀, 세제 등 운반하기 불편한 상품이나 치약 등 소모성 상품, 그리고 양말, 타월 등 디자인이 크게 차별화되지 않은 제품을 구매하는 반면, 오프라인 매장에서는 식품, 패션, 스포츠 제품과 침구류 등을 구매한다고 하였다.

멀티채널 소비자는 싱글채널 소비자에 비해 구매액도 큰 경향을 보이는데, IDC리테일 인사이트에 따르면 멀티채널 소비자는 싱글채널 소비자에 비해 평균적으로 15~30% 이상 더 많은 소비를 하는 것으로 나타났다.[2] 패션 관련 제품을 구매할 때의 1인당 평균 이용 유통채널 수는 4개 이상으로 여성이 활용하는 채널 수가 더 많으며, 품목별로 살펴보면 정장과 코트, 점퍼, 와이셔츠, 블라우스, 등산복, 스포츠웨어, 골프웨어 및 구두는 백화점이 주된 구매 경로인 반면, 인터넷 쇼핑몰은 면바지, 청바지, 티셔츠의 주된 구매 경로라고 한다.[3] 한편, 멀티채널을 활용하더라도 채널의 성격에 따라 소비자들의 구매 패턴에는 차이가 있어서 스마트폰을 이용한 모바일 쇼핑은 때와 장소

1 온·오프 넘나드는 '멀티쇼핑' 시대. MK뉴스, 2013. 6. 30.
2 유통 핫이슈 '옴니채널' 온·오프 경계 지운다. 아이뉴스24, 2014. 12. 11.
3 Chung, I. H.(2012). Consumer's multi-channel choice in relation to fashion innovativeness and fashion items. *International Journal of Management Cases*, 14(4), 27-34

표 12-1 웹쇼핑과 모바일 쇼핑

구분	웹쇼핑	모바일 쇼핑
주 이용시간	오전 10시~오후 4시	오전 6시~9시 오후 7시~9시
업무상태	출근 후 급한 일 처리 후, 집안일 끝낸 후	출퇴근 시, 외근 시, 외출 시
주말/주중 쇼핑 비중	주말이 주중의 60%	주말이 주중의 80%

자료: 모바일 커머스시장 年50%씩 쑥쑥 큰다. 동아닷컴, 2011. 5. 16. 편집

를 가리지 않고 이루어진다(표 12-1).

한국과 미국의 패션 소비자를 비교해 보면, 한국 소비자들은 구입 채널을 선택할 때 중요하게 고려한 속성을 과거의 경험, 쇼핑 편의성, 가격 순으로 꼽았고, 미국 소비자들은 가격, 쇼핑 편의성, 과거의 경험 순으로 답했다.[4] 한편 정보탐색 채널 선택 시에는 한국 소비자의 경우 쇼핑편의성, 가격, 다른 사람의 리뷰나 추천의 순으로, 미국 소비자의 경우 가격, 쇼핑 편의성, 과거의 경험 순으로 중요하게 고려한다고 함으로써 채널의 선택에도 문화적인 차이가 있음을 알 수 있다.

멀티채널 고객은 PC, 모바일, 위치정보 및 다양한 미디어와 채널을 통해서 상품에 대한 정보를 탐색하고 구매를 결정하며, 즉각적인 대응과 일관된 경험을 기대한다. 이는 옴니채널 서비스에 대한 고객들의 요구가 점차 커지고 있다는 것을 보여주는 것이다. 이러한 맥락에서 그룹 엠넥스트는 디지털 소비자를 다음과 같은 6개 집단으로 분류하고 있다.[5]

① 기본 디지털 소비자(29%) 인터넷 쇼핑이나 검색을 편하게 생각하지만, 모바일과 소셜에는 거리감을 가지고 있는 유형으로, 검색, 매장, 브랜드 사이트 중심으로 탐색과 구매가 일어난다. 프로모션을 검색하는 비율이 73%로 매우 높으며, 구매유도를 위한 온·오프라인의 다양한 구매혜택 제공이 필요하다.

4 김지연(2015), 의류제품 특성에 따른 멀티채널 선택행동 분석-한국과 미국 소비자를 중심으로. 한국의류산업학회지, 17(6), pp. 919-931

5 김형택(2015). 옴니채널 & O2O 어떻게 할 것인가? 서울: e비즈북스, pp. 50-54

② 리테일 탐색형(20%) 브랜드 매장보다는 리테일 매장을 선호하는 유형으로 G마켓이나 옥션 같은 온라인 쇼핑몰에서 바로 검색하고 구매하며, 모바일이나 태블릿을 활용하는 온라인 구매도 활발하다.

③ 브랜드 탐색형(20%) 브랜드 사이트를 통해 쇼핑에 관한 정보와 탐색을 하며 브랜드에 높은 충성도를 가지고 있는 유형으로, 브랜드가 주는 다양한 경험과 가치에 반응하며 오프라인 구매에 가장 높은 선호를 보이고 있다.

④ 디지털 주도형 소비자(16%) 다양한 디지털 기기를 활용하는 사람들로 검색, 유통채널, 모바일, 소셜, 위치기반, 포털 등을 폭넓게 활용한다. 편의성에 가장 큰 가치를 두고 좋은 가격과 빠른 구매를 온라인 쇼핑의 가장 큰 장점으로 생각하여 오프라인 구매는 선호하지 않는다.

⑤ 계획적 구매 고객(11%) 쇼루머에 해당하는 소비자로 구매하기 직전까지 모바일로 가격비교를 한다. 모바일을 활용하여 가격과 제품의 품질, 기능 등을 꼼꼼히 비교하기 때문에 모바일을 통한 지원이 원활하게 연계되어야 한다.

⑥ 지속적 구매 고객(2%) 반드시 구매해야 하는지, 무엇을 구매할지, 어떠한 브랜드를 선택할지 세심하게 고민한 후 구매하는 소비자로, 제품에 대한 흥미를 유발하는 것이 중요하다.

2) 옴니채널과 구매의사결정

멀티채널을 넘어 옴니채널 시대로 이행하면서 소비자에 대한 이해와 고객대응 전략도 달라져야 한다. 단순히 다변화된 채널에서의 소비자 행동 특징을 관찰하는 것에 그치지 말고, 소비자 구매의사결정과정의 기본단계를 재검토하고 옴니채널 환경 특성을 반영한 고객대응 전략을 개발하는 것이 필요하다.

(1) 소비자 구매의사결정과정의 5단계

하나의 구매가 완결되기까지 소비자가 거치는 일련의 과정을 진행 순서에 따라 정리한 것이 구매의사결정과정 모델이다. 현재까지 가장 널리 사용되고 있는 것은 엥겔(Engel), 콜라트(Kollat), 블랙웰(Blackwell)의 세 사람이 처음 제시하여 EKB 모델이라는 이름이 붙은 소비자 구매의사결정과정 모델이다. EKB 모델에 따른 일반적인 소비자 구매의사결정과정은 문제인식(problem recognition), 정보탐색(information search), 대안평가(alternative evaluation), 구매(purchase), 그리고 구매 후 평가(post-purchase evaluation)로 이루어진다(그림 12-3). 이 과정은 소비자 특성과 제품 특성 및 환경 특성들에 의한 영향을 받아서, 소비자의 관여도나 제품 유형, 구매상황 등에 따라 구매의사결정과정의 각 단계는 축소 혹은 생략될 수 있다.

구매의사결정과정은 문제인식에서 시작되며 문제인식 단계는 소비자의 실제 상태(actual state)와 이상적인 상태(ideal state)의 차이를 지각하는 데서 시작된다. 즉 소비자들은 실제 상태와 이상적인 상태의 차이를 줄이기 위해 새로운 구매의 필요성을 인식하는 것이다.

일단 문제가 인식되면, 그다음은 문제를 해결하기 위한 정보탐색 단계에 들어간다. 정보탐색은 문제 해결에 필요한 제품과 관련하여 제품정보나 구매조건, 혹은 구매환경에 대하여 더 많은 것을 알고자 하는 의도적 노력이다. 정보탐색은 대개 내적 탐색과 외적 탐색을 통해 이루어진다. 내적 탐색은 과거의 구매경험으로부터 축적한 정보를 기억 속에서 다시 되새겨 보는 것이며, 내적 탐색이 부족할 경우 소비자들은 외부로부터 새로운 정보를 입수하는 외적 탐색을 하게 된다.

정보탐색 과정에서 소비자들은 구매 대안들을 염두에 두게 되며, 이들 대안을 대상으로 대안평

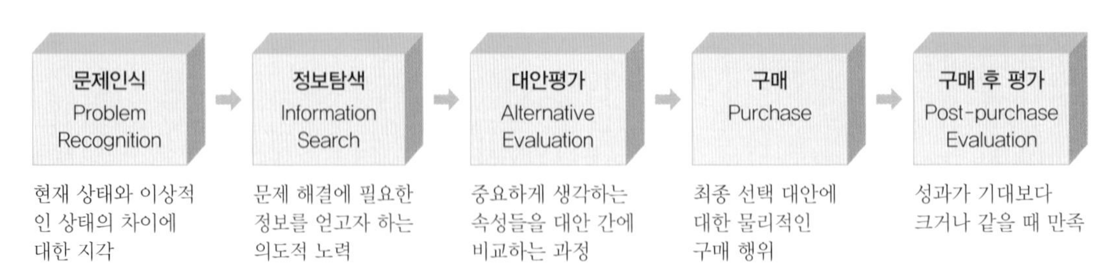

그림 12-3 EKB 소비자 구매의사결정과정 모델
자료: 정인희 외(2010). 패션 상품의 인터넷 마케팅. p. 87

가를 하게 된다. 대안평가는 소비자가 구매에서 중요하게 생각하는 속성들을 각 대안이 얼마나 가지고 있는지 비교하는 과정이다. 대안평가 과정을 통해서 최종 구매 대안이 선택된다.

최종 구매 대안이 확정되면 소비자들은 그 대안에 대한 호의적인 감정과 더불어 구매에 대한 불안감을 경험한다. 구매에 대해 느끼는 불안감을 위험 지각(perceived risk)이라고 하며, 이 위험 지각을 극복하는 과정을 거친 후 물리적인 구매 행위가 이루어진다. 구매 과정에서 대금 지불이 이루어진다.

물리적인 구매가 이루어진 후에도 구매가 완결된 것은 아니다. 아직까지 소비자들은 그 구매에 대하여 인지적 구매를 완료하지 않았기 때문이다. 일정 기간 동안 소비자들은 구매가 잘 이루어졌는가에 대한 인지적 부조화를 경험하며 구매 확신을 가지려고 노력한다. 또한 제품의 사용 과정을 통해 구매한 제품에 대한 만족과 불만족을 지각한다. 만족과 불만족은 보통 기대와 성과를 비교함으로써 이루어지는데, 성과가 기대보다 크거나 같을 때 소비자들은 만족을 경험한다. 성과가 기대에 미치지 못해 불만족하게 되는 경우에는 여러 가지 불평행동을 하게 된다.

(2) 옴니채널 구매의사결정과정의 특징과 고객대응 전략

인터넷은 무한한 정보를 제공하고 인터넷 소비자들은 강한 정보지향적 특성을 보이므로, 온라인 쇼핑 환경에서는 의사결정의 모든 단계가 인터넷이 제공하는 정보나 가상공간에서의 상호작용에 의한 영향을 받아 오프라인 쇼핑에서의 구매의사결정과정과는 약간의 차이가 있다. 무한한 정보 제공으로 인하여 때로는 매우 신속하고 즉시적인 의사결정이 이루어지기도 하며, 때로는 정보의 과부하로 인해 의사결정이 지연되기도 한다. 대체적으로는 다양한 디지털 미디어의 등장에 따라 인터넷과 모바일 등의 활용이 늘어나면서 점차 구매의사결정 과정이 짧아지고 있다.

옴니채널 환경에서는 인터넷, 소셜미디어, 모바일 등이 주된 역할을 하므로 구매의사결정 과정 중 특히 정보탐색과 대안평가 과정에서 받는 영향이 가장 크다고 할 수 있다. 또한 공유라는 측면이 강화되고 있는 구매 후 평가 과정이 고객관계관리 측면에서 매우 중요한 단계로 부각되고 있다. 뿐만 아니라 모든 구매의사결정 과정의 단계에서 검색 및 소셜미디어를 통해 제품을 탐색, 비교, 공유하는 성향이 높아지고 있으므로, 소비자들이 구매의사결정과정의 단계별로 어떠한 채널에서 정보를 획득하고, 구매를 하며, 브랜드 경험을 공유하는지 파악하는 것은 매우 중요하다. 옴

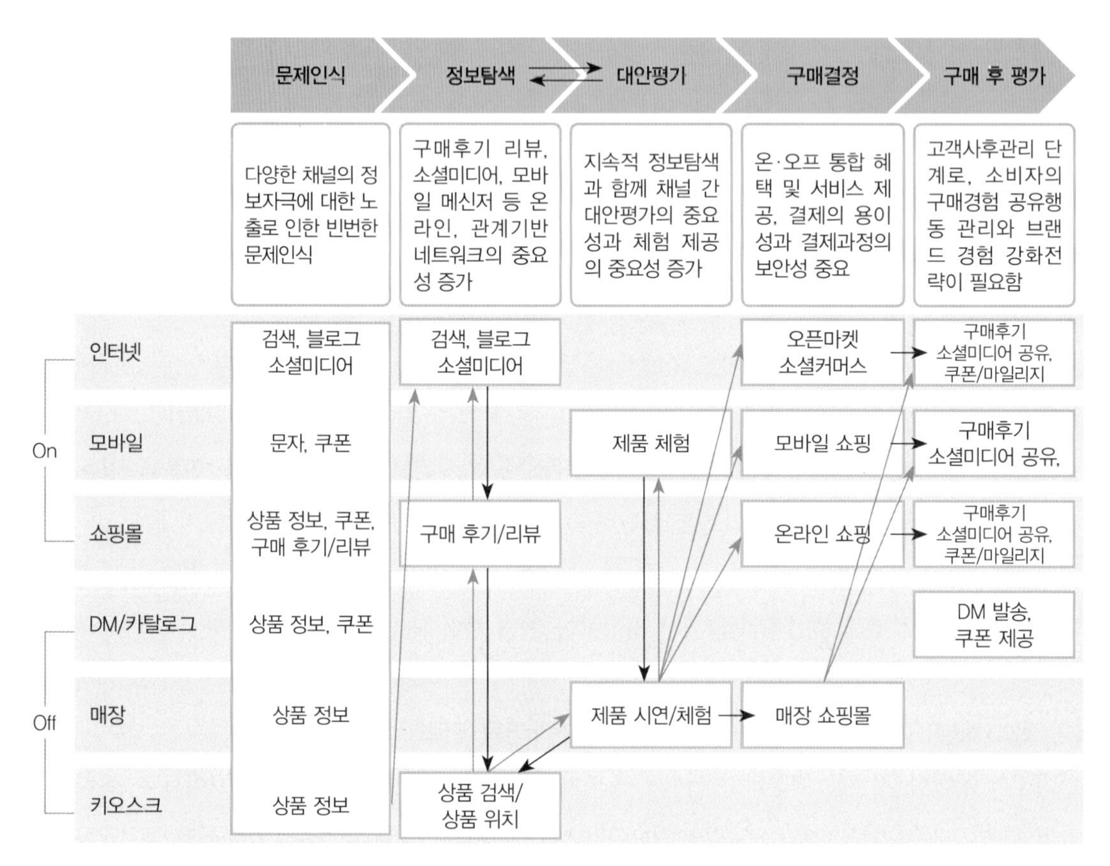

그림 12-4 옴니채널 환경에서 인터넷 소비자의 구매의사결정과정 단계별 접촉 채널과 단계별 특징
자료: 김형택(2015). 옴니채널 & O2O 어떻게 할 것인가? p. 64를 수정

니채널 환경에서 국내 소비자가 구매의사결정과정에 따라 접촉하는 채널 및 정보를 획득하고 공유하는 행동의 특징을 정리해 보면 〈그림 12-4〉와 같다.

이를 토대로 옴니채널 환경에서의 소비자 구매의사결정과정의 단계별 주요 특징과 고객대응 전략을 알아보면 다음과 같다. 첫째, 인터넷을 매개로 하여 이루어지는 문제인식은 의도하지 않았던 자극에 우연히 노출됨으로써 이루어진다. 즉, 온라인의 정보검색, 블로그, 게시판, 소셜미디어 등의 게시물이나 인터넷 광고, 전자우편 등을 통해 소비자는 제품을 인지하게 되며, 이 모든 것은 문제인식을 일으키는 계기가 된다. 인터넷에서 접하는 모든 웹페이지는 본질적으로 구매에 대한 문제를 인식시키는 자극이 될 수 있는 것이다. 또한, 다른 물품을 구매하기 위해 인터넷 쇼핑몰에서 제품정보를 탐색하거나 대안을 비교하는 과정에서도 새로운 문제가 인식된다. 구매하고자 하는 제품과 함께 구매된 상품을 알려주는 리스트를 보고 합리적인 구매 욕구가 생길 수도 있고, 신상품이나 인기상품, 할인상품 코너에서 충동적인 구매 욕구가 생길 수도 있다.

옴니채널 환경에서는 온라인의 검색, 블로그, 게시판, 소셜미디어, 오프라인 매장 내 키오스크 등을 통해 제품에 노출됨으로써 문제인식이 이루어질 수 있으나, 매우 빈번하게 문제인식이 생기게 되므로 모든 문제인식이 다음의 정보탐색 과정으로 진행되지는 않는다. 대부분의 문제들은 인식된 다음 순간 바로 다른 정보에 의해 사라질 수 있다. 대신 어떤 문제인식들은 곧바로 구매단계로 연결될 것이다. 한 번의 클릭 혹은 터치, 음성 인식으로 구매 과정을 시작할 수 있으므로 잊고 있었던 중요한 문제가 인식되는 순간, 즉 강하게 원하던 이상적인 상태가 상기되는 순간 곧바로 옴니채널을 통해 구매가 이루어질 수 있는 것이다.

둘째, 옴니채널 환경에서는 구매의사결정과정에서 검색이 차지하는 비중이 늘어남에 따라 정보탐색이 가장 중요한 구매의사결정과정의 단계로 부각된다. 온라인과 오프라인이 분리되어 운영되던 기존의 쇼핑 상황에서는 의류나 개인잡화의 경우 온라인에서 제공되는 것과 똑같은 제품을 오프라인에서 찾는 일이 쉽지 않으므로, 한번 인터넷 상의 구매의사결정과정에 들어오게 되면 인터넷을 통해 구매의사결정과정이 계속 진행되는 경향을 보인다. 그러나 옴니채널 환경에서는 제품에 관한 추가적인 정보를 획득하고 가격, 품질, 성능 등에 대한 정보를 탐색하기 위해 블로그, 커뮤니티, 소셜미디어, 가격비교 사이트 등의 온라인 정보탐색과 오프라인 정보탐색이 동시에 이루어진다. 따라서 이 단계에서는 인터넷 포털 사이트나 블로그 등에서의 브랜드와 제품에 대한 정보제공, 인터넷 쇼핑몰에서의 정보제공, 키워드 검색 광고의 진행, 블로그나 게시판의 후기관리를 하는 것이 효과적이다.[6]

인터넷에서 이용할 수 있는 정보원은 생산자가 제공하는 마케터 주도적 정보원, 신문 기사나 방송 보도 내용 및 공공기관 자료와 같은 중립적 정보원, 게시물이나 댓글, 사용후기와 같은 소비자 주도적 정보원 등 다양하다. 또한 탐색할 수 있는 정보의 종류도 제품의 재료, 크기, 색상, 성능과

6 2014년 소비자의 구매의사결정과정별 정보획득 및 공유행동의 이해. DMC 리포트, 2014. 12. 19.

품질, 사용법과 같은 제품정보부터 결제방법, 가격, 할인율, 배송방법, 배송소요기간, 포장유무, 반품과 교환 등 구매조건에 이르기까지 다양하다. 옴니채널 소비자들은 즉각적인 구매와 소유를 중요하게 생각하기 때문에, 정보탐색 단계에서 상품에 관한 모든 정보를 한눈에 볼 수 있기를 바란다. 따라서 이러한 욕구를 즉각적으로 충족시켜줄 수 있도록 채널 간 통합 정보제공이 이루어져야 한다.

셋째, 대안평가 단계에서는 여러 대안들 중 어떤 것을 구매할지에 대한 비교평가가 이루어지는 한편, 인터넷에서 구매해야 할지 오프라인에서 구매해야 할지에 대한 결정도 이루어진다. 옴니채널 환경에서는 정보탐색을 하는 도중에 대안평가를 위한 대부분의 정보처리가 함께 이루어진다. 제품선택범위가 넓어지고 구매정보를 얻을 수 있는 경로가 많아지면서 소비자들이 대안평가 단계에서 평가하는 제품 및 유통 브랜드 수는 늘어나고 있다. 이 단계에서는 검색, 리뷰 등의 정보를 지속적으로 습득하며 일부 대안을 추가하거나 제외하는 과정을 반복하게 된다. 따라서 블로그, 게시판, 리뷰, 온라인 네트워크 구전 등 기존 온라인 채널의 영향력과 함께 소셜미디어나 모바일 메신저 같은 관계기반 실시간 네트워크의 중요성이 더욱 커지고 있다. 특히, 옴니채널 환경의 대안평가 단계에서는 고객을 대상으로 한 체험 제공이 매우 중요하므로 온라인 및 모바일로 편리하게 샘플 체험을 할 수 있거나 오프라인 매장의 위치나 상품위치 등을 파악할 수 있도록 하는 정보제공이 필요하다.

그림 12-5 온·오프라인 연계 전략: 노드스트롬의 Top Pinned items
자료: Huffingtonpost, 2013. 6. 27.

실제로, 노드스트롬은 온·오프라인 연계를 위해 이미지 중심의 소셜 큐레이팅 서비스인 핀터레스트를 적극 활용하고 있다. 2013년도부터 노드스트롬의 핀터레스트에 올려진 상품 중 가장 많은 핀(pin)을 받은 상품 코너를 매장 내에 운영하고 있는데, 이와 같은 전략을 통해 고객의 호기심을 자극하여 문제인식을 유발하는 동시에 즉각적인 구매를 할 수 있도록 대안평가 과정을 촉진하고 있는 것이다. 또한 오프라인 매장 내의 상품 진열에 소셜미디어 연계전략을 활용함으로써 고객에게 통합적인 소비경험을 제공하였다는 측면에서 이는 고

객 경험강화에 초점을 맞춘 옴니채널 전략이라 할 수 있다.[7]

넷째, 구매 단계의 경우 인터넷에서라면 대부분 최종 대안을 판매하는 쇼핑몰의 웹페이지에 접속해서 로그인을 하고 제품을 선택한 후 배송 정보 입력, 결제 수단 선택, 결제 정보 입력, 결제 확인의 단계를 거쳐 구매가 완료된다. DMC 미디어의 보고서에 따르면(DMC, 2015) 2014년에 비해 2015년의 경우 오프라인 매장이 소비자들의 구매결정에 미치는 영향력이 증가한 것으로 나타났는데, 이는 소비자가 구매결정 시 중요하게 생각하는 요소(key buying factor)를 중심으로 구매결정에 확신을 줄 수 있는 정보를 제공하는 것이 효과적이라는 사실을 보여주고 있다.

옴니채널 환경의 구매 단계에서는 인터넷과 모바일로 상품재고가 있는가, 주문진행이 가능한가, 일관된 상품구성 및 가격정책이 이루어지고 있는가, 온·오프라인의 쿠폰, 할인, 마일리지 등의 프로모션을 함께 활용할 수 있는가, 다양한 결제수단과 방법이 가능한가, 원하는 장소에서 빠르게 제품을 수령할 수 있는가 등의 문제들이 편리하게 확인된다. 또한 결제 과정의 보안이 확실한가 등의 문제가 구매 과정을 완료하는 데 영향을 미치며, 도중에 예기치 못했던 문제를 발견했을 때는 구매가 지연되거나 취소될 수 있다. 즉, 구매 단계는 온·오프라인의 통합 혜택과 서비스 제공이라는 옴니채널의 장점이 구현되어야 하는 단계라고 할 수 있다. 예를 들어, 위치정보를 기반으로 매장 내 고객에게 상품추천 및 할인행사 정보를 제공하는 쇼핑 앱인 숍킥(shopkick)은 고객의 구매 결정을 유도하는 데 효과적일 것이며, 피팅룸에 설치된 태블릿이나 태블릿을 들고 돌아다니는 판매원을 통해 바로 계산할 수 있도록 제공되는 서비스 등은 구매 단계를 공략한 옴니채널 전략이라고 할 수 있다.

마지막으로 구매 후 평가 단계에서는 그 제품을 구매하기로 한 것이 과연 옳은 결정이었나, 다른 제품을 혹은 다른 쇼핑몰에서 주문하는 것이 더 좋지 않았을까, 주문은 제대로 처리되었을까, 주문한 제품이 제때에 정상적으로 도착할까, 배송되는 물품에 흠은 없을까 등의 우려를 하는 고객들이 이러한 인지부조화를 극복하고 긍정적인 구매 후 브랜드 관계경험을 형성하도록 해야 한다. 이를 위해 주문에 따른 추가혜택 제공, 편리한 서비스 지원 및 반품, 관심 상품에 대한 맞춤형 정보제공 등의 사후관리 서비스 제공이 필요하다. 특히, 소비자가 만족하는 경우와 불만족하는

7 Nordstrom will use pinterest to decide what merchandise to display in stores. Businessinsider, 2013. 11. 23.

경우 모두 자신의 구매경험을 온라인 및 소셜미디어에 공유하는 행동이 점차 증가하고 있으므로, 이를 활용한 고객관계 및 브랜드경험 강화 전략이 중요하다. DMC 미디어의 조사에 따르면(DMC, 2015), 소비자의 57%는 자신들의 사용 경험을 다양한 온라인 공유채널을 통해 공유하였으며 이때 소셜미디어, 모바일 메신저 등의 활용이 매우 높았다.

인터넷을 중심으로 사회가 움직이는 오늘날 소비자들은 개인화 서비스, 통합연계 서비스, 혜택 강화 서비스, 고객지원 서비스를 당연한 요구사항으로 기대하고 있다. 따라서 기업들은 구매의사결정과정 각 단계별로 개인화된 상호작용을 제공해 주는 것, 다양한 마케팅 기술을 기반으로 소셜미디어, 모바일 등의 옴니채널 구매환경을 지원하는 것, 구매 단계에서의 즉각적인 대응과 정보를 제공하는 것 등으로 구매의사결정과정 전반에서 고객의 구매경험을 강화하는 것이 필요하다.

한편, 옴니채널 환경에서 인터넷 소비자에게는 검색의 중요성이 점차 증대되고 있어, 검색 과정에서 '진실의 순간(MOT: moment of truth)'이 발생한다. '진실의 순간'이란 고객의 구매의사결정과정에서 중요한 경험을 제공하는 순간을 지칭하는 것으로, 옴니채널 환경에서는 고객이 상품을 구매하고 충성도가 높은 고객이 되기까지 두 차례 진실의 순간이 존재한다. 첫 번째 MOT는 정보탐색 단계이며 두 번째 MOT는 구매 후 평가 단계이다.

정보탐색 단계는 제품이나 서비스에 대한 문제인식이 일어난 후 나타나는 첫 번째 진실의 순간이므로 이때 고객이 즉각적인 구매를 결정할 수 있도록 결정에 대한 맞춤정보를 보내는 것이 중요하다. 이 정보에는 고객의 소셜미디어에서 추출한 정보와 같은 개인화 정보가 포함될 수 있을 것이다. 두 번째 MOT인 구매 후 평가 단계는 제품 구매 후 처음 제품을 사용하는 순간이다. 이때 고객만족의 경험은 소셜미디어 등의 구매후기에 반영되어 향후 구매의사결정과정에서 다른 고객들의 첫 번째 MOT에 영향을 미치게 된다. 따라서 두 번째 MOT에서 고객이 제품에 불만족하는 경우에도 고객의 부정적인 구매후기에 실시간으로 불만족을 개선하는 서비스를 제공함으로써 마지막 진실의 순간을 관리해야 한다.

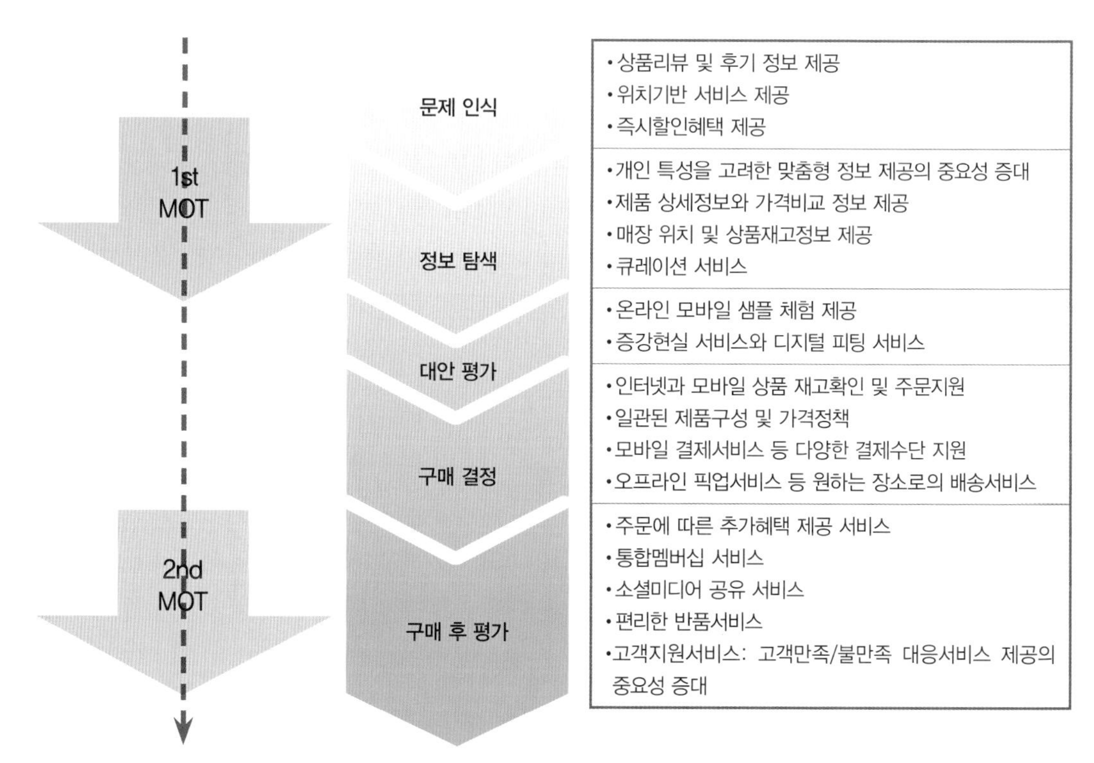

그림 12-6 옴니채널 환경에서 인터넷 소비자의 구매의사결정 단계별 구매경험 강화 서비스
자료: 김형택(2015), 옴니채널 & O2O 어떻게 할 것인가? p. 68을 수정

2. 인터넷 고객충성과 eCRM

1) 인터넷 고객충성

인터넷 시장에서의 고객충성을 인터넷 고객충성 혹은 e-충성(e-loyalty)이라고 한다. 인터넷 쇼핑몰에 대한 e-충성은 주로 특정 웹사이트에 대한 재방문 태도 및 재방문 행동으로 측정되며, 특정 쇼핑몰에 대한 선호도, 재구매 의도, 긍정적 구전, 비전환 의지 등도 e-충성의 지표로 사용될

수 있다. 고객충성도는 기본적으로 특정 인터넷 쇼핑몰에서의 구매경험에 대한 만족에 의해 결정되지만, 기존에 거래하던 인터넷 쇼핑몰에서 다른 쇼핑몰로 거래를 전환할 때 드는 전환비용에 대한 지각도 e-충성의 중요한 결정요인이 된다. 몇 번의 클릭만으로 쇼핑몰 간의 이동이 가능하다는 점 때문에 인터넷에서의 물리적 거래 전환은 비교적 쉽지만, 거래 전환비용에는 경제적, 시간적, 심리적 비용도 포함되기 때문이다.

인터넷 쇼핑몰에 대한 고객들의 만족과 전환비용은 일차적으로 서비스 품질, 상호작용성, 상품가치와 같은 인터넷 쇼핑몰 특성에 의해 영향을 받는다. 서비스 품질은 물류 서비스, 반품 및 환불 서비스, 신용 서비스 등 상품구매와 직·간접적으로 관련된 서비스에 대한 소비자의 경험적 평가로서 쇼핑몰 이용자의 감정적 만족을 높이고 그 결과 충성고객이 될 수 있도록 한다. 또한 양방향 커뮤니케이션이 중요한 인터넷상에서는 인터넷 쇼핑몰과 고객 간의 양방향 유대관계라고 할 수 있는 상호작용성이 향상될수록 만족도가 높아지고 전환비용이 증가하여 고객충성도가 제고될 수 있도록 한다. 실시간 의사소통이 가능한 게시판 운영이나 구매 후 해피콜 제도의 운영 등은 고객과의 원활한 커뮤니케이션을 통해 상호작용성을 향상시키고자 하는 인터넷 쇼핑몰의 노력이라고 할 수 있다. 상품가치는 인터넷 쇼핑몰에서 판매하는 상품의 가격과 품질에 대한 고객의 평가로서 상품력은 전통적인 유통채널에서와 마찬가지로 고객 만족과 충성도 제고의 가장 기본 요소라 하겠다.

옴니채널의 활용은 보다 밀착된 고객관리를 통해 인터넷 고객충성을 높이는 데 기여할 수 있다. 첫째, 고객의 구매의사결정과정에 존재하는 여러 단계마다 끊김 없는 자연스러운 고객경험을 제공하는 것이다. 즉, 각 단계에서 고객이 어떤 채널 혹은 어떤 기기를 사용하더라도 일관된 구매경험과 가치를 제공하는 것이 중요하다. 둘째, 액티브 데이터를 클라우드로부터 제공받는 시스템을 활용하여 실시간으로 업데이트되는 고객의 콘텍스트에 가장 적합한 가치를 제공할 수 있어야 한다. 이를 통해 고객이 욕구를 느끼는 그 순간에 적합한 제품을 추천하는 진정한 고객맞춤화 서비스가 가능해질 것이다.

2) eCRM

eCRM의 핵심 개념은 고객들과의 상호작용과 이를 통한 개인화에 기반한 고객관계관리이다. 기업은 고객 간의 상호작용을 통해 고객성향을 파악할 수 있는데, 특히 고객의 과거행동보다는 현재의 기호에 관한 데이터를 바탕으로 하여 고객구매행동을 분석하는 것이 점차 중요해지고 있다. 이를 통해 고객별로 개인화된 서비스 제공이 확대될 것이며, 고객만족과 고객충성도는 더욱 증대될 것이다.

(1) CRM과 eCRM

1980년대에 공급이 수요를 초과하고 소비자 선택에 의해 시장이 주도되는 상황으로 변화함에 따라 기업은 고객의 중요성을 인식하게 되었으며, 1990년대 후반에 이르러 고객관리가 기업의 성과와 생존에 직접적으로 영향을 미치게 되면서 고객관계관리(CRM: customer relationship management)란 개념이 등장하였다. CRM은 '현재의 고객 및 잠재고객에게 여러 가지 마케팅 요소들을 제공함으로써 잠재고객을 고객화하고 가치 있는 고객을 충성고객으로 유지하는 일련의 활동' 혹은 '기업이 상품이나 서비스를 고객에게 지속적으로 구매하도록 하기 위해 고객과의 커뮤니케이션을 최적화해 가는 마케팅적 사고방법'으로 정의된다. CRM의 가장 기본적인 가정은 이익의 증대를 위해서 장기적으로 고객관계를 유지해야 한다는 것인데, 그 근거는 신규고객에게보다 기존고객에게 서비스하는 비용이 더 낮고, 기존고객은 신규고객보다 더 높은 가격을 기꺼이 지불하려고 하며, 신규고객보다 기존고객에게 제품이나 서비스를 판매할 확률이 훨씬 높기 때문이다.

CRM은 2000년 하반기 인터넷 비즈니스가 위기를 맞게 되면서 eCRM 개념으로 발전하게 되었는데, 이는 인터넷 비즈니스를 하는 기업들이 진정한 고객을 확보하고 유지하는 방법에 대해 관심을 가진 결과라고 할 수 있다. eCRM은 '고객 서비스의 규모와 범위를 증가시키기 위해서 정보와 의사소통 기술을 적용시키는 것(Kotorov, 2002)' 혹은 'e-채널과 전통적 채널을 포괄하여 기업의 e-비즈니스 영역 전반에 걸쳐 고객과 적정한 시기에 개인화되고 인터렉티브한 커뮤니케이션을 실천하는 과정(전성훈, 최현희, 2001)'으로 정의된다. 기술적으로 말하면 eCRM은 웹사이트를 방문하는 고객의 프로파일, 거래 데이터, 웹로그 데이터에서 유용한 정보를 추출하여 개별 고객의 성향과 행동 등을 분석함으로써 개별 고객에게 적합한 서비스를 맞춤형으로 제공하는 것이다. 따라서, eCRM은 인터넷, 전자우편, 모바일, 소셜서비스 등 온라인상의 고객접촉 수단을 이용한 통합 마케팅 기법이라고 볼 수 있다.

(2) eCRM의 실행전략

기업이 eCRM을 도입하기 위해 적용하는 eCRM 제품 솔루션들은 다양한 기능들을 제공하는데, 크게 판매 전의 마케팅 커뮤니케이션 요소, 판매시점의 판매촉진 요소, 판매 후의 서비스 요소에 해당하는 기능들로 나누어 볼 수 있다(표 12-2). 캠페인과 이벤트 마케팅, 전자우편 마케팅, 설문조사를 이용한 마케팅 등은 인터넷을 활용한 판매 전 마케팅 커뮤니케이션 기능에 해당하며, 추천 시스템, 인센티브/할인 촉진 등은 판매시점에 이루어지는 판매촉진 기능이다. 또한 전자우편 콜 센터, 웹 콜 센터 등을 활용한 고객 서비스 주문 및 불만 접수처리, 고객정보 갱신은 판매 후 서비스를 통해 eCRM 기능을 수행하는 예이다. 이 같은 eCRM 기능들은 고객들의 웹사이트 방문을 증가시키는 효과가 있는 것으로 알려져 있다.

eCRM 전략을 수행함에 있어서 다음과 같은 사항들은 모든 영역에서 중요하게 고려되어야 한다. 첫째, 온라인에서 구매를 하는 경우에도 오프라인처럼 인간적인 관계를 느끼도록 하는 것이다. 이는 고객화 추천 서비스 제공, 게시판 관리, 불만고객 응대 등의 서비스 영역에서 중요하게 부각되는 측면으로, 판매 전부터 판매 후 시점까지 일관된 서비스 제공이 요구된다. 둘째, 고객들과의 신뢰를 형성하는 것이다. 인터넷 쇼핑몰에서 소비자가 제품을 구매할 때 가장 불안하게 느끼

표 12-2 eCRM 솔루션의 영역과 기능

영역	판매 전	판매시점	판매 후
기능	마케팅 커뮤니케이션 요소 (e-marketing communication)	판매촉진 요소 (e-sales promotion)	서비스 요소 (e-service)
내용	• 캠페인과 이벤트 마케팅 • 전자우편 마케팅 • 설문조사 마케팅	• 추천시스템 • 인센티브/할인 촉진	• 불만 접수처리 • 고객정보 갱신

자료: 김용호 외(2008). 인터넷마케팅.COM. p. 238을 수정

는 것은 결제와 관련된 부분일 것이다. 따라서 판매 전 시점에서 쇼핑몰에 대한 정보를 적극적으로 제공하고 판매시점에서 에스크로나 보증보험 등의 소비자보호 제도를 시행하고 있음을 명확하게 커뮤니케이션하는 것이 중요하다. 또한 판매 후 시점에서도 체계적인 고객불만응대 프로세스를 갖추고 관리함으로써 고객충성도를 높일 수 있을 것이다.

고객들의 소셜서비스 이용이 보편화됨에 따라 고객불만을 처리하는 것은 더욱 중요해지고 있다. 고객불만은 쇼핑몰에서 이루어지는 모든 구매과정과 구매결과가 만족스럽지 못할 경우 발생한다. 이와 같은 고객불만 처리에 적절한 대응을 하지 못하는 경우, 불만을 가진 고객은 단순히 재구매를 하지 않는 것으로 그치는 것이 아니라 어떤 형태로든 불만을 표현하고자 하기 때문에 그 파급효과는 매우 커질 수 있다. 고객게시판이나 이용후기 등에 불만을 이야기하고 다양한 소셜서비스에 불만사항을 올림으로써 많은 잠재적 고객들에게 노출되며, 또한 이와 같은 불만사항들을 접한 다른 고객들이 늘어나게 됨에 따라 부정적 구전 효과는 기하급수적으로 커질 수 있다. 따라서 불만처리는 빠를수록 좋다. 또한, 불만고객을 응대하는 방법이나 불만처리 단계 등을 매뉴얼화함으로써 체계적인 불만처리가 이루어질 수 있도록 하는 것이 바람직하다.

최근 CRM의 개념은 기존고객과의 관계를 강화하고 유지하는 것에 국한하지 않고 신규고객을 확보하고 장기고객화하는 것까지 포괄하는 것으로까지 발전하고 있다. 따라서 도입기에는 신규고객을 확보하고 성장기에는 기존고객과의 관계를 강화하며, 성숙기에는 기존고객의 유지가 필요하다는 개념의 고객수명주기를 적용하여 eCRM 실행전략을 수행할 필요가 있다. 첫째, 신규고객 확보 단계에서는 다양한 콘텐츠로 고객을 유혹할 뿐만 아니라 잠재고객의 요청에 대해 즉각적인 반응을 보이는 것이 매우 중요하며, 내비게이션의 편리성 및 제품의 혁신성 또한 뒷받침되어야 한다. 둘째 단계인 기존고객과의 관계강화 단계에서는 기존고객으로부터 고객생애가치(customer lifetime value)를 높이고 매출을 높이기 위해 고객관계를 더욱 깊고 폭넓게 전개하는 것이 필요한데, 고객의 과거 구매데이터 분석은 물론 실시간 고객성향 및 행동데이터 분석을 통해 고객화 추천서비스를 제공함으로써 교차판매(cross selling), 상향판매(up selling), 이벤트 판매(event selling)와 같은 판매촉진 방법들을 활용할 수 있다. 마지막 기존고객 유지 단계는 고객충성도를 강화하는 단계이므로, 이 단계에서는 고객이 이탈하는 것을 사전에 방지하기 위해 불만에 대응하는 사후 서비스 등 지속적인 관리에 집중해야 한다. 특히, 고객들의 소셜네트워크 사용이 증가함

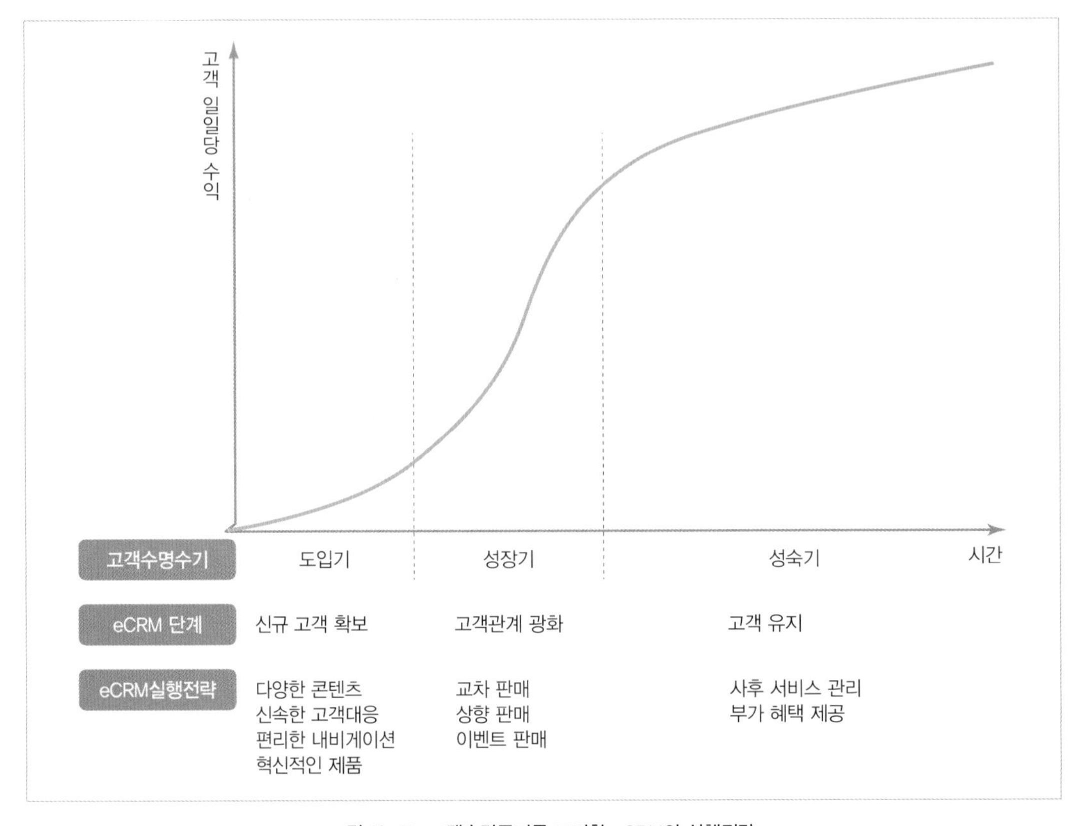

그림 12-7 고객수명주기를 고려한 eCRM의 실행전략
자료: 정인희 외(2010). 패션 상품의 인터넷 마케팅. p. 75

에 따라 만족 고객은 물론 불만족 고객을 대상으로 한 사후관리 서비스 제공은 그 중요성이 더욱 커지고 있다. 이와 함께 고객에게 부가적인 혜택을 제공하고자 하는 능동적인 노력 또한 이루어져야 할 것이다.

(3) 로그분석

고객들의 웹사이트 이용 흔적을 통해 정보를 얻고 이를 eCRM에 반영하는 고객데이터 분석방법을 로그분석이라고 한다. 쇼핑몰 방문자는 자신도 모르는 사이에 자신이 방문한 기록을 로그라는 형태로 남기고 떠나며, 이로써 쇼핑몰 방문 및 이용에 대한 로그파일들이 쌓이게 된다. 이 로그파일들을 분석하면 어떤 고객이 어떤 IP를 통해 언제, 어떤 경로로 들어왔는지, 어떤 페이지와 어떤 키워드를 이용했는지, 페이지마다 얼마나 머물렀는지, 몇 회나 해당 페이지를 보았는지 등에 대한 정보를 알 수 있게 된다. 이와 같이 로그분석을 통해 고객의 인터넷 쇼핑몰 이용행태를 분석할 수 있는 것이다.

로그분석을 통해 주로 분석하는 구체적 내용은 방문자 및 페이지뷰 등의 증감추세나 재방문 횟수 등을 분석하는 트래픽 분석, 쇼핑몰을 접속하게 된 경위 및 검색엔진, 키워드 등을 분석하는 방문경로 분석, 방문자에 대한 기초정보(지역이나 방문시간 등)를 분석하는 방문자 분석, 쇼핑몰 내의 인기 있는 페이지와 디렉토리를 분석하는 페이지/디렉토리 분석 등이다. 이 외에 이벤트나 캠페인의 효과, 특정 키워드 광고에 대한 관심도, 특정 상품의 구매율이나 장바구니 전환율 등 마케팅 및 전환율에 활용할 수 있는 보다 세부적인 분석에도 활용 가능하다. 만약 로그분석을 통해 특정 키워드를 통하여 유입된 고객들의 매출이 가장 높다는 정보가 도출된다면 기업은 해당 키워드에 대한 광고비를 상향조정하여 광고효과를 최적화할 수 있고, 배너광고 등 온라인으로 집행되는 모든 광고들도 투자 대비 전환율이 가장 좋도록 최적화시킬 수 있다. 또한 페이지 이동경로 및 페이지 체류시간 등을 분석하여 홈페이지 개편을 할 수 있는데, 특정 페이지에 머무르는 시간이 적고 바로 다른 페이지로 넘어가거나 홈페이지에서 이탈하게 된다면 해당 페이지를 수정하는 등 구체적인 수정도 할 수 있다. 로그분석을 실행하기 위해서는 고객의 쇼핑몰 및 웹사이트 이용 흔적을 측정하는 것이 필요한데, 이와 관련한 대표적인 용어들을 〈표 12-3〉에 정리하였다.

많은 방문자들로 인해 남게 된 로그정보의 분석을 위해 로그분석 솔루션을 이용하게 되는데, 이와 같은 서비스를 통해 로그정보는 우리들이 쉽게 볼 수 있는 형태의 자료로 제공된다. 유료서비스로 제공하는 솔루션 업체를 활용할 수도 있으나 최근에는 구글이나 네이버의 무료 로그분석 애널리틱스를 활용하는 방법도 널리 활용되고 있어, 별도의 서버 설치나 비용 없이도 분석결과를 얻을 수 있다.

로그분석을 잘 활용하기 위해서는 로그데이터에서 제시되는 현상의 분석결과를 다각적인 방법으로 해석함으로써 쇼핑몰을 분석하고 문제점을 발견하여 의미 있는 정보를 선별한 후 적극적인 대응 방안을 모색하는 것이 중요하다. 로그분석을 할 때는 분석방법과 범위를 방문자 관점, 페이지 관점, 시간관점, 경로관점 등 다양한 측면으로 설정하여 살펴볼 수 있다.

표 12-3 로그분석 관련 용어

히트	방문자가 쇼핑몰을 접속했을 때 연결된 파일의 숫자를 말하는 것으로 한 페이지를 전송할 때 그 안에 포함된 그래픽, HTML 등의 모든 파일을 히트로 계산한다.
페이지뷰	하나의 HTML 문서를 보는 것으로, 인터넷 사용자가 쇼핑몰에 접속할 때 본 페이지를 페이지뷰로 계산한다.
방문	쇼핑몰에 접속해서 일련의 페이지들을 연속적으로 접속했을 때 이를 방문으로 기록하여 계산한다.
방문자, 세션	방문자수는 엄밀히 말하자면 실제 방문한 사람의 수는 아니며, 쇼핑몰 내에서 일정시간 동안 지속적인 움직임이 있었던 활동을 하나의 세션으로 삼아 그 수를 측정한 것이다.
순방문자	일반적으로 쇼핑몰의 방문자를 분석 기준으로 사용하며, 해당일에 동일한 방문자가 중복하여 방문한 횟수를 제외한 값을 기준으로 한다.
내비게이션	방문자가 쇼핑몰을 방문하여 쇼핑몰 내에서 이동한 경로 및 특정 페이지 내 링크/콘텐츠를 어떻게 사용하는가를 측정하는 것이다.

자료: 은종성(2015). 작은 회사를 위한 인터넷마케팅 & 사업계획서 만들기. p. 236을 수정

표 12-4 로그분석의 분석 범위와 분석 내용

구분	설명	분석 내용
방문자 관점	로그분석 기간 동안의 방문자 트래픽 증가 추이 및 방문 소요시간 등의 방문자 이용행태 분석	•페이지뷰 현황추이 분석 •방문자 및 순방문자 현황추이 분석 •방문 소요시간 추이 분석 •프로모션 및 마케팅 관련 •페이지뷰/방문자/순방문자 현황추이 분석
페이지 관점	로그분석 기간 동안의 쇼핑몰 이용행태 분석	•처음 접속 페이지 분석 •마지막 접속 페이지 분석 •인기 있는 페이지 분석 •디렉토리 분석
시간 관점	로그분석 기간 동안의 시간, 요일, 날짜별 반응 분석에 활용	•가장 많이 방문하는 시간, 요일 분석 •시간별/요일별 반응 분석 •날짜별 현황 분석
경로 관점	방문 경로에 따른 각 단계별 전환 분석에 활용	•이벤트 페이지별 경로 전환율 분석 •목표 단계별 경로 전환율 분석 •검색엔진 등의 유입경로 분석 •최적 채널 분석
상품 및 매출 관점	거래건수, 매출 및 각 상품별 판매 수량과 판매상품 등 거래에 대한 전반적인 현황 분석에 활용	•거래건수 및 매출 분석 •각 상품별 판매수량 및 판매추이 분석 •상품 카테고리별 분석

자료: 은종성(2015). 작은 회사를 위한 인터넷마케팅 & 사업계획서 만들기. p. 237을 수정

예를 들어, 방문자 관점에서 페이지뷰, 방문자 현황추이, 고객의 수 등을 복합적으로 분석함으로써 페이지뷰와 방문자 수는 많으나 고객 수는 적다는 결과를 찾을 수 있다. 이 경우 제공되는 서비스는 적절하지만 마케팅이 취약한 것으로 해석할 수 있으므로, 목표고객이 유입될 수 있도록 마케팅 전략을 변경할 필요가 있다. 반대로 고객 수에 비하여 페이지뷰나 방문자 수가 적은 경우는 제공되는 서비스가 취약한 것이므로 쇼핑몰의 리뉴얼이 필요할 것이다.

페이지 관점에서 분석하는 경우, 평균 페이지뷰뿐 아니라 가장 오래 머문 페이지는 어디이고 오래 머문 이유는 무엇이며, 특정 페이지 내 어떤 링크를 선호하여 클릭하는지에 대한 분석이 필요할 것이다. 또한, 방문자가 쇼핑몰 내에서 어떤 경로로 이동하고 있으며, 이는 쇼핑몰 운영자의 의도와 일치하는가, 특정 이벤트 진행 후 방문자 수는 증가하였는가, 방문자 수 증가가 매출로 연결되었는가, 방문자 중 회원등록 비율은 어느 정도인가 등을 분석하여 그 결과를 활용할 수 있다. 상품단위의 분석 또한 가능하여 어떤 상품 카테고리, 어떤 상품 품목을 가장 많이 보는가, 페이지뷰가 실제 매출로 이어지는가 등의 내용과 더불어 개별 제품의 구매추이도 살펴볼 수 있다.

(4) 개인화 추천시스템

eCRM 실행전략은 판매 전, 판매 시점, 판매 후 과정에서 지속적으로 이루어져야 한다. 특히, 쇼핑몰을 안정화시키기 위해서는 기존고객과의 관계를 강화하고 유지하기 위한 전략이 중요하므로 최근 고객만족을 제고하기 위한 전략으로 개인화 추천시스템에 대한 관심이 높아지고 있다. 뿐만 아니라 다양한 기술적 발전으로 인하여 이전에는 불가능했던 다양한 추천서비스가 제안되고 있으며, 온·오프라인을 통합하여 보다 정확한 고객의 정보를 수집하고 이를 기반으로 고객의 구매를 촉진하고자 하는 노력이 이루어지고 있다.

옴니채널 환경에서 개인화 추천 서비스를 위해 활용되고 있는 디지털 기술들을 살펴보면, 온·오프라인에서 고객의 구매여정 및 매장 내 구매행동 등을 분석하여 고객화 정보를 제공하는 분석기술, 고객의 위치정보를 파악하여 고객의 상황에 적합한 맞춤정보를 제공하고자 하는 위치기반 기술, 고객을 인지하여 관계마케팅에 활용하는 인식기술 등이 있다. 빅데이터 분석이나 매장 트래킹 분석은 대표적인 고객 분석기술이며, 비콘을 활용한 다양한 쇼핑 앱의 제공은 위치기반 기술의 예라고 할 수 있다. 이미지 인식기술이나 얼굴 인식기술은 특히 패션 분야에서의 활용도

CASE REVIEW

네이버 애널리틱스 활용하여 로그분석하기

네이버 애널리틱스는 온라인 쇼핑몰 방문자에 대한 종합적인 데이터를 제공해 주는 방문자 환경분석 툴이자 마케팅 툴이다. 로그분석을 통하여 방문자의 PC환경, 접속위치, 체류시간, 유입경로를 모두 포함할 뿐만 아니라 전자상거래와 연동한 매출분석도 가능하다. 네이버 애널리틱스 설치방법과 제공되는 분석메뉴의 예는 다음과 같으며, 이 외에도 다양한 방법으로 분석결과를 활용할 수 있다.

1. 설치방법

2. 제공되는 분석 메뉴의 예

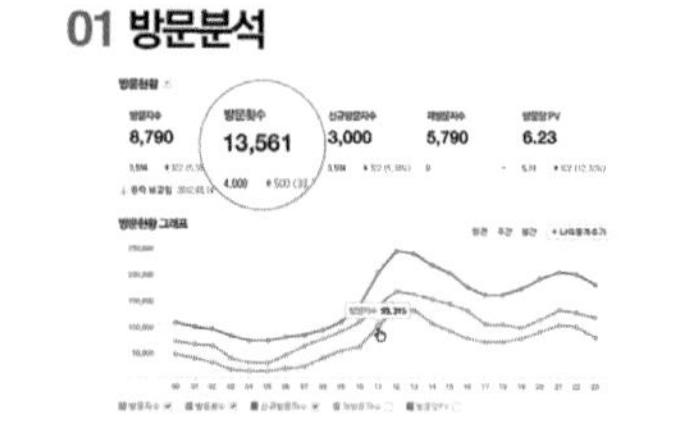

방문자의 사이트 이용행태 분석을 위한 대표적인 지표들을 제공한다. 방문현황, 페이지뷰, 시간/요일별 방문분포, 재방문 간격, 체류시간 등의 통계를 통하여 방문자의 사이트 이용행태를 파악할 수 있다.

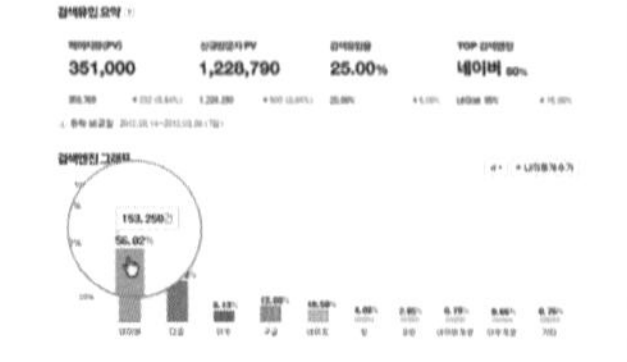

방문자의 유입 통계를 파악할 수 있는 검색유입현황, 유입검색어, 유입상세 URL을 제공해 주며, 방문자의 기간별 유입 요약정보, 이용 검색엔진과 검색어, 방문계기가 된 페이지 등도 확인할 수 있다.

03 페이지분석

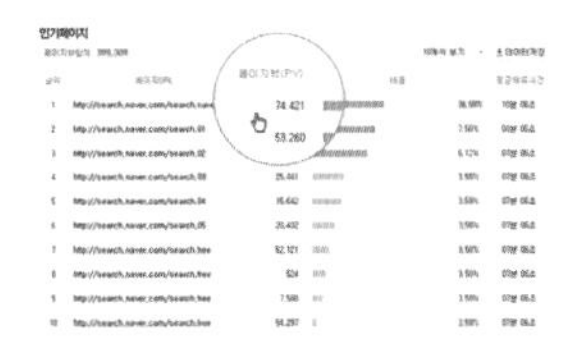

사이트의 각 페이지별 PV(페이지뷰) 및 평균체류시간을 볼 수 있어 인기페이지 랭킹과 상세정보를 알 수 있다. 이뿐만 아니라 그 외 사이트 접속의 시작, 종료, 그리고 반송페이지의 랭킹까지도 확인이 가능하다.

04 사용자환경분석

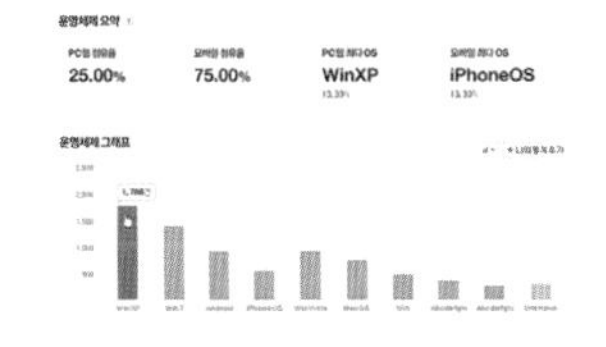

사이트 방문자의 다양한 환경에 대한 통계를 제공해준다. 방문자가 사용하는 브라우저, 운영체제, 화면해상도, 모바일 단말기환경 등의 분포를 볼 수 있으며, 어떤 환경의 방문자가 가장 많은지를 그래프를 통해 한눈에 확인할 수 있다.

05 목표

방문자가 사이트 안에서 어떤 경로로 이동하여 특정 페이지에 도달하였는지에 대한 통계를 제공한다. 주문완료 페이지, 회원가입 페이지와 같은 고객 관심대상 페이지를 목표로 지정하면, 방문자가 목표에 도달한 전환수/전환율 및 목표도달까지의 이동경로와 방문흐름을 확인할 수 있다.

06 캠페인

이메일, 배너, CPC(cost per click) 등의 다양한 프로모션 캠페인을 통해 유입한 방문자 수를 캠페인 소스/매체별로 추적하여 캠페인의 효과를 확인할 수 있다. 제공되는 툴을 통해 고객이 쉽고 간단하게 캠페인 URL을 생성할 수 있다.

07 전자상거래

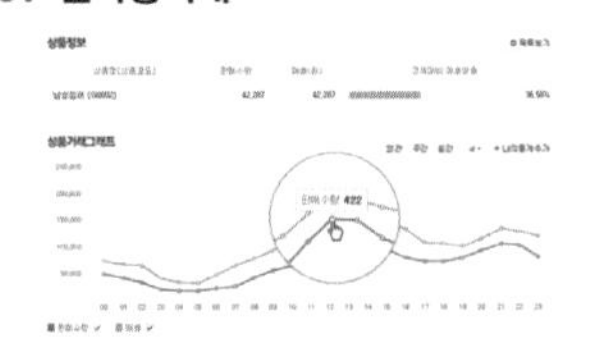

전자상거래의 거래건수, 매출 및 각 상품별 판매 수량과 판매상품 등 거래에 대한 전반적인 현황을 볼 수 있다. 또한, 상품명을 클릭하면 각 상품별 판매추이도 그래프를 통해 확인할 수 있다.

자료: 네이버 애널리틱스 홈페이지(analytics.naver.com), 2015. 9. 15. 검색

가 높을 것이다.

① 빅데이터 분석

옴니채널 환경에서는 다양한 채널에서의 고객 활동 및 구매행동이 통합되어야 하므로, 고객의 구매행태에 관한 데이터의 양이 그 규모에 있어 매우 방대하다. 이처럼 데이터의 생성, 양, 주기, 형식 등 모든 측면에서 방대한 데이터를 기반으로 판매, 마케팅, 재고관리, 물류 등 옴니채널 운영 전반에 걸쳐 필요한 데이터를 분석하여 프로세스를 효율화하고 고객마케팅에 활용하기 위해서는 빅데이터 분석 기술이 필요하다. 고객맞춤화 마케팅에 빅테이터 분석을 활용하기 위해서는 크로스셀링과 업셀링 분석, 매장 내 고객행동 분석, 온·오프라인 고객 구매여정 분석, 고객감정 분석 등이 이루어진다. 옴니채널에서의 고객 구매행태 데이터를 기반으로 고객의 온·오프라인 매장 방문부터 구매가 발생하기까지 의사결정과정의 전 과정을 분석해 마케팅에 활용할 수 있도록 하는 것이다. 특히 인터넷, 소셜미디어 등이 고객의 구매경로 및 행동을 파악하는 데 주로 활용되고 있다.

고객데이터 분석에 많은 투자를 하고 있는 아마존은 빅데이터 분석을 통해 구매 패턴을 예측하고 재고관리를 최적화하고 있다. 고객의 구매 및 검색기록, 상품페이지에 머문 시간, 위시리스트, 장바구니 등의 정보를 분석하여 고객이 어떤 상품을 구매할 것인지 미리 예측하여 개인화 추천 서비스를 제공하거나 상품구매에서 활용할 수 있는 개인쿠폰 등을 제공한다. 뿐만 아니라, 이와 같은 상품구매 예측시스템은 재고관리와 물류관리에도 활용되고 있는데, 고객이 어떤 상품을 구매할 것인지 미리 예측하고 상품을 주문하기 전에 고객의 집과 가장 가까운 물류센터에 상품을 미리 배송해두는 서비스를 시행하여 아마존이 고수하고 있는 주문 후 2일내 배송 서비스를 가능하게 한다.[8]

② 비콘

비콘(beacon)은 모바일과 실제 세계를 연결하는 서비스로, 스마트폰 사용자의 위치를 파악하여 특정정보를 전달해주는 근거리 위치기반 기술이다. 비콘은 고객의 온라인 정보와 오프라인 풋트

8 Amazon knows what you want before you buy it. *Predictive Analytics Times*, 2014. 1. 27.

그림 12-8 소비자의 실내 위치정보를 기반으로 신상품정보 및 쿠폰 정보를 스마트폰 앱을 통해 제공하는 숍킥
자료: Instyle, 2012. 4. 20.

래픽을 연결시키는 기술로, 비콘 기기가 설치된 장소를 방문하면 모바일 기기에 정보가 푸시알림으로 전달되어 이용자의 이동경로에 따라 맞춤 정보를 자동으로 제공할 수 있도록 한다. 비콘 기술은 옴니채널 환경에서 고객맞춤화 정보를 제공하는 것을 가능하게 함으로써 쇼루밍 고객의 매장구매 유도와 같은 온·오프라인 연계에 효과적으로 활용될 수 있다. 실제 상용화되고 있는 숍킥(shopkick)의 경우 비콘 기술을 활용한 것으로 비콘 기기가 설치된 오프라인 쇼핑몰을 방문하는 소비자의 모바일 기기에 앱을 설치함으로써 이용자의 이동경로에 따라 상품정보 및 이벤트 정보가 제공된다. 숍킥은 American Eagle Outfitters, Best Buy, JC Penney, Macy's를 비롯한 300개 이상의 브랜드와 파트너십을 이루고 있을 만큼 대표적인 쇼핑 앱으로 자리 잡고 있다.[9]

③ 이미지 인식기술

이미지를 검색하면 이미지에 나타난 배경, 상품 등의 다양한 정보를 파악할 수 있는 기술을 말한다. 이미지 인식기술은 고객이 찾고자 하는 유사한 상품을 이미지 매칭하여 검색해주는 방식으로 상품검색 분야에서 가장 많이 활용하고 있는데, 이는 고객이 원하는 상품을 제공한다는 측면에

9 Shopkick announces exciting new partnership with vanity to reward customers for shopping. *Business Wire*, 2015. 11. 9.

서 개인화 추천시스템의 또 다른 방법이라고 할 수 있다. 아마존의 '플로우(flow)' 서비스나 코텍시카(Cortexica)의 기술로 제공되는 '파인드 시밀러(find similar)' 서비스[10]가 그 사례들이다.

영국의 '스냅패션(snap fashion)'은 이미지 인식기술을 활용한 예로, 고객의 정보탐색과 검색과정을 지원함으로써 고객의 구매를 촉진한다. 특히 스냅패션은 모바일 앱서비스를 통해 고객이 마음에 드는 스타일의 패션제품 사진을 찍어서 올리면 그 이미지와 비슷한 상품의 검색결과를 보여주며 제휴 매장으로 연결시켜 줌으로써 바로 구매할 수 있도록 한다. 현재 스냅패션은 〈snap fashion catalogue〉라는 이름으로 250개 이상의 제휴 브랜드와 연결시킴으로써 상품을 제공하는데, French Connection, Gap, New Look, Topshop, Topman, Uniqlo 등 다수의 패션브랜드를 포함하고 있다.[11] 스냅패션은 고객들의 관심상품을 단시간에 제공함으로써 탐색시간을 단축시킬 뿐 아니라, 관심아이템으로 지정한 상품에 대한 할인정보 등을 알려주는 등 CRM에 활용하기도 한다.

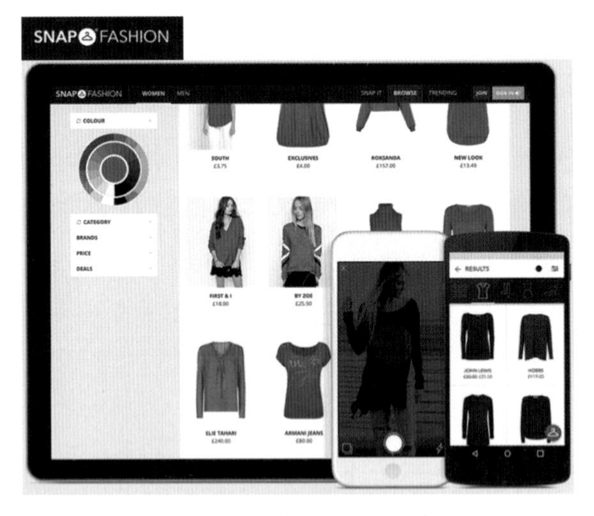

그림 12-9 스냅패션의 컬러검색
자료: 스냅패션, 2015. 12. 31. 검색

10 코텍시카(www.cortexica.com), 2015. 12. 30. 검색
11 스냅패션(snapfashion.com), 2015. 12. 31. 검색

④ 얼굴 인식기술

이미지 인식과 유사하게 사람의 얼굴을 인식하는 기술로, 사람마다 고유하게 가지고 있는 얼굴의 특징을 통해 사람을 인식하고 판별하는 기능을 가지고 있다. 옴니채널에서의 얼굴 인식은 고객맞춤화서비스 제공의 근거가 되어 고객에게 쿠폰, 할인 등 다양한 혜택을 제공하고 방문데이터를 통해 고객데이터를 분석하는 데 활용될 수 있다. 얼굴 인식 데이터는 클라우드 방식에 기반하여 사람의 감정분석에도 활용되어 고객의 반응을 측정하고 실시간 고객맞춤화서비스 제공에 활용되기도 한다.

CASE REVIEW

ModiFace의 얼굴인식기술을 활용한 개인화 추천 서비스

메이크업 테크놀로지 제공업체 ModiFace는 'Beautiful Me'라는 iOS 애플리케이션을 선보였다. 사용자들의 페이스북 프로필 사진 정보를 통합분석하여 스킨톤에 따라 가장 적합한 기초화장품과 개인화된 스켄케어에 대한 추천을 제공하는 서비스이다. 이밖에 피부건강, 메이크업 습관, 노화, 헤어케어 등의 변화를 시각화해 보여줌으로써 사용자들의 피부건강에 대한 이해도를 높이고 맞춤형 관리법 및 화장품에 대한 조언도 제공한다. 'Beautiful Me'는 빅데이터 분석기술을 활용한 것으로, 보다 정확한 분석결과를 바탕으로 개인 맞춤형 조언을 제공함으로써 소비자들에게 믿음을 주어 좋은 반응을 얻고 있다.

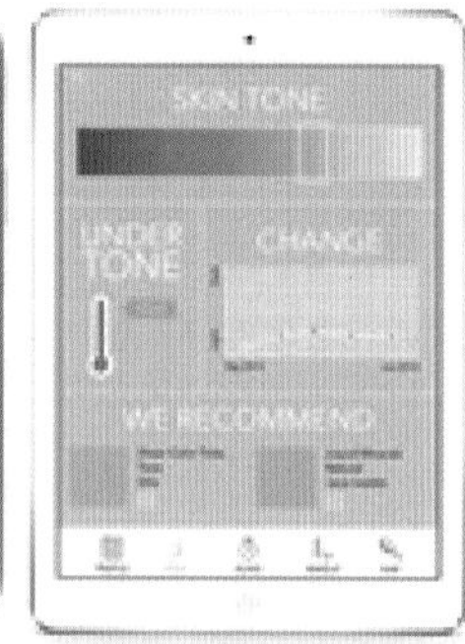

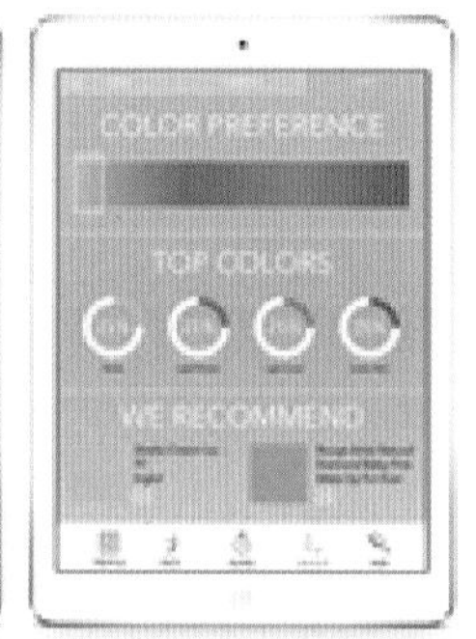

자료:
ModiFace Launches New Android Augmented Reality App at the 2014 WWD Beauty Digital Summit. Modiface 홈페이지, 2014. 2. 11.
Beautiful Me iOS App Enables Instant Skin Tone Detection By Applying AI To Scan Online User Photos. Modiface 홈페이지, 2014. 6. 16.

TRY IT YOURSELF 4

커뮤니케이션과 고객관리 전략을 세워 보자!

1. 이케아 사례 연구

스웨덴의 이케아는 전 세계 36개국에 진출, 300여 개에 이르는 매장을 보유하고 있는 세계 최대 가구 업체다. 이케아는 저가 DIY 가구로 성공을 거두었다고 알려져 있지만, 이러한 성공의 가장 큰 공로자는 온·오프라인을 연결시키는 크리에이티브하면서 유쾌한 이케아의 커뮤니케이션 전략이다.

미래지향적 라이프스타일과 콘셉트 디자인 제안

콘셉트 키친(The Concept Kitchen) 2025는 이케아(IKEA)가 디자인 컨설팅 회사인 아이디오(IDEO)[1]와 함께 진행한 콘셉트 디자인 프로젝트다. 콘셉트 키친 2025에서는 사람과 음식과의 관계가 어떻게 변화될 것인지에 대한 상상을 통해 미래의 주방 디자인을 창의적으로 제안하고 있다.

미래 주방의 핵심은 스마트 테이블과 식재료 수납용기, 그리고 자연친화적 싱크대이다. 식탁 가운데 놓여있는 스마트 테이블에는 사물을 인식할 수 있는 카메라가 설치되어 있어, 테이블에 음식물 재료를 올려두면 이 재료로 만들 수 있는 메뉴를 알려준다. 또 미래의 주방에서는 식재료를 별도로 냉장고에 넣을 필요 없이 온도와 습도를 RFID로 관리해 주는 수납용기에 담아 냉장이 필요 없는 일반 식재료와 함께 수납 선반에 두면 된다. 자연친화적인 싱크대는 어떻게 기울여 주느냐에 따라 과일 씻은 물과 같이 재사용이 가능한 물은

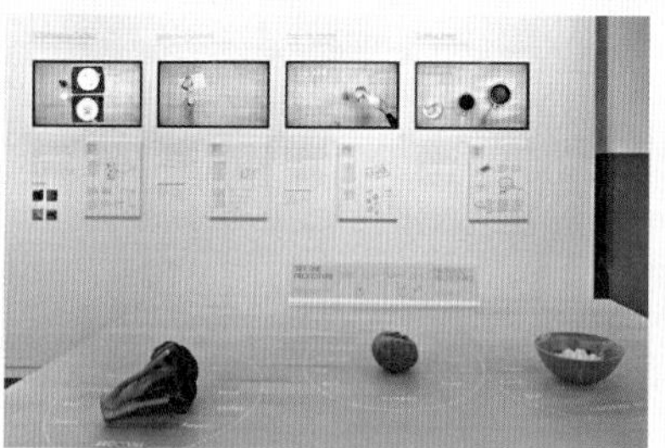

그림 T4-1 이케아의 콘셉트 키친 2025

1 애플의 초대 마우스를 만든 회사

배수여과시스템을 통해 재활용해주고 더러운 물은 폐수로 분리해 준다. 이처럼 이케아는 단순히 가구를 파는 기업이 아니라 가구를 중심으로 현재 그리고 미래의 라이프스타일과 콘셉트 디자인을 제안하는 기업이다.

오프라인 카탈로그에서 온라인 소셜 카탈로그로

이케아 마케팅의 큰 축을 이루는 것이 카탈로그이다. 2016년 기준으로 이케아 카탈로그는 전 세계 총 2억 1400만 부가 발행되며, 32개 언어로 번역되어 48개국에서 배포된다. 이케아 2016년 카탈로그에서는 아이들이 가족들과 함께 더 많은 시간을 보낼 수 있는 새로운 아이디어를 보여주고 있다. 즉, 아이들에게 가장 소중한 놀이터는 집이기 때문에 이케아 제품으로 부모와 아이들이 함께 놀이를 즐길 수 있는 창의적 환경을 만들어 준다는 의미이다.

이케아의 카탈로그는 정기적으로 회원들에게 송부되지만 모든 사람들이 받을 수 있는 것은 아니다. 따라서 이케아는 오프라인의 카탈로그를 온라인으로 전달하는 소셜 카탈로그 캠페인을 추진하고 있다. 이케아 카탈로그를 보고 마음에 드는 제품이 나온 페이지를 스마트폰으로 촬영한 후 #Ikeakatalogen과 제품명, 사진을 인스타그램 계정에 올리고 공유하면, 당첨자를 선정해 스마트폰으로 촬영한 제품을 증정하는 방식이다. 결과적으로 4주 만에 수천 점의 가구들이 인스타그램에 올라오는 성과를 낳았다.

그림 T4-2 이케아 2016년 카탈로그

그림 T4-3 #Ikeakatalogen 캠페인

소셜미디어의 특성 이용하기

이케아가 스웨덴 말모(Malmo) 지역에 새로운 매장을 오픈하면서 진행한 〈IKEA facebook showroom〉은 아주 성공적인 마케팅 사례로 손꼽히고 있다. 성공의 핵심 포인트는 페이스북의 포토태깅 기능을 활용했다는 점이다. 포토태깅이란 웹상에 있는 사진의 특정 영역을 선택하여 이름이나 태그를 입력하는 것을 말한다. 포토태깅의 장점은 태그의 대상자가 페이스북 사용자일 경우 그 사람의 담벼락으로 사진을 가져다주기 때문에 친구들과 공유하기 쉽다는 것이다.

이케아 말모 매장의 매니저는 페이스북 공식 계정을 오픈하고 2주 동안 이케아 제품이 진열되어 있는 12장의 이케아 쇼룸 사진을 업로드하였다. 그리고 12장의 쇼룸 사진 속 각 이케아 제품에 처음으로 태그를 단 사람에게 해당 가구를 보내주는 이벤트를 진행하였다. 그 결과 엄청난 수의 사람들이 이케아 가구에 자신의 이름으로 태그를 달았고, 동시에 그들의 페이스북 담벼락에는 이케아 가구의 사진들이 전시되었다. 이케아는 그 동안 잘 알려지지 않았거나 혹은 이제 갓 나온 제품들까지도 페이스북 페이지를 통해 전 세계에 알리는 홍보효과를 얻을 수 있었다.

그림 **T4-4** 'IKEA facebook showroom' 캠페인

최근 영상 콘텐츠의 유행과 더불어 급성장하고 있는 인스타그램은 비주얼을 중시하는 이케아의 중요한 커뮤니케이션 도구이다. 이케아 러시아는 젊은 마인드와 감각을 가진 타깃을 대상으로 모던 컬렉션을 프로모션하면서 인스타그램의 태그를 색다른 방식으로 적용하였다.

'IKEA_PS_2014' 인스타그램의 타임라인은 마치 하나의 웹사이트처럼 개별 상품사진을 클릭하면 각 카테고리에 맞는 랜딩 페이지로 연결되었다. 즉, 사용자가 이케아 인스타그램을 방문하면 테이블, 의자, 수납장, 텍스타일, 조명, 아이디어 제품 등 6개의 포스트가 나타나는데, 예를 들어 테이블을 클릭하면 'ps_tables'라는, 각 카테고리별 상품 계정들이 태그되어 나타난다. 이를 클릭하면 제품의 상세정보를 볼 수 있고, 이미지 태그를 통해 연관된 다른 상품으로도 이동할 수 있다. 소셜미디어의 특성을 충분히 고려하여 사용자들에게 흥미로운 경험을 제공한 인스타그램 인터랙티브 카탈로그 캠페인은 2014년 칸느 광고제 모바일 부문 은상을 수상하였다.

그림 T4-5 'IKEA_PS_2014' 인스타그램 캠페인

주방가구를 넘어 요리책까지 다양한 채널로 접근하기

이케아에서 내세우고 있는 부엌 가구 중의 하나가 맞춤 제작형 주방가구 시스템 메토드(METOD)이다. 이케아는 메토드의 맞춤 제작이라는 특징을 설명하기 위해 메토드의 인테리어 방법을 요리방송 콘셉트의 〈IKEA-Recipes for delicious kitchens〉라는 영상으로 제작했다. YouTube-IKEA Malasya 채널을 통해 방영된 이 광고는 주방 조립가구들을 음식 재료에 비유하면서 세상에서 가장 맛있는 방법으로 자신만의 주방을 조립하는 방법을 신선하면서 감각적인 영상 구성을 통해 전달하였다.

그림 T4-6 유튜브의 〈IKEA–Recipes for delicious kitchens〉 광고

한편, 이케아는 주방가구에 대한 관심을 높이기 위해 레시피북을 발간하기도 했다. IKEA 레시피북인 〈Homemade Is Best〉는 일반적인 요리책처럼 자세한 조리과정을 설명하는 대신 요리에 필요한 재료를 보여주고 그 다음 장에 만들어진 결과물을 제시하는 독특한 구성방식을 취하고 있다. 요리과정은 보는 사람의 상상에 맡기는 것이다. 정갈하고 감각적으로 데코레이션되어 있는 요리재료는 보는 이에게 지금 당장 요리를 해보고 싶은 충동을 일으킨다.

스웨덴의 전통 케이크 과자를 만드는 30개 레시피가 담겨 있는 이 요리책은 텍스트를 거의 생략한 채 정물사진 같은 그림으로만 편집되어 있어서 마치 하나의 아트북처럼 느껴진다. 〈Homemade Is Best〉는 오프라인 책자뿐만 아니라 유튜브 동영상을 통해서도 접할 수 있다.

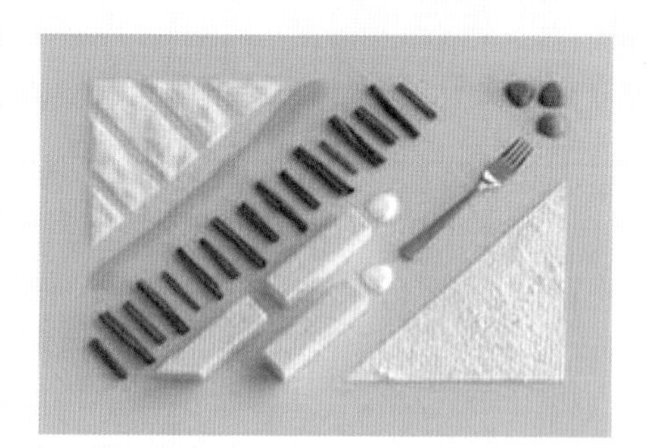

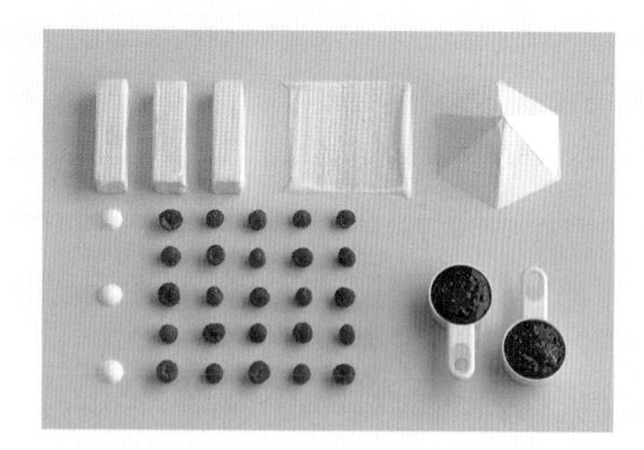

그림 T4-7 이케아 레시피북 〈Homemade Is Best〉

고객의 체험을 높이는 증강현실 카탈로그 앱

이케아 마케팅의 하이라이트는 무엇보다 증강현실 기술을 접목한 카탈로그 앱이다. 가구는 일회성 용품이 아니기 때문에 신중하게 제품을 선택해야 한다. 그러나 실제 가구를 구매하는 소비자들은 가구회사가 제공하는 카탈로그에 의존해 가구 크기를 가늠해볼 뿐, 실제로 자신의 집 인테리어와 잘 맞는지 또는 어디에 배치하면 좋을지 등은 상상으로밖에 할 수 없었던 상황이다.

이러한 문제점을 해결하기 위해 고안된 이케아 증강현실 앱은 어떤 공간이건 실제 가구를 들여놓은 듯 생생한 체험을 제공한다. 사용자들은 가상으로 내 집과 내 방에 어울리는 가구를 마음대로 골라서 배치해 볼 수 있다. 디자인, 컬러, 크기 등 여러 가지 고민되는 문제들을 간단한 앱 실행만으로 해결할 수 있다. 이케아 증강현실 앱으로 제품의 360도 보기는 물론 자세한 제품 관련 정보도 얻을 수 있고 가상공간에서 가구 크기나 위치도 잴 수 있다. 이케아가 가상으로나마 구매 전 체험을 제공하는 이유는 자사 고객 중 70%가 가정에서 가구를 둘 장소의 실제 크기를 모르고 있으며, 14%는 아예 크기가 다른 가구를 구입한 적이 있다는 자체 조사 결과가 있었기 때문이다.

그림 T4-8 이케아 증강현실 카탈로그 앱

2. 이케아의 성공요인 찾기

이케아가 수행해 온 다양한 마케팅 사례를 분석해 보면, 이케아의 성공요인을 몇 가지로 압축할 수 있다. 첫째는 재미와 브랜드 정체성의 접목이다. 이케아의 커뮤니케이션 전략은 충분한 재밋거리를 제공하고 있지만, 브랜드 정체성과의 연계도 항상 치밀하게 계산되어 있다. 이케아의 요리책은 그 자체로도 충분히 흥미롭고 미적으로 우수하지만, 주방가구를 만드는 이케아의 브랜드 정체성을 더욱 공고히 해준다. 이케아는 커뮤니케이션 메시지가 브랜드나 상품과 결합된 콘텐츠일 때 브랜드 인지나 선호에 긍정적인 효과를 가져온다는 법칙을 성실히 이행하고 있다.

둘째는 참여적 요소이다. 소비자들은 다른 사람들에게 또는 소셜미디어를 통해 자신이 좋아하는 브랜드에 대한 자신의 경험을 이야기하고 싶어한다. 기업이 직접 만든 브랜드 스토리보다 대중들이 직접 참여해서 만든 브랜드 콘텐츠가 설득력도 크고 구전도 빠르다. 오프라인 카탈로그는 그 수량이 한정적이지만 온라인 카탈로그의 수량은 무한대이다. 소비자들이 자발적인 참여를 통해 자신이 좋아하는 이케아 상품에 태그를 걸고 그것이 지인들과 공유될 때, 새로운 소셜 온라인 카탈로그로 재탄생하게 되는 것이다.

셋째는 콘텐츠 제공의 지속성이다. 기업이 제공하는 콘텐츠는 비록 그것이 소소한 이야기일지라도 지속적으로 유지되는 것이 중요하다. 이케아 카탈로그는 1951년부터 매년 발행되어 왔으며, '많은 사람들을 위한 더 좋은 생활을 만든다'는 이케아의 비전을 충실히 실천하고 있다. 이케아는 현재 2억 부 이상 배포되는 카탈로그를 통해 단순히 제품만 판매하는 것이 아니라 새로운 라이프스타일을 제안하고 홈 퍼니싱에 관한 다양한 가이드와 팁을 제공하고 있다.

넷째는 통합적 채널전략이다. 온라인과 오프라인 미디어, 그리고 다양한 소셜미디어들은 각기 다른 장단점을 가지고 있기 때문에, 서로 대체재가 아니라 보완재인 경우가 많다. 이케아의 경우 오프라인 카탈로그가 가장 중요한 커뮤니케이션 도구지만, 배포가 제한적이라는 한계점을 고려하여 웹사이트나 인스트그램을 통해 온라인 카탈로그를 제공하고 있다. 또 소비자 참여 이벤트는 페이스북이나 인스타그램을 통해 진행하지만, 맞춤 제작형 주방가구 시스템이나 비주얼한 요리책 관련 광고는 감각적인 영상을 만들어 유튜브를 통해 배포한다. 즉, 이케아는 온라인과 오프라인 미디어 간 또는 소셜미디어 간 특성을 충분히 고려한 미디어 전략을 구사함으로써, 미디어 채널 간 시너지 효과를 극대화하고 있다.

3. 커뮤니케이션 전략과 고객관리 전략 개발

지금까지 학습한 사례들을 참고로 하고, 소셜미디어와 옴니채널의 최신 기술과 트렌드를 분석하여 인터넷 쇼핑몰에서 활용할 수 있는 커뮤니케이션 전략과 고객관리 전략을 각각 한 가지 이상 개발해 보자.

REFERENCE

PART 1. FASHION INTERNET BUSINESS: PRESENT & FUTURE

Chapter 1. e-비즈니스로의 초대

구교봉, 이종호(2014). 소셜네트워크를 활용한 전자상거래: E-commerce에서 S-commerce까지. 서울: 탑북스.

김성희, 장기진(2008). e-비즈니스.com. 서울: 청람.

남윤자, 이유리, 추호정, 이성지, 이하경, 박선미, 이정임, 양희순, 박진희, 최진우, 서상우, 최경미, 이미아, 이새은, 김도연(2013). IT FASHION. 파주: 교문사.

박길상(2013). 인터넷마케팅. 서울: 비앤엠북스.

박명호, 김상우, 백운배, 장연혜(2014). 인터넷마케팅. 서울: 명경사.

정인희(2012). 리서슈머 시대, 소비자는 똑똑하다. 동아비즈니스리뷰, 107호.

정인희, 채진미, 김지연, 문희강, 이미아, 지혜경, 김현숙, 주윤황(2010). 패션 상품의 인터넷 마케팅. 파주: 교문사.

한상만, 박승배, 홍재원(2003). 소비자의 인터넷 쇼핑몰 사이트 항해 형태의 유형화에 관한 연구, 소비자학연구, 14(3), 43-66.

Canzer, B. (2005). *E-Business: Strategic Thinking and Practice(2nd ed.)*. Boston, MA: Houghton Mifflin.

Kalakota, R., & Robinson, M. (2000). *e-Business 2.0: Roadmap for Success(2nd ed.)*. Boston, MA: Addison-Wesley Professional.

Laudon, K. C., & Traver, C. G. (2008). *E-commerce: Business, Technology, Society (4th ed.)*. Upper Saddle River, NJ: Prentice Hall.

Turban, E., Lee, J., King, D., Liang, T. P. & Turban, D. (2010). *Electronic Commerce 2010: A managerial Perspective(6th ed.)*. Upper Saddle River, NJ: Prentice Hall.

Wigand, R. T. (1997). Electronic Commerce: Definition, Theory, and Context. *The Information Society*, 13(1), 1-16.

노스페이스(2014. 9. 30). 승부욕 돋는 노스페이스 영상.

노스페이스(2015, 6. 17). 14FW 노스페이스 '#다시탐험속으로' 바이럴 영상 광고제 수상기념 이벤트.

어패럴뉴스(2015. 3. 3). 패션 모바일 마케팅 대세는 '큐레이션 SNS'.

이코노미조선(2015, 7. 7). 나만을 위한 '맞춤형 소비'가 뜬다.

패션비즈(2015. 4. 14). 라이크디즈, 크라우드소싱을 패션에.

패션비즈(2015. 5. 20). 스포츠 아웃도어, '인스타'로 모여!

나라장터 홈페이지 www.g2b.go.kr

나이키 홈페이지 www.nike.com

대한민국 정부민원포털 민원24 홈페이지 www.minwon.go.kr

라이크디즈 홈페이지 likethiz.com

렉시스넥시스 홈페이지 www.lexisnexis.com

리복 홈페이지 www.reebok.com

아디다스 홈페이지 shop.adidas.co.kr

IBM 홈페이지 www.ibm.com
유튜브 홈페이지 www.youtube.com
프라이스라인닷컴 홈페이지 www.priceline.com
PwC 홈페이지 www.pwc.com

Chapter 2. 디지털 혁명과 마케팅 패러다임의 변화

김재일(2006). 유비쿼터스 인터넷 마케팅. 서울: 박영사.
김창수, 김승욱, 문태수, 윤종수, 윤한성, 천면중(2011). e-비즈니스 원론. 파주: 법문사.
정인희, 채진미, 김지연, 문희강, 이미아, 지혜경, 김현숙, 주윤황(2010). 패션 상품의 인터넷 마케팅. 파주: 교문사.
한국인터넷진흥원(2015). 2014년 모바일인터넷이용실태조사 최종보고서.
한국인터넷진흥원(2015). 2014년 인터넷이용실태조사 최종보고서.
Krol, E., & Hoffman, E. (1993). FYI on "What is the Internet?". RFC 1462.
Shani, D., & Chalasani, S. (1992). Exploiting Niches Using Relationship Marketing. *Journal of Services Marketing*, 6(4), 43-52.

삼성디자인넷(2014. 12. 17). Review 2014, Preview 2015: 2014년 패션산업 10대 이슈와 2015년 전망.
어패럴뉴스(2014. 7. 17). 유아업계, 체험단 바이럴 마케팅.
패셔비즈(2015. 3. 3). 패션 '빅데이터' 르네상스 시대!
패션넷코리아(2014. 12. 8). 유튜브(Youtube), 디지털 패션 마케팅의 날개를 달다.
패션비즈(2015. 1 26). 패션 '빅데이터' 르네상스 시대!

네이버 쇼핑 입점 join.shopping.naver.com
Daum 쇼핑하우 입점 commerceone.biz.daum.net
에어로 홈페이지 www.aeropostale.com
이니스프리 홈페이지 www.innisfree.co.kr

Chapter 3. 인터넷 비즈니스의 미래 환경

강시철(2015). 사물인터넷 비즈니스의 모든 것 디스럽션. 서울: 리더스북.
김국현(2015). 오프라인의 귀환 O2O와 옴니채널의 세계. 서울: 페이지블루.
김성희, 장기진(2009). 전자상거래 이해. 서울: 무역경영사.
김재수, 김문홍, 오장균(2009). 인터넷마케팅전략. 서울: 형지사.
김재일(2006). 유비쿼터스 인터넷 마케팅. 서울: 박영사.

김정구(2003). 미래형 e마케팅. 서울: 영진Biz.com.
김형택(2015). 옴니채널 & O2O 어떻게 할 것인가? 서울: e비즈북스.
모바일마케팅연구소(2014). 모바일 인사이트. 서울: (주)행간.
박명호, 한장희, 김상우, 백운배(2007). 인터넷마케팅. 서울: 명경사.
박원익, 김영국(2012). 소비자 심리유형 정보를 이용한 가중치 기반 추천 기법. 정보과학회논문지: 데이터베이스, 39(2), 129-137.
사사키 도시나오(2012). 큐레이션의 시대. 한석주 역. 서울: 민음사.
스티븐 로젠바움(2011). 큐레이션: 정보과잉 시대의 돌파구. 이시은, 명승은 역. 서울: 명진출판사.
이가은 (2014). 소셜미디어를 활용한 패션브랜드 마케팅에 관한 연구: 핀터레스트, 인스타그램 적용사례 분석을 중심으로. 중앙대학교대학원 석사학위논문.
채송화 (2012). 디지털 사이니지(Digital Signage) 기반 콘텐츠산업의 현황과 전망. 한국콘텐츠진흥원, 코카포커스, 54.
한국인터넷진흥원 (2014). 모바일 광고 산업 실태조사.
Lyytinen, K. & Yoo, Y. (2002). Issue and Challenges in Ubiquitous Computing. *Communications of the ACM*, 14(12), 64.
Rheingold, H. L. (1993). Virtual Communities and the Well, *GNN Magizine*, 1.
von Reischach, F., Guinard, D., Michahelles, F., & Fleisch, E. (2009). A Mobile Product Recommendation System Interacting with Tagged Products. *Proceedings of Pervasive Computing and Communications, PerCom 2009 IEEE International Conference on* 9-13, March 2009. 1-6.

삼성디자인넷(2015. 1. 9). Future of Retail 2015.
어패럴 뉴스(2015. 3. 3). 패션 모바일 마케팅 대세는 '큐레이션 SNS' 인스타그램·빙글 등 관심사 기반 서비스 제공.
패션인사이트(2015. 12. 15). Fashion Insight 선정: 2015 패션… 유통업계10대뉴스
패션인사이트(2016. 1. 1). 모바일, '꼴찌상가'의 반란 이끌었다.
Aglaia(2014. 7. 16). Tori Burch for Fitbit.
Augmented Reality Trends(2013. 7. 23). Will Augmented Reality Change the Future of Retail Market!
Augmented Reality Trends: Now and Then(2013. 7. 26). Augmented Reality Retail Trends: Now and Then.
Brandchannel(2014. 11. 12) eBay Brings Digital Chic, Bespoke Big Data to Rebecca Minkoff's New Stores.
Brandleadership(2015. 6. 17). The Future of Omni-Channel: Insignts, Innovations & Experiences.
Brian Solis(2012. 4. 9). Meet the Generation C: The Connected Consumer.
Flurry Insights(2014. 4. 1). Apps Solidify Leadership Six Years into the Mobile Revolution.
Stylefusionworld.com(2015. 4. 1). The 6th Annual Fashion 2.0 Awards.
This is Retail.com(2014. 11. 19). J.Crew. Digitalised.
Wearable(2015. 4. 23). Designer wearables: The best fashion tech from big name labels.

ronnierocket.com 홈페이지 ronnierocket.com
My Fashion Juice 홈페이지 myfashionjuice.com
아마존 홈페이지 www.amazon.com
위키피디아 홈페이지 www. wikipedia.org
eBizMBA 홈페이지 www.ebizmba.com
cursive 홈페이지 cursivecontent.com
페이스북 홈페이지 facebook.com/hm

핀터레스트 홈페이지 pinterest.com.

Try It Your Self 1

김성민(2012). 엔지니어를 위한 C++빌더 프로그래밍의 기초. 광주: 전남대학교출판부.
벨렌 크루즈 파타(2014). Android Studio Application Development. 안세원 역. 서울: 에이콘출판.
Pascal Volino, Nadia Magnenat-Thalmann(1998). *Virtual Clothing: Theory and Practice*. Heidelberg: Springer.

비주얼스튜디오 홈페이지 www.visualstudio.com
엠바카데로 홈페이지 www.embarcadero.com
AppMethod 홈페이지 www.appmethod.com

PART 2. BUSINESS PLANNING

Chapter 4 비즈니스 환경 분석과 전략 수립

김선기(2015). 하고싶다, 쇼핑몰. 서울: 조선뉴스프레스.
대한상공회의소(2014). 2015년 소매유통업 전망 조사.
박길상(2013). 인터넷 마케팅. 서울: 비앤엠북스.
박명호, 김상우, 백운배, 장영혜(2014). 인터넷 마케팅. 서울: 명경사.
안광호, 황선진, 정찬진(2005). 패션마케팅. 서울: 수학사.
은종성(2015). 작은 회사를 위한 인터넷 마케팅&사업계획서 만들기. 서울: e비즈북스.
이문규, 안광호, 김상용(2005). 인터넷 마케팅. 파주: 법문사.
이승창, 류성민, 정강옥, 조성도(2014). 모바일, 온라인, 오프라인 마케팅의 이해. 서울: 한경사.
이시환, 고은희(2014). cafe24 스마트 디자인으로 인터넷 쇼핑몰 만들기. 고양: 앤써북.
장대균(2014). 초보사장 창업 성공에게 길을 묻다. 서울: 미래와 경영.
정인희(2011). 패션 시장을 지배하라. 서울: 시공아트.
정인희, 채진미, 김지연, 문희강, 이미아, 지혜경, 김현숙, 주윤황(2010). 패션 상품의 인터넷 마케팅. 파주: 교문사.
한국인터넷진흥원(2013). 2013년 모바일 인터넷 이용 실태 조사.
한국인터넷진흥원(2013). 2013년 인터넷 이용 실태 조사.

삼성디자인넷(2015). 2014/15년 패션시장 분석.
삼성디자인넷(2015). 2015 복종별 전망 및 대응전략.
삼성디자인넷(2015). 2015 패션시장의 유통업태별 이슈.
세계일보(2015. 4. 13). 노(老)티 는 No, '노노족' 대세.
스포츠동아(2014. 10. 2). 신조어 '노노족' 확산… 노년들이 젊어진다.
아시아경제(2015. 7. 8). '스타일난다' 패션 돌풍… 8년 만에 매출 1000억 돌파.

이티뉴스(2014. 12. 10). 인터넷쇼핑몰, 결정적 구매 동기는?
Tin뉴스(2014. 11. 11). 한·중 FTA 타결, 섬유 VS 패션 엇갈린 전망.

네이버 홈페이지 www.naver.com
랭키닷컴 홈페이지 www.rankey.com
마리몬드 홈페이지 www.marymond.com
멋남 홈페이지 www.mutnam.com
비버리힐스폴로클럽 홈페이지 www.polofc.co.kr
스타일난다 홈페이지 www.stylenanda.com
29CM 홈페이지 www.29cm.co.kr
인터파크 홈페이지 www.interpark.com
임블리 홈페이지 imvely.com
G마켓 홈페이지 www.gmarket.co.kr
통계청 국가통계포털 홈페이지 kosis.kr
통계청 e-나라지표 kosis.kr

Chapter 5. 창업 준비

방용성, 주윤황(2010). 1인 창조기업 창업전략. 서울: 도서출판 글로벌.
방용성, 주윤황(2014). 창업경영 제2판. 파주: 학현사.

기업마당 홈페이지 www.bizinfo.go.kr.
소상공인시장진흥공단 홈페이지 www.semas.or.kr
소상공인포털 홈페이지 www.sbiz.or.kr
창업넷 홈페이지 www.startup.go.kr.
청년창업사관학교 홈페이지 start.sbc.or.kr

Chapter 6. 사업계획서

방용성, 주윤황(2010). 1인 창조기업 창업전략. 서울: 도서출판 글로벌.
방용성, 주윤황(2014). 창업경영 제2판. 파주: 학현사.

소상공인시장진흥공단 홈페이지 www.semas.or.kr
소상공인포털 홈페이지 www.sbiz.or.kr
중소기업공단 홈페이지 www.bizonk.or.kr

Try It Your Self 2.

소상공인포털 홈페이지 www.sbiz.or.kr

PART 3. BUSINESS VISUALIZING

Chapter 7 유통채널 전략

김민정(2008). 쇼핑몰&오픈마켓 창업실무 가이드. 서울: 웰북.
김지연(2010). 의류제품 정보탐색과 구매채널별 소비자특성 고찰, 한국의류산업학회지, 12(3), 318-326.
김지연(2013), 유니클로의 온라인과 오프라인 이미지가 멀티채널 브랜드 구매의도에 미치는 영향, 복식문화학회, 21(1), 42-56.
김형택(2015). 옴니채널 & O2O 어떻게 할 것인가? 서울: e비즈북스.
대한상공회의소(2015). 2015년 유통산업백서.
Digieco(2013. 5. 16). 제65회 디지에코 오픈세미나자료: 스마트시대 소비트랜드의 중심, 모바일커머스.
정상익, 조민형(2010). 멀티채널 시대 소매전략 보고서, 대한상공회의소 대한상의보고서.
KT경제경영연구소(2013). 아마존 vs. 월마트: 새로운 유통전쟁의 시작.
Criteo(2015). 모바일 커머스 현황, 앱과 크로스 디자인, 모바일 비즈니스 성장 주도.
Polloian, L. G. (2009). *Multichannel Retailing*, NY: Fairchild.
Verhoef, P. C., & Langerak, F. (2001). Passible Determinants of Consumer's Adoption of Electronic Grocery Shopping in the Netherlands. *Journal of Retailing and Consumer service*, 8(5), 275-285.

국민일보(2105. 7. 11). 온라인 쇼핑, 싼맛에 한다? 이젠 빠르고 편해서 한다.
뉴스투데이(2015. 3. 4). 언제 어디서나 즐거운 '쇼핑'… 패션업계도 '옴니채널' 바람.
동아닷컴(2015. 1. 12). "유통 슈퍼공룡이 온다" 오픈마켓 술렁… "한류열풍 타고 中 사업 확장" 기대도.
디지털타임스(2013. 7. 18). 모바일 커머스.
디지털타임스(2015. 5. 6). 한국소비자 63% 한번 이상 온라인 쇼핑 경험.
머니투데이(2014. 5. 17). 편의점 이어 T커머스까지… 신세계, 멀티 쇼핑채널 완성.
메조미디어(2014. 8. 12). 2014년 상반기 쇼핑업종자료.
아시아경제(2015. 7. 27). T-커머스 시장 춘추전국시대… 대기업 채널 경쟁 가속화.
아이뉴스24(2014. 12. 11). 유통 핫이슈 '옴니채널'은 온·오프 경계 지운다.
어패럴뉴스(2015. 6. 15). ABC마트, 업계 최초 옴니채널 '스마트 슈즈 카트' 구축.
MNB(2014. 11. 24). 다양한 채널의 통합, 옴니채널의 시대.
MK뉴스(2013. 6. 30). 온·오프 넘나드는 '멀티쇼핑'시대.
MK뉴스(2014. 12. 16). 온라인 쇼핑, 모바일, T커머스 뜨고 카탈로그, PC 지고.
이코노믹리뷰(2014. 11. 13). 패션업계 옴니채널, 어디까지 왔니?
이코노믹리뷰(2015. 2. 25). 패션업계 옴니채널, MCM도 나섰다.
이티뉴스(2014. 11. 20). 2015년 유통업계 뜨거운 화두 '옴니채널'.
이티뉴스(2015. 1. 19). 옴니채널전략.

인베스트조선(2015. 7. 8). 모바일커머스 주도권을 빼앗긴 지마켓, 옥션, 11번가.
고리아뉴스두데이(2015. 1. 10). '온·오프라인 경계 무너졌다' 옴니채널 대세.
패션비즈(2015. 2. 26). 「MCM」, 'M5 서비스' 성공할까.
한국경제(2014. 9. 11). 멀티채널 쇼핑시대… 온라인 고객이 오프 고객보다 3만원 더 써.
한국경제(2015. 1. 6). 똑똑해진 소비자… '옴니채널'만이 살길,
한국섬유신문(2015. 8. 4). 유통 지각변동… 패션산업, 준비되어 있는가?
The Wall Street Journal(2011. 11. 3). Mink or Fox? The Trench Gets Complicated.

네이버 쇼핑 입점 및 광고 홈페이지 join.shopping.naver.com
다음 쇼핑하우 입점 홈페이지 commerceone.biz.daum.net
Retail Design Blog 홈페이지 retaildesignblog.net
Bargain Avenue 홈페이지 www.thebargainavenue.com.au
Snipview 홈페이지 www.snipview.com
O3 World 홈페이지 o3world.com
옥션 홈페이지 www.auction.co.kr
G마켓 홈페이지 www.gmarket.co.kr

Chapter 8. 쇼핑몰 구축

카페24(2014). cafe24로 쇼핑몰 정복하기. 서울: 심플렉스인터넷.
국가법령정보센터 홈페이지. www.law.go.kr
카페24 홈페이지 이미지. echosting.cafe24.com

Chapter 9. 상품표현 전략

곽준규, 임화연(2007). 쇼핑몰 상품페이지 전략. 서울: e비즈북스.

뉴스웨이(2013. 8. 5). 온라인 쇼핑족 67%, '알뜰소비 이유로 해외쇼핑몰' 이용.
어패럴뉴스(2014. 10. 24). 상반기 해외직구 매출 7천 5백억원.
패션비즈 (2015. 9. 1). 2012년 럭셔리 온라인 매출 두 배?
패션채널 (2013. 7. 9). 소셜커머스 모바일 쇼핑이 대세!

네이버 홈페이지 www.naver.com
더바디샵 홈페이지 www.thebodyshop.co.kr
딘트 홈페이지 dint.co.kr
라온제나 홈페이지 www.raonjenakorea.com
리슬 홈페이지 leesle.com

마담부띠끄 홈페이지 www.madamboutique.com
바이슬림 홈페이지 www.byslim.com
바젬 홈페이지 www.bazem.co.kr
소녀나라 홈페이지 www.sonyunara.com
쉬즈굿닷컴 홈페이지 dint.co.kr
스타일베리 홈페이지 styleberry.co.kr
아베크제이 홈페이지 www.avecj.com
앤마리 홈페이지 www.nmari.co.kr
에이쿠드 홈페이지 www.acood.co.kr
인터파크 홈페이지 www.interpark.co.kr
주줌 홈페이지 zoozoom.co.kr
G마켓 홈페이지 www.gmarket.co.kr
프린세스걸 홈페이지 www.princessgirl.net

Chapter 10. 상품기획과 조달

강완규(2009). 인터넷쇼핑몰 성공전략. 서울: 21세기사.
김병성, 네모도리(2008). 패션쇼핑몰 사입전략. 서울: 정보문화사.
김병성, 네모도리(2010). 한권으로 끝내는 쇼핑몰 창업 & 운영. 서울: 정보문화사.
김병성, 박혜미, 박대윤(2006). 인터넷 옷장사 절대로 하지마라. 서울: 정보문화사
김수연(2009). 인터넷쇼핑몰 리얼스토리. 서울: 도서출판 비비컴.
김준원(2008). 동대문시장 원도매 사입가이드. 서울: e비즈북스.
동대문패션타운관광특구협의회(2014). 2014 동대문유통백서.
안광호, 황선진, 정찬진(2010). 패션마케팅(제3판). 서울: 수학사.
여환철(2008). 인터넷 쇼핑몰 수입의류로 승부하라. 서울: e비즈북스.
이규혜, 이유리, 이윤정(2009). 패션바잉과 머천다이징. 서울: 시그마프레스.
이은성, 김종원, 황인성(2006). 패션쇼핑몰의 젊은 영웅들. 서울: e비즈북스.
장용준(2015). 쇼핑몰 사입의 기술. 서울: e비즈북스.
전중열, 이정일(2014). BLACK BIBLE: 패션쇼핑몰 창업을 위한 사입의 비밀. 서울: 성안당.
정인희, 채진미, 김지연, 문희강, 이미아, 지혜경, 김현숙, 주윤황(2010). 패션 상품의 인터넷 마케팅. 파주: 교문사.
정혜원(2009). 인터넷쇼핑몰 상품기획으로 승부하라. 서울: e비즈북스.
최원일, 김상조, 서용한(2009). 인터넷 마케팅, 대구: 도서출판 대명.
최창문(2015). 인터넷 쇼핑몰 브랜드 전략. 서울: 앱북스.
카페24 마케팅센터(2009). 대한민국 1%, 인터넷쇼핑몰 스타일 분석. 서울: 큰그림.
허철무, 정석원, 장지영 (2009). 인터넷쇼핑몰 상품기획 실무 스타일 가이드. 서울: 도서출판 비비컴.

동타닷컴 홈페이지 www.donta.com
메이크샵 홈페이지 www.makeshop.co.kr

모이자 홈페이지 www.moyiza.com
사입심촌닷컴 홈페이지 사입삼촌.com
위즈위드 홈페이지 www.wizwid.com
카페24 홈페이지 www.cafe24.com

Try It Yourself 3.

뷰티풀너드 홈페이지 www.beautifulnerd.co.kr

PART 4. BUSINESS ACTIVATING

Chapter 11. 인터넷 비즈니스와 커뮤니케이션

이강호(2011). 기업의 트위터 활용유형에 따른 도입방안에 관한 연구. 기업경영연구(구 동림경영연구), 37, 279-297.
이경렬, 목양숙(2011). 새로운 광고마케팅 플랫폼으로서 소셜미디어의 확산과 활용실태. 조형미디어학, 14(4), 153-160.
이윤희(2012). 국내 SNS 의 이용 현황과주요 이슈 분석. INTERNET & SECURITY FOCUS, 10.
이은선, 김미경(2012). 마케팅 커뮤니케이션 수단로서의 기업 페이스북 팬페이지 이용행태 분석. 광고학연구, 23(2), 31-55.
장윤희(2012). 소셜미디어 마케팅 성과에 관한 연구-포탈 광고, 블로그, SNS 채널의 특징과 성과 비교를 중심으로. 디지털융복합연구, 10(8), 119-133.
정보통신정책연구원(2014). 모바일 광고시장의 전망 및 동향.
정보통신정책연구원(2015). SNS(소셜네트워크서비스) 이용 추이 및 이용행태 분석.
조태종, 윤혜정, 이중정(2012). 기업의 홍보 마케팅용 트위터의 리트윗 현황 분석: 이용자 특성과 콘텐츠 속성을 중심으로. Information Systems Review, 14(1), 21-35.
최민재(2009). 소셜 미디어의 확산과 미디어 콘텐츠에 대한 수용자 인식연구. 한국언론정보학회지, 12, 5-31.
최영택, 김상훈(2013). 소셜미디어(SNS)를 활용한 기업의 PR 활동에 관한 연구: 소셜미디어 및 기업 특성을 중심으로. 홍보학연구, 17(3), 37-76.
최재용, 김우찬, 조건섭, 손홍욱, 이상원, 김준태, 김현주, 김영모(2014). SNS 홍보 마케팅 불변의 법칙. 서울: 시대에듀.
탁진영, 황영보(2005). 모바일 광고의 설득효과에 관한 탐사적 연구. 언론과학연구, 5(1), 265-300.
하이테크마케팅그룹(2010). 웹마케팅 혁명. 서울: 원앤원북스.
한국방송통신전파진흥원(2012). SNS(Social Network Service)의 확산과 동향.
한국온라인광고협회(2015). 온라인 광고시장규모 조사.
홍범식, 심현보(2009). 시간과 공간, 초세분화하라. 동아비지니스리뷰, 40호.
Liu, C., White, R. W., & Dumais, S.(2010, July). Understanding Web Browsing Behaviors through Weibull Analysis of Dwell Time. *Proceedings of the 33rd International ACM SIGIR Conference on Research and Development in Information Retrieval*, 379-386.

디투데이(2015. 8. 13). 동영상 마케팅, 소비자의 시간을 달리다.

Daum 디스플레이광고(2012). Ad@m 리치미디어 상품소개서.
머니투데이(2014. 3. 16). 유튜브, '광고 5초 건너뛰기'의 힘.
삼성디자인넷(2014. 3. 21). UGC를 통한 소비자의 자발적 참여 확대.
삼성디자인넷(2015. 1. 9). Social Media Trend 2015.
삼성디자인넷(2015. 3. 17). Digital Fashion People 2015.
삼성디자인넷(2015. 5. 6). 패션브랜드의 온라인 전략.
아시아경제(2015. 6. 25). 유튜브 "페이스북 동영상? 걱정할 이유 없어"
아이뉴스(2015. 8. 15). 유튜브서 뜨는 '스토리텔링' 광고… "5초를 잡아라"
이티뉴스 (2005. 12. 5). 돈 버는 마케팅, 돈 버리는 마케팅(15) e마케팅 10계명(하).
조선비즈 (2014. 6. 19). 월드컵 동영상에 붙은 '5초만에 건너뛰는 광고', 효과는?
조선비즈 (2015. 10. 26). 저커버그는 좋겠네… 인스타그램, 月사용자 수 4억명 돌파.
Creative Guerrilla Marketing(2014. 3. 20). #HMLookNbook Tweet-To-Reveal Exclusive H&M Fashion In Posters.
Emarketer(2014. 10. 23). Consumers Get Engaged with Rich Media.
iab 홈페이지- Sharethrough 보고서(2013). www.iab.net
Millward Brown 홈페이지- Global Mobile Behavior 보고서(2014). www.millwardbrown.com
Nielsen Norman Group 홈페이지- Jakob Nielsen(2011). How long do users stay on web pages.

루즈와이어 블로그 홈페이지 www.loosewireblog.com
버즈피드 홈페이지 www.buzzfeed.com
브라이언보이 블로그 홈페이지 www.bryanboy.com
비즈니스인사이더 홈페이지 www.businessinsider.com
심슨코리아 홈페이지 simpsonkorea.tistory.com
ICT 통계포털 www.itstat.go.kr
위키피디아 홈페이지 www.wikipedia.org
유튜브 홈페이지 www.youtube.com
키아라 페라니 블로그 홈페이지 www.theblondesalad.com
테크룬 홈페이지 www.techloon.com
Statista: The Statistics Portal www.statista.com

Chapter 12. 인터넷 비즈니스를 위한 고객관리

김연호(2009). 인터넷 게릴라 마케팅. 서울: e비즈북스.
김용호, 정기호, 김문(2008). 인터넷마케팅.COM. 서울: 학현사.
김지연(2015), 의류제품특성에 따른 멀티채널 선택행동분석-한국과 미국 소비자를 중심으로. 한국의류산업학회지, 17(6), 919-931.
김철민, 조광행(2004). 인터넷 쇼핑몰에서의 소비자 충성도(e-충성도) 분석모형. 경영학 연구, 33(2), 573-599.
김형택(2015). 옴니채널 & O2O 어떻게 할 것인가? 서울: e비즈북스.
모바일마케팅연구소(2014). 모바일 인사이트. 서울: ㈜행간.
민대환, 박재홍, 박철(2002). eCRM 기능이 고객의 웹사이트 방문과 구매에 미치는 영향. Information System Review, 4(2),

155-168.
박명호, 한장희, 김상우 백운배(2007). 인터넷 마케팅(개정판). 서울: 명경사.
서용한(2001). 인터넷 쇼핑몰 이용고객의 관계지향성에 관한 연구-관계단절을 중심으로-. 부산대학교 대학원 박사학위논문.
은종성(2015). 작은 회사를 위한 인터넷마케팅 & 사업계획서 만들기. 서울: e비즈북스.
이유리, 양종열, 오민권(2001). 웹기반 CRM(eCRM)을 이용한 디지털디자인 프로세스. 디자인학연구, 44(14), 109-116.
전성훈, 최현희(2001). eCRM 실무지침. 서울: 삼각형프레스.
정인희, 채진미, 김지연, 문희강, 이미아, 지혜경, 김현숙, 주윤황(2010). 패션 상품의 인터넷 마케팅. 파주: 교문사.
최원일, 김상조, 서용한(2009). 인터넷 마케팅. 서울: 도서출판 대명.
필립 코틀러(2010). 마켓 3.0: 모든 것을 바꾸어놓을 새로운 시장의 도래. 안진환 역. 서울: 타임비즈.
하이테크마케팅그룹(2010). 웹마케팅 혁명. 서울: 원앤원 북스.
함봉진, 주윤황(2010). 인터넷마케팅. 서울: 도서출판 두남.
Chung, I. H.(2012). Consumer's Multi-Channel Choice in Relation to Fashion Innovativeness and Fashion Items. *International Journal of Management Cases*, 14(4), 27-34.
Kotorov, R. (2002). Ubiquitous Organization: Organizational Design for e-CRM. *Business Process Management Journal*, 8(3), 218-232.
Reichheld, F. & Schefter, P. (2000). E-loyalty: Your Secret Weapon on the Web. *Harvard Business Review*, 68(5), 105-113.

나스미디어 버즈리포트(2008. 12. 1). 웹 2.0 쇼핑몰, 충족되지 않은 고객의 욕구 찾아내라.
DMC 리포트(2014. 12. 19). 2014년 소비자의 구매의사결정과정별 정보획득 및 공유행동의 이해.
DMC 리포트(2015. 9. 4). 2015년 소비자의 구매의사결정과정별 정보획득 및 공유행동의 이해.
동아닷컴 (2011. 5. 16). 모바일 커머스시장 年 50%씩 쑥쑥 큰다.
삼성디자인넷(2015. 1. 9). Future of Retail 2015.
아이뉴스24(2014. 12. 11). 유통 핫이슈 '옴니채널'은 온·오프 경계 지운다.
MK뉴스(2013. 6. 30). 온·오프 넘나드는 '멀티쇼핑' 시대.
칸타월드패널(2015. 5. 6). 한국 소비자 27%, 오프라인 + PC + 모바일 모두 이용하는 멀티채널쇼퍼.
Business Wire(2015. 11. 9). Shopkick Announces Exciting New Partnership with Vanity to Reward Customers for Shopping.
Businessinsider(2013. 11. 23). Nordstrom Will Use Pinterest To Decide What Merchandise To Display In Stores.
Huffingtonpost(2013. 7. 27). Nordstrom Pinterest 'Top Pinned Items' Come To Life In Stores.
Instyle(2012. 4. 20). How to Get Discounts on our New Favorite Color: Lemon.
Predictive Analytics Times(2014. 1. 27). Amazon Knows What You Want before You Buy.

네이버 애널리틱스 홈페이지 analytics.naver.com
ModiFace 홈페이지 modiface.com
스냅패션 홈페이지 snapfashion.com
코텍시카 홈페이지 www.cortexica.com

Try It Your Self 4.

뉴시스(2015. 8. 16). 이케아 코리아, 2016년 이케아 카탈로그 출시.
디지털인사이트 미디어(2015). 통통 튀는 인스타 #아이디어모음집.
메조미디어(2014. 3. 5). 글로벌 모바일 마케팅 사례.
Bizion(2013. 8. 7). 가구를 내 집에 배치해주는 이케아 '증강현실 앱'.
삼성디자인넷(2011. 6. 13). 인테리어 가구 브랜드 IKEA의 성공전략.
Techholic(2013. 8. 24). 이케아가 증강현실 활용하는 법 '느낌 아니까…'.
Techholic(2015. 5. 8.). 이케아가 상상하는 '2025년 미래 주방'.

INDEX

국문

영문

저자소개

정인희(Ihn Hee Chung)

금오공과대학교 화학소재융합학부 교수이다. 서울대학교 의류학과를 졸업하고 같은 학교 대학원에서 석사학위와 박사학위를 받았다. 작은 회사에서 패션 상품의 생산 관리와 수출 업무를 경험했고, 패션 정보회사에서 시장 분석과 컨설팅 업무를 수행했으며, 패션 전문지 발행을 위해 일하며 산업 현장의 이모저모를 둘러보았다. 방문교수로 이탈리아 폴리테크니코디밀라노 디자인대학에서 연구하였다. 《패션 시장을 지배하라》, 《이탈리아, 패션과 문화를 말하다》, 《패션을 위한 소재기획 워크북》(공저), 《의류학 연구 방법론》(공저), 《패션 상품의 인터넷 마케팅》(공저) 등의 책을 쓰고, 《서양 패션의 역사》, 《재키 스타일》(공역), 《오드리 헵번, 스타일과 인생》(공역), 《패션의 얼굴》(공역) 등의 책을 우리말로 옮겼다.

채진미(Jin Mie Chae)

한성대학교 패션학부 교수이다. 서울대학교 의류학과를 졸업하고 같은 학교 대학원에서 석사학위와 박사학위를 받았으며, Fashion Institute of Technology(FIT)에서 A.A.S. Degree를 받았다. 서울대학교 생활과학연구소와 연세대학교 의류과학연구소의 연구원, 중앙대학교 가정교육과 겸임교수로 재직하였으며 컨설팅 회사의 이사를 역임하였다. 《패션 상품의 인터넷 마케팅》(공저)과 다수의 논문을 저술하였다.

김현숙(Hyun Sook Kim)

배재대학교 의류패션학과 교수이다. 서울대학교 의류학과를 졸업하고 같은 학교 대학원에서 석사학위와 박사학위를 받았다. 또한 서울대학교 경영학과와 University of Wisconsin-Madison에서 수학하였으며 컨설팅 회사에서 마케팅과 소비자 관련 업무를 담당하였다. 서울대학교 생활과학연구소 연구원으로 일하였으며, 중앙대학교 가정교육과 겸임교수로 재직하였다. 주요저서로는 《패션숍 매니저의 모든 것》(공저), 《패션 리테일링》(공저), 《패션 상품의 인터넷 마케팅》(공저) 등이 있다.

지혜경(Hye Kyung Ji)

한성대학교 패션학부 교수이다. 서울대학교 의류학과를 졸업하고 같은 학교 대학원에서 석사학위와 박사학위를 받았다. 서울대학교 생활과학연구소 연구원으로 재직하였으며 의류 벤더 업체에서 생산 관리 및 수출 업무를 담당하였다. 패션 소비자의 온라인 구매행동 연구에 관심을 가지고 있으며 '패션산업론', '온라인패션기업운영' 등의 과목을 가르치고 있다. 《패션 리테일링》(공역), 《패션 상품의 인터넷 마케팅》(공저) 등을 출간하였다.

이미아(Mi-ah Lee)

서울대학교 생활과학연구소 연구원이다. 연세대학교 신문방송학과를 졸업하고 서울대학교 의류학과에서 석사학위와 박사학위를 받았다. 이신우, 데코, 보성, 닉스 등 중견 패션기업들에서 다양한 브랜드 마케팅 업무를 담당하였으며, PR 컨설팅회사 보터스커뮤니케이션을 설립, 운영하였다. 연세대학교 심바이오틱라이프텍, 서울대학교 경영연구소 등에서 연구원으로 재직하며 패션 소비자행동, 패션 유통채널, 온라인 마케팅 관련 연구를 수행해왔다. 주요 저서로는 《패션 상품의 인터넷 마케팅》(공저), 《패션 브랜드와 커뮤니케이션》(공저), 《IT 패션》(공저) 등이 있다.

주윤황(Yoon Hwang Ju)

장안대학교 유통물류학부 유통경영과 교수이며, 현재 장안대학교 창업교육지원센터장을 맡고 있다. 가천대학교에서 석사학위와 박사학위를 받았다. 무역 및 유통회사에서 인터넷 사업부의 업무를 담당하였으며, 중소기업 전문 컨설팅 기업에서 오랜 기간 마케팅과 유통, 인터넷 비즈니스, 창업에 대한 컨설팅을 하였다. 또한 여러 정부기관 및 대학교를 통하여 창업에 대한 교육과 자문을 하고 있다. 《창업경영》(공저), 《1인 창조기업 창업전략》(공저), 《컨설팅 프로세스와 컨설팅 수행 기법》(공저), 《인터넷 마케팅》, 《경제학 속의 유통》(공저), 《컨설팅 방법론》(공저) 등의 책을 집필하였다.

김지연(Jie yurn Kim)

호남대학교 예술대학 의상디자인학과 교수이다. 서울대학교 의류학과를 졸업하고 같은 학교 대학원에서 석사학위와 박사학위를 받았다. 동아일보사에서 발행한 패션 전문지 《월간 멋》의 객원기자로 활동하였고, ㈜ 데코앤이의 전신인 ㈜ DECO의 DECO 상품기획실 MD로 패션산업 실무를 경험하였다. 현재 국가직무능력표준(NCS)개발(패션상품기획) 검수위원, 직업능력개발훈련기관 평가 심사위원으로 활동 중이며, 저서로는 《패션 상품의 소비자행동》(공저), 《패션상품의 관계마케팅》, 《패션 상품의 인터넷 마케팅》(공저) 등이 있다.

문희강(Hee Kang Moon)

배재대학교 가정교육과 교수이다. 서울대학교 의류학과를 졸업하고 미국 아이오와주립대학에서 석사학위를 받았으며 서울대학교 대학원에서 박사학위를 받았다. 아이오와주립대학에서 MBA 과정도 이수하였다. 유통회사 CJ 오쇼핑 패션사업부 상품기획 MD, 글로벌 패션그룹 에스프리 바이어 등 패션 마케팅과 상품기획 분야에서 쌓은 10여 년간의 실무경험을 바탕으로 시장분석과 컨설팅 업무를 수행하였다. 다수의 학술연구 외에 《마케팅-패션 트렌드와의 만남》(공저), 《패션 상품의 인터넷 마케팅》(공저) 등의 책을 쓰고 《패션 리테일 프로모션》(공역), 《2012 유통트렌드: 소매업 성공을 위한 21가지 키워드》(공역) 등을 우리말로 옮겼다.

설인환(InHwan Sul)

금오공과대학교 화학소재융합학부 교수이다. 서울대학교 재료공학부(섬유고분자공학전공)를 졸업하고 같은 학교 대학원에서 석사학위와 박사학위를 취득하였다. 건국대학교 iFashion 의류기술센터에서 IT 기술을 실시간으로 의복설계 및 전자상거래에 접목하는 연구를 하였고, 특허청에서 섬유와 의류 분야 특허심사관으로 재직하였다. 현재 기존 섬유공정기술을 활용한 웨어러블 컴퓨터의 제조로 연구분야를 넓히는 중이다.

FASHION INTERNET BUSINESS
through MOBILE to IoT

패션 인터넷 비즈니스

2016년 1월 21일 초판 인쇄 | 2016년 1월 28일 초판 발행

지은이 정인희 외 | **펴낸이** 류제동 | **펴낸곳** **교문사**

편집부장 모은영 | **책임진행** 김보라 | **디자인** 신나리 | **본문편집** 벽호미디어 | **제작** 김선형 | **홍보** 김미선
영업 이진석·정용섭·진경민 | **출력·인쇄** 동화인쇄 | **제본** 한진제본

주소 (10881) 경기도 파주시 문발로 116 | **전화** 031-955-6111 | **팩스** 031-955-0955
홈페이지 www.gyomoon.com | E-mail genie@gyomoon.com
등록 1960. 10. 28. 제406-2006-000035호
ISBN 978-89-363-1539-9(93590) | **값** 27,000원

* 저자와의 협의하에 인지를 생략합니다.
* 잘못된 책은 바꿔 드립니다.